团头鲂种质资源与育种

王卫民 高泽霞 刘 红 王焕岭 黎 洁 刘 寒 著

科学出版社

北 京

内 容 简 介

本书是本研究团队十年来开展团头鲂研究的总结，是一部遗传理论与育种实践相结合的专著，涵盖了团头鲂种质资源、遗传选育、基因组学及功能基因等方面的内容。具体内容包括：团头鲂形态学特征及群体遗传结构、野生群体的种质资源、分子标记的开发与应用、经济性状遗传参数的评估和性状关联分子标记的筛选、新品种团头鲂华海 1 号选育过程、三倍体和雌核发育的诱导及鉴定、全基因组与功能基因组及团头鲂性状相关基因的结构和功能分析。

本书可以作为高等院校和科研院所水产育种、水产养殖及其相关专业的本科生和研究生的参考用书，也可以作为广大水产科技工作者、渔业管理工作者和水产养殖生产从业人员的参考资料。

图书在版编目（CIP）数据

团头鲂种质资源与育种 / 王卫民等著. —北京：科学出版社，2018.9
ISBN 978-7-03-058581-3

Ⅰ. ①团… Ⅱ. ①王… Ⅲ. ①团头鲂–种质资源–中国 ②团头鲂–遗传育种–中国 Ⅳ. ①Q959.46

中国版本图书馆 CIP 数据核字（2018）第 194385 号

责任编辑：罗 静 付 聪 / 责任校对：郑金红
责任印制：肖 兴 / 封面设计：图阅盛世

科学出版社 出版
北京东黄城根北街 16 号
邮政编码：100717
http://www.sciencep.com
中国科学院印刷厂 印刷
科学出版社发行 各地新华书店经销
*
2018 年 9 月第 一 版 开本：787×1092 1/16
2018 年 9 月第一次印刷 印张：22 1/4 插页：8
字数：511 000
定价：198.00 元
（如有印装质量问题，我社负责调换）

序

一条鱼，从烟波浩渺的梁子湖(古城樊湖)游过蜿蜒九十九里长港，在孙权东吴都城的武昌演绎出一篇惊心动魄、荡气回肠的三国史诗。

一条鱼，游弋于中华古韵文的海洋里，被孟浩然、杜甫、杜牧、苏轼、王安石、范成大、岑参、马祖常等文人墨客吟诵不已，绵延一千七百余年，经久不衰。

还是这条鱼，用深厚的文化底蕴繁衍出今天丰富多彩的武昌鱼文化，诗词、历史、旅游、烹饪、节庆、民间文学等一应俱全，绽放出五彩斑斓的似锦繁花，令人目不暇接。

还有令人怀念和自豪的一代伟人毛主席对武昌鱼倾注的深情厚谊，一句"才饮长沙水，又食武昌鱼"，让武昌鱼游出樊口、蜚声中外。

随着我国鱼类分类学和养殖学的不断发展，武昌鱼逐渐打开了这段被岁月尘封的历史，游进了鱼类学家的视野，并于1955年由易伯鲁教授正式命名为团头鲂。这是新中国成立后我国科学家命名的第一个鱼类种名，也是我国水产科学工作者人工驯化成功的第一个淡水养殖品种。由于抗病力较强、成活率高、脂多味美，在水产工作者的养殖研究和推广下，团头鲂很快跃升为我国淡水养殖的主要品种之一，年产量已达80万t。

在团头鲂产业发展过程中，有这样一些人物让我们敬佩和感激。易伯鲁教授，鉴定并命名团头鲂，被尊称为"武昌鱼之父"；曹文宣院士，开展团头鲂的生物学研究，为团头鲂的人工驯化奠定了坚实的基础；柯鸿文教授，是成功实现团头鲂人工繁殖和驯化的女科学家；杨干荣教授，先后制定了团头鲂及其鱼苗、鱼种国家级质量标准，是国家级团头鲂原种场的奠基人；陈楚星先生，终身致力于团头鲂的应用和推广，为团头鲂走向全国做出了较大贡献；李思发教授，选育出团头鲂新品种浦江1号，推动了团头鲂产业的新发展。

华中农业大学水产学院(原水产系)自20世纪60年代开始，在系主任易伯鲁教授的引领下，多位学者围绕团头鲂的科学命名、生物学、生理学、疾病学、营养学、人工养殖与繁育、种质资源保护等方面开展了系列的研究，积累了丰富的研究成果。

2008年，王卫民教授承担起了国家大宗淡水鱼类产业技术体系——团头鲂种质资源与育种岗位的研究任务，在广东海大集团股份有限公司的支持下，组建了团头鲂种质资源与育种研究团队，团队成员围绕团头鲂种质资源、遗传选育、基因功能及基因组学等开展了系列研究，致力于团头鲂分子育种技术体系的研究及高产抗逆优良品种的培育和推广，经过近十年的选育，培育出了生长快、成活率高的团头鲂华海1号。本书将近十年来部分研究成果进行了归纳总结，以供读者查阅与参考。参加过该项目研究的人员还有：魏开建、刘红、王焕岭、高泽霞、周小云、曹小娟、刘寒、黎洁、彭智、张学振、赵玉华等教师，李杨、曾聪、罗伟、刘肖莲、聂竹兰、温久福、张新辉、Tran Ngoc Tuan、段晓克、解宜兴、陈婷婷、邓伟、赖瑞芳、易少奎、宋文、王艺舟、吕烨锋、魏晋、詹凡玢、沈宇东、朱克诚、陈楠、王慧娟、张豹、吴鑫杰、丁祝进、崔蕾、苏利娜、魏伟、周凤娟、扶晓琴、范君、詹柒凤、柴欣、胡晓坤、万世明等；同时还得到了国家大宗淡水鱼产业技术体系团头鲂种质资源与育种岗位（nycytx-49-03，CARS-46-05，CARS-45-08），国家自然科学基金"基于全基因组重测序的鲂属鱼类群体遗传学研究"（31772901）、"基于基因组学的团头鲂铁代谢基因功能解析及其与抗病性状的相关性"（31572613）、"团头鲂 let-7 microRNA 对其生长和性腺发育的共同调控作用及其分子机制"（31472271）、"基于 BP 人工神经网络探讨 PPARs 基因多态性与团头鲂营养性脂肪肝病易感性的关系"（31401976）、"团头鲂 HPG 轴相关基因对其性早熟的分子调控机理研究"（31201988），新世纪优秀人才支持计划"团头鲂重要经济性状相关基因的挖掘及其功能研究"（NCET-10-0404），中央高校基本科研业务费专项资金"重要淡水养殖鱼类优质种质资源的挖掘与遗传改良"（2011PY023）、"团头鲂和泥鳅重要经济性状的基因组解析"（2662015PY019）、"团头鲂耐低氧性状优良品系选育研究"（2013PY067）、"基于基因组数据的团头鲂重要经济性状的遗传机制解析"（2662015PY134）、"团头鲂生长性状优良品系选育研究"（2013PY066），湖北省协同创新中心建设专项资金创新团队培育项目"团头鲂基因组资源发掘与创新利用"（2016ZXPY04），武汉市科技计划项目"武汉市武昌鱼繁育工程技术研究中心"（20130207510318），武汉市国际科技合作计划项目"淡水鱼类分子设计育种技术体系的合作研发"（2015030809020365），湖北省科技支撑计划（对外科技合作类）项目"基于分子设计育种技术体系的主要淡水鱼类新品种培育合作研发"（2013BHE006）等项目的资助，在此表示感谢。

著　者

2018 年 8 月

前　言

团头鲂(*Megalobrama amblycephala* Yih)，又名武昌鱼，隶属于鲤形目(Cypriniformes)鲤科(Cyprinidae)鲌亚科(Cultrinae)鲂属(*Megalobrama*)，是我国特有的重要草食性经济鱼类之一，同时是新中国成立后我国科学家命名的第一个鱼类新种名，也是新中国成立后人工驯养成功的第一种鱼类。团头鲂具有味美、头小、含肉率高、体形好、规格适中、易加工、食用方便等优点，已被作为优良的草食性鱼类在全国普遍推广，其养殖规模、产量、产值等逐年增加，目前年产量已达 80 万 t，在全国养殖面积达 50 万 hm²。然而团头鲂自然分布非常狭窄，主要分布在长江中游及其附属水体，如湖北省梁子湖和淤泥湖及江西省鄱阳湖等水体，其遗传多样性较低，近亲繁殖极易引起经济性状衰退。三十多年来，团头鲂在人工养殖过程中，养殖群体先后出现了生长速度减慢、抗病抗逆能力降低、性成熟提早等不良现象。

华中农业大学水产学院自 2008 年承担农业部国家大宗淡水鱼类产业技术体系团头鲂种质资源与育种岗位以来，联合广东海大集团股份有限公司下属湖北百容水产良种有限公司和湖北省团头鲂(武昌鱼)原种场，立足于团头鲂种业可持续发展的需求，开展团头鲂分子育种技术体系及高产抗逆优良品种的培育和推广研究。现经连续 4 代选育，历经十年，培育成遗传稳定、生长快、成活率高的团头鲂新品种，于 2016 年 12 月在第五届全国水产原种和良种审定委员会第四次会议正式审定通过，2017 年 4 月 13 日由中华人民共和国农业部公告第 2515 号文正式发布，新品种定名为团头鲂"华海 1 号"(品种登记号：GS-01-001-2016)。

在团头鲂新品种的培育过程中，本研究团队同时围绕团头鲂种质资源、遗传选育、转录组学、小 RNA 组学、全基因组学及功能基因等方面开展了系列研究，积累了大量研究资料，发表了 100 多篇学术论文，其中 SCI 60 多篇，授权专利 10 余项。为了总结过去和展望未来，我们将部分研究结果整理成册，供广大水产科学工作者参考。

本书以多年研究积累为基础，是一部遗传理论与育种实践相结合的专著。全书共分十章，第一章主要概述了团头鲂种质资源保护和遗传改良方面的研究进展；第二章主要围绕形态学特征及群体遗传结构等方面介绍了团头鲂野生群体的种质资源；第三章主要介绍了基于高通量测序的团头鲂分子标记的开发与应用；第四章和第五章分别阐述了团头鲂经济性状的遗传参数评估和团头鲂性状关联分子标记的筛选；第六章重点介绍了团头鲂新品种华海 1 号选育的理论和过程；第七章介绍了团头鲂三倍体和雌核发育的诱导及鉴定；第八章和第九章分别从团头鲂全基因组及功能基因组两方面着重介绍了团头鲂的基因组学研究；第十章详细阐述了团头鲂性状相关基因的结构和功能分析。

本书具有较强的科学性和先进性，不仅为团头鲂遗传育种提供了理论基础和技术支撑，也为其他养殖鱼类遗传育种研究和品种培育提供借鉴，同时又不乏实用性，对养殖生产实践具有一定的指导作用。

由于著者水平有限，书中不当之处在所难免，敬请广大读者指正。

著　者

2018 年 8 月于武汉

目　　录

第一章　总　　论

团头鲂，隶属于鲤形目鲤科鲌亚科鲂属，俗称武昌鱼，原产于长江中游的一些大中型湖泊，1955 年易伯鲁先生在湖北省梁子湖发现并定名为新种。团头鲂具有食性广、养殖成本低、生长快、成活率高、易捕捞，能在池塘中产卵繁殖，且具有味美、头小、含肉率高、体形好、规格适中等优点，因而在 20 世纪 60 年代就被作为优良的草食性鱼种在中国普遍推广。据联合国粮食及农业组织(FAO)最新统计数据，团头鲂产量从 1984 年的 4.5 万 t 增至 2015 年的 79.68 万 t，现已成为中国主要淡水水产养殖对象之一。

自 20 世纪 50 年代以来，国内多家单位在团头鲂营养、疾病、免疫、杂交等方面开展了系统研究，主要涉及的单位包括华中农业大学、上海海洋大学、南京农业大学、中国科学院水生生物研究所、中国水产科学研究院淡水渔业研究中心、苏州大学、湖南师范大学等。本章主要综述了团头鲂种质资源保护和遗传改良方面的研究进展，以期为团头鲂养殖产业的可持续发展提供基础资料(高泽霞等，2014)。

第一节　种质资源研究现状

一、形态学

形态学标记研究主要是根据生物体外部形态特征的差异进行物种的划分，是分类学常用的标准。团头鲂体高而侧扁，略呈斜方形。侧线完全。头小，锥形；吻圆钝。口小，端位，口裂呈弧形。上、下颌有薄的角质层。头后部急剧隆起，腹部在腹鳍基前向上斜起，在腹鳍基到肛门间有腹棱。背鳍最后的不分枝鳍条在腹鳍起点的后上方；腹鳍不到肛门，肛门靠近臀鳍；臀鳍基较长；尾鳍叉形。背部灰黑色，腹部浅灰白色，体侧有若干黑条纹，各鳍浅灰色。

李思发等(1991)分别利用传统测定法和框架测定法分析了湖北省淤泥湖、牛山湖、南湖及江苏省邗江的团头鲂群体间的形态差异。研究发现，四个群体团头鲂的形态在总体水平上有显著差异，在用判别函数分析方法鉴别鱼的来源方面，单独使用传统测量法的参数时，平均判别率为 48.1%，单独使用框架测量法的参数时，平均判别率为 63.5%。此外，判别分析显示，淤泥湖、牛山湖及南湖三个群体关系较近，邗江群体与其他群体关系稍远。王卫民教授带领的团头鲂种质资源与遗传改良研究团队对来自梁子湖、鄱阳湖及淤泥湖的团头鲂群体的可量性状和可数性状进行了单因素方差分析、单因素协方差分析、聚类分析、判别分析和主成分分析。主成分分析、判别分析和聚类分析结果显示三个湖泊的团头鲂趋于同一群体。通过计算差异系数，根据 Mayr 等提出的 75% 规则，认为它们的形态差异仍然是种内不同地理群体的差异，差异还达不到亚种水平。此外，通过比较发现梁子湖和鄱阳湖的地理群体相比淤泥湖的而言在形态上更为相似

（曾聪等，2011）。

二、细胞遗传学

染色体组型的研究是细胞遗传学的基础，是分类和系统发生研究较为有力的遗传学证据。团头鲂细胞遗传学的研究主要集中于染色体组型和细胞核 DNA 含量方面。团头鲂是鲤科中分类和进化位置比较经典的种类，对团头鲂进行深入的细胞遗传学研究，对其种质资源的保护和育种等均具有十分重要的理论意义和实践意义。关于团头鲂的核型及其细胞核的 DNA 含量已有一些报道，但所报道的实验结果有所差异。在染色体组型方面，昝瑞光和宋峥（1979）及李渝成等（1983a）报道的团头鲂核型公式均为 2n=48=20m+24sm+4st，而余来宁（1991）和尹洪滨等（1995）报道的核型模式分别为 2n=48=20m+48sm+4st 和 2n=48=26m+18sm+4st。通过建立团头鲂鳍条、肌肉和心脏 3 种细胞系，分析其核型公式为 2n=48=26m+18sm+4st，总臂数（NF）=92（祝东梅，2013）。以上差异是因操作造成的，还是因采集地不同或团头鲂存在群体差异而产生的，有待进一步研究确认。但团头鲂染色体的数目（2n=48）这一事实已被广泛认同。有关团头鲂的 DNA 含量，李渝成等（1983b）、余来宁（1991）和尹洪滨等（1995）先后做过报道。我们以鸡血 DNA 含量为标准，测定的团头鲂 DNA 含量为 2.92pg 左右。结果表明，团头鲂二倍体细胞的 DNA 含量明显高于已知 2n=48 的其他鲤科鱼类的含量。

三、生化遗传学

生化遗传标记即基因产物标记，如血清蛋白、同工酶、等位酶等。从 20 世纪 80 年代开始，许多学者相继开展了团头鲂的生化遗传学研究，且多为同工酶。傅予昌和王祖熊（1988）用垂直的淀粉凝胶电泳方法分析了团头鲂胚胎发育阶段（1～105h）和成体 6 种组织中的乳酸脱氢酶（LDH）、苹果酸脱氢酶（MDH）、谷氨酸脱氢酶（GDH）、葡萄糖-6-磷酸脱氢酶（G6PD）、乙醇脱氢酶（ADH）、异柠檬酸脱氢酶（IDH）、酯酶（EST）和碱性磷酸酶（AKP）8 种同工酶系统的酶带，研究发现共约有 23 个基因座位在其胚胎发育期和成体组织中表达。与许多其他鱼类不同，团头鲂的 GDH 在整个胚胎发育过程中都有活性，但在其成体组织中无特异性分布。

李思发等（1991）利用七种同工酶的 15 个位点分析了团头鲂不同群体间的生化遗传差异，研究发现多态位点比例在淤泥湖、牛山湖及南湖是一致的，都是 20%，而在邗江为 13.3%。4 个群体的平均杂合度分别为 0.0816、0.0851、0.0808 和 0.0549。Nei's 遗传距离在邗江与淤泥湖间最大，而在淤泥湖、牛山湖及南湖间较小。表明淤泥湖、牛山湖及南湖团头鲂三个群体的关系较近，淤泥湖同牛山湖团头鲂群体间的遗传距离最小。

朱必凤等（1999）利用聚丙烯酰胺凝胶电泳分析了鄱阳湖团头鲂肌肉中 EST、过氧化物酶（POD）、超氧化物歧化酶（SOD）和过氧化氢酶（CAT）4 种同工酶，结果表明，团头鲂肌肉中 EST、SOD、CAT 均为 4 条酶带，但 POD 未显示酶带。

吴兴兵等（2007）对采自淏湖国家级团头鲂良种场的团头鲂人工选育亲本后代进行了 7 种同工酶电泳分析，结果发现，团头鲂肌肉中 LDH 显示 5 条四聚体酶带，EST 显示 5 条酶带，ADH 显示 5 条酶带，MDH 显示 6 条酶带，苹果酸酶（ME）显示 5 条酶带，GDH

检测到 5 条酶带。过氧化物酶（POX）由 3 个位点编码，位点 POX-1 和 POX-3 各编码 1 条酶带，位点 POX-2 表现多态性。与前人的研究结果相比（傅予昌和王祖熊，1988），就 LDH 和 MDH 来看，江苏水域人工选育的团头鲂繁殖群体仍保持着原种的遗传性状。

四、分子种群遗传学

20 世纪 80 年代以来，用于研究群体遗传多样性、物种亲缘关系和系统进化、种质鉴定及构建分子遗传连锁图谱等的各种分子标记方法发展迅速，主要有限制性片段长度多态性（restriction fragment length polymorphism，RFLP）、微卫星（microsatellite）、线粒体 DNA（mitochondrial DNA，mtDNA）、随机扩增多态性 DNA（random amplified polymorphic DNA，RAPD）、扩增片段长度多态性（amplified fragment length polymorphism，AFLP）等。进入 21 世纪以后，一方面由于团头鲂人工驯养群体退化现象十分普遍，且日益严重，另一方面由于过度捕捞和水域污染等情况日益恶化，导致团头鲂天然种质资源也面临严重的威胁，鉴于此，许多研究者开始利用 RAPD、mtDNA、微卫星等分子标记来调查和评估团头鲂野生群体和养殖群体的遗传多样性现状。

张德春（2001）利用 RAPD 技术对淤泥湖和梁子湖的团头鲂野生群体进行了遗传结构分析，结果表明，淤泥湖和梁子湖团头鲂个体间的遗传相似度在 0.9395～0.9614，平均值为 0.9541，淤泥湖和梁子湖野生群体的遗传多样性水平较低。李弘华（2008）测定了淤泥湖、梁子湖及鄱阳湖团头鲂共 53 尾样本的线粒体 DNA 控制区序列，结果显示，在获得的 411bp 长度的控制区序列中，仅检测到 3 个突变位点、5 种单倍型，表明这三个群体的遗传多样性水平比较低，且淤泥湖群体最低。我们采用微卫星和相关序列扩增多态性（sequence-related amplified polymorphism，SRAP）分子标记方法分析了梁子湖、鄱阳湖、淤泥湖三个团头鲂天然群体的遗传多样性，结果显示团头鲂三个群体之间遗传分化均很小，表明团头鲂之间地理隔绝造成的种内分化不明显。其中，梁子湖和鄱阳湖之间的遗传分化水平（$F_{st}=0.0376$）极低，而梁子湖与淤泥湖之间的遗传分化水平相对较高（$F_{st}=0.0733$）（李杨，2010；冉玮等，2010）。

在团头鲂人工繁殖群体遗传多样性研究方面，边春媛等（2007）采用 mtDNA D-loop 区段的限制性片段长度多态性聚合酶链反应（PCR-RFLP）方法对采自天津市蓟县、宁河县及山西省太原的三个人工繁殖群体共 136 尾团头鲂进行遗传多样性分析。结果显示，蓟县和太原两个群体所有个体间没有差异，只有一种单倍型，宁河县群体 46 尾鱼中也仅存 2 种单倍型，说明这三个人工繁殖群体的遗传多样性很低。我们采用 SRAP 分子标记分析了团头鲂浦江 1 号养殖群体和南溪养殖群体的遗传结构，结果显示，养殖群体的遗传多样性显著低于其野生群体（Ji et al.，2012）。

为及时检测团头鲂多倍体群体内的遗传变异，并为选育不育的团头鲂提供理论依据和参考资料，唐首杰等（2007，2008）分别利用微卫星标记和线粒体 DNA 标记对不同倍性（同源 4n-F1、正交 3n、反交 3n、异源 3n 和 2n）团头鲂群体进行了遗传多样性分析，结果一致表明，5 个群体的遗传多样性由大到小依次为：反交 3n＞异源 3n＞正交 3n＞同源 4n-F1＞2n，而且前面四个群体的遗传多样性水平显著高于 2n 群体。

五、功能基因

团头鲂的功能基因研究肇始于2001年，起初主要集中在与团头鲂生长、繁殖、内分泌及体形进化相关基因的研究。在生长相关基因方面，劳海华等（2001）采用cDNA末端快速扩增（rapid amplification of cDNA end，RACE）技术克隆获得了团头鲂生长激素（growth hormone，*GH*）基因的cDNA序列。白俊杰等（2001）采用反转录-聚合酶链式反应（PCR）（reverse transcription-PCR，RT-PCR）方法获得了团头鲂胰岛素样生长因子-I（insulin-like growth factor-I，IGF-I）的cDNA序列。俞菊华等（2003）采用反转录（RT）和RACE法，分离和测定了团头鲂中生长抑素前体基因I（preprosomatostatin I，*PSSI*）的cDNA全长核苷酸序列。在繁殖相关基因研究方面，曲宪成等（2007）利用RT-PCR和RACE克隆了团头鲂脑下垂体中两种促性腺激素β（*GtH Iβ*和*GtH IIβ*）亚基的cDNA序列，并对其进行了结构和系统进化分析。曲宪成等（2008a）利用改进的锚定PCR方法克隆了团头鲂促性腺激素Iβ（*GtH Iβ*）亚基基因5′端侧翼序列，并在生物信息学方法分析的基础上构建了荧光素酶质粒表达载体。

自2008年以来，我们克隆了团头鲂一批基因并分析了其对相关性状的调控作用。包括生长性状相关基因，如生长激素受体（*GHR1*和*GHR2*）、胰岛素样生长因子（*IGF-I*和*IGF-II*）、肌肉生长抑制素（*MSTN a*和*MSTN b*）等（Zeng et al.，2014）；免疫与抗病相关基因，如热激蛋白90（*Hsp90α*和*Hsp90β*）（Ding et al.，2013），主要组织相容性复合体（*MHC IIA*和*MHC IIB*）（Luo et al.，2014a），肝脏表达抗菌肽（*LEAP-1*和*LEAP-2*）（Liang et al.，2013a），转铁蛋白（transferrin，TF）及其受体2（TFR2）（Ding et al.，2015）、铁蛋白重链和中链（FTH和FTM）（Ding et al.，2017）、内凝集素（intelectin，INTL）（Ding et al.，2017）、白细胞介素6（interleukin-6，TL-6）（Fu et al.，2016a）、NOD样受体C亚族基因（the nucleotide-binding oligomerization domain-like receptors subfamily C3 like，NLRC3-like）（Zhou et al.，2017a）、趋化因子受体（chemokine receptor，*CXCR4b*）（Zhang et al.，2013a）、β防御素（*β-defensin*）（Liang et al.，2013b）等；摄食相关基因，如生长激素释放肽（ghrelin）、胆囊收缩素（cholecystokinin，CCK）、神经肽Y（neuropeptide Y，NPY）等（Ping et al.，2013）；繁殖相关基因，如*Kiss*基因（Kisspeptin）及其受体*Kissr*基因（Kiss receptor）（温久福等，2013）、精子发生相关4基因（spermatogenesis associated 4，*SPATA4*）（韦新兰等，2013）、*leptin*基因及其受体基因（leptin receptor）（Zhao et al.，2015）等；耐低氧相关基因，脯氨酰羟化酶（prolyl hydroxylase domain，phd）基因家族（Wang et al.，2015）、低氧诱导因子抑制因子1（factor inhibiting hypoxia inducible factor 1，fih1）（Zhang et al.，2016a）等；肌间骨发育相关基因，如骨形态发生蛋白（bone morphogenetic protein，BMP）家族基因（Zhang et al.，2018）、锌指结构转录因子*osterix*基因等；以及团头鲂性别决定和分化相关基因*DMRT*家族基因（Su et al.，2015）、调节心肌肌肉收缩的心肌肌钙蛋白T（cardiac troponin T）（Chen et al.，2013）、过氧化物酶体增殖物激活受体γ（peroxisome proliferator-activated receptor γ，PPARγ）（Li et al.，2013）等基因。

六、组学

21 世纪，第二代高通量测序技术的发展为组学研究带来了革命性的变化。团头鲂组学相关研究也逐渐开展，我们团队相继构建了全面、丰富的团头鲂转录组、小 RNA 组、代谢组、蛋白组资源。包括采用转录组学的方法分析生长快慢品系不同组织的基因表达差异(Gao et al.，2012)、嗜水气单胞菌感染前后基因表达差异(Tran et al.，2015；魏伟，2015)、低氧处理前后(Chen et al.，2017)及肌间骨与外周结缔组织(Liu et al.，2017)的基因表达差异、肌间骨发生发育过程中的基因表达差异(Wan et al.，2016)等，进而构建了差异表达基因的调控通路等；采用小 RNA 组学分析方法筛选生长快慢品系的差异表达的 miRNA(Yi et al.，2013)、嗜水气单胞菌感染前后 miRNA 表达差异(Cui et al.，2016)、肌间骨及外周结缔组织(Wan et al.，2015)和肌间骨发生发育过程中 miRNA 表达差异(Wan et al.，2016)等；采用代谢组分析方法筛选了团头鲂雌性性成熟前后血浆的差异代谢物(Zhou et al.，2017b)；采用蛋白组分析方法筛选了团头鲂肌间骨和肋骨的差异表达蛋白(Nie et al.，2017)。基于以上组学信息资源，团头鲂大批量的简单序列重复(simple sequence repeat，SSR)和单核苷酸多态性(single nucleotide polymorphism，SNP)标记被开发出来并被充分用于团头鲂的分子辅助育种研究中。此外，我们还完成了团头鲂及鲂鳊属鱼类及其杂交子代线粒体全基因组(赖瑞芳等，2014；Zhang et al.，2016a)和细胞核全基因组测序工作(Liu et al.，2017)，为从全基因组水平解析团头鲂关键性状的分子调控机制及开展其全基因组选择育种奠定了坚实的基础。

第二节　遗传改良研究

一、杂交育种

杂交(hybridization)是被广泛采用的育种手段。杂交的主要目的在于获得杂种优势，选育新品种或新品系。杂交育种是培育鱼类优良新品系比较快捷和有效的方法之一(楼允东，1989)。迄今为止，有关团头鲂杂交育种的报道包括种间杂交(谢刚等，2002；杨怀宇等，2002)、属间杂交(顾志敏等，2008)和亚科间杂交(金万昆等，2003a；马波和金万昆，2004)。

在种间杂交方面，已有的研究主要针对鲂属团头鲂、三角鲂(*Megalobrama skolkovii*)和广东鲂(*Megalobrama terminalis*)3 个种之间的杂交。谢刚等(2002)研究了杂交鲂(广东鲂♀×团头鲂♂)及其亲本的主要形态性状，发现杂交鲂第一代的形态性状大多数介于父本和母本之间，主要可数性状和可量性状有些偏近父本，有些偏近母本，而有些则介于父本和母本之间；进一步的实验表明，杂交鲂第一代的成活率偏高，且可育，其肉质近似广东鲂，某些生理特性(如耐低氧、耐操作和运输等)均优于广东鲂，但生长对比试验结果初步看出杂交一代的生长速度比团头鲂差，期望的杂种生长优势不大明显。叶星等(2002)采用活体肾细胞直接制片法制作了广东鲂♀和团头鲂♂及其杂交子一代的染色体，结果显示，杂交子一代的染色体组型及总臂数与母本广东鲂相同。广东鲂和团头鲂的染色体组型较相似，这从细胞遗传学的角度阐释了广东鲂与团头鲂杂交成功、杂种后代可育的原因。叶星等(2002)采用聚丙烯酰胺垂直平板电泳法对广东鲂、团头鲂及其杂交子一代肌肉、肝脏和眼睛的 4 种同工酶(EST、LDH、MDH、SOD)进行电泳,分析其酶谱组成和活性差异,结果显示,父本和母本同种组织中大部分同工酶的表达酶谱较相似,表明这两种鱼的亲缘关系较近。杨怀宇等(2002)采用聚类分析、主成分分析和判别分析对团头鲂、三角鲂及其正反杂交 F_1 代的比例性状和框架参数进行分析,探讨了亲本形态性状在子代中的遗传传递情况,结果显示,正反杂交 F_1 代形态都表现出较多的母性遗传特征,但三角鲂母本对杂交 F_1 代遗传特征的影响强于团头鲂母本。我们比较了团头鲂与广东鲂、三角鲂及厚颌鲂(*Megalobrama pellegrini*)的正交、反交及每种鱼类自交的比较研究,结果显示,所有组合的受精率、孵化率和成活率均较高,证明鲂属种间杂交具有可行性;团头鲂与厚颌鲂正反交子代除体高杂种优势不明显外,体长与体重均表现出杂种优势;团头鲂与三角鲂正反交子代的体长、体重、体高均未表现出明显的杂种优势;团头鲂与广东鲂的正交子代表现出明显的抗嗜水气单胞菌疾病的优势(张大龙等,2014;Tran et al.,2015)。

在属间杂交方面,团头鲂和翘嘴红鲌之间的杂交研究较多。翘嘴红鲌和团头鲂分属鲌亚科鲌属和鲂属,两者在生理和生态上有较大差异。翘嘴红鲌为强肉食性鱼类,具有生长快、体型佳、肉质细嫩等优点,不过也存在着鳞片细小而易脱落受伤、饲料成本高等不足;而团头鲂为草食性鱼类,具有饲料成本低、鳞片大而不易脱落、抗逆性强等优点。鉴于此,顾志敏等(2008)开展了翘嘴红鲌(♀)和团头鲂(♂)杂交 F_1 代的形态和遗传分析,结果表明,翘嘴红鲌(♀)和团头鲂(♂)间具有良好的亲和力,杂交受精率、孵化率均达到 90%以上;翘嘴红鲌(♀)和团头鲂(♂)杂交 F_1 代的多数可数可量性状表现为中间型;进一步对框架参数的聚类和判别分析显示,杂交 F_1 代的染色体数(2n)为 48,核型公式为 18m+26sm+4st(*NF*=92),杂交 F_1 代大部分 RAPD 扩增条带能在亲本中找到,有的仅来自父本,有的仅来自于母本,说明杂交 F_1 代为二倍体杂种;杂交 F_1 代与母本的相对遗传距离为 0.4327,而与父本的相对遗传距离为 0.2312,前者大于后者,表明杂交 F_1 代与两亲本的遗传差异不是对等的,偏向父本一方。金万昆等(2006)对团头鲂(♀)和翘嘴红鲌(♂)杂交 F_1 代的含肉率、肌肉营养成分及蛋白质的 18 种氨基酸进行了测定分析,结果表明,该杂种的含肉率、蛋白质含量、脂肪含量、氨基酸含量等许多指标都较高。康雪伟(2013)研究发现,团头鲂(♀)和翘嘴红鲌(♂)杂交 F_1 代中有二倍体鲂鲌(2n=48)和三倍体鲂鲌(3n=72);而翘嘴红鲌(♀)和团头鲂(♂)杂交 F_1 代中只有二倍体鲂鲌(2n=48);正反交产生的两种二倍体鱼雌雄正常发育,分别自交后得到了两性可育的二倍体 F_2 代(2n=48);杂交后代均继承了双亲的遗传特征。郑国栋等(2015)研究表明,团头鲂(♀)和翘嘴红鲌(♂)杂交 F_1 代的生长速度显著快于团头鲂浦江 1 号和翘嘴红鲌,表现出明显的超亲生长优势。我们对团头鲂、长春鳊及其杂交子代(F_1 代:团头鲂♀×长春鳊♂)的形态学差异和性腺发育进行了比较分析,结果表明,杂交子代的多数可数、可量性状同亲本相近,差异不显著;聚类分析显示,杂交子代在形态上与母本团头鲂更相似,但遗传了父本长春鳊的全腹棱特征;性腺发育检测发现,杂交子代的卵巢和精巢存在单侧发育和两侧不均衡发育的情况,但都能产生成熟的精子和卵子(赵博文等,2015)。

在亚科间杂交方面,目前已在框鳞镜鲤(♀)与团头鲂(♂)、散鳞镜鲤(♀)与团头鲂(♂)及丁鲹(♀)与团头鲂(♂)这三个杂交组合中获得了杂交 F_1 代(金万昆等,2003b;马波和金万昆,2004;Zou et al.,2007),但杂交种的养殖潜力尚需要进一步的研究才能确认。

二、选择育种

选择育种是育种工作的一个最基本的手段(张兴忠等,1988;张士璀等,2001)。改变育种对象遗传性质的常规方法有两种:一是挑选作为亲本的个体,这就是选择;二是控制亲本的交配方式,这就是遗传操作。在鱼类生长发育的各个阶段,可以有目的地选择具有优良性状的个体,淘汰品质不良的个体,这种方法可以避免由于鱼类人工繁殖所产生的近亲交配而随之引起的退化现象。

团头鲂选择育种研究可追溯至 20 世纪 80 年代中期,上海水产大学从 1985 年开始,以湖北省公安县淤泥湖野生团头鲂为基础群体,在数量遗传理论指导下,群体选育与生物技术相结合,经历 16 年(6 代)的高强度选育,终于育成世界上首例草食性鱼类良种——团头鲂浦江 1 号,该良种生长速度比原种提高了 30%,体形优美,遗传性状十分稳定(Li and Cai,2003)。2000 年,经全国水产原种和良种审定委员会审定,农业部审核、公布为适应推广的优良品种。

三、分子标记辅助育种

分子标记辅助和数量遗传综合选育技术是目前国际上水产生物遗传育种技术的发展趋势,可以大大提高育种进程和效率。我们以团头鲂天然分布群体(梁子湖、淤泥湖和鄱阳湖)的原种为亲本,以生长和成活率为主要选育指标,采用家系选育和群体选育相结合,运用亲子鉴定(高泽霞等,2013;Luo et al.,2014b,2017)、性状关联分子标记辅助(高泽霞等,2017),数量遗传学分析评估个体育种值(曾聪等,2014;罗伟,2014)、性状遗传力(曾聪等,2014b;Luo et al.,2014b;罗伟,2014;Zhao et al.,2016a;Xiong et al.,2017)、性状遗传相关和表型相关参数等多种育种技术手段,充分提高选育的效应值;经过 4 代系统选育,培育成遗传稳定、生长快、成活率高的团头鲂养殖新品种华海 1 号,2017 年由全国水产原种和良种审定委员会审定,农业部审核、公布为适应推广的优良品种。在相同的养殖条件下,团头鲂华海 1 号生长速度比未经选育群体快 22.9%~28.7%;团头鲂华海 1 号成活率比未经选育群体高 20.5%~30.0%。为配套新品种的养殖,团队研发建立了团头鲂当年养成模式、夏季养成模式、优质健康模式等,大大提高了养殖的经济效益。

四、雌核发育育种

雌核发育 (gynogenesis) 是单倍体育种的主要途径之一,属于染色体组工程 (chromosome set engineering) 的范畴。鱼类雌核发育在水产养殖上具有极其重要的应用价值,在鱼类育种工作和遗传学研究中,诱导雌核发育可用来加快品种、群体等选育系的形成,数量性状遗传分析和基因定位等。人工诱导雌核发育可以快速建立纯系,鱼类的许多经济性状(如体重、生长等)都是由微效多基因控制的,用传统的近交方法至少要经过 8~10 代的连续选育才能获得,需要 20~30 年之久。而应用雌核发育技术,最多只需两代就可获得纯系,充分节约了人力、物力和财力(吴萍,2004)。

为使团头鲂浦江 1 号良种的优良性状基因进一步纯化、巩固和发展,从 1999 年开始,上海水产大学水产种质资源研究室的科研人员先后对团头鲂选育系三龄鱼(F_5)和二龄鱼(F_6)进行了人工雌核发育(抑制第二次成熟分裂)的研究,利用紫外线(UV)照射遗传失活的鲤精子诱导,采用冷休克方法,抑制团头鲂第二极体排出;探索了适合团头鲂二龄鱼及三龄鱼卵的休克温度、起始时间和持续时间,结果发现,二龄鱼和三龄鱼诱导起始时间均在受精后3min效果最好,而在休克温度和持续时间上稍有差异,其中三龄鱼在0~2℃冷休克处理30min、二龄鱼在4~6℃冷休克处理20min效果较佳。我们分别通过抑制第二极体释放和第一次卵裂获得了团头鲂的抑制减数分裂和有丝分裂的两个群体;两种类型的雌核发育群体的遗传同质性均显著高于正常群体(张新辉等,2015;Liu et al.,2017)。

五、多倍体育种

鱼类多倍体育种是基于染色体组操作基础上发展起来的育种技术。人工诱导多倍体鱼的主要目的:一是希望多倍体鱼的个体生长速度快于同类二倍体鱼,获得比同种二倍体鱼更高的群体产量;二是利用三倍体鱼的不育性控制养殖鱼类的过速繁殖和防止对天然鱼类种质资源的干扰(刘筠,1997)。

目前,团头鲂的两个优良新品种浦江1号和华海1号均为二倍体,可育,随着推广范围的扩大,养殖单位引进后,便可留种用于苗种繁殖。而留种和繁育不当,种质便会退化,影响良种的声誉和养殖者的效益。因此,在良种的基础上,研制不育的团头鲂三倍体,一可实现种质的进一步创新,二可有效地保护知识产权,对确保我国团头鲂养殖业的健康、有序发展,具有重要的经济价值和社会意义。

Zou等(2004)通过热休克抑制团头鲂的第一次卵裂,获得了团头鲂人工同源四倍体奠基群体,同源四倍体奠基群体的部分母本和全部父本达到了性成熟,并通过四倍体自繁和与二倍体进行倍间杂交获得了大量的四倍体和正反倍间杂交三倍体(Li et al.,2006)。与此同时,他们采用种间远缘杂交和物理诱导(热休克)相结合的方式,建立了团头鲂♀×三角鲂♂异源四倍体奠基群体(Zou et al.,2008),还通过异源四倍体雄鱼与团头鲂二倍体雌鱼交配获得了正常的异源倍间杂交三倍体。团头鲂四倍体传代过程中的形态遗传特征(邹曙明等,2005)、红细胞遗传特征(邹曙明等,2006)、线粒体DNA遗传特征(唐首杰等,2008),以及早期存活率、生长性能和性腺发育等特征(Li et al.,2006)与2n团头鲂相比都存在很大程度的变异性。邹曙明等(2005)对诱导产生的同源四倍体,自繁后代(4n-F1)和倍间杂交后代(正交3n和反交3n)的形态遗传特征进行比较时发现,多倍体的体长/体高、体长/头长的值显著小于2n团头鲂($P<0.05$);而对于背棘长/体长的值,多倍体则显著大于2n团头鲂($P<0.05$);29个参数的主成分分析结果表明,团头鲂同源4n、同源4n-F1、倍间杂交3n及2n团头鲂等5个不同倍性群体的传统形态差别很大部分是由躯干部的形态差异,主要是体长/体高引起的,可作为团头鲂多倍体和二倍体群体鉴别的形态依据。我们通过冷休克方法抑制受精卵第二极体的排放,诱导获得了团头鲂三倍体,采用染色体计数、DNA含量测定和红细胞大小测定法分别对三倍体个体进行了鉴定,结果表明,三种方法都可以准确鉴定团头鲂三倍体个体(张新辉等,2013)。

此外,在细胞核移植育种和转基因育种方面,学者都做了一些相关的实验性研究。

例如，在细胞核移植育种方面，严绍颐等(1985)采用细胞核移植的方法，由草鱼囊胚细胞和团头鲂去核卵配合而成了一种杂种鱼——CtMe 杂种鱼；这种杂种鱼的若干形态特征均与草鱼相似，表明该 CtMe 杂种鱼的这些特征受草鱼细胞核的影响。齐福印和许桂珍(1994)获得了不同亚科间的鳙细胞核与团头鲂细胞质配合的核质杂种鱼——鳙团移核鱼；鳙团移核鱼的若干形态性状均与供核体鳙相似，然而移核鱼有的性状又与受核体团头鲂相似，如头长/眼径、头长/眼间距等，此外，移核鱼还出现了中间型性状或与两亲本差异都不显著的性状。许桂珍等(1997)进一步对鳙团移核鱼在二龄阶段的生长情况进行了研究，发现二龄移核鱼体长、体重增长明显比团头鲂快，差异非常显著，但都慢于鳙，表明移核鱼个体生长的核质杂交优势不明显。在转基因育种方面，吴婷婷等(1994)报道了人生长激素基因在团头鲂中的整合和表达，采用显微注射方法，将带有小鼠 *MT-1* 基因启动顺序与人生长激素 *hGH* 基因顺序重组的线状 DNA 片段，注入团头鲂的受精卵，获得成活的实验鱼；经斑点、Southern 杂交、Northern 杂交、放射免疫和酶联等方法检测，表明外源基因在受体鱼中得到整合、转录、翻译和表达，并具有促生长效应。转基因雌鱼和雄鱼有性繁殖所获得的仔鱼带有外源基因，表明外源基因能通过性细胞传递给子代，并仍具促生长效应。

第三节 种质资源保护存在的问题及保护策略

一、种质资源保护存在的问题

团头鲂自 20 世纪 50 年代在湖北省淤泥湖、梁子湖等湖泊被发掘为养殖对象以来，由于其肉质好和草食性等优点，被推广到全国的许多地方进行养殖，人工繁育群体已成为增养殖主要群体。然而由于过度捕捞、水域污染、水利工程建设(如葛洲坝和三峡高坝对长江干流的截断、水闸对沿江通江湖泊的隔断、围湖造田等)等原因，导致生境的巨变、破碎、隔离及恶化，团头鲂的天然资源已遭严重破坏并趋衰竭。但自团头鲂人工繁殖技术被突破以来，团头鲂养殖业改变了依赖于天然鱼苗的局面，虽极大地促进了团头鲂养殖业的发展，但也从此带来了对天然基因库的干扰。大量的人工繁殖，造就了人工繁育群体与天然群体的交叉混合条件；而水利建设的空前发展、工业生产和城镇的快速发展等所导致的江河湖泊全面污染，则加剧了团头鲂基因库的生存和进化危机。天然群体的遗传变异正在悄悄地发生。

二、种质资源保护策略

对团头鲂种质资源采取保护措施的目的是防止其天然群体衰退。有效管理团头鲂的人工繁育群体，维持其天然群体的种质特性，以下几个方面的保护策略可供参考。

(一)种质资源调查、监测及评估

团头鲂的自然分布区域十分狭窄，因此进行中国团头鲂种质资源的全面调查和监测，掌握种质资源的总体情况，是制定种质保护计划的基础。而从分子种群遗传学的角度，采用可靠的分子遗传标记(如 SSR、AFLP、SNP 等)对团头鲂天然群体、养殖群体及遗传改良群体的遗传多样性、群体遗传结构及起源分化等进行全面评估,可更好地指导种质资源监测和保护工作。

(二)种质保护

团头鲂的种质保护措施主要包括就地保护和异地保护。就地保护是在团头鲂繁殖、生长和进化的原栖息地,通过保护生态系统和栖息环境来保护种质资源。对于原栖息地生态环境尚未遭到破坏的水域,应划定自然保护区,进行封闭式管理,保护其天然水域生态系统的动态平衡;对于原栖息地生态环境已经遭到破坏的水域,应采取积极有效的措施进行生态修复,逐渐恢复该水域生态系统的天然特性,同时还应减少野生资源的经济利用,恢复天然种质资源特性。迄今为止,中国已在团头鲂原产地之一的湖北省鄂州市梁子湖建立了国家级团头鲂原种场及相应的种质资源保护区,该种质资源保护区位于梁子湖(42 万亩①)的北面,湖面用双层网栈围栏,面积 5000 亩,对保护团头鲂原种起到了积极的作用。异地保护是在异地模拟团头鲂的天然生存环境,并尽可能完整地保存遗传资源在原栖息地的遗传多样性和遗传组成,以达到保护种质资源的目的。异地保护主要包括活体保存、种质超低温保存,如基因保存、配子保存等。建立团头鲂人工种质资源库或原种保护基地,并将野生遗传资源异地活体保存于其中,是种质资源保护最为可行的方法之一。

(三)种质资源的合理开发与利用

为满足人们对团头鲂消费的需要,在保护种质资源的基础上,应积极地探索、寻求开发利用途径,以达到保护和利用的目的。我国在上海市松江区和江苏省常州市分别建立了国家级团头鲂良种场,为实现团头鲂选育良种浦江 1 号苗种生产的规模化和标准化提供了保障,也为团头鲂优良种质的开发利用创造了条件。在捕捞生产中,应严格划定捕捞区域,采取合理捕捞制度,积极实行禁渔期、休渔期和捕捞许可制度,加强渔业行政管理和执法力度。

---

① 1 亩≈666.67m²,下同。

第二章　团头鲂种质资源

种质资源又称遗传资源，是由亲代遗传给子代的遗传物质。鱼类的种质资源是生物资源的重要组成部分，是利用和改良鱼类的物质基础。鱼类的育种过程一般是从鱼类的种质资源研究开始，只有对鱼类的种质资源有了充分的认识，获得了理想的种质资源，才能利用新技术培育出好的新品种。同时鱼类种质资源的研究还为鱼类的起源、进化、遗传等理论研究提供了重要的物质依据。

团头鲂的种质资源研究始于 20 世纪 80 年代，先后对淤泥湖、鄱阳湖、梁子湖等天然群体团头鲂的形态特征、染色体组型、生物化学差异等方面进行了研究。主要研究内容包括群体遗传多样性、物种亲缘关系、系统进化、分子遗传连锁图谱、种质鉴定等。研究手段主要有形态度量、染色体组分型、同工酶，以及 mtDNA、RAPD、RFLP、AFLP、SSR、SRAP 等分子标记方法。

自 2007 年起，我们围绕形态学特征及群体遗传结构等方面对团头鲂野生群体的种质资源展开了研究。

第一节　团头鲂形态学特征

形态学标记研究主要是根据生物体外部形态特征的差异进行物种的划分，是分类学常用的标准。目前，人工养殖的团头鲂主要来源于湖北的梁子湖和淤泥湖、江西的鄱阳湖。梁子湖与淤泥湖相距约为 250km，与鄱阳湖相距 180km 左右，三个湖泊均位于长江南岸。鄱阳湖一直与长江直接连通，淤泥湖没有直接与长江连通，而梁子湖仅通过樊口人工闸与长江连通。易伯鲁(1955)和曹文宣(1960)是最早开始对团头鲂的形态进行研究的，随后方耀林等(1990)、罗云林(1990)、李思发等(1991)、柯鸿文等(1993)、欧阳敏等(2001)、张德春(2001)、徐薇和熊邦喜(2008)等都曾对三个湖泊的团头鲂形态学进行过报道。

一、梁子湖团头鲂雌雄生长特征

(一)体长体重关系

2008 年冬季，从梁子湖共采集到团头鲂 82 尾，其中，雄性 41 尾、雌性 41 尾，个体年龄为 1～2 龄。经基础数据测量后，采用 Keys 公式($W=aL^b$)拟合出团头鲂体长和体重的相关曲线(L-W 曲线)(图 2-1)，其关系式如下

雄性(♂)：$W=0.526L^{2.08}$，$R^2=0.631$

雌性(♀)：$W=0.410L^{2.17}$，$R^2=0.630$

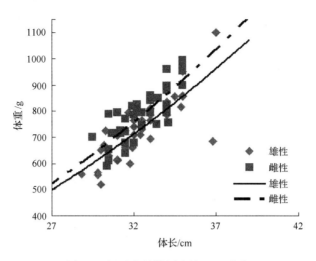

图 2-1　梁子湖雌雄团头鲂 L-W 曲线

从上面关系式可以看出，雌、雄团头鲂的 b 值均小于 3。因此，梁子湖的团头鲂均为负的异速生长（等于 3 为等速生长，大于 3 为正的异速生长），这也说明团头鲂典型的侧扁体型是由于其体长、体高和体宽不为等速生长所致。从雌、雄团头鲂的体长与体重关系曲线可以明显看出，雌性的体长与体重关系曲线比雄性陡，说明该年龄段雌性团头鲂比雄性生长要快。

（二）肥满度

梁子湖雌雄团头鲂的体重和肥满度（condition factor，CF）统计见表 2-1，雌雄团头鲂之间的体重存在显著性差异（$P<0.05$），雌性体重为（0.78±0.10）kg，高于同一生长期雄性体重[（0.71±0.15）kg]；同时，雌雄团头鲂的肥满度也存在着极显著差异（$P<0.01$），雌性肥满度为 2.28±0.23，明显高于雄性的 2.17±0.21。

表 2-1　梁子湖雌雄团头鲂体重和肥满度比较

	雄（♂）	雌（♀）
体重/kg	0.71±0.15	0.78±0.10*
肥满度	2.17±0.21	2.28±0.23**

注：表中数据为平均值±标准差，全书下同。*表示显著差异（$P<0.05$），**表示极显著差异（$P<0.01$）

（三）体型指数

梁子湖雌雄团头鲂的体型指数统计见表 2-2，t 检验表明，雄性、雌性的体长/体高和体长/眼前长分别存在显著和极显著差异。说明雄性的体高不及同体长的雌性（$P<0.05$），且眼前长明显短于同体长的雌性（$P<0.01$）。其他比例性状，雌雄差异不显著（$P>0.05$）。

表 2-2 梁子湖雌雄团头鲂体型指数比较

体型指数	雄(♂)	雌(♀)
体长/全长	0.85±0.24	0.84±0.24
体长/体高	2.35±0.17	2.27±0.12*
体长/头长	5.65±2.46	4.80±0.27
体长/头高	5.89±0.38	5.91±0.37
体长/头宽	8.25±0.49	8.21±0.56
体长/尾柄长	8.04±0.56	8.10±0.58
体长/尾柄宽	7.18±0.83	7.05±0.56
体长/背鳍前长	2.12±0.09	2.22±0.62
体长/眼前长	16.26±1.48	15.34±1.68**
体长/眼后长	10.22±1.09	9.86±0.58
体长/背鳍长	7.48±0.59	7.34±0.83
体长/臀鳍长	3.61±0.23	3.59±0.24
体长/腹鳍前长	2.46±0.14	2.43±0.18
体长/臀鳍前长	1.60±0.13	1.90±2.10
体长/鼻间距	18.19±3.35	17.18±1.47
体长/眼径	19.09±1.52	19.31±1.98

*表示显著差异($P<0.05$)，**表示极显著差异($P<0.01$)

(四)可数性状

梁子湖雌雄团头鲂之间的可数性状差异见表 2-3，雄性团头鲂侧线鳞数为 48～55，其中，49～53 为最多，雌性团头鲂的侧线鳞数为 49～56，其中，50～53 为最多。通过 t 检验可看出，梁子湖团头鲂雌雄的侧线鳞数存在显著的差异，雌性的侧线鳞数较雄性多($P<0.05$)，其他可数性状则没有显著差异($P>0.05$)。

表 2-3 梁子湖雌雄团头鲂可数性状比较

可数性状	雄(♂)	雌(♀)
侧线鳞数	51.21±1.66	52.32±1.69*
侧线上鳞数	10.55±0.72	10.98±0.72
侧线下鳞数	8.92±0.53	9.39±0.62
背鳍鳍条数	8.26±0.94	8.86±1.12
胸鳍鳍条数	13.67±0.71	14.01±1.21
臀鳍鳍条数	25.61±2.83	24.89±1.69
尾鳍鳍条数	20.11±0.55	19.27±0.76

*表示显著差异($P<0.05$)

（五）雌雄判别

通过 SPSS 进行分析，将雌雄团头鲂的 16 个体型指数录入后，采用逐步判别法，根据非标准化的典则判别函数的系数，写出非标准化的典则判别式：

$$D=0.632BL/PROL-9.978$$

式中，BL 表示体长（body length），$PROL$ 表示眼前长（pre-orbital-length）。将每一类判别指标的平均值 X_i 代入上式中，计算出每一类的平均值 Y_1 及 Y_2，计算判别式的临界值 $Y_c=(Y_1+Y_2)/2$。若 $Y>Y_c$，判归雄性；若 $Y<Y_c$，判归雌性。将 41 例样本作回代判别，总判别符合率为 59.8%。交互验证符合率为 59.8%。

通过建立判别式，可以看出在 16 个体型指数中，被采用的只有体长/眼前长。从结果可以看出，函数的判别符合率过低，因此，雌雄团头鲂形态学判别函数建立失败，这说明雌雄团头鲂之间在性腺未充分发育时，不能通过形态学的测量进行性别判别。

（六）可量性状的主成分分析

通过 SPSS 处理数据后，得到雌雄团头鲂的 16 个体型指数成分分析结果，根据结果保留了对方差贡献较大的前四个主成分，其信息量和负荷值见表 2-4。

表 2-4 各主成分的特征根、贡献率及累积贡献率

编号	方差	贡献率/%	累积贡献率/%	编号	方差	贡献率/%	累积贡献率/%
1	15.5218	47.5280	47.5280	9	0.2769	0.8479	98.6442
2	6.6919	20.4907	68.0186	10	0.1909	0.5845	99.2287
3	3.5703	10.9323	78.9510	11	0.0987	0.3022	99.5308
4	2.6384	8.0788	87.0299	12	0.0934	0.2860	99.8168
5	1.9226	5.8870	92.9170	13	0.0342	0.1047	99.9215
6	0.6994	2.1416	95.0585	14	0.0167	0.0511	99.9727
7	0.5321	1.6293	96.6877	15	0.0086	0.0263	99.9992
8	0.3621	1.1088	97.7963	16	0.0002	0.0006	99.9998

表 2-4 显示，前四个主成分的信息量达到了 87.0299%，分别解释其性状变异的 47.5280%、20.4907%、10.9323% 和 8.0788%。其中，第一主成分与体长/头长呈正相关关系，且与其他变量相比，相关系数绝对值较大，同时，与第一主成分相关系数大于或等于 0.2 的变量还有体长/体高、体长/头宽和体长/鼻间距；第二主成分与体长/鼻间距呈正相关关系，相关系数为 0.9305，远远大于与其他变量的相关系数，与第二主成分呈正相关的变量还有体长/全长、体长/体高、体长/头宽、体长/尾柄宽和体长/尾柄长；第三主成分与体长/眼径呈正相关关系，相关系数较大，为 0.8058；第四主成分与体长/臀鳍前长呈正相关关系，同时与第四主成分相关系数大于或等于 0.2 的变量还有体长/眼径（表 2-5）。

表 2-5　梁子湖雌雄团头鲂主成分分析

组分	第一主成分	第二主成分	第三主成分	第四主成分
体长/全长	0.1458	0.2435	0.3221	0.0971*
体长/体高	0.3044	0.2983	0.3632	0.1785
体长/头长	0.9868	−0.1613	0.0027*	−0.0092*
体长/头高	0.1169	0.1494	0.3144	0.1735
体长/头宽	0.3271	0.2631	0.2073	0.1577
体长/尾柄长	−0.0332*	0.2486	−0.0082*	0.1273
体长/尾柄宽	0.1010	0.3880	0.1459	0.0095*
体长/背鳍前长	0.0146*	0.0761*	0.1270	0.0091*
体长/眼前长	−0.0471*	0.1214	0.6943	−0.5430
体长/眼后长	−0.1480	−0.4212	0.1520	−0.1489
体长/背鳍长	−0.0352*	0.1281	0.0951*	0.1594
体长/臀鳍长	−0.1263	0.0889*	−0.0105*	0.1898
体长/腹鳍前长	0.0683*	−0.0359*	0.4369	−0.0060*
体长/臀鳍前长	0.0105*	0.1341	−0.2947	0.6067
体长/鼻间距	0.3606	0.9305	0.0002*	−0.0021*
体长/眼径	0.0156*	−0.0576*	0.8058	0.5622

*表示按检验水平 α=0.05，该相关系数无统计学意义

二、梁子湖、鄱阳湖和淤泥湖团头鲂的形态学比较

(一)体长和体重关系

曾聪(2012)于 2008 年冬季在长江中下游的梁子湖(30°34′N、114°51′E)、鄱阳湖(29°24′N、115°95′E)和淤泥湖(29°85′N、152°10′E)共捕获野生团头鲂 182 尾，其中，梁子湖 82 尾，鄱阳湖 40 尾，淤泥湖 60 尾。三个湖泊的个体均为 1~2 龄，体长为 20.70~38.70cm，体重为 240~1190g。

梁子湖、鄱阳湖和淤泥湖团头鲂的体长和体重关系，通过软件拟合出函数，求出 a、b 的值，并做出相关图(L-W 曲线)(图 2-2)，得到的关系式如下

梁子湖：$W=0.286L^{2.164}$，R^2=0.772
鄱阳湖：$W=0.063L^{2.710}$，R^2=0.961
淤泥湖：$W=0.111L^{2.474}$，R^2=0.716

通过上述关系式可以看出，三个湖泊的团头鲂 b 值存在差异，而且均小于 3。因此，三个湖泊的团头鲂均为负的异速生长。其中，以梁子湖的 b 值为最小，说明三个湖泊中以梁子湖团头鲂的异速生长最为明显。从 L-W 曲线可以看出，梁子湖团头鲂的体长体重关系曲线和其他两个湖泊的曲线有两个交点，在交点之前，梁子湖群体的前期生长优于其他两个湖的群体，但其生长趋势不如其他两个湖泊的群体。

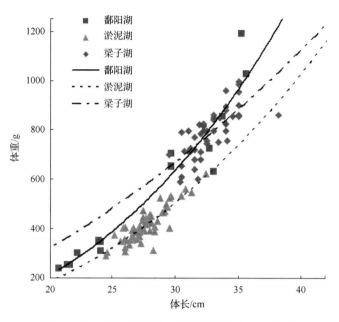

图 2-2 梁子湖、鄱阳湖、淤泥湖团头鲂 *L-W* 曲线

在 Keys 公式($W=aL^b$)中，b 值的年度变化不显著；a 值随不同的季节、日期和不同的栖息地变化而改变。本研究所计算的体长与体重的关系数据仅代表 1～2 月的 a 值与 b 值，而不是年平均值。实际上，体长与体重的关系并不是常年不变的，某些因素(如食物的组成、摄食、性腺发育程度和产卵期等)的改变都会引起体长与体重关系的改变。曾聪(2012)研究的团头鲂的生长均倾向负异速生长，分析可能是由于团头鲂越冬食物匮乏所引起的，因此结果趋向负异速生长。实验结果可以看出，雌性团头鲂的 b 值比雄性的大，这可能与雌性在繁殖期需要比雄性摄入更多的食物，或者是雌性有着比雄性更高的能量转换效率有关；从梁子湖的团头鲂与其他两湖的对比来看，梁子湖团头鲂的 b 值低于其他两湖，而且远远低于 1960 年曹文宣所测得的 $b=3.191$，这可能是由于梁子湖目前捕捞过度，导致团头鲂资源退化，因此结果趋向负异速生长。

(二)肥满度

三个湖泊团头鲂体重和肥满度的方差分析结果见表 2-6，从结果可以看出，梁子湖的肥满度介于鄱阳湖和淤泥湖之间($P<0.05$)，其中，鄱阳湖最大，淤泥湖最小。

表 2-6 梁子湖、鄱阳湖、淤泥湖团头鲂体重和肥满度比较(曾聪，2012)

	梁子湖	鄱阳湖	淤泥湖
体重/kg	0.75±0.13[a]	0.57±0.30[b]	0.60±0.21[c]
肥满度	2.22±0.22[a]	2.44±0.29[b]	1.95±0.17[c]

注：同行数据的角标字母不同者表示差异显著($P<0.05$)

肥满度作为判定动物对环境适应的生理状态和营养状况的一个综合指标，被广泛用于动物生长状况与年龄、性别、环境、季节、群体密度和种间关系的研究。从曾聪(2012)

的结果也可以看出，性别和不同的环境都会影响肥满度。雌性重量增长的总趋势较雄性快，因而雌性群体的肥满度比雄性群体的高，这与方耀林等（1990）在淤泥湖团头鲂的雌雄研究中所得的结论是一致的。虽然梁子湖群体平均体重高于其他湖群体，但是在肥满度上，鄱阳湖群体优于其他两个群体。

（三）体型指数

三个湖泊团头鲂的体型指数统计见表2-7，方差分析后，可发现梁子湖团头鲂的体长/尾柄长和体长/眼后长显著高于其他两个湖（$P<0.05$），说明梁子湖的团头鲂的尾柄长和眼后长要短于其他两湖同体长的团头鲂；而梁子湖的体长/眼径最小，说明梁子湖同体长的团头鲂的眼径要大于其他两个湖的；体长/背鳍前长和体长/腹鳍前长则介于两湖之间，说明梁子湖团头鲂在尾柄长、眼后长、眼径、背鳍前长和腹鳍前长与其他两湖存在差异。

表 2-7 梁子湖、鄱阳湖、淤泥湖团头鲂体型指数比较

组分	梁子湖	鄱阳湖	淤泥湖
体长/全长	0.84±0.02	0.82±0.03[a]	0.85±0.17
体长/体高	2.31±0.15	2.05±0.15[a]	2.28±0.11
体长/头长	5.22±3.87	4.57±0.32	4.45±0.23
体长/头高	5.90±0.37	6.26±0.85[a]	5.80±0.52
体长/头宽	8.23±0.52	8.24±0.84	7.33±0.59[a]
体长/尾柄长	8.07±0.57[a]	7.50±0.59[b]	7.18±0.47[c]
体长/尾柄宽	7.11±0.71	7.45±0.71[a]	7.13±0.61
体长/背鳍前长	2.17±0.44[a]	1.92±0.14[b]	3.10±0.33[ab]
体长/眼前长	15.80±1.64	16.51±4.27	12.98±1.33[a]
体长/眼后长	10.04±0.88[a]	8.90±1.28	8.81±0.91
体长/背鳍长	7.41±0.72	7.74±0.79[a]	7.10±0.43
体长/臀鳍长	3.60±0.23	3.52±0.38	3.52±0.17
体长/腹鳍前长	2.45±0.16[a]	2.64±0.67[b]	2.54±0.20[ab]
体长/臀鳍前长	1.75±1.49	1.59±0.12	1.65±0.11
体长/鼻间距	17.69±2.62	18.75±4.60	12.91±0.75[a]
体长/眼径	19.20±1.76[a]	22.60±2.88[b]	24.04±2.88[c]

注：同行数据的角标字母不同者表示差异显著（$P<0.05$），字母相同者或未标者差异不显著（$P>0.05$）

从三个湖泊的比较结果来看，梁子湖团头鲂的尾柄长、背鳍前长、眼后长、腹鳍前长和眼径与其他两湖团头鲂的差异较为显著。

（四）可数性状

曾聪（2012）的结果显示出梁子湖、鄱阳湖和淤泥湖三湖团头鲂的可数性状差异，梁子湖团头鲂的侧线鳞数为48～56，多为49～53；鄱阳湖的为48～58，49～54为主；淤泥湖的为50～58，53～56为常见（表2-8）。梁子湖团头鲂的侧线下鳞为8～10，多数是9；鄱

阳湖的是 8～12，10 最为常见；淤泥湖的为 9～11，10 为多。梁子湖臀鳍鳍条数为 24～28，以 24～26 最多；鄱阳湖的为 25～33，29～31 为多；淤泥湖的为 24～34，27～30 为多。

表 2-8　三个群体的可数性状与已报道的资料比较(曾聪，2012)

项目	本实验						文献		国标 [3]
	梁子湖(82 尾)		鄱阳湖(40 尾)		淤泥湖(60 尾)		梁子湖 [1]	淤泥湖 [2]	
	范围	众数	范围	众数	范围	众数			
臀鳍鳍条数	24～28	24～26	25～33	29～31	24～34	27～30	24～31	25～30	24～31
尾鳍鳍条数	19～20	19	16～22	19	18～21	19			
背鳍鳍条数	6～8	7	6～7	7	5～7	7	7	7	7
胸鳍鳍条数	11～14	12～13	9～13	11～12	10～14	12～13	11～14		
侧线上鳞数	9～12	10	9～12	10	10～12	10	11		
侧线下鳞数	8～10	9	8～12	10	9～11	10	8		
侧线鳞数	48～56	49～53	48～58	49～54	50～58	53～56	54～56	50～57	50～60

注：1.曹文宣，1960；2.张德春，2001；3.国家质量技术监督局，2000

对三个团头鲂群体的可数性状进行单因素方差分析，并对各群体指标进行多重比较，表 2-9 列出的是各组变量在 $P=0.05$ 显著性差异水平上单因素方差分析的结果。可见，除了背鳍鳍条数、尾鳍鳍条数，其他指标在三个群体间均存在差异。

表 2-9　三个团头鲂群体的可数性状比较以及其变异系数(曾聪，2012)

项目	梁子湖	鄱阳湖	淤泥湖	变异系数		
				L-P	P-Y	L-Y
臀鳍鳍条数	25.33±2.31[a]	28.34±2.26[b]	27.62±2.29[b]	0.69	0.43	0.05
尾鳍鳍条数	19.67±0.58	19.18±1.80	19.18±1.20	0.28	0.17	0.09
背鳍鳍条数	8.33±0.58	8.26±0.82	8.17±0.62	0.05	0.12	0.07
胸鳍鳍条数	12.33±1.53[a]	11.29±1.30[b]	12.12±1.13[a]	0.40	0.10	0.41
侧线上鳞数	10.77±0.75[a]	10.42±0.76[b]	11.52±0.57[c]	0.22	0.55	0.81
侧线下鳞数	9.16±0.63[a]	9.26±1.59[a]	10.17±0.70[b]	0.05	0.43	0.39
侧线鳞数	51.78±1.76[a]	53.97±3.37[b]	54.98±2.02[c]	0.41	0.59	0.20

注：表中同行不同字母表示差异显著($P<0.05$)，相同字母为差异不显著($P>0.05$)；L-P 为梁子湖与鄱阳湖；P-Y 为鄱阳湖与淤泥湖；L-Y 为梁子湖与淤泥湖，下同

分类学家一般把亚种作为最小的分类单位，但 Mayr 等(1953)认为亚种还可以进一步分为不同的地理群体，从而进一步提出了 75%规则，并确定了变异系数的概念，把 1.28 作为亚种分类的临界值。当两群体间形态特征的变异系数大于 1.28 时，表明它们的差异达亚种水平以上；反之，则仅是不同地理群体间的差异。从表 2-9 可以看出三个群体的变异系数均小于 1.28，说明三个群体的团头鲂没有因地理隔离而形成新的亚种，其分化为不同地理群体间的分化(图 2-3)。

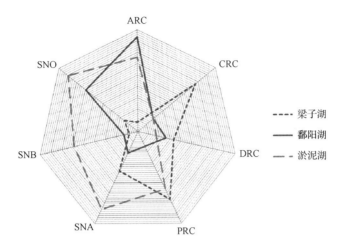

图 2-3 三个地理群体团头鲂可数性状比较(曾聪，2012)

ARC：臀鳍鳍条数；CRC：尾鳍鳍条数；DRC：背鳍鳍条数；PRC：胸鳍鳍条数；
SNA：侧线上鳞数；SNB：侧线下鳞数；SNO：侧线鳞数

(五)可量性状的协方差分析

协方差分析是将回归分析与方差分析结合起来使用的一种分析方法。曾聪(2012)对三个团头鲂群体的可量性状进行了协方差分析(表 2-10)，消除体长带来的差异后，除了头高、背鳍基长、腹鳍前长、臀鳍基长和鼻间距没有差异外，其他指标均有显著性差异($P<0.05$)。从表 2-11 所列的结果看，三个群体间变异系数最大仅为 0.43，表明群体间可量性状的分化程度较小。从群体角度而言，在全长上，梁子湖群体要显著大于其他两个群体；而在体高上，鄱阳湖群体要显著性大于其他两个群体；在头宽上淤泥湖则显著大于其他两个群体，说明三个群体的团头鲂在体型上已出现一定的分化。在形态学研究中，为了消除大小的影响，通常可以通过消去体长或者体重来实现。曾聪(2012)以体长为协变量来矫正原始数据，从结果可以看出单因素协方差缩小了群体间的差异，说明在形态比较时，大小的影响会掩盖群体之间的真实差异，因而协方差分析更能体现三个群体在同一体长水平下其他可量性状间的差异。

表 2-10 三个地理群体团头鲂体型比例比较(曾聪，2012)

指标	最大范围	梁子湖	鄱阳湖	淤泥湖
体长/体高	1.84～3.07	1.96～3.07	1.84～3.05	2.10～2.59
体长/头长	3.77～6.14	4.2～5.62	3.77～6.14	3.85～4.87
体长/背鳍长	6.26～9.68	6.40～8.75	6.49～9.68	6.26～8.50
体长/体重	0.24～1.19	0.52～1.10	0.24～1.19	0.29～0.62
尾柄宽/尾柄长	0.71～1.22	0.71～1.22	0.89～1.15	0.90～1.05

表2-11 三个团头鲂群体的可量性状的方差和协方差分析及其变异系数（曾聪，2012）

性状/cm	单因素方差分析			单因素协方差分析			变异系数		
	梁子湖	鄱阳湖	淤泥湖	梁子湖	鄱阳湖	淤泥湖	L-P	P-Y	L-Y
臀鳍基长	9.05±0.74	8.70±1.47	7.86±0.57	8.63±0.74	8.62±1.47	8.49±0.57	0.00	0.07	0.07
体高	14.06±0.88	14.45±2.62	12.12±0.71	13.44±0.88[a]	14.34±2.62[b]	13.04±0.71[a]	0.26	0.39	0.12
尾柄长	4.04±0.34	4.08±0.62	3.87±0.30	3.82±0.34[a]	4.04±0.62[b]	4.19±0.30[c]	0.23	0.16	0.40
尾柄高	4.61±0.63	4.15±0.65	3.92±0.29	4.41±0.63[a]	4.12±0.65[b]	4.12±0.29[b]	0.23	0.00	0.31
背鳍基长	4.43±0.69	4.14±0.71	3.90±0.31	4.20±0.69	4.10±0.71	4.25±0.31	0.07	0.15	0.06
眼径	1.70±0.15	1.61±0.40	1.15±0.07	1.68±0.15[a]	1.57±0.40[b]	1.57±0.07[c]	0.21	0.00	0.25
头高	5.50±0.29	5.38±1.09	4.80±0.46	5.23±0.29	5.34±1.09	5.20±0.46	0.07	0.09	0.02
头长	6.70±0.76	6.86±1.18	6.23±0.37	6.34±0.76[a]	6.79±1.18[b]	6.76±0.37[b]	0.23	0.02	0.27
头宽	3.95±0.24	3.83±0.69	3.79±0.27	3.77±0.24[a]	3.80±0.69[b]	4.05±0.27[b]	0.03	0.26	0.29
鼻间距	2.04±1.91	1.97±0.49	2.14±0.11	1.99±1.91	1.96±0.49	2.21±0.11	0.02	0.43	0.37
眼后头长	3.25±0.32	3.58±0.64	3.16±0.30	3.22±0.32[a]	3.50±0.64[b]	3.26±0.30[a]	0.29	0.25	0.05
臀鳍前长	13.29±1.08	12.19±2.44	10.95±0.88	12.61±1.08[a]	12.07±2.44[b]	11.96±2.44[b]	0.15	0.02	0.13
背前区长	15.18±1.37	15.64±3.09	13.47±0.84	14.35±1.37[a]	15.50±3.09[a]	14.7±0.84[b]	0.26	0.20	0.09
吻长	2.07±0.23	2.29±0.61	2.15±0.18	2.04±0.23[a]	2.21±0.61[b]	2.24±0.18[b]	0.21	0.03	0.25
胸鳍前长	20.53±4.19	19.36±3.51	16.85±1.16	19.43±4.19	19.17±3.51	18.47±1.16	0.03	0.15	0.21
全长	38.47±1.71	36.09±5.31	32.68±1.81	36.64±1.71[a]	35.77±5.31[b]	35.38±1.81[b]	0.12	0.05	0.18

注：单因素方差分析中，同行不同字母表示差异显著（$P<0.05$），相同字母为差异不显著（$P>0.05$）

（六）可量性状的聚类分析

聚类分析是根据样本的多指标、多个观察样品数据定量地确定样品、指标之间存在的相似性，画出分类树结构图。为了更直观地显示三个群体间形态学分化的关系，曾聪（2012）对 17 个可量性状的平均值进行了聚类分析（图 2-4）。结果表明，三个群体可分为 2 组，梁子湖和鄱阳湖团头鲂聚为一类，淤泥湖群体则单独成类，梁子湖和鄱阳湖群体聚类距离很近，说明两者在形态上非常相似，而淤泥湖的群体则与其他两湖的群体存在较大差别。此外，三个群体的形态分化距离与地理距离的线性函数构建失败，说明其形态分化与地理距离间不存在明显的相关。

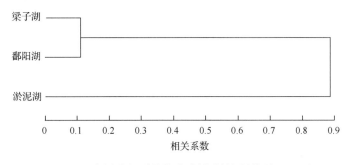

图 2-4　三个团头鲂群体的分类树结构图（曾聪，2012）

从外部形态来看，梁子湖与鄱阳湖群体更加相似，这可能与两湖的水系有关。梁子湖、鄱阳湖和淤泥湖都是长江中游的附属水体，樊口是梁子湖与长江相通的港口，鄱阳湖更是多处与长江相连通，而淤泥湖以前有河道与长江相连，大约 20 年前因建坝修闸而隔断（李思发等，1991），这可能是使得梁子湖和鄱阳湖的生态环境比淤泥湖更为相似，从而导致两湖群体在形态比较相似，也可能是两湖之间有水系直接连通，可能使得两群体存在着基因交流，或者也可能是广泛的移植和人工繁殖导致了这一现象。

（七）可量性状的判别分析

判别分析是根据多种指标对事物的影响进行判别，即通过分析建立判别公式，对群体进行判别，是鱼类群体形态分类中比较常见的方法。曾聪（2012）对不同湖泊团头鲂的可量性状进行逐步判别分析，结果和判别函数的系数见表 2-12。通过逐个引入变量再检验其判别能力后，17 个可量性状经逐步剔除，保留了 12 个判别能力显著的指标（$F>$ 3.84）。回代结果表明，梁子湖团头鲂共 82 尾，用判别函数回代分类，有 81 尾与实际相符，1 尾错分为鄱阳湖，其判别的准确率为 98.8%；淤泥湖团头鲂共 60 尾，有 60 尾与实际相符，没有错分，其判别的准确率为 100%；鄱阳湖共 38 尾，有 33 尾与实际相符，分别错分为梁子湖 2 尾和淤泥湖 3 尾，其准确率为 86.8%。由此可以推断判别函数的可信度较高（综合判别率为 96.67%）。在第一个判别函数，梁子湖、鄱阳湖和淤泥湖的凝集点依次为 2.388、–0.161 和–3.161；而第二个函数中，三个群体的凝集点依次是–0.459、1.832 和–0.533（图 2-5）。

表 2-12 各个性状在逐步判别函数中的判别能力及标准化函数的系数(曾聪，2012)

性状	公差	净退出 F 值	λ	方程系数	
				1	2
臀鳍长	0.486	4.602	0.078	0.355	0.010
体高	0.453	12.548	0.085	−0.047	0.776
尾柄长	0.401	5.699	0.079	−0.417	0.151
尾柄高	0.589	9.746	0.083	0.375	−0.348
眼径	0.519	52.318	0.121	0.891	0.367
头宽	0.419	7.484	0.081	−0.144	−0.613
鼻间距	0.480	27.658	0.099	−0.736	−0.343
眼后头长	0.446	15.735	0.088	−0.353	0.723
臀鳍前长	0.481	8.403	0.082	0.242	−0.543
背前区长	0.507	4.630	0.078	0.039	0.464
吻长	0.447	12.705	0.086	−0.529	0.346
全长	0.243	13.658	0.086	0.642	−0.691

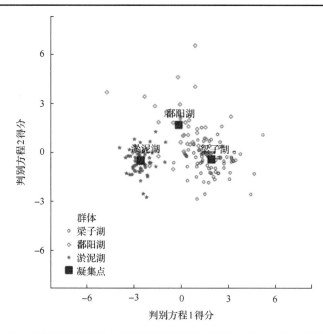

图 2-5 三个群体可量性状的判别函数得分(曾聪，2012)(见文后彩图)

(八)可量性状的主成分分析

主成分分析是以各因素间的线性关系为基础，通过计算特征值与特征向量，找出既能概括各因素原有的全部信息、又相互独立的新的权利指标。对三个群体团头鲂的测量形态数据进行主成分分析(表 2-13)，结果表明前三个主成分的累计贡献率达到 68.94%，即前 3 个主成分可以解释群体间形态差异的 68.94%。其中第一主成分贡献率为 39.78%，其他两个主成分的贡献率依次为 22.63%、6.53%。第一主成分中，臀鳍基长、体高、体长、尾柄高、眼径、头高、臀鳍前长、胸鳍前长和全长所占比重最大（负荷值＞0.6），这些性状主要集中在躯体部分，第一主成分可能主要反映躯体轮廓；第二主成分分别由尾柄长、头宽、头长、眼后头长和吻长决定（负荷值＞0.6），这些性状主要集中于头部和尾部，主要反映头部和尾部轮廓；第三主成分主要是鼻间距（负荷值＞0.6）。根据第一主成分和第二主成分绘制散点图（图 2-6），可以看出在第一主成分上，梁子湖和淤泥湖的团头鲂有很好的区分度，说明这两个湖泊团头鲂的区别主要是躯干部分；而在第二主成分上，三个群体则没有明显区分，说明三个群体的团头鲂在头部和尾部没有显著差异；另外，鄱阳湖的团头鲂在第二主成分上出现较大的差异，说明其群体内团头鲂的头部和尾部存在较大分化。

表 2-13 三个团头鲂群体的主成分分析（曾聪，2012）

性状	第一主成分	第二主成分	第三主成分
臀鳍基长	0.7259	0.3887	−0.0174
体高	0.7173	0.4079	−0.0207
体长	0.8510	0.4021	0.0141
尾柄长	0.4905	0.6068	0.1616
尾柄高	0.7119	0.2046	0.1721
背鳍基长	0.5929	0.3369	0.0966
眼径	0.8178	0.2173	−0.0369
头高	0.6757	0.4893	0.0678
头长	0.4922	0.6422	0.0042
头宽	0.4385	0.6261	0.2715
鼻间距	−0.0074	0.0088	0.9534
眼后头长	0.3166	0.7760	−0.2147
臀鳍前长	0.7791	0.2714	−0.0932
背前区长	0.5890	0.4865	−0.0168
吻长	0.1275	0.8443	0.0265
胸鳍前长	0.6979	0.1299	−0.0127
全长	0.8836	0.3335	0.0120
贡献率/%	39.78	22.63	6.53

以上结果表明，三个团头鲂群体的形态学差异能够通过多元分析来区分。总体而言，三湖的团头鲂群体间部分形态学指标有差异，但这种差异达不到亚种水平。但是，国外著名学者 Avise 和 Ball（1990）、Stephen 等（1991）在 Mayr 分类学原理的基础上，提出亚种间的形态差异要与分子差异一致。虽然形态不能准确描述三个群体间的特性，但这一结果可作为遗传标记研究的补充资料，对团头鲂育种研究时亲本的选择提供一定的参考依据。

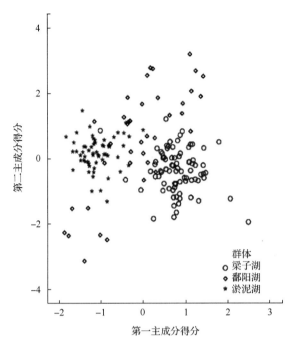

图 2-6　三个团头鲂群体的主成分图（曾聪，2012）（见文后彩图）

三、团头鲂形态性状对体重的影响效果分析

在鱼类的选育过程中，体重不仅是决定生产性能的根本指标，同时也是生长性状选育中的重要指标，由于体重受到多项形态性状的直接影响，因此，了解形态性状对体重的影响是十分必要的。Wright 于 1921 年提出借助通径分析（盖钧镒，2000）来探索性状间的作用是直接效应还是间接效应并判断其效应的大小。通径分析在作物及畜牧业育种中得到了非常广泛的应用（佟雪红等，2008），但在水产育种中，其应用仅限于尼罗罗非鱼、红鲤、黄河鲤、大西洋鲑、大菱鲆、牙鲆、大口黑鲈、硬头鳟、中国对虾、凡纳滨对虾、中华绒螯蟹、栉孔扇贝和青蛤等少数物种。

（一）形态性状的基本信息

曾聪（2012）对团头鲂的形态性状进行了测量（表 2-14），其中，体重的变异系数（1.215）远远大于体高和全长，这意味着体重的变异远远大于其他形态性状的变异。由此可见，体重相对于其他性状而言，可能易受外界其他因素影响。对包括体重在内的 18 个性状进行复共线性分析发现，最大的条件指数为 16.90，为弱共线（10～30 为弱共线，30～100 为中等共线，大于 100 为严重共线）。其所对应的方差分解比中，全长对应的数值为 0.698，体长对应的数值为 0.884，其他性状均未超过 0.500，因此只有全长和体长之间存在弱复共线性。

表 2-14　团头鲂形态性状的统计结果（曾聪，2012）

性状	平均数	标准差	变异系数	性状	平均数	标准差	变异系数
体重/g	235.334	286.006	1.215	头高/cm	5.235	0.673	0.129
全长/cm	30.442	3.392	0.111	尾柄宽/cm	4.251	0.498	0.117
体长/cm	22.898	9.401	0.411	背鳍长/cm	4.162	0.498	0.120
臀鳍前长/cm	18.973	2.550	0.134	尾柄长/cm	3.982	0.409	0.103
背前区长/cm	14.690	1.578	0.107	头宽/cm	3.866	0.385	0.100
腹鳍前长/cm	12.275	1.756	0.143	眼后长/cm	3.280	0.417	0.127
体高/cm	8.696	3.432	0.395	吻长/cm	2.139	0.344	0.161
臀鳍长/cm	8.563	1.029	0.120	鼻间距/cm	1.961	0.298	0.152
头长/cm	6.594	0.679	0.103	眼径/cm	1.491	0.319	0.214

注：变异系数=标准差/平均值

（二）形态性状与体重之间的相关性

对团头鲂进行形态性状之间的相关分析包括简单相关系数、复相关系数和偏相关系数（表 2-15）。在简单相关系数中，吻长与全长、尾柄高、体长、体高、眼径、臀鳍基长、体重，鼻间距与其他性状的系数不显著（$P>0.05$）。所有变量与其他 17 个变量之间的简

表 2-15a　形态性状之间的简单相关系数、偏相关系数和复相关系数（曾聪，2012）

性状	全长	体长	体高	头长	头高	头宽	尾柄长	尾柄高	背前区长
全长	0.966	0.548	−0.090	0.129	0.007	0.125	−0.018	0.040	−0.041
体长	0.953	0.972	−0.147	0.003	−0.048	−0.036	0.330	−0.054	0.190
体高	0.816	0.810	0.924	0.105	0.025	−0.012	0.032	−0.032	0.215
头长	0.778	0.806	0.757	0.930	−0.053	−0.072	−0.043	0.121	0.256
头高	0.745	0.759	0.689	0.698	0.842	0.087	0.147	0.196	−0.059
头宽	0.609	0.617	0.547	0.591	0.597	0.751	0.066	0.122	0.053
尾柄长	0.644	0.699	0.573	0.619	0.630	0.594	0.821	0.228	0.106
尾柄高	0.787	0.788	0.713	0.685	0.727	0.617	0.649	0.867	−0.035
背前区长	0.849	0.875	0.845	0.850	0.710	0.606	0.657	0.720	0.933
吻长	0.374	0.442	0.395	0.708	0.468	0.460	0.454	0.339	0.538
眼后头长	0.539	0.567	0.573	0.672	0.555	0.501	0.570	0.433	0.645
背鳍基长	0.763	0.788	0.691	0.688	0.720	0.619	0.663	0.708	0.724
臀鳍基长	0.747	0.760	0.690	0.696	0.641	0.582	0.552	0.706	0.719
腹鳍前长	0.781	0.805	0.699	0.726	0.662	0.438	0.462	0.663	0.734
臀鳍前长	0.851	0.857	0.779	0.771	0.734	0.549	0.510	0.717	0.822
鼻间距	0.057	0.123	0.083	0.319	0.215	0.402	0.374	0.199	0.162
眼径	0.798	0.786	0.735	0.664	0.687	0.443	0.478	0.655	0.698
体重	0.927	0.913	0.904	0.761	0.742	0.590	0.606	0.801	0.867

注：位于主对角线左下方的数字为简单相关系数，位于主对角线右上方的数字为偏相关系数，位于主对角线上的数字为复相关系数

表 2-15b　形态性状之间的简单相关系数、偏相关系数和复相关系数(曾聪，2012)

性状	吻长	眼后头长	背鳍基长	臀鳍基长	腹鳍前长	臀鳍前长	鼻间距	眼径	体重
全长	−0.130	0.030	0.042	−0.071	0.006	0.055	−0.101	0.054	0.271
体长	0.006	−0.068	0.121	0.077	0.281	0.164	0.066	0.077	0.118
体高	−0.007	0.092	−0.018	−0.123	0.070	−0.061	0.049	0.032	0.579
头长	0.499	0.180	−0.109	0.171	0.146	0.053	0.140	0.153	−0.080
头高	0.083	0.144	0.176	0.014	0.098	0.217	−0.003	0.205	−0.039
头宽	0.084	0.046	0.042	0.116	−0.113	0.042	0.234	−0.052	0.020
尾柄长	0.045	0.188	0.066	−0.080	−0.206	−0.250	0.113	−0.040	−0.069
尾柄高	−0.174	−0.243	0.024	0.114	0.129	0.052	0.168	−0.049	0.188
背前区长	0.110	0.137	0.012	−0.009	−0.022	0.119	−0.139	−0.146	0.130
吻长	0.829	−0.015	0.145	−0.036	0.029	0.151	0.247	0.007	−0.158
眼后头长	0.532	0.751	−0.025	0.059	0.047	−0.011	0.156	−0.070	0.005
背鳍基长	0.472	0.527	0.856	0.163	0.008	−0.178	0.207	0.087	0.139
臀鳍基长	0.376	0.505	0.711	0.826	−0.016	−0.125	−0.033	−0.068	0.268
腹鳍前长	0.406	0.476	0.618	0.618	0.847	0.098	−0.120	0.021	−0.089
臀鳍前长	0.452	0.518	0.652	0.662	0.767	0.910	−0.018	0.002	0.233
鼻间距	0.527	0.363	0.296	0.151	0.026	0.063	0.736	−0.195	−0.123
眼径	0.301	0.410	0.651	0.625	0.689	0.741	−0.072	0.854	0.203
体重	0.341	0.535	0.763	0.783	0.758	0.859	0.019	0.819	0.975

注：位于主对角线左下方的数字为简单相关系数，位于主对角线右上方的数字为偏相关系数，位于主对角线上的数字为复相关系数

单相关系数为极显著($P<0.01$)。所有复相关系数均为极显著($P<0.01$)。通过研究与体重相关性的分析发现，头宽、吻长、眼后头长、鼻间距 4 个集中在头部的性状均与体重的相关系数较小，这可能是由于其生长速度与其他性状不一致所致。偏回归系数的结果表明，消除其他变量的影响后，体高和体重的相关系数最大(0.579)，其次为全长与体长(0.548)，吻长与头长(0.499)也存在明显的相关。各形态性状与体重间的相关系数(绝对值)大小依次为：全长＞体长＞体高＞背前区长＞臀鳍前长＞眼径＞尾柄高＞臀鳍基长＞背鳍基长＞头长＞腹鳍前长＞头高＞尾柄长＞头宽＞眼后头长＞吻长＞鼻间距。

(三) 多元回归方程的建立

曾聪(2012)通过建立因变量(体重)的十七元标准线性回归方程，对团头鲂各形态性状的偏回归系数进行显著性检验，逐步去除偏回归系数不显著的性状($P>0.05$)，保留显著的性状，并用其建立了多元回归方程(表 2-16)。

表 2-16 回归系数显著性检验(曾聪，2012)

性状	回归系数	t 值	显著性
全长	14.749	5.56	0.000
体高	46.953	8.82	0.000
尾柄高	29.983	2.23	0.027
背前区长	10.081	1.74	0.083
吻长	−52.755	−3.33	0.001
背鳍基长	27.823	2.06	0.041
臀鳍基长	21.747	3.64	0.000
臀鳍前长	10.444	3.37	0.001
鼻间距	−29.445	−1.78	0.077
眼径	53.868	2.55	0.012
截距	−1226.370	−26.97	<0.0001

团头鲂的体重(y)与形态性状参数的多元回归方程为：$y = -1226.37 + 14.749X_1 + 46.953X_2 + 29.983X_3 + 10.081X_4 - 52.755X_5 + 27.823X_6 + 21.747X_7 + 10.444X_8 - 29.445X_9 + 53.868X_{10}$，式中，$X_1$、$X_2$、$X_3$、$X_4$、$X_5$、$X_6$、$X_7$、$X_8$、$X_9$ 和 X_{10} 依次为全长、体高、尾柄高、背前区长、吻长、背鳍基长、臀鳍基长、臀鳍前长、鼻间距和眼径。上述回归方程的决定系数 $R^2 = 0.9494$，方差分析结果表明，回归关系达到极显著水平($P < 0.01$)，估计值与观测值差异不显著($P > 0.05$)。何小燕等(2009)认为当复相关指数或各自变量对依变量的单独决定系数及两两共同决定系数的总和 $\sum d$(在数值上 $R^2 = \sum d$)大于或等于 0.85 时，表明影响依变量的主要自变量已经找到。团头鲂的 $R^2 = \sum d = 0.9750$，说明所测量的团头鲂各形态性状已覆盖影响体重的绝大部分性状。虽然体长、头长、头高、尾柄长和腹鳍前长与体重正相关，但因回归系数检验不显著而被剔除($P > 0.05$)，说明这些性状对体重的直接影响较小，其影响主要通过其他形态性状(如全长和体高)来呈现。张庆文等(2008)的研究也发现了类似的结果，可见通过各性状间的表型相关系数还无法正确判断各形态性状自变量对体重的影响大小，还需借助进一步的分析。

(四)形态性状与体重之间的通径分析

为了进一步揭示各性状间的相关关系，对参与多元回归方程构建的性状进行了体重的通径分析(表 2-17)。全长(P_1)、体高(P_2)、尾柄高(P_3)、背前区长(P_4)、吻长(P_5)、背鳍基长(P_6)、臀鳍基长(P_7)、臀鳍前长(P_8)、鼻间距(P_9)和眼径(P_{10})对体重的通径系数依次为：$P_1 = 0.272$，$P_2 = 0.326$，$P_3 = 0.071$，$P_4 = 0.076$，$P_5 = -0.086$，$P_6 = 0.066$，$P_7 = 0.106$，$P_8 = 0.128$，$P_9 = -0.042$，$P_{10} = 0.081$。对通径系数进行检验显示，每一个性状都达到了显著水平($P < 0.05$)，表明这 10 个形态性状是作用体重的主要因素，只有吻长(−0.086)和鼻间距(−0.042)对体重的通径系数为负值，说明吻长和鼻间距对团头鲂体重的影响为负向作用。

表 2-17　团头鲂各形态性状与体重间的通径系数（曾聪，2012）

| 性状 | 直接作用 | 间接作用 | | | | | | | | | | | 相关系数 |
		总和	全长	体高	尾柄高	背前区长	吻长	背鳍基长	臀鳍基长	臀鳍前长	鼻间距	眼径	
全长	0.272	0.656		0.266	0.056	0.065	−0.032	0.051	0.079	0.109	−0.002	0.065	0.927
体高	0.326	0.578	0.222		0.050	0.065	−0.034	0.046	0.073	0.100	−0.003	0.060	0.904
尾柄高	0.071	0.731	0.214	0.232		0.055	−0.029	0.047	0.075	0.092	−0.008	0.053	0.801
背前区长	0.076	0.790	0.231	0.275	0.051		−0.046	0.048	0.076	0.105	−0.007	0.057	0.867
吻长	−0.086	0.427	0.102	0.129	0.024	0.041		0.031	0.040	0.058	−0.022	0.024	0.341
背鳍基长	0.066	0.697	0.207	0.225	0.050	0.055	−0.041		0.076	0.083	−0.012	0.053	0.763
臀鳍基长	0.106	0.677	0.203	0.225	0.055	0.055	−0.032	0.047		0.085	−0.006	0.051	0.783
臀鳍前长	0.128	0.731	0.231	0.254	0.051	0.063	−0.039	0.043	0.070		−0.003	0.060	0.859
鼻间距	−0.042	0.061	0.015	0.027	0.014	0.012	−0.045	0.020	0.016	0.008		−0.006	0.019
眼径	0.081	0.737	0.217	0.239	0.046	0.053	−0.026	0.043	0.067	0.095	0.003		0.819

通过分析直接通径系数和间接通径系数，可以直观地了解各性状对体重的直接作用和某一形态性状通过其他形态性状对体重的间接作用。由表 2-17 可知，体高对团头鲂体重的直接作用最大（0.326），其次是全长（0.272），同时它们也相互作为间接因素而对体重产生较大的影响。背前区长对体重间接作用最大（0.790），其次为眼径（0.737），同其他性状一样，主要通过体高对体重进行间接作用。这可能因为全长较长和体高较高的个体具有较大的几何空间，有利于脂肪、肝等营养物质的积累贮存，进而导致体重的增加。在团头鲂的实际生产中，也认为体型宽长有利于营养物质的积累。

多元方程和通径系数的分析表明，全长和体高对体重的决定程度较大，所以这两个性状可作为团头鲂的理想测度选育指标。

（五）体重、全长和体高三者的相互关系

为了探究对体重贡献最大的两个形态性状之间的相互关系，对体重、全长和体高三者之间进行曲线拟合（图 2-7）。全长、体高与体重的关系为指数关系时拟合最好，R^2 分别为 0.9825 和 0.9806，体重生长符合指数模型；全长与体高的关系符合线性关系，R^2 为 0.9693；在全长、体高和体重的拟合中发现指数拟合最优，R^2 达到了 0.9907。对方程进行显著检验，4 个方程均为极显著（$P<0.01$），方程如下

全长（TL）与体重（W）：$W=0.007TL^{3.166}$，$R^2=0.9825$；

体高（BD）与体重：$W=0.151BD^{3.160}$，$R^2=0.9806$；

全长和体高：$BD=0.362TL+0.406$，$R^2=0.9693$；

全长、体高与体重：$W=0.031\times(TL\times BD)\times1.596$，$R^2=0.9907$。

通过分析体高、全长和体重的关系发现，团头鲂的全长、体高和体重符合一般鱼类体长-体重关系 $W=aL^b$（$b<3$ 是负异速生长，$b=3$ 是等速生长，$b>3$ 是正异速生长）（殷名称，1993），且全长、体高和体重的函数中 $b\approx3$，说明团头鲂的全长、体高和体重为等速生长，且团头鲂的全长和体高的生长速度是直线关系。这也可以看出在团头鲂的整个生长周期，全长和体高的比值基本固定。

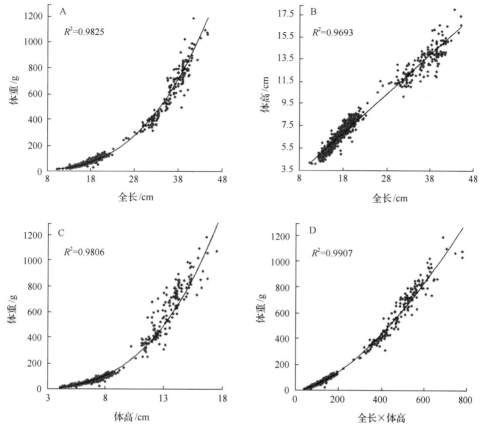

图 2-7　全长、体高和体重之间相互关系(曾聪，2012)

另外，由于基因连锁和基因多效性的存在，个体的各个性状间存在着不同程度的相关性。这反映在选择育种实践中，有的性状可通过直接选择而达到目的，有的性状则不能，但可通过对其他相关性较高的性状的选育来达到间接选育的目的(张庆文等，2008)。曾聪(2012)的研究中，体重、全长和体高之间存在着很高的相关性，因而，可以通过对一个指标选育来达到选育另外两个指标的目的。从回归方程可以看出，体高的改变对体重的影响比全长更为敏感，且体高对团头鲂体重的直接作用最大，因此，曾聪(2012)认为体高是对团头鲂体重影响最为重要的性状。

第二节　群体遗传结构

一、线粒体基因组

线粒体基因组具有信息量丰富、分子量小、基因结构及排列简单、多个拷贝、物种内几乎不发生重排、无内含子、母系遗传、进化速率快等优点，是一个相对独立的复制单位，是生物学家研究系统发育进化的有力工具，也是唯一可以提供基因组水平研究的分子标记。鲂属鱼类作为东亚鲤科鱼类的组成部分，物种形成时间较晚，线粒体 DNA 的变异积累相对较少，变异速度较其他鲤科鱼类要慢，对鲂属内线粒体基因组种间变异位点的研究可以提供一些分化时间较早、线粒体 DNA 变异较大的较高或相同分类阶元所无法提供的进化信息（王绪祯，2005）。赖瑞芳等（2014）在团头鲂、三角鲂、广东鲂和厚颌鲂 4 种鲂属鱼类线粒体基因组全序列的基础上，全面系统地比较分析了鲂属鱼类线粒体基因组的基本特征、碱基组成与偏好、蛋白编码基因、变异位点分布情况及其系统进化关系等。其中，三角鲂和广东鲂采集于珠江水系，厚颌鲂采集于长江上游的龙溪河。

(一)鲂属鱼类线粒体基因组的基本特征

4 种鲂属鱼类线粒体基因组全序列长度在 16 621～16 623bp（团头鲂 16 623bp、三角鲂 16 621bp、厚颌鲂 16 621bp、广东鲂 16 622bp），仅有 0～2bp 的差异，与其他鱼类序列长度接近（Chang et al.，1994；Broughton et al.，2001；Wang et al.，2008）。在基因组成和结构上高度保守，均编码 37 个基因（13 个蛋白编码基因、22 个转运 RNA 基因和 2 个核糖体 RNA 基因）及 1 个非编码区（D-loop 区）和轻链复制起始区（OL 区）。除 ND6 和 8 个 tRNA（tRNA^{Gln}、tRNA^{Ala}、tRNA^{Asn}、tRNA^{Cys}、tRNA^{Tyr}、tRNA^{Ser}、tRNA^{Glu}、tRNA^{Pro}）在 L 链上编码外，其余基因均在 H 链上编码。它们的基因排列顺序完全相同，没有发现基因的重排，大部分基因长度也基本相同，长度差异主要发生在 12S RNA 和 16S RNA 基因。其在编码链、起始和终止密码子使用等方面也非常相似（表 2-18），在其他脊椎动物中也存在这种情况（Noack et al.，1996）。在脊椎动物中，D-loop 区序列可能由于受到较小的选择压力，进化速度相对较快，其序列变异不仅有碱基的替换，还有序列长度的变化，是线粒体基因组长度变异最大的区域（Tamura et al.，2007；刘红艳等，2008），而 4 种鲂属鱼类间 D-loop 区变化则相对较小，仅存在 0～1bp 的差异。13 个蛋白编码基因和 22 个 tRNA 基因的排列顺序和长度完全相同。整个基因组排列紧密，仅仅只有少许的碱基间隔区（13 处 33bp，间隔碱基数在 1～13bp）和重叠区（6 处 22bp，重叠碱基数在 1～7bp），表明 RNA 转录和蛋白质翻译的效率高（Anderson et al.，1981）。在蛋白编码基因序列中，有 4 对基因间存在开放阅读框的重叠：ATP8/ATP6 基因和 ND4L/ND4 基因间都存在 7bp 的重叠，ND5 和 ND6 基因间存在 4bp 的重叠，ATP6/COX3 基因间存在 1bp 的重叠。同时，相邻 tRNA 基因之间也存在个别碱基的重叠现象（tRNA^{Ile}/tRNA^{Gln} 2bp、tRNA^{Thr}/tRNA^{Pro} 1bp）。另外，在鲂属鱼类线粒体基因组中均有 13 处基因间隔序列，间隔序列长度在 1～13bp，总长度为 33bp，其中基因间隔最大处位于 tRNA^{Asp} 和 COX2 之间，为 13bp。而基因间既没有重复又没有间隔的紧密排列基因对共计 21 处。蛋白编码基因之间的这种碱基重叠特征在其他脊椎动物中很常见。研究发现鲤（Cyprinus carpio）（Chang et al.，1994）和麦穗鱼（Pseudorasbora parva）（陈涛，2010；陈涛等，2012）的 ATP8/ATP6 基因及 ND4L/ND4 基因间均存在 7bp 的重叠，而在爪蟾和鸡（Desjardins and Morais，1990）中重叠 10bp，在哺乳动物（Anderson et al.，1982）中重叠更是达 40～46bp。通过这些信息的比较也可在一定程度上描述进化趋势和鉴定物种。

表 2-18　4 种鲂属鱼类线粒体基因组基因长度、起始密码子和终止密码子使用情况

基因	团头鲂 长度/bp	起始密码子	终止密码子	厚颌鲂 长度/bp	起始密码子	终止密码子	三角鲂 长度/bp	起始密码子	终止密码子	广东鲂 长度/bp	起始密码子	终止密码子
tRNAPhe	69			69			69			69		
12SrRNA	962			961			961			965		
tRNAVal	72			72			72			72		
16SrRNA	1692			1691			1691			1689		
tRNALeu	76			76			76			76		
ND1	975	ATG	TAA	975	ATG	TAA	975	ATG	TAA	975	ATG	TAA
tRNAIle	72			72			72			72		
tRNAGln	71			71			71			71		
tRNAMet	69			69			69			69		
ND2	1045	ATG	T--	1045	ATG	T--	1045	ATG	T--	1045	ATG	T--
tRNATrp	71			71			71			71		
tRNAAla	69			69			69			69		
tRNAAsn	73			73			73			73		
OL 区序列	32			32			32			32		
tRNACys	68			68			68			68		
tRNATyr	71			71			71			71		
COX1	1551	GTG	TAA	1551	GTG	TAA	1551	GTG	TAA	1551	GTG	TAA
tRNASer	71			71			71			71		
tRNAAsp	74			74			74			74		
COX2	691	ATG	T--	691	ATG	T--	691	ATG	T--	691	ATG	T--
tRNALys	76			76			76			76		
ATP8	165	ATG	TAA	165	ATG	TAA	165	ATG	TAA	165	ATG	TAG
ATP6	684	ATG	TAA	684	ATG	TAA	684	ATG	TAA	684	ATG	TAA
COX3	785	ATG	TA-	785	ATG	TA-	785	ATG	TA-	785	ATG	TA-
tRNAGly	72			72			72			72		
ND3	349	ATG	T--	349	ATG	T--	349	ATG	T--	349	ATG	T--
tRNAArg	70			70			70			70		
ND4L	297	ATG	TAA	297	ATG	TAA	297	ATG	TAA	297	ATG	TAA
ND4	1382	ATG	TA-	1382	ATG	TA-	1382	ATG	TA-	1382	ATG	TA-
tRNAHis	69			69			69			69		
tRNASer	69			69			69			69		
tRNALeu	73			73			73			73		
ND5	1836	ATG	TAA	1836	ATG	TAA	1836	ATG	TAA	1836	ATG	TAA
ND6	522	ATG	TAA	522	ATG	TAA	522	ATG	TAA	522	ATG	TAA
tRNAGlu	69			69			69			69		
Cytb	1141	ATG	T--	1141	ATG	T--	1141	ATG	T--	1141	ATG	T--
tRNAThr	72			72			72			72		
tRNAPro	70			70			70			70		
D-loop 区序列	937			937			937			936		

注：在 H 链上编码的基因用粗体显示

在蛋白编码基因的起始和终止密码子方面,广东鲂的*ATP8*基因的终止密码子是TAG,其他三种鲂属鱼类均以TAA作为终止密码子,除此之外的12个蛋白编码基因的起始密码子(ATG或GTG)和终止密码子(TAA、TA-或T--)在4种鲂属鱼类中完全相同(表2-18)。13个蛋白编码基因中,除*COX1*基因的起始密码子是GTG外,其余12个蛋白编码基因均以ATG作为起始密码子,这种现象在目前发现的硬骨鱼类中十分常见(Chang et al.,1994)。团头鲂、三角鲂和厚颌鲂线粒体基因组 7 个蛋白编码基因(*ATP6*、*ATP8*、*COX1*、*ND1*、*ND4L*、*ND5* 和 *ND6*)的终止密码子为完全终止密码子(TAA),而广东鲂除 *ATP8* 基因以TAG 为完全终止密码子之外,其余 6 个蛋白编码基因(*ATP6*、*COX1*、*ND1*、*ND4L*、*ND5*和 *ND6*)也以TAA作为完全终止密码子;除了以上的 7 个蛋白编码基因外,其余的蛋白编码基因的终止密码子均以不完全的终止密码子(TA-或者T--)结尾。

这些不完全的终止密码子在鱼类线粒体基因组中基本一致(Wang et al.,2008),这种现象也普遍存在于脊椎动物线粒体基因组中(Liu et al.,2009)。虽然没有完全终止密码子,但其 DNA 序列转录产物末端为T--或TA-,加上线粒体 mRNA 3′末端含有 PloyA 尾巴,因此,这些不完全的终止密码子可以通过转录后的 mRNA 加工过程中的多腺苷酸化形成TAA 终止密码子(Anderson et al.，1981)。

(二)鲂属鱼类线粒体基因组的碱基组成与偏好

对 4 种鲂属鱼类线粒体基因组及各组成部分碱基的平均组成及偏好情况进行了统计，见表2-19。结果显示,4 种鲂属鱼类线粒体基因组全序列A+T 平均含量为 56.0%,表明鲂属线粒体基因组全序列存在一定的 A+T 偏向性,这与其他脊椎动物线粒体基因组的 A+T 偏向性是一致的(Lee and Kocher，1995；Miya et al.,2003)。鲂属线粒体基因组全序列还呈现出较强的 A 碱基和 C 碱基偏好(AT-skew = 0.12 和 GC-skew = −0.27)(碱基组成上的偏好性可以通过偏移度来描述：AT-skew=(A-T)/(A+T) 和 GC-skew=(G-C)/(G+C)(Perna and Kocher，1995)。4 种鲂属鱼类线粒体基因组 13 个蛋白质编码基因的碱基平均含量为 A>C>T>G, 其 A+T 平均含量为 55.8%,除 *ND6* 基因外,均呈现出较强的 C 碱基偏好,达到−0.30,而 A 碱基偏好较弱,仅为 0.04。*ND6* 基因由 L 链编码,可见 H 链与 L 链编码的基因存在较大的碱基组成差异。分析表明,其中第三密码子 3rd 的 A+T 平均含量高于第二密码子 2nd 和第一密码子 1st A+T 平均含量,而在 4 种碱基中 G 碱基含量最低,特别是第三密码子,含量仅为 12.9%,因此在第三密码子呈现极强的 C 碱基偏好(GC-skew= −0.39),然而在第一密码子呈现较强的 G 碱基偏好(GC-skew=0.21)。在已测定的其他鲤科鱼类线粒体基因组蛋白编码基因中也有相同情况,这应该与密码子的稳定性有关系,如麦穗鱼线粒体基因组蛋白编码基因 A+T 平均含量为 59.5%,存在一定的 A+T 偏向性,也呈现出较强的 C 碱基偏好(GC-skew= −0.2138),其中第三密码子的 A+T 含量最高(69.1%),而在 4 种碱基中 G 碱基含量最低,特别是第三密码子,仅含 8.1%,呈现极强的 C 碱基偏好,达到−0.4723,然而在第一密码子呈现较强的 G 碱基偏好(GC-skew = 0.0480)。正是由于 13 个蛋白编码基因具有较强的 C 碱基偏好导致了线粒体基因组全序列也存在着较强的 C 碱基偏好。

表 2-19 鲂属鱼类线粒体基因组各组成部分的碱基平均组成统计

	碱基平均组成/%						AT 偏移度	GC 偏移度
	T(U)	C	A	G	A+T	G+C		
全基因组	24.7	27.9	31.2	16.2	56.0	44.0	0.12	−0.27
蛋白质编码基因	26.7	28.6	29.1	15.6	55.8	44.2	0.04	−0.30
1st	25.1	27.8	29.0	18.2	54.0	46.0	0.07	0.21
2nd	30.5	28.4	25.4	15.7	55.9	44.1	0.09	−0.34
3rd	24.6	29.6	32.9	12.9	57.5	42.5	0.14	−0.39
tRNA	25.1	24.6	30.3	20.0	55.4	44.6	0.09	−0.10
rRNA	19.8	24.5	34.5	21.3	54.2	45.8	0.27	−0.07
D-loop 区序列	30.9	21.5	33.3	14.3	64.2	35.8	0.04	−0.20
OL 区序列	25.0	28.1	19.5	27.3	44.5	55.5	−0.12	−0.01

表 2-19 还显示 4 种鲂属鱼类线粒体基因组的碱基组成有一定的规律性,除 OL 区序列和蛋白编码基因第三密码子外,鲂属鱼类线粒体基因组的全序列、蛋白编码基因、tRNA、rRNA 和 D-loop 区序列都存在一定的 A+T 偏向性、A 碱基偏好和 C 碱基偏好,而 D-loop 区序列的 A+T 偏向性最为显著为 64.2%,而且明显高于线粒体基因组其他各组成部分的基因,因此 D-loop 区又称为 A+T 丰富区,符合鱼类线粒体 DNA 控制区碱基组成的偏好性特征。

(三)鲂属鱼类蛋白编码基因密码子使用情况

对 4 种鲂属鱼类的 13 个蛋白编码基因的密码子平均使用频率和相对同义密码子平均使用频率进行了统计,其结果见表 2-20。相对同义密码子使用频率(relative synonymous codon usage,RSCU),是衡量密码子使用偏好性的重要指标,它能直观地反映密码子使用的偏好性程度(耿荣庆等,2008)。它是用观察到的某一同义密码子的使用次数除以预期该密码子出现次数的值,若 RSCU 值小于 1 说明该密码子出现的次数比预期低,若 RSCU 值大于 1 说明该密码子出现的次数比预期高(郭忠超,2011)。表 2-20 中粗体字显示的是编码同种氨基酸使用频率最高的密码子,这些密码子的 RSCU 平均值均大于 1,均为偏好密码子。结果显示,所有蛋白编码基因的密码子使用都存在着强烈的偏好性,其中 NNA 密码子 RSCU 平均值都大于 1,表明第三位点为 A 的密码子使用频率较高,密码子使用的这种偏好性与蛋白编码基因的密码子第三位点的 A 偏好性表现出正相关性。

(四)鲂属鱼类线粒体基因组序列比对

4 种鲂属鱼类线粒体基因组全序列、13 个蛋白编码基因序列、12S rRNA、16S rRNA 和 D-loop 区的序列分别进行种间两两 BLAST 比对。

表 2-20　4 种鲂属鱼类 13 个蛋白编码基因密码子平均使用频率

密码子	平均使用次数	相对同义密码子平均使用频率	密码子	平均使用次数	相对同义密码子平均使用频率	密码子	平均使用次数	相对同义密码子平均使用频率	密码子	平均使用次数	相对同义密码子平均使用频率
UUU(F)	60.5	0.76	UCU(S)	65.5	1.14	UAU(Y)	69.3	0.95	UGU(C)	23.5	0.82
UUC(F)	**99.8**	**1.24**	**UCC(S)**	**88.8**	**1.55**	**UAC(Y)**	**77.3**	**1.05**	**UGC(C)**	**34.0**	**1.18**
UUA(L)	85.0	1.06	UCA(S)	74.5	1.30	UAA(*)	55.8	1.30	**UGA(W)**	**78.5**	**1.47**
UUG(L)	38.8	0.48	UCG(S)	21.8	0.38	UAG(*)	53.5	1.24	UGG(W)	28.5	0.53
CUU(L)	98.3	1.22	CCU(P)	94.3	1.13	CAU(H)	59.0	0.80	CGU(R)	18.0	0.69
CUC(L)	70.0	0.87	CCC(P)	85.0	1.01	**CAC(H)**	**89.0**	**1.20**	CGC(R)	29.8	1.14
CUA(L)	**150.8**	**1.87**	**CCA(P)**	**132.0**	**1.58**	**CAA(Q)**	**77.3**	**1.38**	**CGA(R)**	**36.5**	**1.40**
CUG(L)	40.5	0.50	CCG(P)	23.8	0.28	CAG(Q)	34.8	0.62	CGG(R)	20.3	0.78
AUU(I)	**122.0**	**1.08**	ACU(T)	80.3	1.08	AAU(N)	90.5	1.00	AGU(S)	31.3	0.55
AUC(I)	103.3	0.92	ACC(T)	87.0	1.17	**AAC(N)**	**91.0**	**1.00**	AGC(S)	62.0	1.08
AUA(M)	**87.8**	**1.28**	**ACA(T)**	**104.3**	**1.40**	**AAA(K)**	**82.8**	**1.59**	AGA(S)	21.5	0.50
AUG(M)	49.8	0.72	ACG(T)	26.3	0.35	AAG(K)	21.3	0.41	AGG(S)	41.3	0.96
GUU(V)	32.0	0.82	GCU(A)	35.5	0.71	GAU(D)	24.0	0.60	GGU(G)	32.3	0.75
GUC(V)	35.0	**0.89**	**GCC(A)**	**79.0**	**1.59**	**GAC(D)**	**56.3**	**1.40**	GGC(G)	39.5	0.92
GUA(V)	**69.3**	**1.77**	GCA(A)	73.3	1.47	**GAA(E)**	**57.8**	**1.37**	**GGA(G)**	**66.0**	**1.54**
GUG(V)	20.3	0.52	GCG(A)	11.5	0.23	GAG(E)	26.5	0.63	GGG(G)	33.3	0.78

*表示终止密码子；偏好密码子用粗体字显示

　　线粒体基因组全序列比对结果显示，团头鲂、厚颌鲂和三角鲂的相似度极高（98.91%～99.66%），其中厚颌鲂和三角鲂的线粒体全序列相似度高达 99.66%，团头鲂与三角鲂的相似度为 99.06%，团头鲂与厚颌鲂的相似度也达 98.91%。广东鲂线粒体全序列与其他鲂属鱼类的相似度为 95.94%～96.05%。这表明三角鲂与厚颌鲂的亲缘关系最近，团头鲂与它们的亲缘关系相对较近，而广东鲂与前述三种鲂属鱼类的亲缘关系均较远。

　　对线粒体不同结构区的序列比对结果与全序列比对结果相同，团头鲂、厚颌鲂和三角鲂 3 种间各结构区的序列相似度极高。厚颌鲂与三角鲂的序列相似度高达 99.33%～100%，它们的 COX1 和 ATP8 序列完全相同，团头鲂与厚颌鲂和三角鲂的 ATP8 序列完全相同。在比对的 16 个线粒体结构区中，4 种鲂属鱼类 ND2 序列相似度最低，低于种间线粒体基因组全序列的相似度。另外，团头鲂、厚颌鲂和三角鲂 D-loop 区序列的种间相似度（98.30%～99.34%）略低于线粒体基因组全序列的相似度（98.91%～99.66%），但这 3 种鲂与广东鲂 D-loop 区序列的相似度却略高于线粒体基因组全序列的相似度。

　　(五)鲂属鱼类线粒体基因组变异位点分析

　　对 4 种鲂属鱼类线粒体基因组全序列进行比对，显示共有 758 个变异位点，其中非简约性信息位点有 691 个，占总变异位点的 91.16%，简约性信息位点有 67 个，仅占总变异位点的 8.84%。其中由广东鲂单独变异引起的单现变异位点数就有 571 个，占 4 种鲂属鱼类的单现变异位点数的 82.6%，可见广东鲂与其他 3 种鲂属鱼类(团头鲂、三角鲂和厚颌鲂)的亲缘关系比较远。如表 2-21 所示，在简约性信息位点数最多的是 *ND2*，其次为 *ND1*、*COX1*、*Cytb*，鲂属鱼类线粒体基因的种间分化主要体现在这四个基因中。*ND4L*、*ATP8* 和 *COX2* 及 18 个 tRNA 序列(除 tRNA^{Phe}、tRNA^{Glu} 和 tRNA^{Gly} 外)中均无简约性信息位点。以往文献中认为变异速度最快的 D-loop 区在 4 种鲂属鱼类中仅有 6 个简约性信息位点(Nielsen et al.，1994)。整个线粒体基因组简约性信息位点的缺乏也预示线粒体基因组或基因在鲂属鱼类系统发育及种群遗传学研究中所能提供的信息将是十分有限。

表 2-21　鲂属鱼类线粒体基因组变异位点的比较

基因	总位点数	不变位点数	变异位点数	单现变异位点数	简约性信息位点数	变异位点比例/%
全基因组	16 617	15 859	758	691	67	4.56
12S rRNA	**961**	**939**	**22**	**20**	**2**	**2.29**
16S rRNA	**1 689**	**1 651**	**38**	**33**	**5**	**2.25**
ATP6	**684**	**637**	**47**	**43**	**4**	**6.87**
ATP8	**165**	**160**	**5**	**5**	**0**	**3.03**
Cytb	**1 141**	**1 057**	**84**	**78**	**6**	**7.36**
COX1	**1 551**	**1 499**	**52**	**45**	**7**	**3.35**
COX2	**691**	**663**	**28**	**28**	**0**	**4.05**
COX3	**785**	**748**	**37**	**36**	**1**	**4.71**
ND1	**975**	**907**	**68**	**60**	**8**	**6.97**
ND2	**1 045**	**967**	**78**	**68**	**10**	**7.46**
ND3	**349**	**326**	**23**	**22**	**1**	**6.59**
ND4	**1 382**	**1 299**	**83**	**78**	**5**	**6.01**
ND4L	**297**	**280**	**17**	**17**	**0**	**5.72**
ND5	**1 836**	**1 762**	**74**	**70**	**4**	**4.03**
ND6	**522**	**492**	**30**	**25**	**5**	**5.75**
D-loop 区序列	935	889	46	40	6	4.92
OL 区序列	32	31	1	1	0	3.13
tRNA^{Cys}	68	67	1	1	0	1.47
tRNA^{Glu}	69	68	1	0	1	1.45
tRNA^{Gly}	72	70	2	1	1	2.78
tRNA^{His}	69	66	3	3	0	4.35
tRNA^{Ile}	72	69	3	3	0	4.17
tRNA^{Met}	69	68	1	1	0	1.45
tRNA^{Phe}	69	66	3	2	1	4.35
tRNA^{Pro}	70	68	2	2	0	2.86
tRNA$^{Ser(AGN)}$	69	68	1	1	0	1.45
tRNA^{Tyr}	71	68	3	3	0	4.23
tRNA^{Val}	72	69	3	3	0	4.17

注：总位点数不包含插入和缺失位点；粗体：对 4 种鲂属鱼类线粒体基因组 13 个蛋白编码基因和 2 个核糖体 RNA 基因的变异位点分析

对 4 种鲂属鱼类线粒体基因组 13 个蛋白编码基因和 2 个核糖体 RNA 基因的变异位点分析(表 2-21 粗体字表示)。从分析结果可以看出,12S rRNA 和 16S rRNA 两个核糖体 RNA 基因的保守性最高,变异位点比例分别仅为 2.29%和 2.25%;其次是 ATP8 和 COX1 基因(分别为 3.03%和 3.35%)。ND2 基因变异位点的比例最高,达到 7.46%;其次是 Cytb 基因(7.36%)。变异位点数最多的基因为 Cytb 基因,达 84 个;其次是 ND4 基因(83 个)。

选择合适的分子标记在种群遗传学的研究中是至关重要的。在蛋白编码基因中,变异位点主要发生在密码子第三位点,占 60%~92.86%,其中 COX1~COX3 3 个亚基在密码子第三位点发生变异的比例最高(分别为 92.31%、92.86%和 91.89%)。其中由于碱基的替换而引起氨基酸序列变化的位点数共有 52 个,且 13 个蛋白编码基因中都存在着氨基酸的变异。22 个 tRNA 基因中只有 11 个存在种间变异,共 23 个变异位点,主要发生在 tRNA 三叶草结构的 TΨC 和 DHU 臂环上。因此,基于鲂属鱼类线粒体基因组主编码基因的变异位点分析,在鲂属群体之间的遗传学研究中,Cytb 和 ND4 基因可作为备选的分子标记。

(六) 不同基因中变异位点的分布

1. 蛋白质编码基因中变异位点的分布

4 种鲂属鱼类线粒体基因组 13 个蛋白编码基因密码子不同位点的变异分析(表 2-22)显示,13 个蛋白质编码基因变异位点主要发生在密码子第三位点,占总变异位点的比例为 60.00%~92.86%;其次发生在密码子第一位点,占总变异位点的比例为 3.85%~40.00%;而密码子第二位点最为保守,只有 COX1、ND1、ND2、ND5 和 ND6 基因发生了变异,仅占总变异位点比例的 0.00%~7.69%。4 种鲂属鱼类 COX1~COX3 3 个亚基在密码子第三位点发生变异的比例都很高,最高的是 COX2,达到 92.86%,其次是 COX1(92.31%),最低的是 COX3(91.89%)。鲂属密码子第三位点进化最快,而密码子第二位点最为保守,这种特征在其他鱼类也是普遍存在的,因而被广泛地用于系统进化研究(Mojica et al., 1997)。

在鲂属 4 种鱼类线粒体基因组的蛋白编码基因中,由于碱基的转换或颠换,引起氨基酸序列变化的位点数共有 52 个,且 13 个蛋白编码基因都存在着氨基酸的变异,其中 ND2 基因中的氨基酸变异比例最高,达到 4.02%,其次是 ATP8 和 ND3 基因,而 COX1、COX2、COX3 和 ND4 4 个基因的氨基酸变异比例都很低(表 2-23)。而引起氨基酸变异的核苷酸替换主要发生在密码子第一位点,达 36 个,占总氨基酸突变数的 69.23%,其次是发生在密码子第二位点,有 14 个,占 26.92%,同时发生在密码子第二与第三位点及发生在第三位点的突变数分别只有 1 个。由表 2-22 和表 2-23 可知,13 个蛋白质编码基因变异位点主要发生在密码子第三位点,然而其引起氨基酸变异的核苷酸替换却只有 1 个,仅占 1.92%,说明密码子第三位点的核苷酸替换几乎不引起氨基酸的改变,进一步阐明了密码子的简并性和摆动性。剩下的一个氨基酸变异是由于密码子第二和第三位点的核苷酸都发生替换引起的。而引起氨基酸变异的核苷酸替换主要是由于核苷酸的转换,达 42 个,占总氨基酸变异数的 80.77%,颠换引起氨基酸变异的只有 10 个,占 19.23%。转换率远远大于颠换率,这在鱼类线粒体基因组系统进化中是个普遍规律(Lee and Kocher, 1995)。

表 2-22　鲂属鱼类蛋白质编码基因密码子不同位点的变异比较

基因	总位点数	变异位点数	密码子第一位点变异位点数	密码子第二位点变异位点数	密码子第三位点变异位点数	变异位点比例/%	密码子第一位点变异比例/%	密码子第二位点变异比例/%	密码子第三位点变异比例/%
ATP6	684	47	4	0	43	6.87	8.51	0.00	91.49
ATP8	165	5	2	0	3	3.03	40.00	0.00	60.00
Cytb	1141	84	14	0	70	7.36	16.67	0.00	83.33
COXI	1551	52	2	2	48	3.35	3.85	3.85	92.31
COX2	691	28	2	0	26	4.05	7.14	0.00	92.86
COX3	785	37	3	0	34	4.71	8.11	0.00	91.89
ND1	975	68	8	2	58	6.97	11.76	2.94	85.29
ND2	1045	78	10	6	62	7.46	12.82	7.69	79.49
ND3	349	23	5	0	18	6.59	21.74	0.00	78.26
ND4	1382	83	13	0	70	6.01	15.66	0.00	84.34
ND4L	297	17	3	0	14	5.72	17.65	0.00	82.35
ND5	1836	74	7	4	63	4.03	9.46	5.42	85.14
ND6	522	30	8	1	21	5.75	26.67	3.33	70.00

注：总位点数不包含插入和缺失位点

表 2-23 鲂属鱼类蛋白质编码的氨基酸变异位点比较

基因	氨基酸数	氨基酸变异数	氨基酸变异比例/%
ATP6	227	4	1.76
ATP8	54	2	3.70
Cytb	380	4	1.05
COX1	516	2	0.39
COX2	230	1	0.43
COX3	261	1	0.38
ND1	324	4	1.23
ND2	348	14	4.02
ND3	116	4	3.45
ND4	460	2	0.43
ND4L	98	1	1.02
ND5	611	9	1.47
ND6	173	4	2.31
总和	3798	52	

2. 转运 RNA 中变异位点的分布

4 种鲂属鱼类均编码 22 个转运 RNA(tRNA)基因,其中除了两个 tRNA[tRNA$^{Leu(UUN)}$、tRNA$^{Leu(CUN)}$; tRNA$^{Ser(UCN)}$、tRNA$^{Ser(AGN)}$]含有两个外,其余 18 个 tRNA 基因均只有一个, 它们的排列顺序和长度完全一致, 长度从 68~76bp 不等(表 2-24), 说明 4 个物种不存在基因重排,序列相似度高。用在线软件 tRNAscan-SE 1.2.1 和 RNA structure 5.2 软件预测 4 种鲂属鱼类均编码 22 个 tRNA 基因的二级结构,其二级结构也基本一致。除了 tRNA$^{Ser(AGN)}$缺少二氢尿嘧啶臂(DHU stem), 在相应的位置上只形成一个简单环外,其余的 tRNA 基因都形成典型的三叶草结构,这在鲤科鱼类中是普遍存在的(Chang et al., 1994)。由表 2-23 可知,22 个 tRNA 基因中有 11 个 tRNA 基因相对比较保守,未发生变异,剩余的 11 个 tRNA(tRNA^{Cys}、tRNA^{Glu}、tRNA^{Gly}、tRNA^{His}、tRNA^{Ile}、tRNA^{Met}、tRNA^{Phe}、tRNA^{Pro}、tRNA$^{Ser(AGN)}$、tRNA^{Tyr} 和 tRNA^{Val})基因均发生了变异, 总共有 23 个变异位点,主要分布在三叶草结构的 TΨC 和 DHU 臂环上,各分布着 8 个变异位点,反密码子臂环上只分布有 4 个变异位点,剩余 3 个变异位点分别分布在氨基酸接受臂上(2 个)和可变环上(1 个)。这些变异主要是由于碱基 U↔C 和 A↔G 发生了转换,只有 2 个变异分别是由于碱基 U↔G 和 U↔A 发生颠换而引起的,这种碱基转换远远大于颠换的现象在鱼类线粒体基因组进化系统中是很普遍的(陈四海等, 2011; Lee and Kocher,1995)。

表 2-24　鲂属鱼类 11 个 tRNA 变异位点分布情况比较

基因	变异位点	变异位点的位置							
		接受臂	变异环	假尿嘧啶		二氢尿嘧啶		反密码子	
				臂	环	臂	环	臂	环
tRNA^{Cys}	1	1(UC)							
tRNA^{Glu}	1		1(GA)						
tRNA^{Gly}	2		1(UC)				1(UC)		
tRNA^{His}	3					2(UC)			1(UC)
tRNA^{Ile}	3		1(UC)				1(UC)		1(GA)
tRNA^{Met}	1				1(GA)				
tRNA^{Phe}	3				2(GA)		1(GA)		
tRNA^{Pro}	2							1(UC)	1(UG)
tRNA$^{Ser(AGN)}$	1		1(GA)						
tRNA^{Tyr}	3				1(GA)		2(UA+UC)		
tRNA^{Val}	3	1(UC)			1(GA)		1(UC)		

在鱼类中通常被认为保守性较高的 tRNA^{His} 和 tRNA^{Met} 在鲂属鱼类间均存在变异，变异位点分别为 3 个和 1 个，而且 tRNA^{His} 的 3 个变异位点中有 1 个位于保守性较高的反密码子环，而鱼类线粒体 22 个 tRNA 基因中变异最大的 tRNA^{Ser} 基因(Tseng et al.，1992)在鲂属鱼类中并没有表现出较大的变异，体现出鲂属鱼类在线粒体 tRNA 变异方面的独特性。

3. OL 区和 D-loop 区中变异位点的分布

4 种鲂属鱼类的轻链复制起始区(OL 区)位于 WANCY 区域(tRNA^{Trp}-tRNA^{Ala}-tRNA^{Asn}-tRNA^{Cys}-tRNA^{Tyr})的 tRNA^{Asn} 与 tRNA^{Cys} 基因之间，长度为 32bp，这段序列有一段回文序列，可折叠成茎-环结构。在其他脊椎动物中也有类似的结构，如鱼类、哺乳类、两栖类等，但在鳄类、鸟类等尚未发现。蒲友光等(2005)认为该结构可能具有种属特异性，推测其可能是脊椎动物线粒体基因组的一个进化特征。OL 区序列的 1 个变异位点发生在 loop 环上(即 G↔A)及茎区相对保守的特征与脊椎动物 OL 区序列 loop 环变异较大、茎的长度和组成均十分保守的特征相一致(陈敦学，2009)。

4 种鲂属鱼类线粒体基因组中，非编码区(D-loop 区)位于 tRNA^{Pro} 和 tRNA^{Phe} 基因之间，与其他硬骨鱼类的一致。4 种鲂属鱼类 D-loop 区通过与其他鲤科鱼类相比较，均识别出 1 个终止序列区(TAS 序列，TACATAT-----ATGTATTATCACCAT-ATATTAACCAT)、3 个中央保守区(CSB-F、CSB-E 和 CSB-D)和 3 个保守序列区(CSB1、CSB2 和 CSB3)，符合刘焕章(2002)提出的鱼类 TAS 序列通式。TAS 有 4 个变异位点位于其中，是 D-loop 区中序列变异最大的区域，与其他鱼类相符；中央保守区在 D-loop 区中是最保守的区域，几乎在所有鱼类中都非常保守(邹习俊等，2009)，CSB-F 和 CSB-D 较 CSB-E 序列更为保守，没有变异。4 种鲂属鱼类 CSB-F 和 CSB-D 序列完全一致，分别为 ATGTAGTAAGAGACCACC 和 TATTACTTGCATCTGGCTT-A，符合刘焕章以鳉鲅鱼类为例描述鱼类的 CSB-F 序列。CSB-E 也仅存在一个碱基的变异，团头鲂的 CSB-E 序列为 AGGG----GTGGGG，而厚颌鲂、三角鲂和广东鲂的 CSB-E 序列则变异为 AGGG----GTGAGGG(即一个 A 碱基插入)。4 种鲂属鱼类的 CSB1 序列均为 ATTATTAAAAGACATA,与鳘鲅鱼类 CSB1 序列(TT-ATTATTGAA-GACATA)(蒲友光等,2005)相比存在一定程度的变异,但与鲌属的翘嘴鲌(*Culter alburnus*)和蒙古鲌(*Culter mongolicus*)的 CBS1 序列完全相同(尤翠平,2012)。同时,在 CBS1 序列后也存在一个含有多个 C 碱基的 TATGCCCCC 序列。4 种鲂属鱼类的 CSB2 也同为 CAAACCCCCCTACCCCC,且该序列与鳘鲅(*Rhodeinae ocellatus*)、翘嘴鲌、蒙古鲌、银鲴(*Xenocypris argentea*)和黄尾鲴(*Xenocypris davidi*)等鲤科鱼类的 CSB2 序列完全相同,显示出该序列在鲤科鱼类中的高度保守性。CSB3 序列在 4 种鲂属鱼类间存在一个碱基的差异,除广东鲂为 TGTCAAACCCCAAAACCAA 外,其余 3 种鲂属鱼类均为 TGTCAAACCCCGAAACCAA(即碱基 A↔G 发生转换)。

(七)系统发育树分析

我们以翘嘴鲌和蒙古鲌两种鲌属鱼类作为外群,分别采用最大似然法和贝叶斯法构建了最大似然树(ML 树)和贝叶斯树(BI 树)。系统发育树各分支的置信度以自举检验值(ML 树)和后验概率(BI 树)来表示。ML 树和 BI 树的拓扑结构是完全相同的,而且它们的置信度都极高,如图 2-8 所示。系统发育树的结果显示:三角鲂和厚颌鲂首先聚在一起,然后与团头鲂聚在一起,最后与广东鲂聚在一起,形成一支(鲂属),表明三角鲂与厚颌鲂的亲缘关系最近,团头鲂与它们的亲缘关系相对较近,而广东鲂与前述 3 种鲂属鱼类的亲缘关系均较远。基于线粒体基因组序列构建的系统发育树与传统形态学分类(李思发等,2002)和谢楠等(2012)等基于鲂属鱼类细胞色素 b 片段序列的系统分类结果基本一致,显示出 4 种鲂属鱼类的系统发育关系是非常明确的,也表明了线粒体基因组序列适用于鲂属鱼类的系统发育分析。

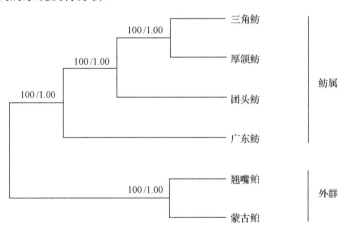

图 2-8　基于线粒体基因组全序列构建的 ML 树和 BI 树

分支上的数字代表自举检验值/后验概率

二、微卫星标记

微卫星标记是一类研究及开发价值较高的遗传标记,由于操作简便、多态高、共显性、呈孟德尔式遗传等优点，成为目前种群遗传学研究的首选分子标记，在各种生物的基因组研究中提供了非常重要的遗传信息。但由于它的特异性很强，一般必须针对特定的物种开发相应的标记，导致很多时候它的应用不及 RAPD 及 AFLP 标记广泛。在对团头鲂的遗传资源进行评估前，微卫星标记的开发是非常有必要的，这些开发出来的标记，不仅能够为后续的研究提供手段，也能够丰富目前并不太多的团头鲂微卫星数据资源，为他人的研究工作创造条件。根据多个微卫星位点在不同群体中出现的等位基因和基因型频率来分析基因的特征，进而分析群体的遗传杂合度及不同群体间遗传分化的程度，是遗传学研究的一个热点。

李杨(2010)于 2009 年 6 月 22 日至 7 月 21 日分别从湖北省梁子湖、湖北省淤泥湖国家级水产种质资源保护区及江西九江瑞昌四大家鱼原种场采集到三个团头鲂野生群体，进行了微卫星标记的开发及多态性检测，并在此基础上开展了三个野生群体的遗传结构分析。三个野生群体的取样地点及地理信息见第一节。

（一）团头鲂群体的微卫星引物 PCR 扩增结果

李杨(2010)开发了 10 对微卫星引物在三个团头鲂野生群体中的扩增，产物琼脂糖凝胶及非变性聚丙烯酰胺凝胶电泳检验，均能在三个群体中扩增出清晰的条带(图 2-9～图 2-11)，可用于后续分析。

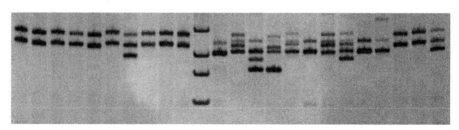

图 2-9　位点 WCB01 在梁子湖群体中的非变性聚丙烯酰胺凝胶电泳图谱

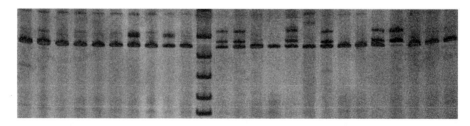

图 2-10　位点 WCB03 在鄱阳湖群体中的聚丙烯凝胶电泳图谱

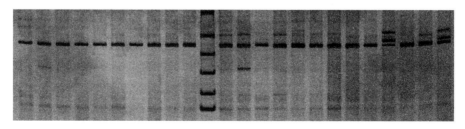

图 2-11　位点 WCB07 在淤泥湖群体中的聚丙烯凝胶电泳图谱

(二)群体的杂合度及哈代-温伯格平衡检验

杂合度又称基因多样度,表示群体在不同遗传位点上的杂合子比例,以及各位点为杂合子的比例,是度量群体遗传变异的重要指标之一。用上述开发的 10 对微卫星引物对三个团头鲂野生群体进行扩增,共检测到等位基因 184 个,等位基因数目在 4~8 个(表 2-25)。三个群体的平均等位基因数为梁子湖群体最少(5.6 个),鄱阳湖群体最多(6.5 个),淤泥湖群体居于中间(6.3 个)。所有 10 个微卫星标记在三个群体的观测杂合度在 0.6061~0.9270,期望杂合度在 0.6542~0.8838。10 对微卫星标记在 23 个位点上表现出较高的观测杂合度($Ho>0.7$),占总座位数的 76.7%,鄱阳湖群体的等位基因数最多,其平均观测杂合度亦为最高(0.8174)。

表 2-25 微卫星位点上三个群体的等位基因数(N_A)、观测杂合度(Ho)和期望杂合度(He)

群体 位点	梁子湖			鄱阳湖			淤泥湖		
	N_A	Ho	He	N_A	Ho	He	N_A	Ho	He
WCB01	6*	0.8889	0.7719	7	0.8438	0.8105	7*	0.8571	0.8170
WCB02	6*	0.8750	0.7867	5*	0.8462	0.7949	6*	0.6286	0.8133
WCB03	5*	0.6061	0.7408	6	0.6667	0.7414	6	0.7097	0.7594
WCB04	5	0.9000	0.7861	6	0.9118	0.7959	5*	0.9231	0.6690
WCB05	7	0.8430	0.8042	8	0.8974	0.7856	6	0.7842	0.6542
WCB06	4	0.8992	0.8838	8	0.8863	0.8154	6	0.8035	0.7399
WCB07	4	0.8654	0.7125	7	0.8485	0.7793	8	0.9270	0.6905
WCB08	8*	0.6879	0.7421	5	0.7489	0.7041	5	0.7432	0.7580
WCB09	5	0.6651	0.7749	6	0.8262	0.7638	7	0.6689	0.8012
WCB10	6	0.7542	0.8123	7	0.6980	0.7540	7	0.7654	0.8443
平均值	5.6	0.7985	0.7815	6.5	0.8174	0.7745	6.3	0.7811	0.7547

*表示显著偏离 Hardy-Weinberg 平衡($P<0.05$)

团头鲂三个群体中均有位点偏离哈代-温伯格(Hardy-Weinberg)平衡,其中梁子湖有 4 个位点偏离平衡,淤泥湖次之,有 3 个位点偏离平衡,而鄱阳湖仅有 1 个位点偏离。WCB02 在三个群体中均偏离 Hardy-Weinberg 平衡,可能与某些选择效应有关。

(三)Shannon's 指数与多态信息含量

Shannon's 指数可反映群体某种生命现象的离散性,其数值越大,离散程度越高,也就表明群体的遗传多样性越丰富。梁子湖、淤泥湖和鄱阳湖野生群体团头鲂的平均Shannon's 指数分别为 1.5200、1.5479 和 1.6093(表 2-26)。

表 2-26 微卫星位点上三个群体的 Shannon's 指数（S）和多态信息含量

位点＼群体	梁子湖		鄱阳湖		淤泥湖	
	S	PIC	S	PIC	S	PIC
WCB01	1.5663	0.7244	1.7047	0.7685	1.7465	0.7773
WCB02	1.6108	0.7431	1.5720	0.7504	1.7042	0.7038
WCB03	1.4178	0.6827	1.4723	0.7240	1.5753	0.7160
WCB04	1.5336	0.7413	1.6142	0.7495	1.2815	0.6122
WCB05	1.5024	0.7185	1.5894	0.7215	1.4450	0.7428
WCB06	1.4577	0.6950	1.7325	0.7640	1.5897	0.7255
WCB07	1.6025	0.7740	1.6980	0.7365	1.4872	0.7471
WCB08	1.5883	0.7682	1.4653	0.6997	1.6321	0.7532
WCB09	1.4869	0.7010	1.6659	0.7452	1.4757	0.7530
WCB10	1.4340	0.6984	1.5784	0.7365	1.5420	0.7773
平均值	1.5200	0.7247	1.6093	0.7396	1.5479	0.7308

多态信息含量（polymorphism information content，PIC）是衡量位点多样性的指标，在一个群体当中，当 $PIC<0.25$ 时，位点表现为低度多态；当 $0.25<PIC<0.5$ 时，位点表现为中度多态；当 $PIC>0.5$ 时，位点表现为高度多态。三个群体中所有位点均表现为高度多态，PIC 值介于 0.6122 和 0.7773 之间，PIC 值最高的是淤泥湖群体的 WCB01 位点和 WCB10 位点，均为 0.7773；PIC 值最低的是淤泥湖群体的 WCB04 位点，为 0.6122。最高 PIC 值和最低 PIC 值同时出现在淤泥湖群体，说明淤泥湖不同个体间遗传多态性差异相较于其他两个群体较大。梁子湖、鄱阳湖和淤泥湖三个群体团头鲂的平均 PIC 值分别为 0.7247、0.7396 和 0.7308，直观来看，并无明显差异。一般认为，$PIC>0.7$ 的微卫星标记适合于连锁分析（田华，2008），三个群体有 25 个位点 $PIC>0.7$，占总位点数的 83.3%，表明这些标记在后续的遗传连锁分析中可能有重要的价值。

（四）团头鲂三个野生群体的遗传分化

固定指数（fixation index，F_{st}）是目前应用最广泛的一个衡量群体间遗传差异的指标，根据一般的划分方法（Wright，1951），$F_{st}<0.05$ 时，说明群体间遗传分化很小；$0.05<F_{st}<0.15$ 时，说明群体间存在中等程度的遗传分化；$F_{st}>0.25$ 时，则说明群体间的遗传分化差异很大。李杨（2010）的研究结果表明，梁子湖和淤泥湖群体及淤泥湖和鄱阳湖群体之间的遗传分化达到了中等水平（0.0733），而鄱阳湖与梁子湖群体之间则未表现出明显的遗传分化（$F_{st}<0.05$）（表 2-27）。

表 2-27 三个团头鲂野生群体的遗传分化固定指数

群体	梁子湖	淤泥湖
淤泥湖	0.0733	
鄱阳湖	0.0376	0.0690

(五)团头鲂三个野生群体的遗传距离及遗传相似系数

根据李杨(2010)计算的群体间的 Nei's 标准遗传距离和 Nei's 标准相似度(表 2-28,表 2-29),梁子湖群体和鄱阳湖群体间的遗传距离最小(0.1440),梁子湖群体与淤泥湖群体之间的遗传距离最大(0.3011)。李杨(2010)对三个团头鲂野生群体进行聚类分析发现,使用非加权组平均法(UPGMA)和邻接法(NJ)两种方法构建的聚类树完全一致,都是梁子湖群体与鄱阳湖群体首先聚为一类,然后再与淤泥湖群体聚为一类。梁子湖群体与淤泥湖群体之间的遗传距离略高于种的遗传距离划分标准的下限,表明两个群体之间已出现了一定程度的遗传分化。

表 2-28　Nei's 标准遗传距离

群体	梁子湖	淤泥湖
淤泥湖	0.3011	
鄱阳湖	0.1440	0.2906

表 2-29　Nei's 标准相似度

群体	梁子湖	淤泥湖
淤泥湖	0.7400	
鄱阳湖	0.8659	0.7478

遗传相似系数越接近 1,则群体间的亲缘关系越近。遗传相似度最高的鄱阳湖群体和梁子湖群体的遗传相似系数为 0.8659,最低的梁子湖群体和淤泥湖群体的遗传相似系数也高达 0.7400,说明三个团头鲂群体的亲缘关系较高。

(六)距离决定隔离分析

对同一物种来说,造成不同群体之间遗传分化的因素有很多,其中一个重要的因素就是生境隔离。一般来说,地理距离越远的两个群体,发生生境隔离的可能性越大,造成交流阻隔的可能性也越高,这种交流的阻隔反映在遗传上,就是遗传分化的扩大。为了研究团头鲂三个野生群体之间的遗传分化是否是由于地理距离造成的,李杨(2010)对梁子湖、淤泥湖和鄱阳湖之间的直线距离进行了测算(表 2-30)。

表 2-30　三个湖泊互相之间的地理距离　　　　　　　　(单位:km)

湖泊	梁子湖	淤泥湖
淤泥湖	238	
鄱阳湖	172	390

对地理距离取自然对数,作为横坐标,$F_{st}/(1-F_{st})$ 的值为纵坐标,获得地理距离与遗传分化之间的相关性(图 2-12)。当 R^2 属于 $0.75\sim1$ 时,xy 之间就具有线性关系,从图 2-13 中可以看到,团头鲂三个群体间的遗传分化与地理距离有一定的相关性,但还未达到线性相关,说明除了地理距离以外,还有一些其他因素造成了三个团头鲂群体

的遗传分化。

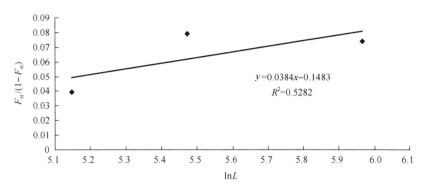

图 2-12　$F_{st}/(1-F_{st})$ 与地理距离(L)之间的相关性

对团头鲂三个野生群体进行分子方差分析(analysis of molecular variance，AMOVA)，1023 次单倍型重复随机抽样重排后进行的显著性检验都显示群体间没有明显的遗传结构差异($P>0.05$)。在整个遗传变异中，各群体间的遗传变异仅占变异总数的 1.94%，大部分变异发生在个体水平(表 2-31)。

表 2-31　团头鲂群体分子方差分析结果

变异来源	自由度	离差平方和	方差组分	方差组百分率	P^*
三个群体间	2	1.346	0.004 09	1.12	0.826 00
群体内	117	40.463	−0.014 58	−4.00	0.186 71
个体内	120	45.000	0.375 00	102.88	0.798 63

*表示 1023 次随机抽样处理获得大于或等于观察值的概率

遗传分化和遗传相似性是一体两面，反映的是不同群体之间遗传关系的远近亲疏，也从侧面反映了群体之间的基因交流情况。李弘华(2008)采用分子方差分析研究了梁子湖、鄱阳湖和淤泥湖团头鲂野生群体间的遗传分化，结果发现梁子湖团头鲂与鄱阳湖团头鲂的遗传距离最近(0.065%)，与淤泥湖群体遗传距离最远(0.096%)，且淤泥湖团头鲂群体与其他两个群体间的 F_{st} 分别为 0.135(梁子湖群体)和 0.059(鄱阳湖群体)，而梁子湖群体则与鄱阳湖群体间没有遗传分化，F_{st} 为−0.0175。这个结果与早前李思发等(1991)通过形态学研究所取得的结果相一致。李杨(2010)应用微卫星标记所做的研究与李弘华(2008)使用 mtDNA 及李思发等(1991)利用形态学特征所做的研究结果一致，三个研究互为印证，可信度非常高。

遗传分化产生的原因可能和地理距离有关，梁子湖与鄱阳湖的直线距离为 172km，淤泥湖和梁子湖之间的直线地理距离为 238km，与鄱阳湖的直线地理距离为 390km，可见淤泥湖离其他两个湖泊较远，加之淤泥湖较早与长江隔离，断绝了本地团头鲂与其他群体发生基因交流的可能，经过多年遗传漂变，终于使其与其他群体之间产生了分化。通过距离导致隔离(IBD)分析发现，地理距离对团头鲂遗传分化的贡献率为 52.2%，所以地理隔绝可能是造成团头鲂遗传分化的主要原因。

三、相关序列扩增多态性

相关序列扩增多态性(SRAP)是一种新型的基于 PCR 的分子标记,是由美国加州大学 Li 与 Quiros 博士于 2001 年提出的。在 PCR 基础上发展起来的分子标记,如 RAPD、SSR、AFLP 等,各有其特点及局限。RAPD 标记虽然操作简便,但是其较差的重复性、较少的检测位点限制了它的使用广度与深度;AFLP 标记固然拥有丰富的多态性,但其实验操作相对烦琐,流程较长;SSR 标记重复性好,是共显性标记,但是引物的开发会带来较高的成本。而 SRAP 分子标记弥补了以上的不足,以其重复性强、多态性丰富、简便、引物设计简单、成本低、易测序等优点,被广泛应用于遗传多样性检测、种质鉴定、构建遗传图谱等方面。

2010 年冉伟等采用 SRAP 分子标记比较了来自团头鲂原产地湖北省梁子湖、江西省鄱阳湖、湖北省淤泥湖国家级水产种质资源保护区的三个自然群体与团头鲂浦江 1 号选育群体、湖南岳阳养殖群体的遗传多样性,旨在为团头鲂种质资源的保护和良种选育提供遗传学依据。

(一)群体遗传多样性

杂合度又称为基因多样度,它能反映群体在多个基因座位上的遗传变异,是度量群体遗传变异大小的重要参数之一。Nei's 基因多样性指数(h)是种群遗传学领域中一个最常用的基因多样性指标。三个湖泊团头鲂自然群体分别是来自长江中游团头鲂 3 个原产地,包括梁子湖、鄱阳湖、淤泥湖国家级水产种质资源保护区。鄱阳湖是我国最大的淡水湖,位于江西省北部,经湖口注入长江,水草丰美,有利于水生生物的繁殖。梁子湖是位于湖北省东部的一个大型草型湖泊,湖岸曲折,且蕴有丰富的水生植物资源。淤泥湖则是位于湖北省公安县的一个小型浅水湖泊。13 个引物组合在团头鲂 5 个群体中共检测到了 172 个位点,其中 132 个表现为多态性,占 76.74%。从表 2-32 可知,鄱阳湖群体多态位点数(N)和多态位点百分率(P)最高(100 和 58.14%),其次为梁子湖群体(88 和 51.16%),岳阳群体(64 和 37.21%),浦江 1 号群体(56 和 32.56%),淤泥湖群体(50 和 29.07%)最低。其中鄱阳湖群体的 P 值、h 值和 I 值最大,其次为梁子湖群体、岳阳群体和浦江 1 号群体,淤泥湖群体最小。鄱阳湖群体 4 个遗传多态性参数的数值均可达到淤泥湖群体的 2 倍。

表 2-32 团头鲂 5 个群体 SRAP 扩增位点多态性和遗传多样性参数

参数	群体				
	梁子湖	鄱阳湖	淤泥湖	浦江 1 号	岳阳
多态位点数(N)	88	100	50	56	64
多态位点百分率(P)	51.16%	58.14%	29.07%	32.56%	37.21%
Nei's 基因多样性指数(h)	0.1524±0.1826	0.1849±0.1953	0.0904±0.1656	0.1074±0.1758	0.1256±0.1826
Shannon's 信息指数(I)	0.2347±0.2652	0.2799±0.2795	0.1371±0.2404	0.1617±0.2559	0.1908±0.2663

由此可见，鄱阳湖团头鲂群体的杂合度最高，遗传多样性也最丰富，其次为梁子湖群体，而淤泥湖群体最低。Shannon's 信息指数也能反映群体遗传多样性的大小，该参数同样以鄱阳湖群体最高，淤泥湖群体最低。李思发等（1991）对 1986～1987 年采集的 4 个团头鲂群体进行了形态比较与同工酶分析，发现淤泥湖群体的平均杂合度（0.0816）略低于牛山湖（梁子湖的子湖）群体（0.0851）。RAPD 分析也表明淤泥湖群体内的遗传相似度（0.9617）略高于梁子湖群体（0.9589）（张德春，2001）。因此，在 20 世纪 80 年代至 21 世纪初，淤泥湖团头鲂与梁子湖自然群体的遗传多样性水平相近，淤泥湖群体较低。近年，李弘华（2008）通过 mtDNA 控制区的序列分析，发现梁子湖、淤泥湖、鄱阳湖的团头鲂群体遗传多样性处于较低水平，其中，淤泥湖群体的单倍型多样性与核苷酸多样性大小仅为梁子湖、鄱阳湖群体的 1/2 左右，遗传多样性大小次序分别为梁子湖＞鄱阳湖＞淤泥湖。2010 年冉伟等对三个湖的团头鲂自然群体进行了 SRAP 分析，结果表明淤泥湖团头鲂群体的遗传多样性最低，其 4 个遗传多态性参数显著小于鄱阳、梁子湖群体，且数值仅为鄱阳湖群体的 1/2，这与李弘华（2008）的 mtDNA 控制区序列分析结果一致。遗传多样性最高的鄱阳湖团头鲂群体，其 Shannon's 信息指数、Nei's 基因多样性指数仅接近于草鱼人工养殖群体的遗传参数（张志伟等，2007），表明三个团头鲂自然群体的遗传多样性均处于较低水平。水生植物的种类及数量的变化直接制约着团头鲂的种质资源。鄱阳湖团头鲂群体的遗传多样性最高，表明鄱阳湖群体种质资源受到人类活动的影响较小，并处于较好的状态。

（二）群体遗传距离和遗传相似度

2010 年冉伟等根据 Nei 的方法由各位点的等位基因频率计算了团头鲂 5 个群体之间的 Nei's 无偏遗传距离（D）和遗传相似度（S）（表 2-33）。淤泥湖和岳阳群体间的遗传距离最大（0.2701），遗传相似度最小（0.7633）；鄱阳湖和梁子湖群体间的遗传距离最小（0.0866），遗传相似度最大（0.9170）。

表 2-33 团头鲂 5 个群体间 Nei's 无偏遗传距离（对角线下方）和遗传相似度（对角线上方）比较

群体	梁子湖	鄱阳湖	淤泥湖	浦江 1 号	岳阳
梁子湖		0.9170	0.8306	0.8372	0.8442
鄱阳湖	0.0866		0.8020	0.8049	0.8152
淤泥湖	0.1856	0.2207		0.7760	0.7633
浦江 1 号	0.1777	0.2170	0.2536		0.9156
岳阳	0.1694	0.2044	0.2701	0.0882	

（三）聚类分析

采用 UPGMA 对 5 个群体的团头鲂进行聚类分析。图 2-13 是基于 Nei's 无偏遗传距离（D）构建的 UPGMA 树。图中显示，鄱阳湖（PYL）和梁子湖（LZL）2 个群体聚为一支，浦江 1 号（PJ1）和岳阳群体（YYC）聚为一支，淤泥湖群体（YNL）单独为一支。

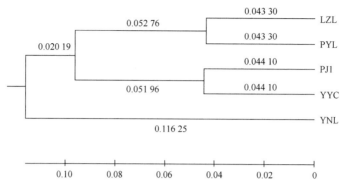

图 2-13　基于 Nei's 无偏遗传距离构建的团头鲂 5 个群体的 UPGMA 树

LZL：梁子湖群体；PYL：鄱阳湖群体；PJ1：浦江 1 号；YYC：岳阳群体；YNL：淤泥湖群体

在团头鲂三个自然群体中，鄱阳湖和梁子湖群体间遗传距离最小，亲缘关系最近，它们与淤泥湖群体间的遗传距离较大，亲缘关系较远，鄱阳湖与淤泥湖群体间的亲缘关系最远。这与 mtDNA 控制区序列分析得出的梁子湖和鄱阳湖团头鲂群体间的遗传距离最近、遗传分化不明显，与淤泥湖群体之间的遗传距离较大、存在明显遗传分化的结果相吻合(李弘华，2008)。虽然不同湖泊的团头鲂群体间存在一定的形态差异(李思发等，1991)，但在 21 世纪初以前淤泥湖与梁子湖群体之间的 Nei's 遗传距离很小(0～0.0459)(李思发等，1991；张德春，2001)，显示当时两者遗传分化较小。淤泥湖、梁子湖与鄱阳湖都曾是通长江的湖泊，由于淤泥湖与梁子湖、鄱阳湖距离较远，并较早地与长江隔离，无疑阻碍了淤泥湖团头鲂群体与另外两个群体间的基因交流，从而产生一定的遗传分化。近年来淤泥湖和梁子湖群体间的遗传分化明显加大，除了多年的遗传漂变的原因外，也有可能与团头鲂人工放流、过度捕捞带来的遗传瓶颈效应有关。梁子湖与鄱阳湖距离较近，且梁子湖经由通江闸口和长江相通，2 个湖泊的团头鲂群体间仍存在一定的基因交流，因此这两个群体的亲缘关系较近。

岳阳养殖群体与浦江 1 号选育群体间的遗传距离(0.0882)较它们与自然群体间的遗传距离(0.1694～0.2701)要小很多，因此岳阳群体和浦江 1 号群体能够聚为一支。选育群体可作为一个特殊的养殖群体，岳阳群体、浦江 1 号群体分别与自然群体间的遗传距离大小在 0.1694 与 0.2701 之间变动，结果表明在养殖群体与自然群体间存在一定程度的遗传变异。

(四)群体间的遗传分化

群体遗传变异的 AMOVA(表 2-34)表明，群体的遗传多样性主要分布在群体间，群体间的方差分量的贡献率占 55.49%，群体内方差分量的贡献率占 44.51%。

表 2-34　团头鲂 5 个群体基于 SRAP 分子标记的遗传变异分子方差分析

变异来源	自由度	平方和	方差分量	方差分量比率/%	F_{st} 值
群体间	4	2 376.040	12.483 87	55.49	0.554 85[***]
群体内	229	2 293.567	10.015 58	44.51	
总计	233	4 669.607	22.499 45		

***表示在 α = 0.001 水平上显著

从成对固定指数(F_{st})值(表 2-35)来看,5 个群体间的遗传分化程度较高。三个湖泊团头鲂自然群体间各位点的 F_{st} 值在 0.351 14～0.572 52。浦江 1 号与岳阳养殖群体间的 F_{st} 值为 0.434 05。自然群体与选育群体、养殖群体间的遗传分化较明显,F_{st} 值在 0.526 06～0.685 38。

表 2-35　团头鲂 5 个群体间成对固定指数的 F_{st} 值

群体	梁子湖	鄱阳湖	淤泥湖	浦江 1 号	岳阳
梁子湖					
鄱阳湖	0.351 14***				
淤泥湖	0.532 64***	0.572 52***			
浦江 1 号	0.572 45***	0.572 15***	0.685 38***		
岳阳	0.544 39***	0.526 06***	0.659 38***	0.434 05***	

***表示在 α = 0.001 水平上显著

固定指数(F_{st})表示随机取自每个群体两个配子间的关系,它能度量群体间的遗传分化程度。F_{st} 反映各亚群内平均杂合度与总群体平均杂合度之间的差异程度,因此总是正值,当 F_{st}=0 时,表明群体间没有分化;当 F_{st}=1 时,表明群体间完全分化,当 F_{st}>0.25 时表示群体间的遗传分化极大。2010 年冉伟等研究的 5 个团头鲂群体间均表现出高 F_{st} 值,也表现出极明显的遗传分化。来源于不同水域的团头鲂,因其长期在不同环境下生长、繁衍,发生遗传变异也是无可非议的。李思发和杨学明(1996)在鳗、草鱼原种及养殖群体的生长对比和遗传变异分析时发现,封闭的养殖群体在遗传上表现出有别于原种群体的变化。浦江 1 号是以从淤泥湖引进的团头鲂原种亲鱼为基础群体选育出的优良品种,其与淤泥湖群体间的 F_{st} 值为 0.685 38,表明团头鲂良种浦江 1 号经过人工选育,发生了有别于野生群体的遗传变异。

第三章 团头鲂分子标记的开发与应用

DNA 分子标记自 20 世纪 80 年代出现以来得到了飞速发展,目前已成为动物育种中应用最广的遗传标记。开发大量高信息量且高效率的分子标记,不仅可以有效地查清水产动物的遗传背景,了解其遗传多样性和遗传结构,构建高密度遗传连锁图谱,还可为水产动物新品种的培育、育种效率的提高及杂种优势预测提供科学的依据和指导意见。

常见的 DNA 分子标记可分为 3 类。第一类是基于杂交技术的分子标记,包括限制性片段长度多态性(RFLP)、染色体原位杂交法和数目可变串联重复序列(variable number of tandem repeats,VNTR)等。第二类基于 PCR 技术的分子标记,如随机扩增多态性 DNA(RAPD)、扩增片段长度多态性(AFLP)、简单序列重复(SSR,也称微卫星标记)、单核苷酸多态性(SNP)、序列特异性扩增区(sequence-characterized amplified region,SCAR)、单链构象多态性(single strand conformation polymorphism,SSCP)和线粒体 DNA(mtDNA)等。第三类是基于测序的分子标记,可以获得大量的 SSRs 和 SNPs 位点,从而用于开发相应的标记。

21 世纪 10 年代,高通量测序技术的兴起为水产动物转录组的测序和研究提供了巨大的契机。Hou 等(2011)进行了虾夷扇贝(*Patinopecten yessoensis*)的转录组的测序和分析,获得了一系列与生长、发育、贝壳形成、免疫相关的候选基因及大量的分子标记,为虾夷扇贝的基因组研究和遗传选育奠定了坚实基础;董迎辉(2012)利用 454 高通量测序技术对泥蚶(*Tegillarca granosa*)转录组测序,获得了大量生长、发育、繁殖和免疫等相关基因,同时根据 EST 序列开发了大量的 SSR 和 SNP 标记,为泥蚶的分子辅助育种提供了基因和序列资源;杜慧霞(2013)采用 454 高通量测序技术对刺参不同发育时期的 cDNA 进行测序,获得了与夏眠相关的候选基因,另外还鉴定了大量的 SSR 和 SNP 位点,有助于刺参遗传学和基因组学的研究。大量的事实证明了新一代高通量技术能够获得大量的基因资源及分子标记资源,节约时间,节省劳动力和成本。

课题组自 2008 年开展团头鲂种质资源与遗传育种研究,当时美国国立生物技术信息中心(NCBI)数据库中团头鲂基因资源极其匮乏,给团头鲂的遗传改良和种质资源保护等多方面的研究带来了极大困难。我们在 2010 年采用具有测序长度优势的 454 GS FLX 高通量测序对团头鲂生长相关组织的转录组进行了测序,通过生物信息学方法对获得的 EST 序列进行分析,并发掘 SNP 和 SSR 等分子标记(Gao et al.,2012;Luo et al.,2013;曾聪等,2013;罗伟等,2013),为后续开展团头鲂分子辅助育种提供了有价值的信息。

第一节 微卫星分子标记的开发

微卫星标记,即简单序列重复(SSR),是指由 2~6 个核苷酸组成的简单串联重复 DNA 序列。由于微卫星标记具有在基因组中分布广泛、多态性高、孟德尔遗传、共显性和操作相对简单等优点,常用于种群遗传学研究、亲缘关系鉴定、遗传连锁图谱构建及数量性状基因座(QTL)定位和分子标记辅助育种等。近年来，随着高通量测序产生的大量 EST 序列，利用 EST 开发 SSR 得到了广泛的应用。基于 EST 序列开发 SSR 标记具有如下特点：①EST-SSR 的位置在功能基因上或者临近的区域，因此，在进行基因定位或群体遗传分析时 EST-SSR 可以提供一些有效信息；②EST-SSR 比基因组 SSR 具有更高的跨种扩增效率，使得 EST-SSR 成为一种较好的物种间比较作图研究的工具。

应用微卫星标记对动植物进行群体遗传和亲子鉴定等方面的研究，通常需要对多个群体的大量个体的多个微卫星位点进行 PCR 扩增和检测，操作烦琐、工作量大、实验成本高。1988 年以来，Chamberlian 等首次提出在同一 PCR 反应体系中加入多对微卫星引物，同时进行多个目标序列的扩增，即多重 PCR(multiplex PCR)。该技术可一次扩增多个靶位点，同时实现多个位点的基因型鉴别，使基因分型变得简捷，提高了检验效率，并且多重 PCR 同时扩增两条以上的靶基因片段，出现假阳性的概率较常规 PCR 小得多，有效地减少了假阳性现象。目前，该技术已经在多个物种的群体遗传多样性分析、谱系分析和 DNA 检测中得到大量应用。在棕鳟、大菱鲆和中国明对虾等水产动物中也已建立了多重 PCR 体系。

我们基于团头鲂转录组高通量测序获得大量 EST 序列的基础上，查找 EST-SSR 位点，然后用 PCR 结合聚丙烯酰胺凝胶电泳的方法大量开发 SSR 标记，并筛选了团头鲂多重微卫星 PCR 扩增体系用于评估团头鲂野生群体的遗传多样性，以期为团头鲂的分子标记辅助育种奠定基础。

一、群体构建及测序分析

采集梁子湖、淤泥湖和鄱阳湖三个自然群体的自繁群体 1 龄个体共 24 尾，其中 12 尾的生长速度较快，平均体重为(91.2±10.5)g；另外 12 尾生长速度较慢，平均体重为(30.6±5.3)g。在较快和较慢的群体中各选 4 尾，其肝脏、脾脏、肌肉、精巢或卵巢、脑和心脏等组织，提取总 RNA。待测样品等比例混合成 cDNA 池，构建均一化 cDNA 文库，应用高通量测序平台 454 GS FLX Titanium(罗氏应用科学，Roche Applied Science)对 cDNA 文库进行测序。原始序列(raw reads)下机后，利用 Roche 454 平台自带软件 Newbler 2.3 去除接头和低质量序列，屏蔽 SMART PCR 引物和 poly-A 尾巴，并进行质量过滤。剩下的序列采用 MIRA V2.9.26x3 装配程序(Rice et al.，2000)进行拼装，参数设置为“de novo，normal，EST，454”，最小的片段长度为 40nt，最小的序列重叠区为 40nt，以及重叠区最小相似度为 80%。经过拼装的序列包含重叠群(contigs)和单一序列(singletons)。

SSR 序列的查找和分析　2005 年 Thurston 和 Field 用 Msatfinder 软件在所有 unigenes 数据库中搜索 SSR 位点，查找参数设置如下：二核苷酸、三核苷酸、四核苷酸、五核苷酸和六核苷酸至少重复次数分别为 6、5、5、5 和 4。unigenes 序列需要包含在核心重复序列两侧的至少 50bp 的序列才被认为足够设计引物。对含有 SSR 位点的 unigenes，采用 Primer 3 软件设计引物。

微卫星位点的多态性分析　从湖北省梁子湖收集的团头鲂野生群体中随机选取 40 尾个体，剪取鳍条，提取基因组 DNA 用于 SSR 检测，所有 PCR 扩增体系为 10μl，包括 50ng 基因组 DNA、1×PCR 缓冲液、Mg^{2+}(1.5mmol/L)、1U Taq 酶、dNTPs 0.2mmol/L、正反引物均为 0.25μmol/L。PCR 反应条件为：94℃预变性 5min；94℃变性 45s，退火 45s，

72℃延伸 1min，30 个反应循环；最后 72℃延伸 7min，4℃保存。SSR 位点的 PCR 扩增产物采用传统的聚丙烯酰胺凝胶电泳进行分型分析。

微卫星多重 PCR 体系构建 2009 年 6 月，采集团头鲂湖北省公安县淤泥湖野生群体，随机选取 40 尾，提取个体基因组 DNA。选用的团头鲂多态性微卫星标记来自本实验室已开发的团头鲂 EST-SSR 标记，具体信息见表 3-1。

表 3-1 用于多重 PCR 体系构建的微卫星位点的具体信息

微卫星位点	引物序列(5′-3′)	退火温度/℃	产物长度/bp	GenBank 登记号
Mam5	F：TTTCTGCCACTGGAGACC R：TTTGATGATGATTAGAGGAGG	59.0	220~260	KC565691
Mam11	F：ATGCCAGTCTGCCAACAA R：TTCAATGATCGTCCGTCTT	58.0	290~330	KC565692
Mam24	F：ACTGAAGCCCTCAACCTC R：TCACAGCAGACATCCAACT	58.0	160~200	KC565693
Mam26	F：GTCAACATTCATACGGCG R：TCATTTTTTAGGAGCGGG	54.0	230~280	KC565694
Mam29	F：CGACTCCTCGCTCACTTACA R：AGCCTTCGTCACGCTCTG	59.0	190~240	KC565695
Mam37	F：CACAAACCATAAACACAG R：AATGCCCATAAACACAC	54.0	140~180	KC565696
Mam46	F：AGTATAAGTTGAGTGGGTG R：TAAAGGGAAATTCTGGT	50.5	290~330	KC565697
Mam51	F：TGTTGATTGATGCTGCTC R：CTCGACCCAAACGAAAGA	51.2	290~320	KC565698
Mam64	F：AATCCAGTCAGAGTCATC R：AGTCGTTGTGCAAGTAA	52.1	140~170	KC565699
Mam72	F：CTTTTCTTCTTTCCCCCT R：CTTCCTCATTCCCTTGTT	56.4	250~310	KC201620
Mam90	F：CTTACAGACTCCGACAGG R：ATCCACGACTTCCAGAAC	57.0	200~250	KC565700
Mam97	F：TCTCCTGGTGGGCTTGTCTG R：CGTCAAAGGCTGGTTCTTCC	58.7	140~170	KC201622
Mam115	F：ACGACCGCAGCATTTCTT R：ATACGCCTTGGCACGAGA	60.0	310~350	KC565701
Mam116	F：CTATTTACAGTTTCATGCTTTCCTC R：ATCCCGTCCGCCGCTTACT	62.0	140~170	KC565702
Mam129	F：GTAAACAGAACTACAGAGGGAG R：CTAATACGGCACAAGGGT	57.0	200~250	KC565703
Mam144	F：GCCTGACAGTCTTCTGC R：GCTATCCGATTATCATTTAC	54.0	360~400	KC565704
Mam166	F：GGTACTGTTTGTGCTGGGC R：CTGCTCACTCAACTTATTGTAGGTC	60.0	110~140	KC565705
Mam179	F：ATTCATTATGGCGTGCTG R：TTCTTGGCTGAGGGTATT	54.0	360~400	KC565706
Mam811	F：TGGAGTTAGTGTCCGCTTGT R：AGGATACGGGTGAGTTCG	56.0	290~320	KC565707
Mam821	F：AGACGGAACAAACCCAGAG R：TATTTGTGCCCGAGTGAA	53.0	200~250	KC565708

在单个微卫星位点PCR的优化条件基础上，通过8%聚丙烯酰胺凝胶电泳进行多重PCR组合的筛选和优化。步骤如下：①选取带型清晰、杂带少的微卫星位点；②利用Oligo 7软件（http://www.oligo.net）检测不同位点的引物序列间是否存在较强的互补，并选择互补较低的引物进行同时扩增；③确认多个位点的产物大小两两之间有明显差异，一般大于20bp；④挑选引物互不干扰、产物片段差异较大的引物筛选二重PCR；⑤在条带清晰、效果良好的二重PCR体系中添加另一对引物筛选三重PCR体系；⑥按类似方法筛选四重PCR体系。多重PCR扩增体系为20μl，包括100ng基因组DNA，1×PCR缓冲液，Mg^{2+}（1.5mmol/L），1U Taq酶，dNTPs 0.2mmol/L，多重PCR扩增体系内各位点上、下游引物分别为0.25μmol/L。PCR反应条件为：94℃预变性5min；94℃变性45s，退火45s，72℃延伸1min，30个反应循环；最后72℃延伸7min，4℃保存。反应产物用于聚丙烯酰胺凝胶电泳分型。

数据处理与分析：根据聚丙烯酰胺凝胶电泳结果读取每个位点等位基因的条带大小，将条带大小数据整理于Excel中，利用PopGene32软件计算等位基因数（N_A）、有效等位基因数（N_E）、观测杂合度（Ho）、期望杂合度（He）和多态信息含量（PIC）；哈代-温伯格平衡检验（Hardy-Weinberg equilibrium，HWE）用Genepop网上分析工具（http://genepop.curtin.edu.au/genepop_op1.html）完成。

二、微卫星分布特征及 EST-SSR 标记的开发

转录组数据拼接总长度为2.05Mb，共获得100 477个unigenes，包括26 802个contigs和73 675个singletons。SSR分析显示转录组中含不同重复基元SSRs的序列有10 290个，共4952个SSRs，平均相隔9.53kb出现一个SSR序列。在去掉由于侧翼序列不够长（≤50bp）的SSR后，3372个SSRs分布在3255个contigs中。在所有微卫星中，二核苷酸是微卫星最普遍的类型，占62.74%（表3-2），其次是三核苷酸，六核苷酸最少，仅0.34%。在所有微卫星类型中，出现频率最高的重复基元是$(AC/GT)_n$。

表 3-2 团头鲂转录组特征分析

重复基元类型	数量	占总 SSR 的比例/%	频率/%	平均距离/kb	侧翼序列≥50bp 的 SSR 数量（比例）
二核苷酸	3107	62.74	3.09	15.18	2025（60.05%）
三核苷酸	1428	28.84	1.42	33.04	1068（31.67%）
四核苷酸	339	6.85	0.33	139.17	224（6.64%）
五核苷酸	61	1.23	0.06	773.40	41（1.22%）
六核苷酸	17	0.34	0.02	2775.13	14（0.42%）
总量	4952	100	4.92	9.53	3372（100%）

注：频率=总微卫星个数/总的序列数量；平均距离=序列总长度/总微卫星数量

设计的300对EST-SSR引物中有146个位点（48.67%）可以清晰扩增出条带，其中具有多态性的位点有93个（31.00%）。多态性SSR标记在40个团头鲂梁子湖野生样本中PCR扩增，有效等位基因数为2~18个，平均等位基因数为5.11个。观测杂合度在0.25~1，平均为0.69；期望杂合度在0.25~0.86，平均为0.65。另外，开发的SSR标记片段长度分布的范围较广，为100~450bp，便于后期多重微卫星PCR体系的构建和亲子鉴定平台的构建。

团头鲂转录组高通量测序解决了团头鲂基因序列匮乏的问题，为团头鲂分子标记的

开发提供了基础。由于 EST 序列自身的优点及其与功能基因紧密联系的特性使得 EST-SSR 成为具有重要发展潜力和应用价值的分子标记之一。目前，开发微卫星标记的方法主要有 3 种：①筛选基因组文库法，即构建小片段插入基因组 DNA 文库，通过 PCR 法或菌落原位杂交法筛选阳性克隆；②微卫星富集法，主要包括尼龙膜富集、磁珠富集和 FIASCO 3 种方法；③从公共数据库中筛选微卫星，即通过检索 GenBank、EMBL 和 DDBJ 等公共核酸数据库中的微卫星序列。然而，第一种和第二种分离方法操作烦琐、效率低、时间长，对于需要大量开发微卫星标记的研究生物来说，传统的方法力所不能及。随着新一代高通量测序技术(NGS)的高速发展和测序成本的大大降低，应用 NGS 技术成为当前大规模开发微卫星标记的主要趋势。应用 NGS 技术开发微卫星标记的步骤较为简单，主要有如下步骤：①提取基因组 DNA；②构建测序文库；③送到生物技术公司测序；④获得测序结果、详细的试验报告；⑤数据分析、引物设计；⑥引物扩增及其多态性检测。该方法无需克隆及筛选，不仅可以避免无效克隆造成微卫星丢失，还可提高微卫星标记开发的效率。通过 454 高通量测序技术进行微卫星位点的开发，在一些动物和植物中都有相关报道。本研究通过 454 高通量测序获得了丰富的 EST 序列资源，快速、高效、大批量地开发 SSR 位点，为团头鲂分子标记辅助育种奠定了坚实的基础。

三、微卫星多重 PCR 体系的构建

设计的引物组合经筛选后共获得了 3 个三重 PCR 和 2 个四重 PCR 体系，体系的引物组合、产物大小、退火温度详见表 3-3。聚丙烯酰胺凝胶电泳结果如图 3-1 所示。

表 3-3 团头鲂多重微卫星 PCR 体系

体系名称	引物组合	产物大小/bp	退火温度/℃
3-2	Mam46	290～330	58.5
	Mam5	220～260	
	Mam24	160～200	
3-3	Mam115	310～350	59.5
	Mam29	190～240	
	Mam166	110～140	
3-5	Mam51	290～320	52.0
	Mam821	200～250	
	Mam97	140～170	
3-7	Mam811	290～320	57.0
	Mam129	200～250	
	Mam64	140～170	
4-4	Mam144	360～400	55.0
	Mam72	250～310	
	Mam26	230～280	
	Mam116	140～170	
4-5	Mam179	360～400	55.0
	Mam11	290～330	
	Mam90	200～250	
	Mam37	140～180	

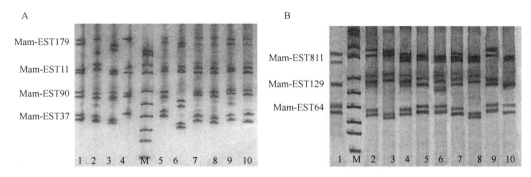

图 3-1　体系 4-5(A)和 3-7(B)聚丙烯酰胺凝胶电泳结果

M 为 pUC18/MspI Marker。1～10 为检测的团头鲂个体编号

淤泥湖团头鲂野生群体的遗传多样性指数见表 3-4。在野生群体中，平均等位基因为 5.8，观测杂合度和期望杂合度平均值分别为 0.77 和 0.72，多态信息含量平均值为 0.601，20 个位点中有 9 个位点偏离 Hardy-Weinberg 平衡。

表 3-4　淤泥湖团头鲂野生群体各 SSR 位点信息

位点	等位基因数	有效等位基因数	观测杂合度	期望杂合度	多态信息含量	Hardy-Weinberg 平衡
Mam5	7	4.94	0.74	0.81	0.612	0.09
Mam11	5	3.82	0.60	0.74	0.669	0.00*
Mam24	6	3.95	0.85	0.76	0.685	0.01*
Mam26	5	4.20	0.73	0.77	0.668	0.12
Mam29	4	2.87	0.79	0.66	0.569	0.01*
Mam37	4	3.87	0.75	0.75	0.520	0.20
Mam46	7	3.96	0.90	0.76	0.661	0.00*
Mam51	9	3.97	0.78	0.76	0.714	0.00*
Mam64	5	2.94	0.78	0.68	0.696	0.05
Mam72	4	2.46	0.83	0.60	0.578	0.00*
Mam90	8	6.61	0.78	0.86	0.622	0.27
Mam97	4	3.22	0.63	0.70	0.513	0.17
Mam115	3	2.06	0.65	0.52	0.514	0.09
Mam116	9	3.11	0.80	0.69	0.609	0.07
Mam129	9	3.92	0.75	0.75	0.693	0.10
Mam144	6	3.76	0.88	0.74	0.684	0.09
Mam166	8	5.14	0.85	0.82	0.597	0.00*
Mam179	4	2.95	0.70	0.67	0.427	0.00*
Mam811	4	2.58	0.82	0.62	0.481	0.01*
Mam821	5	4.56	0.73	0.79	0.512	0.14
平均值	5.8	3.74	0.77	0.72	0.601	

*表示显著偏离 Hardy-Weinberg 平衡

微卫星多重 PCR 是在同一 PCR 体系中同时用多个引物对同一模板进行扩增，同时检测多个微卫星位点的基因型，简化实验操作步骤和节省实验材料，可以大大地提高检测效率。团头鲂中我们仅仅用了 6 个 PCR 反应体系就完成了 20 个微卫星位点的分型，能够在短时间内实现团头鲂群体的遗传多样性分析，充分体现了多重 PCR 的操作简便、节省材料和高效性的特点。为了确保多个目的片段能够在同一个 PCR 反应体系中同时特异性扩增，研究表明微卫星引物组合的选择和 PCR 反应条件的优化是关键，其中，引物间的兼容性(复性温度、引物二聚体)、引物浓度、PCR 缓冲液的成分和浓度及 PCR 反应体积和反应程序(退火温度、持续时间及延伸时间)等是影响多重 PCR 扩增效果的主要因素。有学者认为引物间的兼容性和引物浓度比例是 2 个核心因素；也有一些学者发现 PCR 缓冲液的成分对多重 PCR 的扩增效果影响较大，而反应体积、循环次数对其扩增效果影响较小。在团头鲂多重 PCR 扩增中，主要针对引物组合、退火温度及反应体积的大小进行优化，发现引物间的配对是最重要因素，需选择引物间不发生二聚体，浓度不能过大，并且他们的最佳退火温度要相近(相差的温度≤5℃)；此外，在同一个多重 PCR 反应中存在多对引物间的竞争，多重 PCR 中各种化学成分(dNTP、DNA 模板和 Taq 酶)的浓度都应稍高于单个引物的 PCR，同时还要适当降低复性温度，并增加复性和延伸时间，这些策略对于优化多重扩增也很重要。

第二节　SNP 标记的开发

单核苷酸多态性(SNP)是指基因组 DNA 序列中由于单个核苷酸发生突变(包括置换、颠换、缺失和插入)而引起的多态性。从 SNP 所处的位置，可将其分为编码区 SNP (coding SNPs，cSNPs)、基因间 SNPs(iSNPs)和基因周边 SNPs(pSNPs) 3 类，cSNPs 相对较少，因为存在于外显子中，变异率只有周围序列的 20%。从对生物的遗传性状的影响来看，cSNPs 又可分为 2 种：一种是同义 cSNP(synonymous cSNP)，即 SNP 突变并不影响氨基酸序列所翻译的蛋白质；另一种是非同义突变 cSNP(non-synonymousSNP)，即 SNP 突变使得氨基酸序列发生改变，从而影响翻译出的蛋白质。SNP 标记因具有遗传稳定性高、位点分布丰富、具有代表性及自动化筛选与鉴定等特点成为目前最具发展潜力的分子标记。

我们一方面在团头鲂转录组高通量测序获得大量 EST 序列的基础上，获得 SNP 位点(Gao et al.，2012)；一方面基于酶切的简化基因组测序(restriction-site associated DNA sequencing，RAD-Seq)，发掘团头鲂 SNP 标记并进行基因分型分析(Wan et al.，2017)。

一、基于转录组测序的 SNP 标记开发

基于团头鲂本章第一节团头鲂 454 高通量转录组测序数据，利用 QualitySNP 软件，对团头鲂 contigs 中的候选 SNPs 标记进行了鉴定。考虑到序列测序的错误，筛选候选 SNP 的序列不少于 4 尾，而且每一个 SNP 最少频率的等位基因不少于 2 次。从 26 802 个 contigs 中，搜索到 56 109 个高质量的 SNPs 位点。平均 302bp 的序列中找到 1 个 SNP。在团头鲂转录组中，一共有 72 020 个插入/缺失，也就是说每 158bp 的序列中就有一个插入/缺失位点。

为了获得具有高可信度的 SNP 位点，根据序列长度、最小位点频率和侧翼序列的质量，将所有的候选 SNP 位点和插入/缺失位点进行过滤。经过过滤后，25 697 个 SNPs 位点被鉴定，其中，转换发生 17 272 次(67.21%)和颠换发生 8425 次(32.79%)(图 3-2)，经

过质量过滤后的 SNP 频率为每 401bp 1 个；一共有 23 287 个插入和缺失位点，频率为每 392bp 1 个。

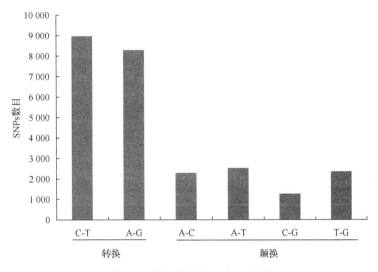

图 3-2 团头鲂转录组 SNP 分类

一般认为最小的位点频率是选择 SNP 的一个重要因素，对团头鲂转录组 SNPs 的分析显示当设置的最小 SNP 位点的频率为＞15%时，最小 SNP 位点频率的平均值为 30.9%（图 3-3）。SNP 的数量和在基因组中的分布是 SNP 遗传分析的一个重要因素，团头鲂转录组中含有 SNP 位点的 contigs 总共有 12 314 个，平均 2.09 个 SNPs/1 个 contig；同时，11 241 个 contigs 被发现含有推测的 indels，平均 2.07indels/1 个 contig。有 8 489 个 contigs 序列含有 SNP 位点，说明 SNP 位点广泛分布于团头鲂转录组。

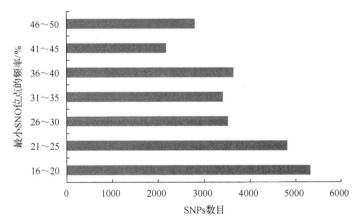

图 3-3 团头鲂转录组 SNP 最小频率位点的频率分布图

本团队在进行团头鲂转录组 454 高通量测序建库时，采用的是多个个体的混合 RNA，这为研究 SNP 标记提供了极大便利，获得的 SNP 可作为全基因组测序开发 SNP 标记的参考位点。在最小的可信度情况下，为了推断 SNP 等位基因的频率，推荐使用至少 10 个个体进行混合测序，因为更少的样品数量会导致相当多的 SNP 等位基因频率估计不准确。

而我们在进行团头鲂转录组测序时，利用 24 个具有显著生长差异的个体的多个组织的均一化 cDNA 文库，最终获得了 34 771 个高质量的候选 SNP 位点。该结果也证实了在 NGS 中，测序样品的数量是产生 SNP 多少的一个重要因素。

二、基于简化基因组测序的 SNP 标记开发

简化基因组测序(RAD-Seq)作为一种可靠的、高通量、低成本的减少基因复杂性的技术，被广泛用于 SNP 标记发掘与基因分型。

我们基于 2 个亲本及 187 个杂交子代，构建了 189 个 RAD-Seq 测序文库，高通量测序后共获得 922.99 百万 reads，包括约 99.69Gb 测序数据，根据其分子识别序列，分别将其划分为 RAD 标签。最终，在母本与父本数据集中，分别获得了 15.93 百万过滤后的 reads (包含 1719.90Mb 数据，GC 含量为 37.06%)和 14.71 百万过滤后的 reads(包含 1588.68Mb 数据，GC 含量为 37.05%)，并相应的划分为 13.68 和 12.62 百万 RAD 标签。这些 RAD 标签被比对并分别聚类到 327 364 个和 323 929 个 stacks，并检测出 31 149 个和 31 509 个候选等位基因。在 187 个子代个体中，共获得了 892.35 百万过滤后的 reads(每个个体平均 4.77 百万)，对应数据总量为 96 378.27Mb(平均 515.39Mb)。这些数据被划分为 697 396 575 个 RAD 标签(变化范围为 1 140 488～6 621 573，平均为 3 729 393)用于构建 SNP 发掘所需的 stacks。这些数据也表明父本母本比子代有着更大的测序深度，使父本母本 SNP 标记的发掘最大化。原始数据可在 NCBI Short Read Archive(http://www.ncbi.nlm.nih.gov/Traces/sra/)数据库查询，编号为 SRS1797758。

经严格筛选后，父本母本的 RAD 标签被装配为 367 640 个 contigs 用于 SNP 检测与后续基因分型，其平均长度为 374bp(表 3-5)，显示出了高的装配质量。根据"5×≤测序深度≤200×，碱基质量≥25"的标准，在团头鲂父本母本中共发现 61 284 个假定的 SNPs，这些 SNP 为双等位基因变异，包含 58%的转换与 42%的颠换，其比例为 1.38(图 3-4)。同时，使用相同标准对子代 stacks 进行基因分型。在去除不符合孟德尔分离定律的标记后，共获得 14 648 个具有固定基因型的高质量 SNPs 分子标记。

表 3-5 父本母本 RAD 双末端测序 contig 装配

项目	contig 长度/bp	数目
N50	404	164 632
N60	399	198 905
N70	390	233 770
N80	364	269 928
N90	288	312 940
总长度	137 629 749	
最长长度	1 826	
数目≥200bp		367 640
平均长度	374	
GC 含量	0.372	

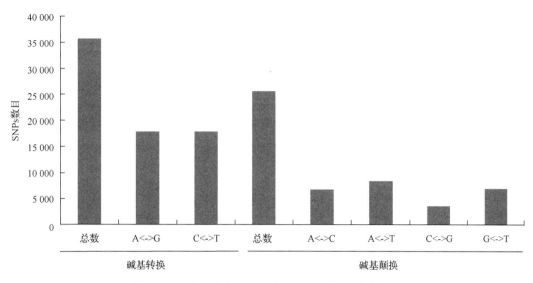

图 3-4　父本母本中 61 284 个 SNP 位点的转换与颠换

第三节　基于微卫星标记的亲子鉴定

亲子鉴定(parentage identification)或亲缘关系鉴定,是利用分子遗传学理论和技术判断亲代与子代是否具有血缘关系。在动物的家系选育或综合选育的过程中,保持完整、准确的系谱信息可以有效地指导育种亲本选留和配对,从而促进亲本配合力的提高和避免近交衰退。同时,为了实现家系生长性能、杂交优势和遗传参数的评估更加精确,在鱼苗刚出生时,不同家系混养,运用分子标记辅助管理与物理标记相比可以显著降低由于单独养殖造成的环境效应因素的影响。

目前,生物亲子鉴定常用的分子标记主要有 DNA 指纹、mtDNA 和 SSR 等。DNA 指纹图谱技术以 RFLP 为基础,该图谱条带遗传呈共显性且能稳定的遗传给子代,符合孟德尔遗传法则,因此在动物的亲子鉴定中属于可靠性较高的技术之一。但由于该技术步骤多,需要样本 DNA 量大,实验步骤复杂,条件优化困难,因而它的应用受到了较大的限制。mtDNA 存在于细胞质中,是唯一的核外基因组 DNA,其遗传方式为母系遗传,只适应于母本的亲子鉴定及同一认定。SSR 广泛随机分布于各种真核生物基因组中,与其他 DNA 分子标记相比,具有数量多、分布广、多态性较高、呈孟德尔共显性遗传及易于分型检测等优点,目前已经在多种水生动物中成功实践。

本团队在高通量转录组测序开发的大量 EST-SSR 的基础上,选择高质量多态性的微卫星标记构建团头鲂亲子鉴定技术平台用于其家系鉴定(高泽霞等,2013;Luo et al.,2014,2017),从而可以保持谱系清晰、避免近交衰退,促进团头鲂的种质资源保护和分子标记辅助育种。

一、家系构建及亲子鉴定方法

2009 年 3 月,采集湖北省鄂州市梁子湖野生团头鲂,雌鱼 30 尾,雄鱼 15 尾,然后进行精心培育。2009 年 5 月，采用 1 雄配 2 雌的方式进行人工授精，产生了 30 个母系全同胞家系和 15 个父系半同胞家系。30 个家系分别在孵化缸中单独孵化，平均水温约 24℃，鱼苗平游后，30 个家系单独在水泥池中饲养。当鱼苗长到约 4cm 时，每个家系选择 10 尾混养在一个水泥池中。待鱼苗长到约 5cm 时，从 30 个单独饲养家系中采集鱼苗，每个家系 10 尾，同时采集 30 个家系混养在水泥池的所有鱼苗。剪下尾鳍用于提取 DNA。

基于本章第一节开发的 93 个多态性 EST-SSR 标记，从中选择多态性良好，条带清晰、产物稳定的 8 个微卫星位点，根据这 8 个微卫星预期产物的大小按照两两不重叠的原则，进行多重 PCR 配对设计。用于团头鲂亲子鉴定平台构建的微卫星 DNA 的具体信息见表 3-6。

表 3-6　团头鲂亲子鉴定平台构建的微卫星具体信息

位点	序列(5′-3′)	退火温度/℃	重复单元	片段大小/bp	荧光标记
Mam-12	F: TCGTGCGAAGTAAACAAG R: CAGGCAATAATAACAAAACC	54.0	$(TCTT)_{13}$	205～259	5′-HEX
Mam-46	F: AGTATAAGTTGAGTGGGTG R: TAAAGGGAAATTCTGGT	50.5	$(ATCT)_{25}$	282～380	5′-FAM
Mam-208	F: GGTACTGTTTGTGCTGGGC R: CTGCTCACTCAACTTATTGTAGGTC	60.0	$(GT)_{16}$	117～151	5′-ROX
Mam-851	F: ATTGGTCCAGTCTGTTGT R: TGTATCTTGCACGCTCTA	54.5	$(AAGA)_{14}$	277～307	5′-HEX
Mam-22	F: TGCCTCGGTCTCACTCTG R: AATCTCCTGGAACACTCTTTG	59.0	$(AC)11$	148～218	5′-ROX
Mam-98	F: TCATGCTTGAAGCGTGTTGC R: CGCCTGCCATCCTAAGTGTT	57.5	$(AC)16$	326～388	5′-FAM
Mam-811	F: TGGAGTTAGTGTCCGCTTGT R: AGGATACGGGTGAGTTCG	56.0	$(TG)13$	320～366	5′-FAM
Mam-24	F: ACTGAAGCCCTCAACCTC R: TCACAGCAGACATCCAACT	58.0	$(GT)10$	167～193	5′-ROX

PCR 扩增反应体系为 10μl：ddH$_2$O 7.4μl，10×Buffer 1μl，dNTPs(10mmol/L)0.2μl，Taq DNA 聚合酶(5U/μl)0.1μl，微卫星正向/反向引物(10mol/L)各 0.15μl，模板 DNA(100ng/μl)1μl。PCR 反应程序为 95℃预变性 5min；95℃变性 30s，按表 3-6 所示 Ta 温度退火 30s，72℃延伸 45s，30 个循环；72℃延伸 5min。

微卫星基因型分析　PCR 反应完后，从每个个体的每个位点的 PCR 产物中吸出 0.5μl，根据片段的大小和荧光标记的颜色，将用荧光标记为 NED、FAM、HEX 的各 1 个位点的 PCR 产物混合在一起，作为上机检测的样品。将混合的 1.5μl 的 PCR 产物样品加入 ABI 3730 基因分析仪中进行毛细管电泳，每个孔内加入 0.5μl 的 GeneScan^{TM}500 ROX^{TM}Size Standard[美国应用生物系统公司(ABI)]，另外在每个孔内加入 8.0μl 的

Hi-Di^{TM}甲酰胺(ABI)。将 96 孔板放入 PCR 仪内 95℃变性 10min，变性后立即置于冰上，然后上样到 ABI 3730 基因分析仪分析。电泳结果用软件 GeneMapper 4.0(ABI)进行基因型分析，读取各个体在各微卫星位点的基因型。统计亲本和子代在 9 个微卫星位点的基因型，采用 CERVUS 3.0 软件(Marshall et al.，1998)鉴定子代的亲本来源，并计算期望杂合度(He)、观测杂合度(Ho)和多态信息含量(PIC)。

计算机模拟分析　为了估计在理论情况下家系鉴定能力与微卫星座位数目的关系，基于微卫星等位基因频率应用 CERVUS 3.0 软件进行计算机模拟分析。假设亲本基因型符合 Hardy-Weinberg 平衡且没有遗传连锁，而后代的基因型基于亲本的基因型。在这个模拟分析中，假设育种计划包含 30 个母本和 150 个父本。为了模仿一个真实的育种计划，300 个后代(每个家系 10 个)用 8 个微卫星位点进行分型。根据亲子鉴定的原理，利用微卫星标记进行亲子鉴定，使用 CERVUS 3.0 软件计算每个分子标记的非亲排除概率(PE)和多个分子标记的累积排除概率(CPE)，根据鉴定成功子代的数量计算准确率，然后计算亲本对后代的贡献率。非亲排除概率是指子代的非亲生父本母本能够被遗传标记系统排除的概率，是亲子鉴定中评估遗传标记价值的常用参数。如果存在若干个相互独立的标记系统实验，并假设每个标记系统排除概率分别为 PE_1、PE_2、$\cdots$、PE_K，则累积排除概率，即所用若干遗传标记排除子代非亲父母的概率，其计算公式如下

$$CPE=1-(1-PE_1)(1-PE_2)\cdots(1-PE_K)$$

式中，PE_K 是第 K 个微卫星位点的排除概率。

统计所有遗传标记下的亲子鉴定准确的比率(P)，计算方法为

$$P=A/B\times100\%$$

式中，A 为被成功鉴定出具有单一父本母本的子代个体数；B 为取样子代数。

分养家系的亲子鉴定分析　利用 CERVUS 3.0 软件基于似然法推断亲子关系，对个体进行亲权分析(父权指数分析、母权指数分析及亲本对分析)，其原理是通过计算候选父母的 LOD 值(亲子鉴定似然比的对数转换值)，然后根据大小进行排队，LOD 值越大是真实亲本的可能性越高。比较鉴定结果与实际结果，统计亲子鉴定的准确率，估算微卫星基因座位应用于家系分析的准确性和可靠性。

混合家系的亲子鉴定分析　使用 CERVUS 3.0 软件对每一个体的基因型进行亲权分析，计算出各个微卫星座位的等位基因频率、杂合度、期望杂合度、多态信息含量、平均排除概率、Hardy-Weinberg 平衡及无效等位基因频率。根据 LOD 值对每一个个体的父本母本进行判定。

二、亲子鉴定结果与分析

亲本和子代的基因型分析　除少数个体缺失一些位点的基因型外，绝大部分亲本和子代个体都获得了全部的微卫星位点的基因型，基因型分型效果较理想，图 3-5 显示了团头鲂 3 个微卫星位点在两个个体中的分型结果。

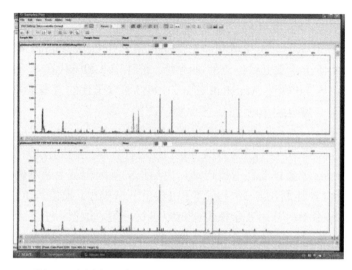

图 3-5　团头鲂 3 个微卫星位点在两个个体中的分型结果

计算机模拟分析　计算机 CERVUS 3.0 软件模拟结果(图 3-6)表明,在个体父母双方基因型都未知情况下,8 个微卫星位点的排除概率在 28.5%和 61.4%之间,累积排除概率超过了 99.9%。模拟分析结果显示,在团头鲂中要达到 95%以上的排除概率,最少需要 5 个高度多态性的微卫星位点。

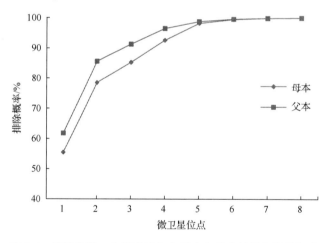

图 3-6　模拟分析 8 个微卫星位点母本和父本的累积排除概率

单养家系的亲子鉴定　构建家系的亲本为雌鱼 30 尾、雄鱼 15 尾,一共构建了团头鲂 30 个全同胞家系,在水泥池中进行单独饲养,每一个团头鲂家系的数量为 10 尾。利用 8 对微卫星对 300 个团头鲂子代进行基因型分型。通过微卫星家系鉴定结果与实际养殖记录比对发现,在 300 个后代个体中,有 6 尾没有找到正确的父本或母本,准确率为 98.00%,说明微卫星亲子鉴定具有很高的可靠性。

混养家系的亲子鉴定　在 8 个微卫星位点上,对 300 个混养团头鲂子代进行扩增和基因型分型,基因型应用 CERVUS 3.0 软件进行分析,根据 LOD 值鉴定候选父母,最终确认了 289 尾混养子代的父母,其中母本和父本的排除概率都达到了 99%以上(表 3-7),

混养家系群体的鉴定率为 96.33%。

表 3-7 团头鲂微卫星亲子鉴定结果

位点	等位基因数	期望杂合度	观测杂合度	多态信息含量	父本排除概率	母本排除概率	无效等位基因频率
Mam12	18	0.879	0.842	0.896	0.554	0.618	+0.025
Mam46	17	0.901	0.879	0.887	0.517	0.586	+0.008
Mam851	8	0.730	0.738	0.654	0.323	0.483	−0.015
Mam208	4	0.412	0.502	0.461	0.195	0.280	+0.001
Mam22	7	0.511	0.542	0.523	0.218	0.294	+0.006
Mam98	12	0.752	0.653	0.756	0.452	0.554	+0.031
Mam811	8	0.614	0.521	0.514	0.225	0.385	+0.004
Mam24	6	0.560	0.514	0.552	0.214	0.295	+0.008
平均值	10	0.670	0.649	0.655	0.337	0.439	
总排除概率/%					99.7	99.9	

在进行动物选择育种时，谱系信息的清晰保持非常重要，在畜禽中，由于目标个体体型较大、群体数量相对较小、在陆地生活便于监测等特点，因此往往采用挂牌标记、电子标记和荧光标记便可以实现家系区分。然而，对于水产动物来说，由于其体型小、群体大、在水中不易监测，个体标识、家系标识甚至群体标识一直是难以解决的问题，在很大程度上限制了遗传育种工作。在亲子鉴定技术引进水产动物育种之前，育种工作者主要采用与畜禽类似的物理标记来获得谱系信息。但是，这些方法具有很多不足之处：①使用物理标记需要等鱼苗长到一定阶段时(一般鱼苗体长需要 10~20cm)才能注射，在注射之前需要对鱼苗进行单独养殖，因此需要大量的养殖设备及精细的人工管理，极大地限制了选育工作的开展；②在家系单独饲养的过程中，由于不同的养殖环境(如池塘、网箱和水缸的条件不完全相同)，容易造成极大的环境误差，从而在估计数量性状参数时出现较大的偏差。

近十几年来，随着分子标记技术的快速发展，微卫星标记凭借自身的诸多优势已经在多种水产动物的家系鉴定中广泛应用，成功地避免了物理标记的缺陷，促进了水产动物的遗传选育。Vandeputte 等(2004)利用 7 个微卫星标记在鲤中进行鉴定，有 95.3%的子代被分配到父本母本中，从而准确地估计了遗传力；高泽霞(2010)选择 6 个微卫星位点在蓝鳃太阳鱼中进行了亲子鉴定，结果子代 100%分配到了其父本母本，从而成功地研究了蓝鳃太阳鱼的性别分化机制；Cao 等(2011)利用 8 个微卫星位点准确鉴定了 94%黄金鲈的子代，并成功地应用到其选育中。而我们利用 8 个微卫星标记构建了团头鲂的亲子鉴定平台，成功率达到 96.33%，从而可以将团头鲂多个家系从刚孵出后就进行混养，大大地降低了管理成本和环境误差，同时增加了家系数量，促进了团头鲂家系的选育研究。

一般在实施微卫星亲子鉴定之前，计算机模拟分析可以根据微卫星位点的等位基因数据进行家系鉴定的可行性分析。但在应用微卫星标记进行团头鲂亲缘关系鉴定时发现，实际所得的鉴定率一般会低于模拟分析所预期的成功率。原因可能是某些位点存在无效等位基因，或某些个体在某些位点上基因型缺失或判读错误。应用微卫星分子标记进行团头鲂的亲缘关系鉴定时，虽然可以利用群体研究中所得的等位基因频率进行计算机模拟分析作为参考，以减少研究规划和决策的盲目性，但是在实际中往往受到各种因素的影响，如 DNA 的质量、微卫星 PCR 扩增的成功率及亲本和子代的数量等。因此，在确定家系鉴定究竟需要多少个微卫星标记及多态性要求等方面的时候需要慎重，在实际中往往需要更多的多态性微卫星标记。

影响亲子鉴定准确性的首要因素是无效等位基因的存在。微卫星分型基于 PCR 反应，如果引物结合位点因突变、插入或缺失导致引物无法结合，从而产生无效等位基因，使杂合位点的条带判读产生误差，无效等位基因频率高 5% 的位点不能应用于家系鉴定中。通过分析，本研究所选取的 8 个微卫星位点不存在无效等位基因频率极低的情况。除了无效等位基因，杂带(非目的片段所在区域)或污染带(非本个体的基因片段)也是基因型误判因素之一，O'Reilly 等(1998)在研究中发现平均每个基因座位有 2%~3% 的分型错误。我们的研究发现杂带对基因型读数影响较大，这可能是该位点的 PCR 条件没有优化好，或者是由于该位点的引物特异性不好造成的。为了尽量避免杂带或污染带带来的误差，有学者提出，每个个体(尤其是显示为纯合子的个体)的读数采用多个位点联合判定的方法，所有位点判定结果一致时才可确定为某一家系，有效降低了分型错误率(高泽霞，2010)。另外，亲子鉴定效率的高低很大程度上取决于微卫星位点的多态性，Castro 等(2006)认为微卫星位点在分析群体时的一些参数，如等位基因数、期望杂合度和多态性信息含量，是评估位点效率的重要依据。

本研究利用 8 个高质量多态性微卫星标记构建了团头鲂亲子鉴定平台，在对单独饲养的家系进行鉴定时，准确率能够达到98.00%，说明基于微卫星的亲子鉴定技术具有很高的可靠性。在对混合饲养的家系进行鉴定时，微卫星位点的平均等位基因为 10 个，平均观测杂合度和期望杂合度分别是 0.649 和 0.670，平均多态信息含量是 0.655，准确率达到96.33%，可以实现团头鲂多个家系从出生就可以混养，成功地减少了管理成本和环境误差，同时可以增加家系数量，从而为后续实验(如家系生长性能评估、杂交优势和遗传参数评估等多个方面)的研究更加精确地进行奠定了基础，促进了团头鲂的遗传选育。

第四章 团头鲂经济性状的遗传参数评估

数量遗传学是采用代数形式的理论推导，依据遗传学原理研究和总结生物数量性状的遗传中各种数学规律的科学。它主要研究生物个体间数量上和程度上的差异，而不是质量上及种类的差异。由于动植物的大多数性状，特别是很多重要的经济性状，属于数量性状，因此，数量遗传学对研究生物群体的遗传变异和进化、动植物遗传育种具有非常重要的意义。目前，在水产动物数量遗传学研究中，经常对性状的遗传力、遗传和表型相关性、育种值、种群杂交优势和配合力等参数进行分析。基于数量遗传学的选择育种技术将缩短良种选育的时间，更快、更有效地进行鱼类良种的选育和品种改良。我们自开展团头鲂遗传选育工作以来，对其生长、抗病、耐低氧、性腺发育等多个性状的遗传参数进行了评估(曾聪等，2014；Luo et al.，2014a；2014b，2017；Zhao et al.，2015；Xiong et al.，2017)，为团头鲂遗传选育工作的有效开展奠定了良好的基础。

第一节 团头鲂经济性状的遗传力评估

遗传力反映性状遗传传递能力大小，作为数量遗传学中最重要的一个基本遗传参数之一，它的作用十分广泛，是数量遗传学中从表型变异到遗传实质研究的一个关键的定量指标。遗传力在预测选择效果、估计育种值、确定育种方法、制定综合选择指数等多方面起着十分重要的作用。此外，生物体作为一个有机的整体，它所表现出的性状间存在不同程度的相关，因而对一个性状的选择势必会影响到另一个性状的遗传效果，但通常容易观察到的是表型相关，包含环境的影响，但不能真实地反映相关性状间的遗传效应(即遗传相关)。遗传相关在动物育种中进行间接选择、性状的综合选择和揭示性状间的真实关系等方面起着重要作用。自20世纪70年代以来，对鱼、虾、贝等多种水生生物的有关性状的遗传参数估计均有报道。我国在水产动物方面的选择育种工作开展较晚，但是目前已经对多种水生生物进行了研究，如海胆(*Strongylocentrotus intermedius*)、刺参(*Apostichopus japonicus*)、中国明对虾(*Fenneropenaeus chinensis*)、大黄鱼(*Larimichthys crocea*)、长牡蛎(*Crassostrea gigas*)、大口黑鲈(*Micropterus salmoide*)、大菱鲆(*Scophthalmus maximu*)等部分性状的遗传参数。

一、生长性状

鱼类的生长速度是评价养殖价值的重要指标，也是选育的重要性状之一。本研究通过构建全同胞和半同胞家系，对6月龄和20月龄团头鲂的生长相关性状进行了遗传力评估及性状间遗传和表型相关的分析，旨在通过这些遗传参数为团头鲂生长性状的选育工作提供一定的参考数据。

（一）遗传力分析

6 月龄 2009 年 5 月，以梁子湖、鄱阳湖和淤泥湖捕捞的原种亲本作为育种的繁育亲本，采用雌雄比 1：1 和 2：1 构建了 33 个全同胞家系。达到 6 月龄时，在所有的 33 个家系中，每个家系随机抽取 50 尾无畸形的子代测量体长和体重。遗传力估计采用陈瑶生提出的混合家系遗传参数估计方法。通过计算获得各性状的方差组分（表 4-1）和各性状的遗传力（表 4-2），可以看出，体长的方差要远远比体重要大。遗传力评估结果显示体重的遗传力为 0.49，属于中等遗传力；体长的遗传力为 0.72，属于高等遗传力，表明在加性效应控制下，团头鲂的体长和体重具有较大的遗传改良潜力，较易获得遗传改良进展。对体长和体重的遗传力的估计值进行 t 检验，其 P 值均小于 0.01。

表 4-1 体长和体重的方差组分

性状	遗传方差	环境方差	表型方差
体长	3295.66	100.94	3396.59
体重	188.94	9.84	198.78

表 4-2 团头鲂 6 月龄体长和体重的遗传力估计值

性状	体长	体重
遗传力	0.72	0.49
标准误	0.21	0.14

20 月龄 2009 年 6 月，选择身体健康、体形较好的梁子湖、淤泥湖和鄱阳湖亲本一共 92 尾进行人工催产（42♀，50♂）。人工繁殖时，将 4~5 尾雄鱼的精子与 4~5 尾雌鱼的卵子等量受精，所得鱼苗等量混合养殖。经过 20 个月的养殖，随机选择 749 尾子代鱼，分别测量其全长、体长、体高和体重。提取所有亲本和子代的 DNA。用 9 个高度多态的微卫星标记进行亲子鉴定分析，结果显示 708 个子代（94.5%）准确找到父母亲本。41 个个体没有准确找到亲本，其中 25 个个体是由于部分 SSR 位点 PCR 扩增不成功造成的；另外 16 个是由于微卫星位点的排除能力不够，不足以准确找到唯一的父本母本。通过亲子鉴定得出每个亲本都产生了后代，每个母本平均与 1.19 个父本交配，总共获得了 317 个全同胞家系。每个母系半同胞家系的数量为 1~48 个，平均（16.86±9.23）个；每个父系半同胞家系的数量分布为 1~54 个，平均（14.16±7.42）个。每一个全同胞家系的数量为 1~34 个，平均为 2.23 个。3×3 的双列杂交产生后代的 9 个组合中，子代数量分布从 41~193 个，平均（78.67±47.09）个。

所有生长数据分析前先进行正态性（Kolmogorov-Smirnov）检测，使用 SPSS 19 软件（SPSS，Chicago，IL，USA）的一般线性模型（general linear model，GLM）计算表型变量的方差和协方差组分。方差和协方差组分估计用限制性最大似然法（restricted maximum likelihood，REML），用软件 ASReml（VSN International Ltd. UK）计算。采用多性状动物模型（$Y = Xb + Za + e$），式中，Y 是性状（体重、体长、全长、体高）的表型观测值向量；b 是固定系数向量（性别）；a 是加性效应向量；e 是随机残差效应向量；X 和 Z 分别是固定效应和加性效应结构矩阵。遗传力(h^2)计算式为$h^2 = \sigma^2_a/(\sigma^2_a + \sigma^2_e)$，式中，$\sigma^2_a$代表加性遗传方差；$\sigma^2_e$代表残差方差。两性状间的遗传相关[$r_{a(i,j)}$]决定于遗传协方差[genetic covariance，$\sigma_{a(i,j)}$]和遗传标准差[$\sigma_{a(i)}$和 $\sigma_{a(j)}$，遗传方差的平方根]，公式为：$r_{a(i,j)}$ $=\sigma_{a(i,j)}/[\sigma_{a(i)}\sigma_{a(j)}]$；两性状间的表型相关($r_{p(i,j)}$)的计算公式为：$r_{p(i,j)} = \sigma_{p(i,j)}/[\sigma_{p(i)}\sigma_{p(j)}]$，式中，$\sigma_{p(i,j)}$代表表型协方差；$\sigma_{p(i)}$和$\sigma_{p(j)}$分别表示表型$i$和$j$的表型方差的平方根。团头鲂20月龄生长相关性状的遗传力(h^2)见表4-3。这四个性状的遗传力均较高（>0.5），其中体重最高，为0.65±0.11，体高最低，为0.50±0.10。

表4-3 团头鲂20月龄生长相关性状的遗传力估计值

性状	体长	全长	体高	体重
遗传力	0.53	0.53	0.50	0.65
标准误	0.10	0.10	0.10	0.11

本研究第一次报道了团头鲂生长相关性状的遗传力。一般在鱼类中，体重或体长的遗传力往往属于中-高水平，如虹鳟（体重和体长分别为0.546~0.719、0.517~0.664）、欧鲈（体重和体长分别为0.62、0.54）和鲤（体重和体长分别为0.33±0.08、0.33±0.07）。本研究获得团头鲂生长性状相关的遗传力属于鱼类生长性状遗传力中的较高水平，这也与大多数已报道的鱼类的体长和体重的遗传力水平相似（表4-4）。说明团头鲂的体长和体重具有较大的加性遗传效应，可以通过个体选育和家系选育获得较快的遗传进展。

表4-4 不同水产物种的遗传力比较

物种	体重		体长	
	父本	母本	父本	母本
虹鳟	0.21~0.27	0.41		
大西洋鲑	0.35	0.32		
银大马哈鱼	0.19~0.33			
鲤	0.25			
野鲮	0.23			
罗非鱼	0.32~0.39	0.83~0.93		
红点鲑	0.45~0.52	0.38~0.45		
大菱鲆	0.70	0.45		
鲶	0.27	0.51		
鳕		0.29		
虾	0.10~0.76	0.39~0.71		
牡蛎	0.08~0.33			
鲍			0.34	
扇贝	0.21~0.59		0.11~0.24	
蛤			0.42	
贻			0.09~0.22	
本研究	0.49	0.49	0.72	0.72

注：父本和母本分别代表通过父本或通过母本半同胞估算的遗传力

(二)性状间的相关性分析

6 月龄体重与体长之间的遗传相关、环境相关和表型相关的结果见表 4-5，体长与体重两生长性状间的遗传相关、环境相关和表型相关均呈正相关性，且遗传相关大于环境相关。对各性状之间遗传相关和表型相关的估计值进行 t 检验，其 P 值均小于 0.01，达到极显著水平。

表4-5 体长与体重之间的遗传相关、环境相关和表型相关

体长与体重相关性	相关性指数
表型相关	0.89**
遗传相关	0.98**
环境相关	0.62**

**表示差异极显著($P<0.01$)

团头鲂 20 月龄时，4 个生长性状的遗传相关和表型相关也非常高(表 4-6)。其中体长和全长、体重和体高的表型相关最高，为 0.94±0.01，体重与体长、体重与全长的表型相关值为 0.92±0.01 和 0.93±0.01。体重与其他三个性状的遗传相关都十分接近 1。

表4-6 团头鲂20月龄时生长性状之间的遗传相关和表型相关

性状	体长	全长	体高	体重
体长/cm		0.94±0.01	0.87±0.01	0.92±0.01
全长/cm	0.99±0.00		0.90±0.01	0.93±0.01
体高/cm	0.98±0.01	0.98±0.01		0.94±0.01
体重/g	0.99±0.01	0.99±0.01	1.00±0.00	

注：上右三角为表型相关，下左三角为遗传相关

由于基因连锁和一因多效引起的遗传相关，使不同的性状间存在不同程度的相关性。在选择育种实践中，不同的性状需要不同的选择方法才能达到满意的效果，有的需要直接选择，有些则需要通过对与其相关性较高性状的选择达到间接选育的目的。性状间的表型相关包括遗传相关和环境相关两部分。在间接选育时，通常性状间遗传相关越大，间接选育就越有效，但不同环境条件和不同发育时期的同一性状的遗传相关可能存在较大差异。本研究第一次报道了团头鲂生长相关性状的遗传相关和表型相关。性状遗传相关的大小反映了控制其性状具有相同的基因或者控制两个性状的基因紧密连锁的程度。在鱼类生长性状相关研究中，体重和体长经常被发现有着高度遗传和表型相关，本次的结果也一样，团头鲂生长相关性状间的遗传相关极高，接近 1，暗示了这几个性状有几乎完全一样的遗传基础。因此，在进行团头鲂生长性状选育时，可以只对其中一个性状进行选择，简化了选育操作和降低了经费。本研究中，团头鲂 6 月龄和 20 月龄时体长和体重之间均具有较高的遗传正相关，这与其他鱼类的相关报道基本一致(Gjedrem and Thodesen，2005)，表明体长和体重互相影响。在选育时，如选择体长或体重为目标性状时，都会带来间接的选育效果。

二、抗病性状

嗜水气单胞菌(*Aeromonas hydrophila*)引起的细菌性出血病是水产养殖过程中危害最为严重的细菌性疾病之一。虽然在斑点叉尾鮰和草鱼上已有针对此疾病的疫苗，但却不是非常有效，且疫苗的注射是一个耗时耗力的过程，同时也没有研究表明疫苗的有效性能传递给子代。此外，虽然有抗生素能较好地抑制嗜水气单胞菌所引发的疾病，但其产生的药物残留及耐药性菌株问题确很难解决。因此，从长期意义上来讲，疫苗注射和抗生素处理都不是有效控制嗜水气单胞菌疾病的有效方法。在很多鱼类上已开展了抗病力强品种的选育工作(Robinson et al.，2017)，且其在虹鳟、大西洋鳕、南亚野鲮、鲤、南美白对虾及大西洋鲑上取得了明显的选育进展。在鱼类抗病性状的遗传选育过程中，通常是通过病原感染实验来实施，病原感染后特定时间内死亡和存活的个体通常在遗传变异和遗传力上存在明显差异。大多数水产养殖动物对某一疾病的抗病能力都存在一定的遗传力，如大西洋鲑的疖病，虹鳟的肠道红嘴病和病毒性出血败血病等。对于嗜水气单胞菌引起的鱼类疾病，目前仅在南亚野鲮和鲤上有其遗传力的报道(Mahapatra et al.，2008；Ødegård et al.，2010a)。我们首次在团头鲂上评估了其抗嗜水气单胞菌疾病的遗传力，并评估了其与生长性状的遗传和表型相关性，为其抗病育种工作奠定了理论基础。

(一)家系建立及遗传参数评估方法

2012 年 5 月，采用 30 尾团头鲂雌鱼和 25 尾雄鱼构建了 30 个全同胞家系，家系子代采用水泥池、网箱单独饲养。2013 年 8 月，家系子代 14 月龄时，此阶段为团头鲂发病的高峰期。来自 27 个家系的 834 尾鱼用于开展攻毒实验。实验所用的嗜水气单胞菌病原来自课题组 2012 年在湖北东西湖团头鲂养殖群体的患细菌性出血病死亡的个体中分离获得。通过预实验确定了其对团头鲂的半致死浓度为 10^6cfu[①]/尾鱼。通过在鱼体不同部位注射不同颜色的荧光标记来区分来自不同家系的个体。测量每尾鱼的体长、体重和体高数据。对每尾鱼注射 7.9×10^6cfu 的嗜水气单胞菌悬液，在接下来的 5 天时间里，每隔 2 小时监测鱼的死亡情况。待鱼死亡后，解剖获得其性腺保存在波恩试液中，然后通过组织切片鉴定个体的性别。

整个家系群体在注射嗜水气单胞菌悬液后的第 1 天和第 2 天死亡率达到高峰，因此我们以第 2 天的死亡情况作为抗病遗传力的计算时间点，第 1 天和第 2 天死亡的个体其抗病表型记为 0，将第 2 天死亡统计结束后依然存活个体的抗病表型记为 1。同时以 5 天实验结束时家系鱼的死亡和成活率情况计算遗传力。

我们采用了 3 种遗传力评估模型对团头鲂抗嗜水气单胞菌疾病性状进行了遗传力的评估。①横截面线性模型(cross-sectional linear model，LIN)，计算公式：$Y_{ijk} = \mu + S_i + D_j + C_{ij} + e_{ijk}$，其中 Y_{ijk} 是来自家系 ij 的个体 k 在嗜水气单胞菌菌液注射两天后的存活情况(1 为存活，0 为死亡)；μ 为总体均值；S_i 为父本 i 的随机遗传效应；D_j 为母本 j 的随机遗传效应；C_{ij} 为家系 ij 的正常环境效应；e_{ijk} 为随机残差效应。②截面阈值(概率)模型[cross-sectional

---

① cfu 为菌落形成单位(colony-forming units)，下同。

threshold(probit)model，THRp]，计算公式：$Pr(Y_{ijk}=1)=\Phi(\mu+S_i+D_j+C_{ij})$，其中 $\Phi(.)$ 为累积标准正态分布；其他参数含义如(1)所述。③横截面的阈值(Logit)模型[cross-sectional threshold(logit)model，THRl]，计算公式：$Pr(Y_{ijk}=1)=\dfrac{\exp(\mu+S_i+D_j+C_{ij})}{1+\exp(\mu+S_i+D_j+C_{ij})}$，各参数的含义如上所述。所有的分析模型都用 ASReml-R4.0 软件计算(Gilmour et al.，2012)。

　　基于以上 3 种模型，遗传力的计算公式为：$h^2=4\sigma_s^2/(\sigma_s^2+\sigma_d^2+\sigma_c^2+\sigma_e^2)$，式中，$\sigma_s^2$ 为父本的遗传方差；σ_d^2 为母本的遗传方差；σ_c^2 为共同环境方差；σ_e^2 为随机方差。基于评估团头鲂抗嗜水气单胞菌疾病性状的育种值来进行各模型之间的比较分析(Liang et al.，2017)。估测的家系效应的 Spearman 相关系数被用作比较标准。家系效应的计算采用母本效应、父本效应及环境效应的总和。

　　动物模型被用于评估团头鲂生长相关性状与抗嗜水气单胞菌疾病性状之间的遗传相关和表型相关，计算公式为：$Y_i=\mu+A_i+e_i$，式中，Y_i 为个体 i 的表型；μ 为总体均值；A_i 和 e_i 分别为加性遗传效应和随机效应。采用动物模型的遗传力计算公式为：$h^2=\sigma_A^2/(\sigma_A^2+\sigma_e^2)$，式中，$\sigma_A^2$ 和 σ_e^2 分别为加性遗传效应和随机效应的方差组分。两个性状间的遗传相关性[$r_{a(i,j)}$]的计算公式为：$r_{a(i,j)}=V_{a(i,j)}/\sqrt{V_{ai}\cdot V_{aj}}$，式中，$V_{a(i,j)}$ 为两个性状间的遗传协方差；V_{ai} 和 V_{aj} 分别为性状 i 和 j 的加性遗传方差。两个性状间的表型相关[$r_{p(i,j)}$]的计算公式为：$r_{p(i,j)}=V_{p(i,j)}/\sqrt{V_{pi}\cdot V_{pj}}$，式中，$V_{p(i,j)}$ 为两个性状间的表型协方差；V_{pi} 和 V_{pj} 分别为性状 i 和 j 的加性表型方差。所有的分析模型都用 ASReml-R4.0 软件计算(Gilmour et al.，2012)。

　　(二)家系表型和存活率

　　对家系个体注射嗜水气单胞菌悬液后，各家系间的存活率存在明显变异情况。图 4-1 显示了来自 27 个家系的 834 个个体的死亡情况。所有鱼的累积死亡率在第 5 天达到了 94.36%，其中在 5 个家系(家系编号 1003、1005、1009、1016 和 1017)中达到了 100% 的死亡率。家系编号为 1022 的成活率最高，为 37.5%。整个群体的死亡率在第 1 天和第 2 天最高，在第 2 天累积死亡率达到了 83.93%，家系个体的死亡率分布范围为 22.22% 到 97.22%。第 2 天时，死亡个体的体重、体长和体高的平均值(±SD)分别为 124.20(±49.00)，

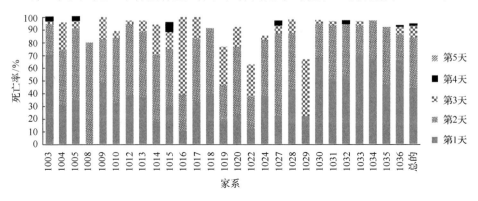

图 4-1　团头鲂各家系在注射嗜水气单胞菌后 5 天的死亡率情况

17.31（±2.18）和 7.58（±1.32），存活个体的体重、体长和体高的平均值（±SD）分别为 170.14（±48.82），19.30（±1.75）和 8.71（±1.13）（表 4-7）。不同家系的个体死亡率差异较大，表明可通过家系选育的方法开展团头鲂抗嗜水气单胞菌疾病家系的筛选。

表 4-7　在注射嗜水气单胞菌两天后统计的死亡和存活个体的表型数据

存活情况	性别		平均值±SD		
	雌性	雄性	体重/g	体长/cm	体高/cm
存活	50[+]	23[+]	170.14±48.82[a]	19.30±1.75[a]	8.71±1.13[a]
死亡	276[+]	177[+]	124.20±49.00[a]	17.31±2.18[b]	7.58±1.32[b]
总计	326[+]	200[+]	131.58±51.70	17.63±2.24	7.75±1.35

注：由于部分个体性别鉴定数据的丢失及最后存活个体的性腺没有采集分析，因此雌雄个体的总和少于本研究的群体总个体数。同列内不同上标字母表示存活和死亡群体之间具有显著性差异（$P<0.05$）

（三）基于不同模型的遗传力评估

采用 LIN、THRp 和 THR1 三种模型对团头鲂抗嗜水气单胞菌疾病性状的遗传力进行了评估，其中 THRp 和 THR1 模型评估的遗传力分别为 0.3056 和 0.3329，为中等遗传力；而 LIN 模型评估的遗传力为 $7.9810×10^{-7}$，属于低遗传力范围（表 4-8）。在 3 个模型分析中，共同环境效应在总方差分量中所占的比例都较低。在 LIN 模型中，父本效应对总方差分量的贡献率最低。THRp 和 THR1 两种模型的 Spearman 相关系数非常高，为 0.9992；而 LIN 模型与 THRp 和 THR1 模型的 Spearman 相关系数相对较低，分别为 0.6849 和 0.6705（表 4-9）。

表 4-8　基于 3 种模型的遗传参数评估

模型	σ_s^2	σ_d^2	σ_c^2	σ_e^2	h^2
LIN	$2.9098×10^{-8}$	$2.9438×10^{-2}$	$1.8623×10^{-7}$	$1.1640×10^{-1}$	$7.9810×10^{-7}$
THRp	$9.8699×10^{-2}$	$1.9305×10^{-1}$	$1.4259×10^{-6}$	1.0000	0.3056
THR1	$3.5116×10^{-1}$	$5.7854×10^{-1}$	$7.7322×10^{-7}$	3.2899	0.3329

注：σ_s^2 为评估的父本方差组分；σ_d^2 为母本方差组分；σ_c^2 为共同环境方差组分；σ_e^2 为剩余方差组分；h^2 为遗传力

表 4-9　基于家系估计育种值评估的 3 种模型的 Spearman 相关系数

模型	LIN	THRp	THRI
LIN		0.6849	0.6705
THRp	0.6849		0.9992
THR1	0.6705	0.9992	

横截面模型（cross-sectional models）通常被用来评估抗病性状的遗传力，其把存活数据作为一个二元分布，即在攻毒实验期间个体存活记为 1，死亡记为 0（Ødegård et al.，2011）。横截面线性模型（LIN）和阈值模型（THR）都被广泛用于二元分布数据的分析（Liang et al.，2017；Ødegård et al.，2011）。因此本研究采用此两种模型分析了团头鲂在

嗜水气单胞菌注射后，个体存活率的遗传力。早前研究学者已采用过此两种模型来评估家系的育种值，并对两种模型的结果进行了比较（Gitterle et al.，2006；Liang et al.，2017）。Liang 等（2017）在评估中华文蛤（*Meretrix petechialis*）对副溶血性弧菌（*Vibrio parahaemolyticus*）抗性的遗传参数时，两种模型各遗传参数评估分析的相关性都非常高（0.92～0.99），且基于两种模型评估的家系育种值的排名也相差很小。然而，在本研究中，阈值分析的两种模型之间的 Spearman 相关系数非常高，达到了 0.99；而阈值模型与线性模型的相关性确为中等水平（0.671～0.685）。因此，在本研究中，模型的选择对于评估家系育种值存在一定的影响。两种模型评估的遗传力值也有一定的差别，线性模型评估的遗传力要小于阈值模型的评估值，这与 Ødegård 等（2010a）评估的大西洋鳕抗毒性神经坏死病的结果是一致的。这有可能是因为线性模型评估中父本效应的方差分量在总方差分量中所占的比例非常小而导致的。本研究结果支持了之前学者研究中的结论：阈值模型更适合于横截二元数据的遗传力评估（Moreno et al.，1997；Liang et al.，2017）。

在鱼类中，抗某一疾病性状的遗传力值变化范围很大，从很低到很高的情况都存在，如 Ødegård 等（2010b）评估的鲤抗嗜水气单胞菌疾病性状的遗传力为 0.04，Chevassus 和 Dorson（1990）评估的虹鳟抗病毒性出血性败血症的遗传力为 0.69。本研究评估的团头鲂抗嗜水气单胞菌疾病性状的遗传力属于中等遗传力范围（0.306～0.419），表明团头鲂抗嗜水气单胞菌疾病性状具有较强的加性遗传效应。前期有研究报道，有南亚野鲮鲤和鲤嗜水气单胞菌抗病性状的遗传力。其中，在鲤中表型为低遗传力（0.04±0.03）（Ødegård et al.，2010a）；而在南亚野鲮鲤中，不同年份阶段鱼的遗传力存在较大差异，最小遗传力值为 0.027，最大遗传力值为 0.391（Mahapatra et al.，2008）。不同鱼类对同一种疾病表现出的不同遗传力可能是与不同鱼类自身的免疫能力、数据的分析方式及病原的来源相关。此外，本研究采用动物模型获得的团头鲂在第 2 天死亡高峰期的遗传力（0.419）要大于其在实验结束后第 5 天的遗传力值（0.107）。其原因可能如 Antonello 等（2009）在海鲷抗巴氏杆菌病遗传力评估时得出的结果类似，首次死亡高峰期代表了鱼类注射细菌后患病的情况，而后面鱼的死亡可能会收到前期死亡鱼释放的病原的进一步感染及其他的环境因素，因此可能导致遗传力分析结果偏低的情况。

（四）性状间的相关性分析

来自所有家系个体的体重、体长和体高的生长表型数据呈正态分布。生长表型的遗传力见表 4-10，处于 0.3997±0.1103 到 0.8523±0.1476 的范围。体高与抗嗜水气单胞菌疾病性状的遗传相关系数为 0.6276±0.1448，表型相关系数为 0.3186±0.0573；体长与抗嗜水气单胞菌疾病性状的遗传相关系数为 0.6454±0.1402，表型相关系数为 0.3416±0.0554；体重与抗嗜水气单胞菌疾病性状的遗传相关系数为 0.5969±0.1530，表型相关系数为 0.3319±0.0580（表 4-11）。抗嗜水气单胞菌疾病性状与体高、体长和体重表型数据都表现为极显著的正相关（$P < 0.01$），而与性别性状的相关性为不显著（$P > 0.05$）。

表 4-10　基于动物模型评估的各性状的遗传力

性状		遗传力	
		评估值	SE
Bh	us	0.8039	0.1453
Bl	us	0.7581	0.1437
Bw	us	0.8523	0.1476
疾病抵抗力	us	0.4191	0.1156
	diag	0.3997	0.1103

注：Bh、Bl 和 Bw 分别代表体高、体长和体重。us 和 diag 分别代表动物模型里的 us 和 diag 矩阵分析

表 4-11　生长和性别表型性状与抗嗜水气单胞菌疾病性状之间的遗传和表型相关性

相关性状	遗传相关系数	表型相关系数	P
Bh & RTA	0.6276±0.1448	0.3186±0.0573	0.0024
Bl & RTA	0.6454±0.1402	0.3416±0.0554	0.0017
Bw & RTA	0.5969±0.1530	0.3319±0.0580	0.0048
Sex & RTA	−0.4206±0.3830	−0.0669±0.0491	0.3642

注：Bh、Bl、Bw、Sex 和 RTA 分别代表体高、体长、体重、性别和抗嗜水气单胞菌疾病性状。P 代表相关系数的显著性水平

　　针对鱼类抗病育种项目，若直接注射病原筛选抗病的个体存在较大的风险，可能会让整个育种体系都处于被病原感染的危险状态。因此，如果能通过前期研究筛选到与抗病性状相关联的其他较易被测量的性状，则可以方便快捷的实施筛选。在鱼类上，已经有大量的研究报道了抗病性状与生长性状的相关性（Robinson et al.，2017）。在鱼类研究中，Henryon 等（2002）报道了虹鳟抗病毒性出血性败血症性状与生长性状呈负相关（−0.33）；Jenny 等（2009）报道了金头鲷抗出血性败血病性状与生长性状呈正相关（0.61）。本研究结果显示，团头鲂抗嗜水气单胞菌疾病性状与体高（0.628）、体长（0.645）和体重（0.597）呈显著的正相关（$P<0.01$），而与性别性状无显著相关性（$P>0.05$）。团头鲂的体长、体高和体重都表现出较高的遗传力（$h^2>0.5$），表明这 3 个生长相关性状主要受累加基因效应控制（Luo et al.，2014b；Zeng et al.，2014）。基于本研究结果，我们建议在团头鲂抗嗜水气单胞菌疾病性状选育过程中，生长性状可以作为间接的筛选抗病性状的指标。

第二节　生长性状的育种值评估

　　育种值是指个体数量性状遗传效应中的加性效应部分，能够稳定地传给后代。育种值估计可以帮助育种工作者从以表型值转变到以遗传加性效应选择亲本，从而更加直观高效和准确，育种值估计的准确性直接影响着选育性状的遗传进展和选择效果。育种值估计的方法主要有以下 3 种：选择指数（selection index）法、最佳线性无偏预测（best linear unbiased prediction，BLUP）法和标记辅助 BLUP（marker assisted best linear unbiased prediction，MBLUP）法，其中 BLUP 法在动物育种中应用最广泛。与选择指数法相比，BLUP 法将选

择指数法和最小二乘估计法有机结合起来，利用表型和系谱信息在同一个混合模型方程组中估计出固定的遗传效应和环境效应及随机的遗传效应，增加了育种值估计的可靠性。动物模型 BLUP，可以对来自不同年份、年龄、世代、群体、信息量的个体进行育种值的计算，是当今畜禽育种值计算的主流方法，目前在多种水产动物育种中应用，如银大麻哈鱼（*Oncorhynchus kisutch*）、大口黑鲈（*Micropterus salmoide*）、红罗非鱼（*Oreochromis* spp.）、团头鲂等鱼类；罗氏沼虾（*Macrobrachium rosenbergii*）、日本对虾（*Penaeus japonicus*）、凡纳滨对虾（*Litopenaeus vannamei*）和中国明对虾（*Fenneropenaeus chinensis*）等甲壳类。

一、个体单个性状的育种值估算

基于本章第一节中团头鲂 20 月龄子代的生长表型数据，将谱系信息和子代的表型值整理在 Excel 中，利用各性状的遗传力，通过 Pedigree Viewer 软件的 BLUP 分析计算，可以估算出各性状的育种值。采用单性状动物模型估计团头鲂生长相关性状的个体育种值，依据育种值的大小进行排名（表 4-12）。根据亲子鉴定结果显示，在体重育种值前 20 的个体中，主要是梁子湖和鄱阳湖亲本自交或杂交的后代，只有极少部分是淤泥湖自交或杂交的后代。

表 4-12　团头鲂 20 月龄 BLUP 育种值的排序

个体编号	体重		体高		体长		综合	
	育种值	名次	育种值	名次	育种值	名次	育种值	名次
2011-011	179.72	6	1.19	14	2.95	11	2.86	7
2011-0110	192.95	5	1.19	11	3.19	7	3.04	5
2011-0117	170.15	9	1.17	16	3.52	3	2.62	11
2011-0118	231.60	2	1.72	1	2.75	14	3.71	2
2011-0119	136.29	20	1.08	18	2.82	13	2.47	16
2011-0124	152.02	16	1.22	9	3.40	5	2.54	14
2011-0126	155.01	15	1.21	10	2.64	18	2.32	18
2011-013	162.15	13	1.28	5	2.84	12	2.87	6
2011-0142	171.19	8	1.13	17	2.96	10	2.43	17
2011-0144	140.57	19	1.18	15	3.52	2	2.3	20
2011-016	176.68	7	1.37	4	3.28	6	2.75	9
2011-0164	165.05	11	1.62	2	3.53	1	2.71	10
2011-0167	241.64	1	1.24	8	2.56	20	3.77	1
2011-0170	167.38	10	1.40	3	3.09	8	2.83	8
2011-0171	199.67	4	1.07	20	3.47	4	3.26	3
2011-0173	147.70	17	1.19	13	2.66	15	2.32	19
2011-018	158.06	14	1.19	12	2.96	9	2.54	15
2011-0342	142.40	18	1.25	7	2.65	16	2.59	12
2011-0370	163.00	12	1.08	19	2.63	19	2.59	13
2011-0413	201.16	3	1.27	6	2.65	17	3.05	4
平均值	172.72		1.25		3.00		2.78	

二、个体综合育种值

对多个性状综合育种值估计时，需要根据各性状的重要性，对各性状育种值给予适当的加权，来进行综合育种值的估计。由于团头鲂具有扁平型的独特体型，消费者在选购活鱼时往往会受到体型的影响，因此，团头鲂的体型与其销量紧密相关(曾聪，2012)。所以，我们在进行团头鲂的育种时，对目标性状确定为体重、体长和体高进行综合育种值评估。基于本章第一节中团头鲂 20 月龄子代的生长表型数据，综合育种值评估公式为：$A_i = W_1 EBV_{1i} + W_2 EBV_{2i} + W_3 EBV_{3i}$，式中，$W_1$ 为体重的经济加权值，为 0.01U/g；W_2 为体高的经济加权值，为 0.4U/cm；W_3 为体长的经济加权值，为 0.2U/cm；EBV_{1i}、EBV_{2i} 和 EBV_{3i} 分别表示个体 i 的体重、体高和体长性状的育种值。根据单个性状育种值的估计值，对各性状育种值给予适当的加权，得到体重、体高和体长的综合育种值(表 4-12)。综合育种值与体重育种值的排名结果比较一致。

BLUP 法是动物遗传评定的一种较好的方法，其最大的优点是各种来源的信息估计误差最小，育种值估计值更接近于真实值，可在大范围内消除因选择和淘汰等原因所造成的偏差，目前是国际上公认的测定种畜育种值最理想的方法。由于 BLUP 法引进到水产动物育种时间较晚，同时由于鱼类后代繁多、谱系复杂、个体不易抓获和区别等特点，鱼类育种中应用动物模型 BLUP 法的报道并不多，但均取得较好的效果。Gall 和 Bakar(2002)采用动物模型 BLUP 法对罗非鱼(*Oreochromis niloticus*)进行了连续 3 代的育种值法选择，遗传进展与对照群体相比提高了约 40%；Neira 等(2006)在银大麻哈鱼生长性状的遗传改良中，通过动物模型和 BLUP 法进行连续 4 代的人工选择，选育结果表明，银大麻哈鱼的体重平均每一代遗传进展与基础群体相比提高了 13.9%；罗坤等(2008)利用 BLUP 法对罗氏沼虾进行育种值选择的 53 个家系的平均育种值比利用表型选择法高 20.7%；李镕等(2011)采用动物模型 BLUP 法对大口黑鲈进行选择，发现比表型选择都显示出更高的选择效率。我们在混养条件下，用微卫星亲子鉴定技术对团头鲂家系进行了鉴定，利用全同胞/半同胞资料估计了遗传力，采用 BLUP 法对子代生长相关性状的育种值进行了估计，具有很高的准确性。团头鲂在 6 月龄和 20 月龄的生长相关性状的遗传力均属中高水平，所以从理论上讲，利用 BLUP 法进行育种值选择会提高其选择效率及取得较好的遗传进展。

第三节 亲本对子代生长快和生长慢群体的贡献及优良亲本选择

后裔检测，根据后代的质量而对其亲本做出评价的个体选择方法，依据后裔鉴定结果决定对其亲本的取舍(楼允东，2009)。这种方法在奶牛、肉牛、羊等多种动物中得到广泛应用，但是在鱼类育种中并不多见(Fjalestad，2005)。特定父本或母本后裔的平均表型将是其育种值的重要体现，因为后代群体随机聚集了亲本控制该性状的等位基因。这种方法拥有一些类似家系选育的优点，因为他可以被用于选择那些不能在活体中被度量的性状，比如抗病力和肉质。Gall 和 Huang(1988)比较了不同的选育方法总结出：基于后裔测定的雄性选择最有希望产生最大的遗传效应。本节利用亲子鉴定的方法评估了亲本对子代生长快和慢群体的贡献，试图揭示亲本是否在子代生长快和生长慢的群体中有不同的贡献，以及生长快和生长慢的后代群体是否存在遗传差异。

一、生长快和生长慢群体的生长表型

2009 年 6 月，选择身体健康、体形较好的梁子湖、淤泥湖和鄱阳湖亲本一共 92 尾进行人工催产（42♀，50♂）。人工繁殖时，将 4～5 尾雄鱼的精子与 4～5 尾雌鱼的卵子等量受精。所得鱼苗等量混合养殖。经过约 20 个月的养殖，对饲养池塘进行干塘处理，总共约 7200 尾鱼被捕捞。随机选择 100 尾鱼，称量其体重，按照体重从高到低排序，然后根据最前 10%和最后 10%的鱼体体重决定选择截取点。根据体重截取点，从所有鱼中随机选择≥435g 的鱼 235 尾作为"生长快群体"，≤345g 的鱼 233 尾作为"生长慢群体"。然后测量体长、全长和体高。肥满度（即 Fulton's 指数 K）按照公式计算（$K=100 \times BW/BL^3$ 式中，BW 为体重，g；BL 为体长，cm）。子代生长快和生长慢群体的生长表型的具体信息见表 4-13。所有子代的平均体重是（377.09±44.90）g，生长快和生长慢群体的体重具有显著性差异，分别是（489.85±57.87）g 和（265.28±53.83）g。

表 4-13　团头鲂 20 月龄生长快和生长慢群体的生长表型

群体	体重/g	体长/cm	全长/cm	体高/cm	肥满度
生长快群体	489.85±57.87**	28.44±3.18**	13.30±1.84**	2.13±0.16*	489.85±57.87**
生长慢群体	265.28±53.83	23.73±5.16	11.16±2.48	1.96±0.09	265.28±53.83
平均值	377.09±44.90	26.07±8.90	12.23±4.81	2.05±0.42	377.09±44.90

*代表生长快和生长慢群体间具有显著性差异（$P<0.05$）；**代表生长快和生长慢群体间具有极显著性差异（$P<0.01$）

二、亲子鉴定分析

提取亲本和子代的 DNA，选用 9 对微卫星标记进行亲子鉴定分析。一共有 92 个亲本和 468 个子代参与微卫星基因型分型。有 451 个（96.37%）子代能够准确鉴定其亲本来源（>95%置信度），包括 231 个（98.29%）生长快的个体和 220 个（94.42%）生长慢的个体（表 4-14）。在所有亲本中，3 个亲本（2♀和 1♂）没有产生后代，比例为 3.26%。24 个亲本（11♀和 15♂）产生的后代少于 5 个，比例为 26.09%。一共鉴定到了 144 个家系，每个家系的平均个体数目为 3.13。

表 4-14　基于 9 个微卫星位点的亲子鉴定分析

参数	SSR12	SSR-46	SSR-851	SSR-166	SSR-90	SSR-116	TTF01	TTF02	TTF04	平均值
等位基因数目	18	14	10	14	8	10	12	7	6	11.00
观测杂合度	0.84	0.87	0.60	0.65	0.75	0.52	0.65	0.51	0.52	0.66
期望杂合度	0.81	0.85	0.81	0.83	0.73	0.61	0.87	0.61	0.60	0.75
无效等位基因频率	0.047	−0.015	0.044	0.017	−0.029	0.047	0.032	−0.016	0.046	总计
无父本或母本信息的估算排除力	0.559	0.655	0.488	0.498	0.301	0.295	0.675	0.237	0.359	0.997
具有父本或母本任意一个亲本信息的估算排除力	0.718	0.792	0.66	0.668	0.476	0.473	0.806	0.400	0.546	0.999

三、亲本对生长快和生长慢群体的贡献分析

为了保证分析的准确性，只有子代数量大于 5 个的半同胞家系被用于分析。最终有来自 29 个母系半同胞的 424 个子代个体用于此分析，其中 219 个来自生长快群体，215 个来自生长慢群。有来自 35 个父系半同胞的 425 个个体用于分析，包括 221 个来自生长快群体，214 个来自生长慢群体。卡方检验结果显示，亲本对生长快和生长慢群体的贡献具有显著性差异（母本 χ^2 = 152.76，$P<0.001$；父本 χ^2 = 237.42，$P<0.001$），表明亲本对具有不同生长速度的子代有着不同的贡献。总计 15 个亲本（6♀和 9♂）对生长快群体的贡献显著高于生长慢的群体（图 4-2A），同时 11 个亲本（4♀和 7♂）对生长慢群体的贡献显著高于生长快的群体（图 4-2B）。其中，15 个较多贡献生长快群体的亲本所产生的家系的平均家系子代数为 17.33±11.36，而 11 个较多贡献生长慢群体的亲本所产生的家系的平均家系子代数为 15.45±8.08。对贡献生长快和生长慢群体较多的亲本的遗传结构进行比较分析（表 4-15），结果显示，两个亲本群体在基于 9 个微卫星位点分析的等位基因数目、观测杂合度、期望杂合度和近交系数（F_{IS}）方面都没有显著性差异（$P>0.05$），且生长快和

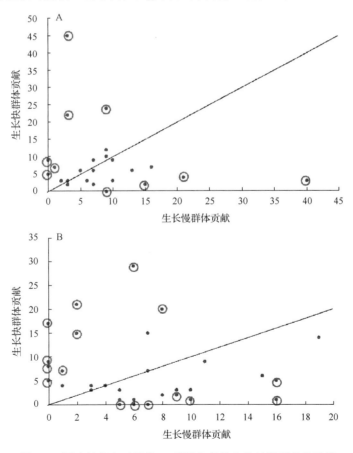

图 4-2 团头鲂亲本对子代 20 月龄生长快和生长慢群体的贡献

A.母系半同胞；B.父系半同胞。图中斜线表示亲本对子代的理论贡献值；圈内的亲本表示对子代生长快群体和生长慢群体有显著性差异

生长慢群体同样在这些遗传参数上没有显著性差异($P>0.05$)。但两个亲本群体之间的遗传分化指数为 0.0393($P<0.05$)，具有显著性差，同样生长快和慢群体的遗传分化指数也具有显著性差异，为 0.024($P<0.05$)。

表 4-15　基于 9 个微卫星位点基因型信息的两个亲本群体及其对应的子代生长快和生长慢群体的遗传结构分析

项目	亲本	子代生长快群体	子代生长慢群体	贡献子代生长快群体较多的亲本	贡献子代生长慢群体较多的亲本
个体数目	92	233	236	15	11
等位基因数目	9.31	8.45	8.04	7.11	6.00
观测杂合度	0.66	0.70	0.69	0.65	0.64
期望杂合度	0.77	0.78	0.76	0.77	0.68
近交系数	0.13	0.09	0.09	0.15	0.06
繁殖亲本	42♀×50♂	34♀×31♂	33♀×34♂		
有效群体数量	91.30	64.86	66.99		
遗传分化指数		0.024($P<0.05$)		0.0393($P<0.05$)	

研究发现亲本对子代的贡献显著不均衡在鱼类育种中是一个普遍现象，如在大西洋鳕、亚洲鲈、草鱼等的育种过程中。在本实验中也发现了类似的现象。对于形成亲本贡献不平衡的原因，Campton(2004)在大西洋鲑的研究中认为精液的质量对后代的贡献率影响较大。Tuyttens 和 Macdonald(2000)认为鱼类的等级制度也可能是导致亲本对子代贡献率不平衡的一个原因。除此之外，亲子鉴定准确率也会对贡献率造成影响。为了降低由于家系数量不均等造成的近交风险，实际操作中，在进行人工授精前可将卵平均分为 n 份，或者将受精卵单独孵化，在混合饲养之前放入等量的鱼苗。本研究为在人工控制下探讨团头鲂亲本对后代的贡献及如何避免亲本贡献不均衡提供了有价值的视角，同时，为团头鲂避免近交衰退提供了建设性的理论基础。

为了探索基于体型选择(size-based selection)能否导致 QTL 位点的差异，F_{st}(F-statistics 的一个数据，表示群体间的分化程度的一个参数)和 Q_{st}(一个衡量数量性状位点差异大小的参数)被引进到本实验中来。我们利用中性遗传标记微卫星进行分析的时候，通过基于体型的选择，在生长快的群体和慢的群体中发现了相对较大的 F_{st} 值，暗示了这两个群体产生了显著性遗传差异。另外，Merila 和 Crnokrak(2001)证实了在通常情况下，Q_{st} 值和 F_{st} 值存在显著性正相关。因此，这两个群体显著性的遗传差异也就意味着这两个群体 QTL 位点的基因频率发生了变化。综上所述，从表型的差异来进行人工选择会导致某些数量位点的基因频率的变化。这个观点也得到了 Falconer 和 Mackay(1996)及 Liang 等(2010)等学者的认同。Taris 等(2006)在进行对比经过表型选择的和未经选择的太平洋牡蛎体型和遗传影响时，发现经过表型选择的选育世代遗传结构有显著变化。在本研究中，通过选择团头鲂 F_1 代中生长最快的 10%个体和生长最慢的 10%个体，使得两组群体的体型差异很大。结果发现两个群体的 F_{st} 较大，达到了显著性分化，这些结果说明了团头鲂的生长差异已经造成了遗传组分的差异，引起了 QTL 位点等位基因频率改变。这与在本章第一节的研究中已得出团头鲂 6 月龄的生长相关性状的遗传力为 0.49～0.72，在 20 月龄的生长相关性状的遗传力为 0.50～0.65，遗传力都属于中-高水平的遗传力的结论是一致的。

四、有效群体数量

有效群体数量($N\hat{e}$)的计算公式为：$N\hat{e} = 4(Nm \times Nf)/(Nm + Nf)$，式中，$Nm$ 为雄性亲本数量；Nf 为雌性亲本数量。经过计算，亲本群体的有效群体数量为 91.3，接近实际用于繁殖的亲本数量(92)。但是，经过亲子鉴定分析，对于子代生长快的群体和生长慢的群体，不是所有亲本均有所贡献，表明有效群体数量减少。在生长快和生长慢群体中，群体有效数量分别约为 65 个和 67 个(表 4-15)。生长快和生长慢群体的近交系数分别约为 0.77% 和 0.75%，这两个值稍高于亲本群体的近交系数。

五、亲本育种值分析

将亲本信息和子代的表型值整理在 Excel 中，基于体重、体高和体长的遗传力，通过 Pedigree Viewer 软件的 BLUP 分析计算，可以估算出亲本的体重育种值。为了探讨通过亲本不同的贡献所选择的亲本是否具有可靠性，我们采用个体育种值的方法进一步验证。在计算亲本在生长快和生长慢群体的贡献时，只用了生长快的群体和生长慢的群体；而在计算亲本育种值时，包括了所有子代的性状表型信息。通过分析，亲本体重的个体育种值如图 4-3 所示，亲本体重的个体育种最高为 143.54，最低为 –163.99。

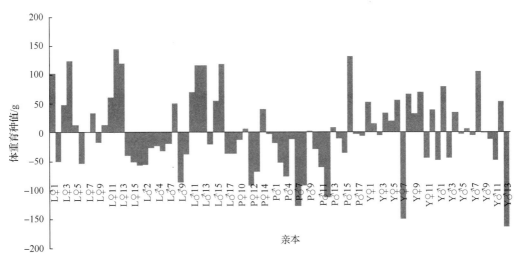

图 4-3 亲本体重的个体育种值

对子代生长快和生长慢群体的贡献具有显著性差异的亲本一共 15 个，6 个母本和 9 个父本。通过体重的个体育种值排名发现，几乎所有亲本的育种值排名都比较高(表 4-16)，说明了对子代生长快群体贡献大的亲本体重育种值也较高。

表 4-16　亲本 BLUP 育种值排名

亲本(母本)	育种值排名 (总亲本数 42 个)	亲本(父本)	育种值排名 (总亲本数 50 个)
L♀6	8	P♂8	12
Y♀2	7	P♂16	1
P♀9	2	Y♂5	7
P♀2	5	L♂13	3
L♀15	4	P♂11	2
P♀13	1	P♂12	13
		P♂13	11
		L♂14	5
		L♂1	8

后裔测定作为鱼类选育的一种方法，经常被用于分析个体育种值。Bakos 和 Gorda (1995)用这种方法在鲤中筛选到了优秀的亲本繁殖组合。田永胜等(2009)在牙鲆中用这种方法筛选到了 8 个优秀亲本，这些亲本可以用于直接生产生长速度快的鱼苗。秦钦等(2011)在斑点叉尾鮰的家系选育中利用这种方法作为的辅助方法，筛选了具有优良性状的亲本和优秀的亲本组合(配合力)，为进一步进行个体育种值计算、开展精细育种奠定了基础。本实验应用三个野生群体进行种群杂交，共建立了 40 个母系半同胞和 49 个父系半同胞。在单因素方差分析和多重比较后，筛选到了可繁育具有生长优势后代的潜力母本 6 个，父本 9 个，同时也筛选到了一些优秀的亲本组合。

为了探讨通过这种方法选择优良亲本是否具有较高的可靠性，本实验通过亲本体重的育种值来进行验证。结果发现，几乎所有选出的亲本的育种值排名都比较高。本研究通过后裔测定的方法可以获得亲本的育种值，育种值的估计是通过所有子代的表型信息实现的，而在估计亲本对子代贡献的时候只选取了生长最快的群体和最慢的群体，也就是说育种值估计的子代还包括了生长速度中等的个体。从选取亲本的育种值排名来看，虽然两种估计方法所用的子代信息不完全相同，但是两种方法筛选优秀的亲本的结果很一致。在传统的选育方法中，不管是家系选择还是育种值选择，都是根据所有家系/后代的平均表型值进行判断的。但是，在鱼类选育初期，通过亲本对生长最快的群体和最慢的群体的贡献选择优秀亲本这种方法可能更科学，因为对生长最快的群体和最慢的群体的贡献选择亲本的方法忽略了生长中等这部分群体，只考虑了生长最快的群体和最慢的群体，从而更有利于优良基因型的暴露和纯化，本实验也证实了这一点，生长最快的群体和最慢的群体已经出现了 QTL 等位基因频率的变化，有利于品系的遗传改良。

这些亲本(或亲本组合)为构建优良家系和核心选育群体奠定了基础，加快了育种进程。由于团头鲂具有较高的繁殖力，所以所筛选的优秀的亲本(或亲本组合)也能够用于生产实践，可用于直接生产大量的优质鱼苗。因为后裔测定这种选育方法是通过后代的质量来评价亲本的优良，再决定对其亲本的取舍，所以这种方法延长了鱼类的选育周期，在鱼类选育中不是广泛应用。但是，在进行团头鲂综合选育计划的时候，这种方法可以作为一种辅助的方法，帮助筛选优秀的亲本和准确分析亲本的育种值，能够提高选育效果、加快选育进程。同时，本实验所用的后裔测定的方法可以为生长周期长、体型较大的鱼的育种提供一定的借鉴。

第四节　不同地理群体间杂交优势和配合力分析

杂交优势是一种普遍的生物学现象，是指两个遗传背景不同的亲本杂交产生的 F_1 代在生活力、适应性、抗逆性及生产力等方面比纯种有所提高的现象。杂交优势表现形式多种多样，其主要有如下几个特点。①杂交优势不是某一两个性状表现突出，而是许多性状综合地表现突出。②双亲性状间的遗传差异程度往往影响杂交优势的大小。在一定范围内，遗传差异越大，杂交优势越强。③亲本基因型的显性程度和基因频率不同，杂交优势强弱也可能不同。④杂交优势在杂交第一代中表现最为突出，在第二代或其他代中杂交优势显著性降低。杂交优势的现象在生物界普遍存在，但目前为止，仍然有很多未得到明确的解释。目前杂交优势假说较多，比较盛行的有两个，一个是显性假说（dominice hypothesis），另一个是超显性假说（superdominice hypothesis）。显性假说，又叫显性基因互补或显性连锁基因，基本理论是来源于等位基因间的显性效应和非等位基因间的这些显性效应的积累作用。超显性假说，又叫等位基因异质结合说，认为杂合子的基因型值超过任何纯合子，等位基因的杂合及其他基因间的互作是产生杂交优势的根本原因，因而基因的杂合位点越多，每对等位基因间的作用的差异程度就越大，子代的优势就越明显。

杂交优势的利用是动植物遗传改良的重要手段，但是并不是任意两个群体的杂交都能获得好的杂交优势，因此，为了获得高的杂交优势，必须选择适宜的杂交亲本群体。一般配合力（general combining ability，GCA）和特殊配合力（special combining ability，SCA）是衡量种群杂交效果的两个主要指标。GCA 是指某一品种/品系与其他品种/品系杂交后代的平均表现，由亲本基因的加性效应所致，反映的是杂交亲本群体平均育种值的高低；而 SCA 是指两个特定种群杂交组合的性能与 GCA 总和之差，受非加性效应影响。因此，GCA 的提高主要通过纯繁来实现，遗传力越高的性状越容易提高；而 SCA 的提高主要通过杂交组合的选择，一般来说遗传力越高的性状，SCA 差异越小。GCA 可度量累加基因效应，能稳定遗传和固定，SCA 是两亲本杂交后才能表现的非累加效应，不能稳定遗传。

利用杂交优势和配合力是改良当前水产品养殖性状的主要途径之一，目前，在一些贝类（如贻贝、栉孔扇贝）、虾蟹类（如虎虾、细脚对虾、三疣梭子蟹）、鱼类（如克努克鲑、虹鳟）的育种中已取得巨大进展。

本节研究以梁子湖、淤泥湖和鄱阳湖三个不同地理团头鲂群体间的杂交实验，分析三个群体间的配合力，探讨是否存在一定的杂交优势，为团头鲂的杂交育种提供基础资料，进而为团头鲂优良品种选育提供理论依据。

一、6 月龄生长性状

2008 年 12 月，从梁子湖、鄱阳湖和淤泥湖采集的野生个体中选择体重大于 1000g 的个体作为育种的亲本(采样信息见表 4-17)。2009 年 5 月，将不同地理群体间的亲本按照完全双列杂交的方式配对，将得到的不同家系的受精卵分池孵化。待开口后转至室外的水泥池(4m×3m×1.5m)进行分池培育，每个家系设置两个重复，放养密度为 400 尾/池。待团头鲂达到 6 月龄时，分别从每个杂交组合中抽取 4 个家系，在抽取的 2 个重复家系中随机抽取 50 尾测量全长和体重。

表 4-17　不同地理群体亲本搜集点和数量

群体	采样地点		数量		
	纬度	经度	♀	♂	总计
淤泥湖	N29°85′	E152°10′	12	15	27
梁子湖	N30°34′	E114°51′	15	16	31
鄱阳湖	N29°24′	E115°95′	15	20	35

采用固定模型，对 6 月龄的团头鲂全长和体重数据进行方差分析，当差异显著时，进行配合力分析。配合力分析模型为：$y_{ijk} = \mu + s_i + d_j + r_{ij} + e_{ijkl}$，式中，$y_{ijk}$ 为第 i 个父本群体与第 j 个母本群体杂交的第 k 个后代观察值；e_{ijk} 是相应的随机误差；μ 为总体均数；s_i 为第 i 个父本群体的父本效应(在忽略父本效应时等于该群体的一般配合力)；d_j 为第 j 个母本群体的母本效应(为该群体的一般配合力与母本效应之和)；r_{ij} 为第 i 个父本群体与第 j 个母本群体间的互作效应(特殊配合力与反交效应之和)。

对参与繁殖的所有亲本剪取尾鳍，提取个体 DNA，采用 12 对微卫星标记引物 (TTF01、TTF02、TTF03、TTF04、TTF05、TTF06、TTF08、TTF09、Mam-SSR12、Mam-SSR46、Mam-SSR851、Mam-SSR116)进行基因型分析。利用 POPGEN 32 软件计算三个不同地理群体间的等位基因频率(P)、基因杂合度(He)和 Nei's(1972)标准遗传距离(D)。利用 Excel 计算各位点群体的多态信息含量(PIC)和标记索引值(MI)，公式为

$$PIC = 1 - \left(\sum_{i=1}^{n} p_i^2\right) - \sum_{i=1}^{n-1}\sum_{j=i+1}^{n} 2p_i^2 p_j^2$$

式中，p_i、p_j 分别为第 i 和第 j 个等位基因在群体内的频率；n 为该位点的等位基因数；$MI = N \times PIC$，其中，N 为该引物的等位基因数。

(一)不同杂交子代全长和体重

在 9 个不同杂交组合中，梁子湖群体(L)作为父本和淤泥湖群体(Y)作为母本杂交获得的子代体重最大(表 4-18)；其次为淤泥湖群体自交获得的子代；梁子湖群体作为母本和淤泥湖群体作为父本杂交获得的子代体重最小。

表4-18 三个不同地理种群团头鲂间杂交子代 6 月龄全长和体重的比较

杂交组合	全长/mm	体重/g	肥满度
L♂×L♀	53.43±9.40[bc]	2.68±2.24[c]	1.60
L♂×P♀	47.52±12.56[c]	2.07±1.77[c]	1.54
L♂×Y♀	56.21±14.08[ab]	3.81±3.30[a]	1.74
P♂×L♀	54.65±12.62[b]	3.12±2.49[b]	1.59
P♂×P♀	49.39±12.36[c]	2.37±2.26[c]	1.65
P♂×Y♀	46.78±14.73[c]	2.27±2.32[c]	1.57
Y♂×L♀	46.16±14.32[c]	2.15±2.44[c]	1.53
Y♂×P♀	48.97±13.42[c]	2.37±2.43[c]	1.51
Y♂×Y♀	57.96±7.77[a]	3.36±1.61[b]	1.64

注：表中同列不同字母表示差异显著($P<0.05$)，相同字母为差异不显著($P>0.05$)

(二)配合力方差分析

方差分析结果显示(表 4-19)，父本、母本和父本×母本均达到极显著水平($P<0.01$)，说明父本和母本的全长和体重的一般配合力效应间均存在极显著差异，并且特殊配合力也存在着极显著的遗传差异。对配合力的方差来源分析显示(表 4-20)，母本一般配合力带来的方差要高于父本一般配合力及特殊配合力带来的方差。通过比较总体配合力和环境带来的方差可以发现，总体配合力方差要远远高于环境方差。

表 4-19 三个不同地理群体间的亲本配合力方差分析

方差	自由度	均方	
		全长	体重
父本	35	2 161.585[**]	50.41[**]
母本	35	3 092.85[**]	53.75[**]
父本×母本	1 260	537.19[**]	10.17[**]
误差	63 504	74.61[**]	3.58[**]

**表示差异极显著($P<0.01$)

表 4-20 三个不同地理群体团头鲂的配合力方差来源分析

方差来源	全长	体重
父本一般配合力	162.44	4.02
母本一般配合力	255.57	4.36
特殊配合力	92.52	1.32
环境(误差)	74.61	3.58
总体配合力	510.52	9.70

一般配合力是指某一亲本与其他亲本配成的几个 F_1 代的平均产量和所有组合的 F_1 代的总平均值的差值，特殊配合力分析是指某特定组合的平均值与其双亲的一般配合力的差值。前者主要受基因加性效应的影响，后者受基因的显性效应和上位效应影响。不同群体团头鲂的全长和体重的一般配合力和特殊配合力的相对效应值分析见表 4-21。结果显示，父本全长和体重的一般配合力效应值大小依次为淤泥湖、鄱阳湖和梁子湖。母本全长一般配合力效应值由大至小依次为鄱阳湖、淤泥湖和梁子湖，体重的一般配合力效应值依次为梁子湖、鄱阳湖和淤泥湖。淤泥湖的父本效应值均为正值，说明利用淤泥湖的团头鲂作为父本较容易配出具有生长优势组合。在特殊配合力分析中，鄱阳湖群体内杂交组合相对效应值最大，其次为梁子湖作为母本与淤泥湖作为父本的组合，最小的为鄱阳湖作为母本与淤泥湖作为父本的组合。

表 4-21　团头鲂亲本全长和体重的配合力及其效应值　　　　　　　(%)

全长		全长			
		母本特殊配合力			父本一般配合力效应值
		梁子湖	鄱阳湖	淤泥湖	
父本特殊配合力	梁子湖	5.32	−0.28	−5.04	−6.13
	鄱阳湖	−16.40	18.91	−2.51	−2.29
	淤泥湖	11.08	−18.63	7.55	8.42
母本一般配合力效应值		−1.77	1.01	0.77	
体重		体重			
		母本特殊配合力			父本一般配合力效应值
		梁子湖	鄱阳湖	淤泥湖	
父本特殊配合力	梁子湖	12.53	−2.76	−9.77	−17.69
	鄱阳湖	−48.33	52.67	−4.34	−6.73
	淤泥湖	35.80	−49.91	14.12	24.42
母本一般配合力效应值		1.17	0.41	−1.58	

(三)遗传结构分析

采用微卫星标记对亲本的遗传信息进行分析发现，12 对引物在 93 尾亲本中共检测出 177 个等位变异，平均每个位点的等位基因数为 14.75。平均多态信息含量为 0.837，鄱阳湖群体的平均多态性信息含量最大(0.848)，淤泥湖最小(0.820)。平均标记索引系数为 10.468，变化范围 8.959～11.242(表 4-22)。三个群体的近交系数均很小，其中鄱阳湖最小(−0.008)，表明群体内存在很弱的近交。

表 4-22　各标记座位在三个不同地理种群团头鲂的多态信息含量、有效条带、近交系数和期望杂合度

群体 位点	梁子湖					鄱阳湖					淤泥湖				
	PIC	Ne	Fis	He	MI	PIC	Ne	Fis	He	MI	PIC	Ne	Fis	He	MI
TTF01	0.892	10.056	-0.094	0.916	13.385	0.903	11.136	-0.084	0.923	14.453	0.895	10.286	-0.079	0.929	12.527
TTF02	0.914	12.500	0.075	0.936	14.630	0.882	9.211	-0.108	0.904	11.460	0.867	8.203	0.016	0.903	11.270
TTF03	0.860	7.826	-0.130	0.887	12.037	0.885	10.000	-0.102	0.909	12.396	0.886	9.529	-0.089	0.921	10.630
TTF04	0.929	14.876	-0.055	0.949	18.574	0.890	11.395	0.164	0.915	14.246	0.831	8.640	-0.141	0.881	9.145
TTF05	0.846	7.377	-0.146	0.875	11.844	0.847	8.507	-0.147	0.874	9.321	0.857	9.672	-0.121	0.895	11.995
TTF06	0.870	9.043	-0.118	0.897	10.436	0.825	7.609	-0.098	0.857	10.729	0.873	8.000	-0.034	0.911	9.601
TTF08	0.842	6.837	-0.149	0.872	9.265	0.821	7.410	-0.177	0.852	13.962	0.797	5.070	-0.191	0.844	6.375
TTF09	0.901	10.524	-0.084	0.924	12.607	0.880	8.288	-0.040	0.904	11.444	0.879	8.909	0.091	0.914	13.188
SSR12	0.802	5.653	0.295	0.837	8.819	0.866	8.113	0.153	0.889	13.856	0.862	8.011	-0.143	0.892	9.482
SSR46	0.863	8.048	0.134	0.891	10.355	0.895	10.278	-0.001	0.918	12.524	0.741	4.483	0.464	0.793	4.448
SSR851	0.576	2.695	0.046	0.640	3.459	0.686	3.717	0.047	0.742	4.118	0.654	3.375	-0.263	0.717	3.926
SSR116	0.821	6.250	0.286	0.857	9.031	0.800	5.672	0.301	0.836	6.400	0.703	3.888	0.327	0.760	4.924
平均值	0.843	8.474	0.005	0.873	11.204	0.848	8.445	-0.008	0.877	11.242	0.820	7.339	-0.014	0.863	8.959

注：PIC 为多态信息含量；Ne 为有效条带；Fis 为近交系数；He 为期望杂合度；MI 为标记索引系数

分析结果显示，梁子湖群体与淤泥湖群体间的遗传距离最大(0.3362)，梁子湖群体和鄱阳湖群体间的遗传距离最小(0.2356)，三个群体间的遗传距离差异不显著(表4-23)。此外，遗传相似系数的结果也显示三个群体间的遗传相似系数很高，这一结果与冉玮等(2010)采用SRAP分子标记及形态学研究的结果一致(曾聪等，2012)，这可能与团头鲂长期生存于长江中下游相似环境的大中型湖泊有关，此外，与本文采用的4对EST-SSR引物有关。

表4-23 三个不同地理群体团头鲂的遗传距离和遗传相似系数

群体	梁子湖	鄱阳湖	淤泥湖
梁子湖		0.7901	0.7145
鄱阳湖	0.2356		0.7572
淤泥湖	0.3362	0.2781	

注：对角线以下为遗传距离，对角线以上为遗传相似系数

王炳谦等(2009)提出在一般配合力高的基础上，选择特殊配合力高的组合，才更有可能选出杂交种优势突出的优良杂交种，由此杂交得到的基础群体进行选育效果也较好。三个团头鲂地理群体在全长和体重中一般配合力效应值最高的是以淤泥湖群体作父本，以梁子湖群体作母本，利用它们作亲本较容易配制高效组合，在育种上利用价值较高。特殊配合力是特定组合的表现，其实只是两个群体正交和反交的平均显性效应和上位效应，是由于两个亲本分别传给杂交种的基因通过基因间互作表现出来的，因而表现出的优秀性状并不能稳定遗传，只能通过两个种群杂交后在F_1代表现出来，这也是杂交种优势表现的重要遗传基础。本研究结果表明，虽然鄱阳湖与鄱阳湖的群体内部杂交的特殊配合力效应值最高，但是鄱阳湖群体作为亲本的一般配合力的效应值并不是最高，因而最佳的组合为梁子湖群体作为母本，淤泥湖群体作为父本。

目前，多态信息含量、等位基因数和标记索引值是作为衡量多态性的主要指标。本研究通过SSR标记所获得的多态信息含量、期望杂合度、有效条带数、标记索引值和近交系数的结果表明三个团头鲂地理群体具有丰富的遗传多样性，适合作为选育亲本群体建立家系进行选育，亦可直接进行群体选育。本文中所使用的12个位点微卫星的平均多态信息含量为0.837，为高度多态。在12个微卫星位点中，梁子湖群体和鄱阳湖的杂合度和多态性比较相似。一般认为PIC高、杂合度大，说明群体内基因一致性差、遗传变异大、选择潜力也大；反之亦然。从结果可以明显看出，梁子湖和鄱阳湖的群体作为亲本的候选群体相对有更大的潜力。罗坤等(2008)对不同群体罗氏沼虾的研究发现，基因频率差别越大，遗传距离越远，杂种优势越大。毕金贞和陈松林(2010)对牙鲆的研究表明，亲本遗传距离在0.2578~0.5958，亲本遗传距离与后代生长速度显著正相关；在0.6099~0.6604时，亲本遗传距离与后代生长速度间没表现出显著的相关性；在0.6640~0.9773时，亲本遗传距离与后代生长速度显著负相关。从本研究来看，三个地理群体的遗传距离为0.2356~0.3362，因此可以推断梁子湖和淤泥湖的种群杂交为最优组合。

配合力是从玉米的杂交育种研究中发展而来，至今已成为一种主要的育种评估参数。

由于其考虑了亲本本身因素、配子亲和力和环境的影响，因而能够较准确地衡量每个亲本。但是配合力估算需要对育种群体进行杂交组合设计，并且待子代达到一定规格后才能得到结果。利用 DNA 分子标记(SSR)探测亲本间基因杂合性(异质性)来预测杂种优势只需对亲本群体进行遗传结构分析，根据群体的遗传多样性和群体间的遗传距离即可预测。但由于标记不受环境的影响，加之不能预测不同组合带来的显性效应和上位效应，因而预测也具有一定的局限性。此外，所用的分子标记是否能覆盖整个基因组也同样影响预测的结果。在本研究中虽然配合力分析和微卫星标记分析预测的结果一致，但目前还无法在配合力与微卫星标记得到的群体遗传结构之间建立一个确定的关系。如何确定两者间的关系，还需进一步研究。

二、20 月龄生长性状

2009 年 6 月，选择身体健康、体形较好的梁子湖(LZ)、淤泥湖(YN)和鄱阳湖(PY)亲本一共 92 尾进行人工催产，亲本雌雄数量详见表 4-24。三个群体进行群体内自交和群体间两两配组，即 LZ♀×LZ♂、LZ♀×PY♂、LZ♀×YN♂、PY♀×PY♂、PY♀×LZ♂、PY♀×YN♂、YN♀×LZ♂、YN♀×YN♂和 YN♀×PY♂9 个组合。子代混合养殖于同一池塘，经过约 20 个月的饲养(2009 年 7 月至 2011 年 3 月)，对池塘进行干塘处理。随机选择 749 尾子代，分别测量其全长、体长、体高。采用 Mam-12、Mam-46、Mam-90、Mam-116、Mam-166、Mam-851、TTF-1、TTF-2 和 TTF-4 共 9 个微卫星位点进行亲子鉴定分析。

表 4-24　梁子湖、淤泥湖和鄱阳湖三个不同地理群体的位置信息及亲本数量

地理群体	亲本数量	
	母本	父本
梁子湖	15	17
鄱阳湖	15	20
淤泥湖	12	13

将亲子鉴定的数据和团头鲂 F_1 代的生长相关性状数据整合在 Excel 中，然后进行各平均值、方差的计算；应用 SPSS 软件单因素方差分析(one-way analysis of variance，ANOVA)($P<0.05$)进行各组体长、体高和体重的显著性分析。当在 9 个繁殖组合中有显著性差异的时候，预测配合力用如下模型：$y_{ijk}=\mu+s_i+d_j+r_{ij}+e_{ijk}$，式中，$y_{ijk}$ 为个体观测值；μ 为群体平均值；s_i 为父本 i 的随机效应；d_j 为母本 j 的随机效应；r_{ij} 是第 i 个父本和第 j 个母本的交互作用；e_{ijk} 为随机残差。计算杂交子一代杂种优势率(H，%)的公式如下

$$H=\frac{\overline{F}_1-1/2(\overline{P}_1+\overline{P}_2)}{1/2(\overline{P}_1+\overline{P}_2)}$$

式中，$\overline{F}_1$、$\overline{P}_1$、$\overline{P}_2$ 分别代表杂交种一代、亲本 1 和亲本 2 的平均值。用 Excel 计算变异系数(coefficient of variation，CV)，其公式为：$CV=$标准差/平均数。

（一）子代亲子鉴定分析

具体的微卫星亲子鉴定信息见表4-25。这9个微卫星位点在所有个体中的等位基因分布从6到23个，平均为14.4个；平均观测杂合度（Ho）和期望杂合度（He）分别为0.690和0.770；多态信息含量分布从0.560到0.905，平均为0.744。第一亲本（父本）的排除概率为0.997，第二亲本（母本）的排除概率为0.999。这9个微卫星位点中，Mam90和Mam116两个位点发现有显著的无效等位基因，但是这两个位点仍然增加了排除概率。

表4-25　团头鲂微卫星亲子鉴定结果

位点	等位基因数	期望杂合度	观测杂合度	多态信息含量	父本排除概率	母本排除概率	无效等位基因频率
Mam12	21	0.909	0.852	0.901	0.691	0.817	+0.034
Mam46	22	0.912	0.901	0.905	0.698	0.822	+0.006
Mam90	15	0.830	0.614	0.806	0.487	0.659	+0.151*
Mam116	23	0.831	0.704	0.810	0.497	0.668	+0.077*
Mam851	8	0.730	0.779	0.690	0.325	0.503	−0.042
Mam166	10	0.611	0.551	0.569	0.211	0.382	+0.041
TTF01	18	0.878	0.692	0.865	0.60	0.754	+0.020
TTF02	7	0.647	0.551	0.592	0.237	0.400	+0.007
TTF04	6	0.582	0.568	0.560	0.205	0.390	+0.008
平均值	14.4	0.770	0.690	0.744			
总排除概率					0.997	0.999	

*表示无效等位基因显著性可能存在（$P<0.05$）

通过9个多态性微卫星位点的亲缘关系鉴定，708个子代被成功分型，并准确找到亲本。41个个体没有准确找到亲本，其中25个个体是由于部分SSR位点PCR扩增不成功造成的；另外16个是由于微卫星位点的排除能力不够，不足以准确找到唯一的父本或母本。

本实验通过亲子鉴定得出每个亲本都产生了后代，每个母本平均与1.19个父本交配，总共获得了317个全同胞家系。每个母系半同胞家系的数量为1～48个，平均（16.86±9.23）个；每个父系半同胞家系的数量分布为1～54个，平均（14.16±7.42）个。每一个全同胞家系的数量为1～34个，平均为2.23个。3×3的双列杂交产生后代的9个组合中，子代数量分布在41～193个，平均（78.67±47.09）个。

（二）团头鲂亲本群体遗传多样性分析

用于繁殖后代的9组亲本经过9个微卫星分型，其遗传多样性指数详见与表4-26。9个亲本群体中，PY♀×LZ♂的期望杂合度最高，PY♀×YN♂和YN♀×YN♂最低；LZ♀×LZ♂的观测杂合度和多态信息含量最高，PY♀×YN♂观测杂合度最低，YN♀×YN♂的多态信息含量最低。

F_1代体重与亲本群体的期望杂合度 He 和 Ho 及 PIC 均存在显著性正相关关系（图4-4），关系式分别为：$y = 600.7x − 29.472$（$r = 0.8643$，$P<0.05$）、$y = 1206.9x−518.14$（$r=0.7473$，$P<0.05$）和 $y = 1021.3x − 331.31$（$r = 0.8164$，$P<0.05$）。

表 4-26　团头鲂繁殖组合的遗传多样性指数

繁殖组合	期望杂合度	观测杂合度	多态信息含量
PY♀×YN♂	0.63	0.72	0.68
YN♀×YN♂	0.63	0.74	0.67
YN♀×LZ♂	0.69	0.76	0.69
LZ♀×YN♂	0.68	0.73	0.68
LZ♀×PY♂	0.70	0.75	0.72
PY♀×PY♂	0.69	0.76	0.73
PY♀×LZ♂	0.77	0.77	0.72
YN♀×PY♂	0.73	0.74	0.70
LZ♀×LZ♂	0.72	0.78	0.74

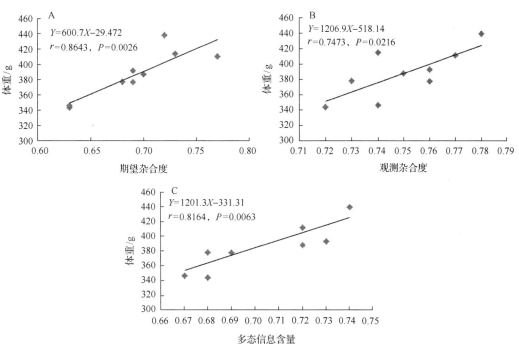

图 4-4　团头鲂 F_1 代体重与亲本群体期望杂合度、观测杂合度和多态信息含量的相关性

(三)团头鲂种群杂交优势分析

9 个组合的体重在 342.77~438.29g(表 4-27),ANOVA 发现这 9 个组合中有的组合间生长性状有显著差别($P<0.05$)。LZ♀×LZ♂纯系自交体重增长最快,体重为(438.29±117.35)g,PY♀×YN♂体重增长最慢,体重为(342.77±107.66)g。体重增长最快组合约是最慢组合的 1.28 倍,约高于所有组合的平均值 14%。

总的来说,杂交组合体重[(386.46±100.43)g]的增长稍快于纯系自交组合[(382.93±106.81)g],但两者之间没有显著差异。所有组合的肥满度没有显著差别。另外,所有生长性状的变异系数较大,特别是体重,达到 26.94%。

表 4-27 团头鲂 3 个群体自交和杂交后代的生长表型

组合		个数	性状参数					
			体重/g	体长/cm	全长/cm	体高/cm	肥满度	体重变异系数/%
纯系	LZ♀×LZ♂	41	438.29±117.35[a]	27.41±2.58[a]	32.40±3.02[a]	12.7±1.18[a]	2.07±0.14	26.77
	PY♀×PY♂	193	391.97±108.33[b]	26.41±2.23[b]	31.23±2.55[abc]	12.38±1.14[a]	2.08±0.25	27.64
	YN♀×YN♂	106	345.42±85.94[c]	25.36±2.00[c]	30.14±2.25[cd]	12.11±1.01[b]	2.08±0.18	24.88
	平均值		382.93±106.81	26.20±2.29	31.03±2.61	12.34±1.12	2.08±0.22	27.89
F₁代杂交系	YN♀×PY♂	73	413.96±93.06[ab]	26.67±1.99[ab]	31.61±2.57[ab]	12.55±1.02[a]	2.15±0.18	22.48
	PY♀×LZ♂	62	410.32±106.47[ab]	26.89±2.42[ab]	31.69±2.64[ab]	12.56±1.08[ab]	2.06±0.17	25.95
	LZ♀×PY♂	70	387.07±100.51[b]	26.64±2.22[ab]	31.33±2.69[bcd]	12.30±1.03[ab]	2.02±0.26	25.97
	LZ♀×YN♂	42	377.02±107.21[bc]	26.07±2.51[bc]	30.90±2.86[bcd]	12.24±1.12a[b]	2.07±0.20	28.44
	YN♀×LZ♂	65	376.31±76.26[bc]	26.29±2.52[b]	31.47±2.23[bcd]	12.26±0.76[b]	2.17±1.30	20.27
	PY♀×YN♂	56	342.77±107.66[c]	25.25±2.72[c]	29.96±3.16[d]	11.93±1.17[b]	2.05±0.18	31.41
	平均值		386.46±100.43	26.35±2.42	31.21±2.72	12.32±1.04	2.09±0.58	25.99

注: 在同一列数据中, 不同的上标字母之间有显著性差异 ($P<0.05$)

（四）各群体生长性状配合力和杂交优势分析

分析结果显示，不同繁殖组合的体重、体长、全长和体高有一定的差异性（表 4-28），说明这几个群体的这几个性状的配合力有显著差别。体重、体长、全长和体高来自父本的配合力比来自母本的配合力高得多。另外，不管是父本还是母本，梁子湖的一般配合力都是最大的，然后是鄱阳湖，淤泥湖最小（表 4-29）。YN♀×PY♂的特殊配合力最大（7.56），其次是 LZ♀×LZ♂和 LZ♀×YN♂。

表 4-28　ANOVA 分析梁子湖、鄱阳湖和淤泥湖群体的配合力方差来源

方差	自由度	体重均方	全长均方	体长	体高均方	肥满度均方
母本	2	24 055.21	16.02	17.53**	1.00	0.36
父本	2	141 515.44**	105.36**	82.76*	8.68**	0.05
母本×父本	4	34 034.78*	7.13	6.89**	2.57	0.08
误差	699	10 128.55	6.80	5.29	1.14	0.20

*表示显著性差异（$P<0.05$）；**表示极显著差异（$P<0.01$）

表 4-29　梁子湖、淤泥湖和鄱阳湖种群杂交体重的一般配合力和特殊配合力

体重		父本特殊配合力			母本一般配合力
		梁子湖	鄱阳湖	淤泥湖	
母本特殊配合	梁子湖	5.45	−5.71	3.25	3.47
	鄱阳湖	1.11	−1.46	−2.67	0.54
	淤泥湖	−4.32	7.56	1.37	−2.87
父本一般配合力		5.01	2.86	−8.17	

在 6 个杂交组合中，杂交优势有显著差别（$P<0.05$）。总的来说，在这几个杂交组合中，除了 YN♀×PY♂以外（体重的杂交优势为 12.28%），其余组合杂交优势不明显，具体信息见表 4-30。除此之外，YN♀×LZ♂的全长和肥满度的有一定的杂交优势。

表 4-30　团头鲂三个地理群体生长性状杂交优势

组合	体重杂交优势	体长杂交优势	全长杂交优势	体高杂交优势	肥满度杂交优势
YN♀×PY♂	+12.28	+3.03	+3.01	+2.49	+3.37
PY♀×LZ♂	−1.16	−0.07	−0.39	−0.08	−0.72
LZ♀×PY♂	−6.76	−1.00	−1.52	−2.15	−2.65
LZ♀×YN♂	−3.79	−1.19	−1.18	−1.57	−0.24
YN♀×LZ♂	−3.97	−0.36	+0.64	−1.41	+4.58
PY♀×YN♂	−7.03	−2.45	−2.36	−2.57	−1.44

杂交组合的方向会影响杂交优势，在本实验中，YN 群体和 PY 群体进行杂交，YN♀×PY♂子代的生长远远好于 PY♀×YN♂，这说明了母系效应或者父系效应影响了他们相

对的生长表现。母系效应或者父系效应的潜力需要进一步去探索和研究，同时也需要去证明在一个独立的实验中，母系效应或者父系效应是否是可重复的。如果这些效应是可以重复的，那么这些结果可以用于团头鲂后期的选育计划。

众所周知，一般配合力的遗传基础是基因的加性效应，特殊配合力是基因的非加性效应（Gjedrem and Thodesen，2005）。高的非加性效应能够通过种群杂交的方法被开发。目前，在多种水产动物中得到报道，包括美洲牡蛎、卡特琳娜扇贝和海湾扇贝等甲壳生物；鱼类罗非鱼、鲤和孔雀鱼等鱼类。本研究中，基于一般配合力值，推断 LZ♀×LZ♂和 LZ♀×PY♂组合可以获得较高的加性遗传方差，暗示了基于这两个组合的选育相对容易获得遗传进展。另外，YN♀×PY♂和 LZ♀×LZ♂两组合有很高的特殊配合力，但是，YN 群体雄性的一般配合力最低，所以 YN♀×PY♂不是理想的育种材料。总的来说，LZ纯系自交和 PY♀×YN♂杂交组合被认为是生长性状选育最好的组合。这个结果暗示在团头鲂育种过程中，既要重视种群杂交，也要重视纯系自交的应用。

开发不同地理群体间的杂交优势是获得遗传进展的重要方法，因此，本实验利用团头鲂的三个自然主产区梁子湖、淤泥湖和鄱阳湖三个群体进行群体间杂交和纯繁，来探索团头鲂不同地理群体是否存在杂交优势，以及哪些组合具有杂交优势。正如结果显示的一样，总的来讲，和纯繁 F_1 代相比，杂交的 F_1 代生长更快，但是并没有显著差别。先前的很多研究证实了在很多水产动物中存在明显的杂交优势，如鲤、澳洲银鲈、细脚对虾、太平洋牡蛎和栉孔扇贝；然而，在尼罗罗非鱼、孔雀鱼和克努克鲑等鱼中并没有显示出杂交优势。Shikano 和 Taniguchi（2002）提出没有杂交优势的主要原因可能是群体间的遗传距离较小。另外一个原因可能是人工繁殖时，所用的亲本数量较少，不具有较好的代表性。对于团头鲂来说，虽然本研究所用的每个群体的亲本数量适中，但是先前的研究报道群体间的遗传差异较小（李思发等，1991；李弘华，2008；李杨，2010），所以这可能是没有明显杂交优势的原因。研究发现，不同组合的 F_1 杂交子代的生长均处于两个纯系之间，说明了生长是受加性效应而不是受显性效应的控制。

先前的研究主要集中在本身个体的杂合度与生长的相关性上，而本研究主要调查了亲本群体的杂合度与子代生长的相关性，这是因为笔者认为，在利用这个关系时，与研究子代本身的杂合度与其生长是否有相关性相比，研究亲本群体的杂合度与子代生长的相关性可以更加直接地通过选择来控制亲本群体的杂合度，从而使得子代具有最好的生长速度。本研究第一次报道了团头鲂亲本的杂合度及多态信息含量与子代生长的相关性，并发现他们之间具有显著性正相关的关系，也就是说，在一定范围内，亲本群体的杂合度、多态信息含量越高，子代的生长越快。这个结果为团头鲂的亲本选配提供了科学依据，建议在进行团头鲂育种进程中（特别是选育初期），一定要注意保护选育亲本的遗传多样性，同时处理好品种/品系的纯合度和遗传多样性这一对矛盾统一体。

第五章　团头鲂性状关联分子标记的筛选

通过与目标性状基因相连锁的分子标记来筛选目标性状称为分子标记辅助选择（maker-assisted selection，MAS）。MAS 技术结束了仅仅从表型性状进行"间接地""模糊地"选择的传统选育技术，是现代选育技术的标志（孙效文等，2008）。与传统的表型选择方法相比，MAS 不受基因表达和环境条件的限制，在动物个体发育早期即可根据基因型进行选择，从而提高选育效率。

MAS 的应用主要有 3 个阶段。第一个阶段是利用分子标记分析所选物种的遗传背景，估算不同群体间、家系间或个体间的遗传相似性和遗传距离，然后确定亲本的取舍和配组。这种技术的育种群体或个体的遗传背景清晰，同传统的选育方法结合起来可以显著提高选择的准确性和效率。Saillant 等（2006）基于亲子鉴定的混合饲养技术，估计了欧鲈的遗传力，评估了基因型-环境的互作效应。鲁翠云等（2008）利用微卫星标记估算镜鲤雌雄亲本间的遗传距离，然后根据遗传距离进行亲本选配，得到了很好的选育效应。毕金贞和陈松林（2010）采用多个微卫星标记探讨了牙鲆亲本间遗传距离与其后代生长速度的关系，发现亲本间遗传距离在 0.26~0.60，两者呈显著性正相关；在 0.61~0.66，两者不相关；在 0.66~0.98，两者呈显著性负相关。Borrell 等（2011）利用微卫星亲子鉴定技术，分析了海鲷亲本对子代生长快和生长慢群体的贡献，并分析了生长快和生长慢群体的遗传差异。目前这种技术已在其他多种水产动物中开展，如大西洋鲑、细脚对虾、牙鲆、鲤、条纹鲈、大菱鲆、白鲢、锯腹脂鲤、黄金鲈和草鱼等。

第二阶段是利用性状和分子标记的连锁关系来进行经济性状的聚合育种。这种技术的基础是高密度的遗传连锁图谱，一般对水产动物来说分子标记要在 400 个以上，然后根据标记与性状的连锁关系进行 QTL 定位。目前多种水产动物已经构建了遗传连锁图谱和进行了少数性状的 QTL 定位，如尼罗罗非鱼、虹鳟、鲤、斑点叉尾鮰和凡纳滨对虾等。利用 QTL 进行育种研究的报道并不多，真正在育种产业上大规模使用相关技术还需要一段时间。水产生物的 QTL 研究主要以少量经济性状为主，如体重与体长、抗病、抗逆、性别、饲料转换率等。

第三阶段是利用多种经济性状与基因的连锁关系、基因和环境的互作效应、依据性状的全基因组分析结果，通过计算机软件来设计育种。这种技术在植物和畜禽的育种中已开始应用，在水产动物中也已逐渐应用起来。

第一节　生长性状相关的分子标记

鱼类的生长性状为数量性状，为多个基因控制，这些基因在染色体上占据一定的区域，称为 QTL。一个数量性状的 QTL 并不是很多，存在着主效基因。这些 QTL 的一个或两个主效基因就能反映一个数量性状表型变异的 10%~50% 及以上。因此可以通过找到控制这些性状的基因或者标记，对鱼类的经济性状进行遗传改良。微卫星 DNA，又称简单串联重复序列(SSR)，是由 2～6 个碱基为基本单元多次串联重复的核苷酸序列，广泛分布于真核生物的基因组中，由于其具有共显性遗传、检测方便、多态信息含量高等优点，被广泛应用于水产动物群体遗传结构分析、遗传连锁图谱的构建、QTL 定位和标记辅助选择育种等方面。利用微卫星进行性状连锁分析与 QTL 定位，在水产动物方面已有不少报道。张研等(2007)用 183 个微卫星标记扫描了大头鲤和荷包红鲤抗寒品系重组自交系群体，鉴定了 7 个与体长显著相关的微卫星标记，其中 3 个与体长性状的主效基因连锁。张义凤等(2008)在柏氏鲤和荷包红鲤抗寒品系自 F₂ 代群体中鉴定了 6 个与体重、体长和体高显著相关的微卫星标记。在大菱鲆、青虾、大口黑鲈、尼罗罗非鱼、牙鲆中均发现有与生长性状相关的微卫星标记。

　　21 世纪，随着高通量测序技术的发展，多种鱼类的高密度遗传连锁图谱相继被构建，随后被用于其经济性状 QTL 位点的发掘。在亚洲鲈中，6 个生长性状相关的 QTLs 和一个重要 QTL 区域内的候选基因被发掘(Wang et al.，2015a)。在大比目鱼中，基于 RAD-Seq 高密度遗传连锁图谱发掘了大量性别和生长相关的 QTLs(Wang et al.，2015b)。

　　本章一方面采用已获得的团头鲂微卫星标记，分析其与团头鲂体重、体长、体高之间的相关性，以期获得与生长性状相关的等位基因或基因型；同时基于采用 RAD-Seq 技术构建的团头鲂高密度遗传连锁图谱，筛选与生长和性腺发育相关的 QTL 位点，以期为团头鲂分子标记辅助育种奠定基础。

一、生长性状关联微卫星标记筛选

　　从同一批次繁殖的团头鲂群体中，挑选 20 月龄时体重大于 0.4kg 的个体和体重小于 0.28kg 的个体各 96 尾，前者标记为大个体组，后者为小个体组。提取个体基因组 DNA 作为模板，选用 17 对微卫星引物对微卫星位点进行 PCR 扩增(表 5-1)。PCR 产物经 8%(W/V) 非变性聚丙烯酰胺凝胶电泳和硝酸银染色方法检测位点的多态性，利用 PopGene(Version 3.2) 软件统计各微卫星位点的等位基因数和观测杂合度。利用 SAS 软件中的 GLM 一般线性模型对团头鲂生长性状与微卫星位点的关联性进行最小二乘分析，对同一标记基因型之间生产性状指标差异显著性进行检验并进行多重比较。

表 5-1　本研究中的 17 对微卫星引物信息

微卫星位点	引物序列(5′-3′)	退火温度/℃	等位基因		观测杂合度	
			大个体组	小个体组	大个体组	小个体组
Mam11	F：ATGCCAGTCTGCCAACAA	58.0	7	10	0.6871	0.6335
	R：TTCAATGATCGTCCGTCTT					
Mam26	F：GTCAACATTCATACGGCG	54.0	10	11	0.8292	0.7749
	R：TCATTTTTTAGGAGCGGG					
Mam51	F：TGTTGATTGATGCTGCTC	51.0	12	13	0.8766	0.8784
	R：CTCGACCCAAACGAAAGA					
Mam124	F：TACGAAGGTGAGCCAAGA	52.0	7	10	0.8273	0.8277
	R：GAGATCAGAGCCTAGATAGAGC					

续表

微卫星位点	引物序列(5′-3′)	退火温度/℃	等位基因		观测杂合度	
			大个体组	小个体组	大个体组	小个体组
Mam147	F：ACTGGATGACTTTAGTTAGGGTTA R：CAGAAACGGCTTATCAGACC	57.0	5	5	0.6284	0.5676
Mam208	F：GCATCTAATGAATCGTTATG R：GTTTTCTTGGCAGGTGTC	53.0	8	10	0.7838	0.8089
Mam2	F：AAAAAAAGAACGAGAGGG R：TGATGATTTGGAGGAAGT	50.5	8	10	0.7890	0.7248
Mam79	F：CAACGGAAACCAGACAGGA R：CATCACAATGAGTTTGAGGCT	52.0	8	13	0.5658	0.6442
Mam144	F：GCTATCCGATTATCATTTAC R：GCCTGACAGTCTTCTGC	59.0	16	18	0.8639	0.8851
Mam12	F：TCGTGCGAAGTAAACAAG R：CAGGCAATAATAACAAAACC	54.0	17	18	0.8474	0.8668
Mam46	F：AGTATAAGTTGAGTGGGTG R：TAAAGGGAAATTCTGGT	50.5	14	16	0.8974	0.8014
Mam116	F：CTATTTACAGTTTCATGCTTTCCTC R：ATCCCGTCCGCCGCTTACT	62.0	7	4	0.7701	0.5053
Mam851	F：ATTGGTCCAGTCTGTTGT R：TGTATCTTGCACGCTCTA	54.5	6	7	0.7148	0.7134
Mam166	F：GGTACTGTTTGTGCTGGGC R：CTGCTCACTCAACTTATTGTAGGTC	60.0	7	6	0.6635	0.6981
TTF01	F：TGGAGATGAAAGCTGAAGGAA R：ATGCACGAACTGCCACATAA	62.0	13	10	0.8928	0.7818
TTF02	F：AAACAGCTGCTACCCTTGGA R：TTTCGCCAGAAGAGCAAATCA	62.0	7	5	0.6250	0.5950
TTF04	F：GACTGGAGTCGTCAGGCTTC R：TGCCCCACATTGTTAGACTG	62.0	9	7	0.7030	0.4489
平均值			9.5	10.2	0.7627	0.7150

(一)微卫星位点的多态性

本实验所用 17 对微卫星都能扩出稳定清晰的条带。17 个位点中共检测到 204 个等位基因，其中位点 Mam144、Mam12、Mam46 的多态性最高，等位基因数均在 14 及以上，观测杂合度均大于 0.8(表 5-1)。位点 Mam147 的多态性较低，在两个组中的等位基因数分别为 5。大个体组的等位基因数在 5~17，平均等位基因数为 9.5，观测杂合度位于 0.5658~0.8974，平均观测杂合度为 0.7627。小个体组的等位基因数在 4~18，平均等位基因数为 10.2，观测杂合度位于 0.4489~0.8851，平均观测杂合度为 0.7150。两个组的遗传多样性没有显著差异。

(二)团头鲂微卫星标记与生长性状的相关性分析

利用一般线性模型对团头鲂的生长性状与 17 对微卫星标记进行相关性分析,结果发现 17 个微卫星位点中,位点 Mam166 和 Mam116 与体长、体重、体高均表现出极显著相关($P<0.01$)。再对两个位点的基因型进行多重比较,推断出各个微卫星标记位点上的劣势等位基因,从而初步判断以上基因型对性状起着或正或负的效应。

对两个位点的基因型进行多重比较分析发现,在位点 Mam116 中(表 5-2),121/121、121/129、121/133 基因型之间在体重上没有显著差异($P>0.05$),但显著低于其他基因型($P<0.05$);176/182 除了与 154/176、176/176、172/176 无显著差异性之外($P>0.05$),显著高于其他基因型($P<0.05$);154/154、154/176、154/172、154/182、176/176、172/176、172/180 两两之间无显著差异($P>0.05$)。在体长与体高方面,154/172、154/182、172/180、176/176、172/176、154/176、154/154、176/182 之间没有显著差异($P>0.05$),其表型值显著高于 121/121、121/129、121/133 基因型个体($P<0.05$);在体长方面 121/133 显著高于 121/129($P<0.05$),而在体高方面 121/121、121/129、121/133 基因型之间没有显著差异($P>0.05$)。

表 5-2　位点 Mam116 不同基因型个体表型的多重比较

基因型	样本数	体重		体长		体高	
		均值	标准差	均值	标准差	均值	标准差
121/121	28	0.212 9[a]	0.033 76	22.689 3[ab]	1.857 19	10.335 7[a]	0.693 47
121/129	8	0.228 1[a]	0.033 16	21.225 0[a]	3.532 60	10.600 0[a]	0.534 52
121/133	17	0.235 6[a]	0.021 06	23.029 4[b]	0.845 40	10.876 5[a]	0.442 34
154/172	7	0.504 3[b]	0.023 70	28.328 6[c]	0.795 22	13.457 1[b]	0.512 70
172/180	5	0.524 0[b]	0.011 94	28.960 0[c]	0.572 71	13.500 0[b]	0.254 95
154/154	11	0.525 5[b]	0.061 13	29.381 8[c]	1.018 64	13.881 8[b]	0.730 50
154/182	6	0.530 8[b]	0.079 90	28.500 0[c]	1.117 14	13.516 7[b]	0.376 39
172/176	4	0.543 8[bc]	0.074 43	29.125 0[c]	1.552 15	14.025 0[b]	0.899 54
154/176	9	0.550 6[bc]	0.083 65	29.322 2[c]	1.485 58	13.722 2[b]	0.775 85
176/176	7	0.550 7[bc]	0.032 07	29.071 4[c]	0.303 94	13.771 4[b]	0.319 97
176/182	4	0.596 3[c]	0.114 56	29.725 0[c]	1.584 03	13.850 0[b]	1.075 48

注:同一列中相同字母表示差异不显著($P>0.05$),不同字母表示差异显著($P<0.05$)

在位点 Mam166 中(表 5-3),在体重、体长与体高方面,123/123、123/129、123/135、129/129 基因型之间没有显著差异($P>0.05$),但显著高于 261/269、261/279、269/269、269/279 基因型($P<0.05$);在体重与体高方面,261/269、261/279、269/269、269/279 基因型之间无显著性差异($P>0.05$);在体长方面,269/279 基因型显著低于其他基因型($P<0.05$)。

表 5-3　位点 Mam166 不同基因型个体表型的多重比较

基因型	样本数	体重		体长		体高	
		均值	标准差	均值	标准差	均值	标准差
269/269	9	0.218 3[a]	0.019 84	22.833 3[b]	0.940 74	10.433 3[a]	0.452 77
269/279	11	0.218 6[a]	0.034 79	21.318 2[a]	3.102 84	10.545 5[a]	0.575 09
261/279	12	0.225 0[a]	0.039 37	23.358 3[b]	2.386 12	10.566 7[a]	0.779 67
261/269	18	0.234 7[a]	0.021 11	22.944 4[b]	0.554 36	10.766 7[a]	0.499 41
129/129	6	0.514 2[b]	0.022 45	28.616 7[c]	0.691 13	13.433 3[b]	0.488 54
123/135	12	0.536 3[b]	0.090 03	29.100 0[c]	1.543 31	13.741 7[b]	0.790 23
123/123	22	0.539 8[b]	0.052 04	29.050 0[c]	0.915 35	13.672 7[b]	0.511 00
123/129	6	0.550 8[b]	0.104 23	29.033 3[c]	1.576 92	13.633 3[b]	0.877 88

注：同一列中相同字母表示差异不显著（$P>0.05$），不同字母表示差异显著（$P<0.05$）

（三）关联微卫星位点的验证

从两个位点的分析结果中分别选取均值最大的 3 个正效应基因型，均值最小的 3 个负效应基因型作为选择标准（不足不取），结果见表 5-4。

表 5-4　两个位点的正效应和负效应基因型

位点	Mam116	Mam166
	154/176	123/123
优势基因型	176/176	123/129
	176/182	123/135
	121/121	261/279
劣势基因型	121/129	269/269
	121/133	269/279

在验证群体的 72 个 F_1 代个体中进行基因型分析，选取其中含有正效应或负效应基因型的个体进行生长性状的多重比较与差异显著性分析，结果见表 5-5。

表 5-5　验证群体的正效应或负效应基因型的个体分析

基因型		数目	体重（$P=0.05$ 的子集）/kg		体长（$P=0.05$ 的子集）/cm		体高（$P=0.05$ 的子集）/cm	
			小个体组	大个体组	小个体组	大个体组	小个体组	大个体组
Mam166	269/279	9	0.2011[a]		21.9556[a]		10.3444[a]	
Mam116	121/133	13	0.2162[a]		22.3000[a]		10.5231[a]	
Mam116	121/121	14	0.2175[a]		22.3500[a]		10.6000[a]	
Mam166	269/269	6	0.2333[a]		22.9667[a]		10.8000[a]	
Mam116	121/129	3	0.2433[a]		23.0333[a]		11.0667[a]	
Mam166	123/135	8		0.4706[b]		27.8500[b]		13.1250[b]
Mam116	176/176	3		0.4867[b]		28.0333[b]		13.5333[b]
Mam166	123/123	6		0.5100[b]		28.8500[b]		13.6833[b]
Mam166	123/129	8		0.5281[b]		29.0375[b]		13.7000[b]
Mam116	176/182	3		0.5400[b]		29.1333[b]		13.9000[b]
Mam116	154/176	4		0.5538[b]		29.7250[b]		13.4000[b]
显著性			0.998	0.326	0.992	0.836	0.956	0.967

注：同一生长性状中相同字母表示差异不显著（$P>0.05$），不同字母表示差异显著（$P<0.05$）

从结果可以直观地看出，包含优势基因型个体的生长性状值要显著高于带有劣势基因型个体的生长性状值。依据此分析结果，可以有效地选择含有正效应基因型的个体作为选育亲本，且避开含有负效应基因型的个体。

标记连锁分析是利用分子标记与数量性状位点之间的连锁关系，对标记不同基因型的数量性状进行显著性检验，当存在显著性差异便说明标记对性状会产生影响，在标记座位附近存在一个影响这些性状的数量性状位点（王高富和吴登俊，2006）。那么这些标记可用于在生产实践中进行标记辅助选择，指导早期育种。目前进行分子标记与性状的关联分析的方法主要有两种：分群分离法（Michelmore，1991）与随机选择群体法。前者是从某一分离群体中筛选出 2 个具有目标基因表型差异的亚群，用合适的分子标记对这 2 个基因池进行分析，来筛选与性状相关的标记，相比后者来说可以快速地获得与性状连锁的分子标记，但准确度不如后者，因此，我们采用分群分离法，从同批繁殖、同塘饲养的团头鲂中以体重为标准，选择了体重大于 0.4kg 的个体与体重小于 0.28kg 的个体各 96 尾进行分析，加大了样本容量，以期能够更加快速精确地获得与性状相关的标记。

在水产动物中，关于与性状的连锁分析已经取得了较大地进展。在大菱鲆、青虾、大口黑鲈、尼罗罗非鱼、牙鲆中均发现与生长性状相关的微卫星标记，在其他鱼类中分别还发现与性别、抗低温、抗病相关的标记。本实验采用一般线性模型对 17 对微卫星标记与团头鲂的体长、体重、体高性状进行了相关分析，发现 2 个微卫星位点与体长、体重、体高存在极显著差异（$P<0.01$）。在这些标记中，出现了一个标记同几个性状相关或几个标记同一个性状相关，说明这些位点存在一因多效或多因一效的现象，也说明这几个性状是由多个 QTL 控制的。标记辅助选择有增加遗传获得量的潜力，运用标记辅助选择，遗传获得量在选育的第一代比传统选育高出 15%，在第二代高出 68%（Sonesson，2007），因此在实践过程中可尽量选择含有起正效应基因型的个体作为选育亲本，避开含有起负效应的个体。

二、生长性状的 QTL 定位

QTL 定位研究是实现分子标记辅助育种、新品种培育、基因选择和定位及加快优良性状遗传研究的重要辅助手段。利用 QTL 定位技术可以找到控制一些重要经济性状的标记或基因，对于提高育种过程中对数量性状优良基因型的选择效率具有重要意义。由于水产养殖动物遗传连锁图谱的构建工作起步较农作物晚，受遗传连锁图谱的限制，QTL 定位研究存在不少困难，目前有关水产养殖动物的 QTL 研究也主要局限于常见的养殖品种。近年来，由于水产养殖业的快速发展，对高产量、抗逆性的优质水产动物品系选育的需要越来越大，水产养殖动物 QTL 的研究成果也呈现上升趋势。

早期水产动物的 QTL 定位多是基于 RAPD、AFLP 和 SSR 标记。例如，Sun 和 Liang（2004）构建了鲤的遗传连锁图谱，筛选到 4 个与耐低温性状相关的 RAPD 标记，并将其中一个与鱼耐低温性状相连锁的 RAPD 定位到第 5 号连锁群上；刘继红等（2009）用 265 个 AFLP 标记、127 个微卫星分子标记、37 个 EST-SSR 标记和 16 个 RAPD 标记对大头鲤荷包红鲤抗寒品系的雌核发育群体 44 个个体进行基因型检测，共检测到 5 个与头长性状相关的 QTL，2 个与眼径性状相关的 QTL 和 2 个与眼间距性状相关的 QTL。对罗非鱼的 QTL 研究主要在性别决定、耐受低温和生长性状上。Shirak 等(2002)发现 3 个微卫星标记与罗非鱼有害基因和性别比率失常相关。Agresti 等(2000)利用微卫星标记筛选到 2 个标记可能与罗非鱼耐低温性状有关，3 个标记可能与体重有关。O'Malley 等(2003)利用 69 个微卫星标记和 132 个引用数据对虹鳟产卵时间和体重两个性状进行了分析，发现 4 个潜在的与产卵时间相关的 QTL 和 2 个与体重相关的 QTL，这些具有多效性的 QTL 均位于两个不同的连锁群上。

近年来，随着高通量测序技术的发展，鱼类 SNP 标记的开发取得了快速发展。基于 RAD 测序技术的连锁图谱在牙鲆、尖吻鲈、鳎、大西洋鲑等鱼类中被构建，因而基于 RAD-Seq 高密度遗传连锁图谱的 QTL 定位研究也相继开展。例如，在牙鲆中，Shao 等(2015)定位到了 9 个与其抗鳗弧菌疾病相关的 QTL，这些 QTL 位点可以解释 5.1%～8.38%的表型变异，且 QTL 区域正好是 12 个免疫相关基因集中分布的基因组区域。在尖吻鲈中，Wang 等(2015)基于 RAD-Seq 的连锁图谱定位到了 5 个与生长性状相关的 QTL 位点，这些位点可以解释 10.5%～16.0%的表型变异情况。Fu 等(2016a)在鳎上定位到了 37 个与生长性状相关的 QTL 位点。此外，基于开发的 SNP 标记，Gutierrez 等(2012)在大西洋鲑上制作了一个 6.5kbp 的 SNP 芯片被用于检测家系个体 SNP 基因型，用于定位与生长性状相关的 6 个 QTL 位点。

(一)QTL 定位方法

采用 RAD-Seq 方法构建的团头鲂高密度遗传连锁图谱及测量的 187 尾子代的生长表型和性腺发育数据，用卡方测试计算标记的分离比，显著偏离分离比的标记将被移除。复合区间映射算法(CIM)被应用于 WinQTLCart2.5 软件进行 QTL 分析(Silva et al.，2012)。保守的 LOD 阈值(2.5 与 2.0)将被用于筛选重要的 QTL 位点。

(二)QTL 定位结果与分析

研究发现 8 个与体长(BL)、体高(HT)、体重(WT)、性腺重(WG)、性腺发育时期(SG)及性别(GD)相关的 QTLs 位点，分别分布于团头鲂连锁群 LG1、LG2、LG9、LG13 和 LG18(表 5-6，图 5-1)。其中，5 个 QTLs 被发现与体长、体高和体重相关(LOD≥2.5)，3 个 QTLs 与性腺重、性腺发育时期和性别相关(LOD≥2)。这些 QTLs 中的半数分布于连锁群 LG9。一个包含两个 QTLs(qHT-2 和 qWT-2)的基因簇被发现位于 LG9 的 11.2～12.4cM 处，但这两个相邻的 QTLs 与不同的性状相关。而位点 qHT-1 和 qWT-1 位于 LG9 的相同位置并包含相同的标记，这两个 QTLs 位于 LG9 的 1.8～2.0cM 处并具有最高的 LOD 值 4.48，相应的对表型变异具有 8%的最高贡献率。在连锁群 LG18 中，位点 qBL 的 LOD 值为 3.80，解释了 7%的表型变异。而与性腺发育相关的 3 个位点(qWG、qSG 和 qGD)分别位于 LG13、LG2 和 LG1 的 49.2cM、70.2cM 和 138.0cM 处，相应的解释了 4%，8%和 4%的表型变异。总体而言，5 个 QTLs(qBL、qHT-1、qHT-2、qWT-1、qWT-2)解释了大于 31%的生长相关表型变异，3 个 QTLs(qWG、qSG、qGD)解释了大于 16%的性腺相关表型变异。对于这些复杂性状的调控，没有单独的基因位点可以解释大于 10%

的遗传变异是意料之中的。

表 5-6 本研究定位的团头鲂生长和性腺发育相关的 QTLs 信息

QTL	连锁群	遗传位置	连锁标记	LOD 值	R^2
qBL	LG18	27.1～27.4	RAD15371	3.80	7%
qHT-1	LG9	1.8～2.0	RAD257309	4.48	8%
qHT-2	LG9	11.7～12.4	RAD236205	3.41	7%
qWT-1	LG9	1.8～2.0	RAD257309	4.48	8%
qWT-2	LG9	11.2～11.3	RAD82931	2.65	5%
qWG	LG13	49.2～49.3	RAD49930	2.01	4%
qSG	LG2	70.3～70.4	RAD5610	2.20	8%
qGD	LG1	137.6～139.1	RAD212933	2.18	4%

注：R^2 为表型变异贡献率

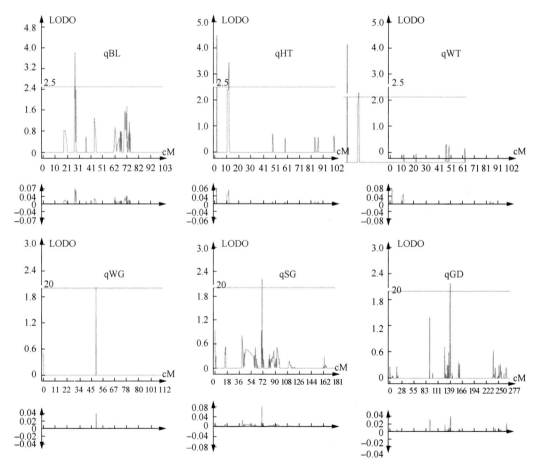

图 5-1 本研究定位的团头鲂生长和性腺发育相关的 QTLs

　　生长是养殖鱼类中最重要的经济性状之一。基于相应的遗传连锁图谱，生长性状相关的 QTLs 已经在一些鱼类中被发掘。在比目鱼中，220 个与 2 个体长性状和 2 个体高性状相关的 QTLs 被发掘，解释的表型变异在 14.4%～100%（Wang et al.，2015）。在欧洲和亚洲鲈中，38 个和 6 个生长性状相关的 QTLs 和相应的候选基因被分别发掘（Louro et al.，2016；Wang et al.，2015b）。此外，体重和生长性状相关的 QTLs 也被发掘在大西洋鲑、鳙、金鱼和其他重要的经济性鱼类中。本研究中，在 LOD≥2.5 的条件下，5 个生长性状相关的团头鲂 QTLs 被发掘。其中，2 个与体高和体重相关的 QTLs（qHT-2 和 qWT-2）位于连锁群 LG9，比对到了同一基因簇。2 个 QTLs 间如此短的遗传和物理距离表明了该基因簇与生长密切相关。类似地现象也出现在牙鲆图谱中，6 个 QTLs 集中分布在 LG6 的狭窄区域内，3 个集中分布在 LG21 的另一基因簇（Shao et al.，2015）。此外，位于 LG9 的标记 RAD257309 与 qHT-1 和 qWT-1 同时相关。这两个 QTLs 有着最高的 LOD 值（4.48），相应地对表型变异有着最高的贡献值 8%。这表明这些标记周围的基因序列可能与生长性状密切相关。单一的基因位点可能影响多个不同的表型，这一现象被定义为基因多效性并在多个鱼类中报道。例如，在欧洲河鳟中，取决于温度的基因通过表达变化适应不同的热环境，这是受基因多效性水平驱动的（Papakostas et al.，2011）。在鱼类的条件评估中，体重和身高是正相关的重要的表现型。在本研究中，这两个性状被关联到一个 SNP 位点，有力地支持了基因多效性现象并有助于基因型与表型的分析。虽然没有单独的基因位点可以解释大于 10% 的总遗传变异，但 5 个 QTLs 共同解释了大于 35% 的团头鲂生长相关性状表型变异。已有研究表明，鱼类中生长相关的 QTLs 有 2 种模式，一种是单个 QTL 占据了一个性状的主要位置；另一个是多个 QTLs 对一个性状具有影响。多项研究表明，鱼类的生长是受多个 QTLs 影响的，如在鳙（Fu et al.，2016a）与棘鱼（Laine et al.，2013）中。本研究的结果与这些鱼类的研究结果是一致的。早熟会对生长造成不良影响，Gutierrez 等（2012）在大西洋鲑中发现了一个与性成熟推迟相关的 QTL 位点。在本研究中，与一龄团头鲂体重（qWG）和性腺发育时期（qSG）相关的两个 QTLs 分别分布于 LG13 和 LG2。这 2 个 QTLs 可能有助于避免团头鲂在肌肉生长期的性腺过度发育与早熟现象。QTL 分析同样提供了性别决定的基础遗传信息。在已有研究中，Lee 等（2005）在罗非鱼中发现了与性别决定基因关联的重要标记。Palaiokostas 等（2015）也通过 QTL 分析发现了一个新的罗非鱼性别决定基因。我们有理由相信本研究发掘的 qGD 有助于后续团头鲂性别决定基因的发掘研究。本研究首次尝试发掘团头鲂 QTLs 位点，更多的研究需要被执行来验证我们的发现及提升我们 QTLs 发掘的规模与质量。本研究发掘的 QTLs、多态性 SNPs 及其相关序列将有助于基因组比对，基因功能分析及与传统育种技术合作的遗传改良。

第二节　抗病性状相关的分子标记

　　SNP 通常与疾病性状或生长性状直接相关，在遗传性疾病研究中具有重要意义，研究表明，动物免疫应答基因的 SNP 与疾病的耐受性有关。对不同鱼类的免疫基因 *MHC*（主要组织相容性复合体，major histocompatibility complex）的多态性与不同鱼病抗性之间相关性的关联研究比较多。例如，研究发现大西洋鲑、大菱鲆、牙鲆和半滑舌鳎、两种彩鲤对细菌的抗性与各自的 MHC 基因多态性均有显著相关性。此外，鲤肿瘤坏死因子（TNF2）基因中的 1 个 SNP 的变异导致脯氨酸变成丝氨酸，该 SNP 位点与昏睡病显著相关（Saeij et al.，2003）。最近，对草鱼 TLR3、TLR22、Mx2 和 MDA5 等基因多态性与草鱼出血病抗性进行了关联研究，发现它们之间亦具有显著的相关关系。本节以团头鲂为研究对象，用嗜水气单胞菌感染区分抗病和易感群体，对团头鲂 MHC II a、transferrin 及其受体基因、NLRC3-like 基因进行了 SNP 筛选、分型及抗病关联分析，以为团头鲂抗病育种提供科学依据。

一、MHC II a 基因序列的测定与 SNP 分析

主要组织相容性复合体 MHC 基因，是机体内与免疫应答紧密相关的基因群，是由染色体上许多高度多态、紧密相连的基因位点组成的。MHC 基因具有丰富的多态性，也正是由于这种多态性，导致单个个体与抗原多肽的结合能力不尽相同，进而导致不同MHC 等位基因的机体对于病菌和自身免疫性疾病的抵抗力不同，使它成为动物疾病分子标记研究的热点。

（一）MHC II a 基因序列分析

柴欣等（2017）对 10 尾团头鲂 MHC II a 基因的 PCR 扩增产物进行测序，利用软件对测序结果进行统计分析，通过 NCBI 上 BLAST 的功能对获得的序列进行比对分析，确认所得序列是团头鲂 MHC II a 基因片段。对碱基组成及核苷酸的替换结果的分析表明，在MHC II a 基因序列上，A、T 碱基含量较高，分别是 33.04% 和 33.96%；C、G 碱基含量较低，分别是 15.82% 和 17.19%。此外，4 种碱基在 235 个氨基酸密码子上的分布也存在明显差异，A 和 T 碱基在密码子第 2 位上占比是 62.13%，明显比 G 和 C 碱基的 37.87% 要高，也比其在密码子第 1 位和第 3 位上的占比高（47.66% 和 59.57%）；对比分析单个碱基，只有 A 碱基在密码子 3 个位置上的分布比较均衡，另外 3 个碱基都不太均衡。密码子第 1 位的平均转换与颠换比（R）是 5.0，第 2 位和第 3 位上的是 5.0 和 4.0，结果表明，团头鲂 MHC II a 基因密码子第 3 位上的变异率比第 1 位和第 2 位上的变异率低。

（二）MHC II a 基因的 SNP 位点筛选结果分析

在长度为 2409bp 的团头鲂 MHC II a 基因上共筛选出 35 个候选 SNP 位点（表 5-7），占 MHC II a 基因总碱基的 1.45%；有 13 个 SNP 位点位于编码区，占总氨基酸位点的5.56%，13 个 SNP 位点中位于 839bp 处的 T/A 颠换和位于 1663bp 处的 A/G 转换并没有导致氨基酸改变，为无义突变，另外 11 个 SNP 位点是有义突变。35 个 SNP 位点中存在30 个转换位点，5 个颠换位点。

表 5-7　*MHC II a* 基因的核苷酸序列和编码区的 SNP 位点

序列组分	核苷酸序列			氨基酸编码区		
	变异位点数	总位点数	变异位点数占总位点数的百分比/%	变异位点数	总位点数	变异位点数占总位点数的百分比/%
信号肽	0	57	0.00	0	19	0.00
α1 结构域	12	246	4.88	9	82	10.98
α2 结构域	3	279	1.08	3	93	3.23
跨膜区	1	123	0.81	1	40	2.50
5′非阅读区	1	273	0.37			
3′非阅读区	11	695	1.58			
内含子	7	736	0.95			
合计	35	2409	1.45	13	234	5.56

团头鲂 *MHC II a* 基因含有丰富的多态位点且具有极高的特异性，α1 结构域的 SNP 位点分别占总碱基和总氨基酸位点的 4.88% 和 10.98%，明显高于 α2 结构域的 1.08% 和 3.23%。*MHC II a* 基因 α1 结构域比 α2 结构域变异率高的现象在大西洋鲑（Stet et al.，2002）、金头鲷（Cuesta et al.，2006）、间鲃（Kruiswijk et al.，2004）等鱼类中都有所表现。这是由于 α1 结构域存在的 PBR 具有高度的多态性，再次证实 PBR 位点存在于 α1 结构域。信号肽和跨膜区域中核苷酸的 SNP 位点百分比分别是 0 和 0.81%，序列上的变异并不大，属于保守序列。团头鲂 *MHC II a* 基因的 21 个 PBR 位点中有 4 个位点变异，变异率为 19.05%；而 non-PBR 的变异率却仅为 8.20%（5/61），表明抗原结合位点区域的多态性高于非抗原结合位点的多态性，同时也表明氨基酸的替代、替换集中出现在多肽结合位点上。

（三）SNP 多态性与团头鲂抗细菌性败血症的关联分析

用 SPSS 软件对分型成功的 5 个 SNP 位点各在 100 尾易感群体和 100 尾抗病群体中的基因型频率和等位基因的频率进行统计，结果见表 5-8。通过卡方检验分析发现位于 1395bp（T/A）位点的基因型频率和等位基因频率在易感组和抗性组中均为差异极显著（$P < 0.01$），位于 221bp（G/T）位点和位于 1859bp（G/T）位点的基因型频率和等位基因频率在易感组和抗病组中均为差异显著（$P < 0.05$）。进一步分析表明，纯合个体对嗜水气单胞菌引起的细菌性败血病抗性更高。

表 5-8　*MHC II a* 核苷酸多态性位点基因型分布

位点（突变类型）	基因型	基因型分布			等位基因	等位基因分布		
		易感个体（百分比）	抗病个体（百分比）	卡方检验（P 值）		易感个体（百分比）	抗病个体（百分比）	卡方检验（P 值）
221（G/T）	AA	34（34.0%）	31（31.0%）	7.26（0.02*）	A	105（52.5%）	85（42.5%）	4.01（0.04*）
	AG	37（37.0%）	23（23.0%）		G	95（47.50%）	115（57.5%）	
	GG	29（29.0%）	46（46.0%）					

续表

位点 (突变类型)	基因型	基因型分布			等位 基因	等位基因分布		
		易感个体 (百分比)	抗病个体 (百分比)	卡方检验 (P 值)		易感个体 (百分比)	抗病个体 (百分比)	卡方检验 (P 值)
974(C/A)	CC	34(34.0%)	38(38.0%)	1.04(0.59)	C	86(43.0%)	89(44.5%)	0.09(0.76)
	CA	18(18.0%)	13(13.0%)		A	114(57.0%)	111(55.5%)	
	AA	48(48.0%)	49(49.0%)					
1395(T/A)	TT	35(35.0%)	28(28.0%)	10.78(0.00**)	T	106(53.0%)	77(38.5%)	8.47(0.00**)
	AT	36(36.0%)	21(21.0%)		A	94(47.0%)	123(61.5%)	
	AA	29(29.0%)	51(51.0%)					
1859(G/T)	GG	42(42.0%)	23(23.0%)	8.23(0.01*)	G	107(53.5%)	76(38.0%)	9.68(0.00**)
	GT	23(23.0%)	30(30.0%)		T	93(46.5%)	124(62.0%)	
	TT	35(35.0%)	47(47.0%)					
2074(G/T)	GG	78(78.0%)	75(75.0%)	0.25(0.62)	G	178(89.0%)	175(87.5%)	0.22(0.64)
	GT	22(22.0%)	25(25.0%)		T	22(11.0%)	25(12.5%)	

*表示差异显著($P<0.05$)；**表示差异极显著($P<0.01$)

  MHC 基因与抗病性状相关联，因而成为鱼类抗病分子育种的重要标记基因。目前，有关 *MHC* 基因与不同疾病抗性相关的研究已经有许多报道。Xu 等(2008)在牙鲆的研究中发现 MHC II 类 A 和 B 基因组合与弧菌抗病性状相关；Palti 等(2002)使用抗病关联分析发现虹鳟 MHC II 类 B 基因第 2 内含子等位基因的多态性与传染性造血器官坏死症(IHNV)相关；李雪松等(2011)研究发现 *MHC-DAB* 基因的多态性与"全红"欧江彩鲤对嗜水气单胞菌的抗性相关，且抗性与个体含 DAB 等位基因的数量正相关；逄锦菲(2013)利用高分辨率熔解曲线分析方法对中国对虾 SNP 基因型与抗白斑综合征病毒(WSSV)性状进行了关联分析，从 132 个 SNP 标记中筛选得到 9 个与抗白斑综合征病毒的 SNP 标记；Kjøglum等(2006)将 *MHC* 基因作为抗病育种候选基因，成功筛选出大西洋鲑的抗病品系。柴欣等(2017)用 SPSS 软件对团头鲂 *MHC II a* 基因中 5 个分型成功的 SNP 位点在易感群体和抗病群体中的基因型频率和等位基因的频率进行了统计。通过卡方检验分析发现，位于 1395bp(T/A)位点的基因型频率和等位基因频率在易感组和抗性组中均为差异极显著($P<0.01$)，位于 221bp(G/T)位点和位于 1859bp(G/T)位点的基因型频率和等位基因频率在易感组和抗性组中均为差异显著($P<0.05$)。该研究结果表明，团头鲂 *MHC II a* 基因的多态性与抗细菌性败血症性状相关，进一步分析表明，纯合个体对嗜水气单胞菌引起的细菌性败血病抗性更高。本实验初步分析获得的相关 SNP 标记及相应的优势、劣势基因型，能够在进行团头鲂抗病育种工作时为亲本的选择提供理论依据，也为分子遗传标记和团头鲂抗病基因筛选奠定了理论基础。

二、转铁蛋白 *Tf* 及其受体 *TfR1-a* 基因 SNP 开发、鉴定及抗病关联分析

  铁是生物体不可缺少的微量元素之一，在多种生命活动中都起着重要的作用。但铁过剩不仅会刺激机体产生有毒的自由基，而且会促进病菌的生长繁殖，使机体受到感染。在铁吸收和转运过程中，转铁蛋白和转铁蛋白受体基因扮演着至关重要的角色，多个研究结果表明，

鱼类转铁蛋白及转铁蛋白受体与体内铁离子代谢有紧密关系。目前关于鱼类转铁蛋白和转铁蛋白受体的研究集中于克隆及表达分析，对其 SNP 位点检测及抗病关联分析研究较少。

（一）Tf 基因 SNP 位点筛选及抗病关联分析

1. Tf 基因 SNP 位点筛选

胡晓坤（2017）通过 PCR 扩增测序、核苷酸序列比对和测序峰图分析，筛选得到团头鲂 Tf 基因多态位点 4 个，其中内含子部分 3 个，外显子部分 1 个。以转录起始位点为+1，4 个位点分别为：384（A/G）（内含子）、1468（T/C）（内含子）、2454（A/G）（内含子）、4029（A/C）（外显子）。

2. SNP 位点分型及与抗病关联分析

在这 4 个多态位点中成功筛选出抗病相关转铁蛋白基因 SNP 位点 2 个，分别为：Tf-384（A/G）、Tf-4029（A/C）。Tf-384（A/G）位点采用的方法是高分辨率熔解曲线法，Tf-4029（A/C）位点采用限制性内切酶酶切法，所采用的限制性内切酶为 ScaI，酶切识别序列为 AGT↓ACT。

用 SPSS 软件分别对团头鲂 SNP 位点在易感群体（110 尾）和抗病群体（105 尾）中的基因型频率和等位基因的频率进行统计，通过卡方检验分析 2 个 SNP 位点在易感组和抗性组的差异显著性，结果如表 5-9。Tf-384（A/G）、Tf-4029（A/C）两个位点基因频率和基因型频率在抗病组和易感组中均为差异显著（$P < 0.05$），在抗性群体中，Tf-384（G）、Tf-4029（A）等位基因占优势。

表 5-9　团头鲂 Tf 核苷酸多态性位点基因型分布

位点 （突变类型）	基因型	基因型分布			等位基因	等位基因分布		
		易感个体 （百分比）	抗性个体 （百分比）	卡方检验 （P 值）		易感个体 （百分比）	抗性个体 （百分比）	卡方检验 （P 值）
384	GG	1（1.0%）	3（2.7%）	7.01（0.028*）	G	40（18.5%）	60（28.3%）	5.72（0.017*）
（A/G）	AG	38（34.5%）	54（51.9%）		A	176（71.5%）	152（71.7%）	
	AA	69（62.8%）	49（47.1%）					
4029	CC	1	5	6.48（0.039*）	A	149	150	0.617（0.432）
（A/C）	AC	55	38		C	57	48	
	AA	47	56					

*表示差异显著（$P < 0.05$）

在牛转铁蛋白基因研究的过程中，仅筛选得到 3 个 SNP 位点（鞠志花等，2011），胡晓坤（2017）研究中筛选得到 4 个 Tf 基因 SNP 位点，表明团头鲂转铁蛋白基因较为保守。转铁蛋白多态性的形成一方面与酶促去糖基化作用有关，同时也与染色体上等位基因有关。在自然选择过程中，基因频率随机变动，就会出现蛋白质过渡性多态，很多转铁蛋白基因位点是变异的。李明云和张春丹（2009）采用聚丙烯酰胺凝胶电泳技术测定了大黄鱼、美国红鱼、黑鲷和花鲈 4 种海水养殖鱼类血清转铁蛋白（Tf）的多态性，发现美国红鱼、花鲈、黑鲷的血清转铁蛋白杂合体基因型频率均大于纯合体，而大黄鱼的则是杂合体小于纯合体。团头鲂转铁蛋白杂合体的基因型频率小于纯合体，这与大黄鱼相似。

(二)*TfR1-a* 基因 SNP 位点筛选及抗病关联分析

1. *TfR1-a* 基因 SNP 位点筛选和分型

胡晓坤(2017)通过 PCR 扩增测序、核苷酸序列比对和测序峰图分析，得到团头鲂 *TfR1-a* 基因 SNP 位点 25 个。其中，19 个位点位于内含子，6 个位点位于外显子。以转录起始位点+1，25 个 SNP 位点中位于内含子的 19 个为：1323(A/G)、1354(G/A)、1467(A/G)、1494(A/G)、1703(T/C)、1818(T/G)、2707(C/T)、3251(G/A)、3837(C/T)、4440(T/C)、5762(G/A)、5844(C/T)、6006(A/G)、6010(C/T)、6204(T/A)、12 860(C/T)、13 053(T/C)、13 084(T/C)、15 322(C/A)；位于外显子的 6 个位点为：4526(T/C)、4558(C/A)、4627(T/C)、4673(G/A)、5002(T/C)、13 308(T/A)。

对上述 25 个 SNP 位点进行引物设计，引物通过 PCR 扩增、回收纯化、连接、转化、阳性克隆鉴定及测序分析并进行凝胶电泳检测，筛选出 1 个可用于高分辨率熔解曲线法进行 *TfR1-a* 基因 SNP 位点分型的引物。

对筛选出的 SNP 位点进行 HRM 上机分型，成功分型出 TfR-3837(C/T)位点 3 个基因型，分别为 TT、CC、CT。

2. TfR-3837(C/T)位点基因型统计及抗病关联分析

用 SPSS 软件分别对 TfR-3837(C/T)位点在易感群体(110 尾)和抗性群体(105 尾)中的基因型频率和等位基因的频率进行了统计，通过卡方检验分析 TfR-3837(C/T)位点在易感群体和抗性群体中基因型频率和等位基因频率的差异显著性(表 5-10)。分析结果表明，TfR-3837(C/T)基因型频率在抗病组和易感组中均为差异显著，在抗性群体中，TfR-3837(T)等位基因占优势。在易感组和抗性组中均有 TT、CT 和 CC 基因型个体，且 CT 基因型个体死亡率显著高于 TT 和 CC 基因型个体，说明其中拥有 TT 和 CC 基因型的个体明显比拥有 CT 基因型的个体抗病，猜测可能由于近亲繁殖或者不同品系之间的杂交使得杂合型的团头鲂个体抗病能力下降，这有待于后续进一步研究。但在实际生产中，应注意避免近亲繁殖，保持品种的优良性状。

表 5-10　团头鲂 *TfR* 核苷酸多态性位点基因型分布

位点 (突变类型)	基因型	基因型分布			等位基因	等位基因分布		
		易感个体 (百分比)	抗性个体 (百分比)	卡方检验 (P 值)		易感个体 (百分比)	抗性个体 (百分比)	卡方检验 (P 值)
3837	TT	78(70.91%)	67(63.8%)	7.54(0.02*)	T	181(82.3%)	171(81.4%)	0.05(0.82)
(T/C)	CT	25(22.72%)	37(35.2%)		C	39(17.7%)	39(18.6%)	
	CC	7(6.37%)	1(1.0%)					

*表示差异显著($P<0.05$)

三、*NLRC3-like* 基因的 SNP 开发、鉴定及抗病关联分析

NLR 受体是一类重要的免疫识别受体，许多研究表明，免疫受体与感染性疾病、自

身免疫性疾病、过敏性疾病及肿瘤相关(杨春蕾等，2012)。全基因组相关性研究表明 *NLRP3*(Pontillo et al.，2010)和 *NLRX1*(Zhao et al.，2012)基因多态性分别与艾滋病毒(HIV)及乙型肝炎病毒(HBV)感染存在相关性。*NLRC2* 基因等位基因 R702W、G908R 和 L1007sinsC 的点突变与克罗恩病(CD)易感性密切相关(Ogura et al.，2001)。NALP3 分子中 NACHT 结构域的错义突变引起自身炎症性疾病、周期性发热、皮疹等(金伯泉，2006)。此外，NLR 家族的很多基因的多态性还与过敏性皮肤炎相关(Macaluso et al.，2002)。目前为止，这方面的研究多集中在人身上，水产动物方面的研究还很少。

Zhou 等(2017a)通过 PCR 扩增、测序和序列比对得到了团头鲂 *NLRC3-like* 基因的 SNP 位点 55 个，其中启动子部分 12 个，外显子部分 12 个，内含子部分 31 个。通过筛选得到 6 个可以设计高分辨率熔解曲线法(high resolution melting，HRM)分型引物的位点。以转录起始位点为+1，6 个位点分别为：272(A/C)、454(A/C)、4445(A/G)、6144(T/C)、6414(C/T)、6515(C/T)。其中 272(A/C)和 454(A/C)两个位点位于内含子部分，4445(A/G)、6144(T/C)、6414(C/T)和 6515(C/T)4 个位点位于外显子部分。进一步分析发现，4445(A/G)、6144(T/C)和 6414(C/T)3 个位点突变都发生在密码子最后一位且未改变编码的氨基酸种类，6515(C/T)突变发生在密码子第 2 位上，使编码的氨基酸发生了改变，由丙氨酸变成了缬氨酸。用 HRM 法对 6 个位点抗病和易感组各 100 个样本进行了基因分型，经过统计分析，发现 6515(C/T)位点突变在易感组和抗性组之间具有极显著差异，其中拥有 CC 基因型的个体明显比拥有 CT 基因型的个体抗病(表 5-11)。猜测可能由于近亲繁殖或者不同品系之间的杂交使得杂合型的团头鲂个体抗病能力下降。因此，在实际生产中，应注意避免近亲繁殖，保持品种的优良性状。

表 5-11 团头鲂 *NLRC3-like* 核苷酸多态性位点基因型分布

位点(突变类型)	基因型	基因型分布			等位基因	等位基因分布		
		易感个体(百分比)	抗性个体(百分比)	卡方检验(P 值)		易感个体(百分比)	抗病个体(百分比)	卡方检验(P 值)
272	CC	35(35.0%)	42(42.0%)	2.33(0.31)	C	117(58.5%)	131(65.5%)	2.08(0.15)
(C/A)	AC	47(47.0%)	47(47.0%)		A	83(41.5%)	69(34.5%)	
	AA	18(18.0%)	11(11.0%)					
454	TT	43(43.0%)	41(41.0%)	0.10(0.95)	T	97(48.5%)	94(47.0%)	0.10(0.76)
(T/A)	AT	11(11.0%)	12(12.0%)		A	103(51.5%)	106(53.0%)	
	AA	46(46.0%)	47(47.0%)					
4445	GG	52(52.0%)	50(50.0%)	0.08(0.78)	G	152(76.0%)	150(75.0%)	0.05(0.82)
(G/A)	AG	48(48.0%)	50(50.0%)		A	48(24.0%)	50(25.0%)	
6144	TT	77(77.0%)	74(74.0%)	0.24(0.62)	T	177(88.5%)	174(87.0%)	0.21(0.65)
(T/C)	TC	23(23.0%)	26(26.0%)		C	23(11.5%)	26(13.0%)	
6414	CC	77(77.0%)	74(74.0%)	0.24(0.62)	C	177(88.5%)	174(87.0%)	0.21(0.65)
(C/T)	CT	23(23.0%)	26(26.0%)		T	23(11.5%)	26(13.0%)	
6515	CC	65(65.0%)	88(88.0%)	14.71	C	165(82.5%)	188(94.0%)	12.75
(C/T)	CT	35(35.0%)	12(12.0%)	(0.00**)	T	35(17.5%)	12(6.0%)	(0.00**)

**表示差异极显著($P<0.01$)

　　单体型是指在同一条染色体上进行共同遗传的多个基因座上等位基因的组合。目前研究的最多的是人类单体型图谱(HapMap)，随着单体型在疾病等方面研究中的优势越来越突出，以后将会被应用到更多的生物研究中去。Zhou 等(2017a)用 Haploview 软件对团头鲂 *NLRC3-like* 基因 6 个位点 rs272、rs454、rs4445、rs6144、rs6414 和 rs6515 进行了 LD(Linkage disequilibrium)分析和单体型分析，结果发现 rs6144 和 rs6414 两个位点之间存在完全连锁不平衡，即两位点处于完全连锁状态，对其进行单体型分析发现，单体型 CT 和 TC 在抗性组和敏感组之间没有显著差异(图 5-2)。

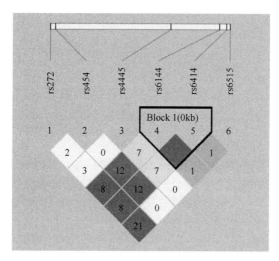

图 5-2　团头鲂 *NLRC3-like* 基因 SNPs 之间的连锁不平衡分析(Zhou et al.，2017a)

格子中数字显示的配对 LD 值(r^2)

第三节　耐低氧性状相关的分子标记

　　本研究在团头鲂低氧耐受和敏感个体转录组测序数据的基础上，筛选部分预测 SNPs 位点，并通过性状关联分析以期获得与团头鲂耐低氧性状显著相关的 SNPs 位点，为团头鲂低氧耐受性状的品种选育、QTL 定位、分子辅助育种技术等提供相关的基础。另外，作为氧化磷酸化的最终电子受体，氧气在后生生物的生长、发育和繁殖等过程中发挥着重要作用。虽然不同生物摄取氧气的方式不同，但在细胞水平上的低氧应答机制基本相似。在脊椎动物细胞中，低氧环境会引起以低氧诱导因子(Hypoxia inducible factor，HIF)的表达调控为主的低氧应答信号通路变化(Bruick，2003)。作为重要的氧感受器，在正常溶氧条件下，低氧诱导因子抑制因子(HIF-1)能够将位于 HIF-1α 的 CTAD 结构域中的天冬酰胺羟基化，从而阻碍其与转录辅助因子 p300/CBP 的结合，最终抑制 HIF-1 介导的低氧相关基因的转录(Mahon et al.，2001；Lando et al.，2002a，2002b)。然而，低氧状态下，羟基化作用减弱，HIF-1 与转录辅助因子结合，从而促进下游靶基因的表达(Freedman et al.，2002)。因此，FIH-1-HIF 低氧应答途径在鱼类低氧适应中发挥着至关重要的作用。而且，FIH-1-HIF 低氧应答途径在血管发生、红细胞生成、糖酵解及细胞增殖和凋亡等生理过程中也发挥着重要作用（Belozeroy and van Meir，2005；Yu et al.，2008；Kaelin and Ratcliffe，2008）。

一、基于转录组的低氧相关 SNPs 的开发

团头鲂实验鱼来源于培育的 F$_3$ 代后备亲本，16 月龄，随机选取 600 尾，体重（430±20）g，对这些鱼进行低氧处理，选取最开始出现缺氧腹部翻转的 5 尾团头鲂，作为低氧敏感个体（MS）及最后出现缺氧腹部翻转的 5 尾团头鲂，作为低氧耐受个体（MT），在实验前随机选取 5 尾作为对照个体（MC），3 种不同低氧处理条件的团头鲂肌肉组织样用于转录组测序。对 3 个实验组样品提取 RNA，反转录成 cDNA 后构建测序文库，并利用 Hiseq2000 进行双端测序。基于转录组数据比对分析，共获得 52 623 个 SNPs 位点，除去 5629 个插入/缺失类型 SNPs 位点（11%）后，46 994 个 SNPs 位点中碱基转换型位点 30 192 个，颠换型位点 16 802 个，转换与颠换比为 1.80。转换型位点中，C/T 和 A/G SNPs 位点分别为 15 025 个和 15 167 个；颠换型位点中 A/T、G/T、A/C 及 G/C SNPs 位点分为 5029、4486、4604 和 2683 个（图 5-3A）。SNP 位点突变前 A+T 含量比 G+C 含量高 3.8%，突变后 A+T 含量比 G+C 含量高 6.1%，突变前后存在一定的 (G+C)/(A+T) 偏差（图 5-3B）。

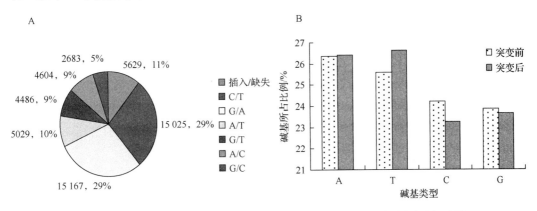

图 5-3　SNPs 突变类型和分布频率（A）及突变前后各碱基所占比例（B）（见文后彩图）

进一步分析显示团头鲂低氧敏感和耐受个体的 SNPs 数目分别为 10 818 个和 10 736 个，非编码区的数目为 23 819 个和 22 859 个，而在编码区同义 SNPs 有 10 701 个和 10 786 个，错义 SNPs 仅有 32 个和 35 个。通过 PCR-RFLP 验证最终从 16 个基因的 28 个 SNPs 非同义位点中获得 5 个 SNPs 用于后续的研究（表 5-12）。在 F$_1$ 代低氧敏感和耐受个体中分析发现 Plin2-A1157G 和 Hif-3α-A2917G 位点与低氧性状达到差异显著的水平（$P<0.05$）。

表 5-12　SNPs 基因型在耐受群体和敏感群体的卡方检验

SNPs 位点	基因型	基因型在群体中的频率				等位基因	耐受个体数（百分比）	敏感个体数（百分比）	卡方值	P 值
		耐受个体数（百分比）	敏感个体数（百分比）	卡方值	P 值					
Plin2-A1157G	AA	11（50.00%）	38（79.17%）	6.700	0.035*	A	32（72.72%）	84（87.5%）	4.636	0.031*
	AG	10（45.45%）	8（16.67%）			G	12（27.27%）	12（12.5%）		
	GG	1（4.55%）	2（4.17%）							
Nr4a1-C2188T	CC	8（38.10%）	26（57.78%）	2.691	0.26	C	25（59.52%）	63（70%）	1.414	0.234
	CT	9（42.86%）	11（24.44%）			T	17（40.47%）	27（30%）		
	TT	4（19.05%）	8（17.78%）							
Hif-3α-A2917G	AA	15（62.50%）	39（82.98%）	6.659	0.036*	A	39（81.25%）	86（91.48%）	4.161	0.035*
	AG	9（37.50%）	8（17.02%）			G	9（18.75%）	8（8.51%）		
	GG	0（0.00）	0（0.00）							
Obsl1-C10761G	CC	10（40.00%）	23（46.00%）	0.983	0.612	C	30（71.428%）	66（67.34%）	0.227	0.634
	CG	10（40.00%）	20（40.00%）			G	12（28.57%）	32（32.65%）		
	GG	1（4.00%）	6（12.00%）							
Csrnp2-C1568T	CC	14（63.64%）	24（52.17%）	1.280	0.527	C	34（77.27%）	67（72.83%）	0.308	0.579
	CT	6（27.27%）	19（41.30%）			T	10（22.73%）	25（27.17%）		
	TT	2（9.09%）	3（6.52%）							

*表示差异显著（$P<0.05$）

　　然而，进一步分析显示上述 2 个显著相关的 SNPs 位点（Plin2-A1157G 和 Hif-3α-A2917G）在低氧耐受和敏感的子代群体中均不存在显著性差异（$P>0.05$）（表 5-13）。

表 5-13　2 个 SNPs 标记在子代群体中基因型分布情况

SNP 位点	群体	基因型			卡方值	P 值
		AA	AG	GG		
Plin2-A1157G	敏感	148	30	4	1.062	0.588
	耐受	171	37	2		
Hif-3α-A2917G	敏感	163	47	2	3.025	0.220
	耐受	176	40	0		

　　由于具有快速高效获得含目标基因个体的潜力，分子标记辅助选择技术现已在育种中得到广泛应用，并在某些性状上取得成功。MAS 育种策略的育种效率和经济效率较高，在提高作物产量、含水量和茎秆硬度等性状改良方面，分子标记辅助选择的效率是传统育种的 2 倍以上（Eathington et al.，2007）。在动物遗传育种中分子标记辅助选择的应用可以使遗传进展从 15%增加到 30%（薛梅，2015），理论选择效率比传统指数选择高 20 多

倍，总遗传进展可以达到 44.7%～99.5%(Edwards and Page，1994)。在大菱鲆耐高温性状选育研究中，黄智慧(2014)利用筛选出的 2 个与耐温性状相关的分子标记设计配种方案繁殖下一代，并对其耐温性能和遗传性能进行评估，结果发现在高温条件下(28℃)子代的耐温性能得到了显著提升，目的条带的基因位点频率在子代中保持相对稳定，认为，利用分子标记辅助选择耐温品系亲本是有效的。这为团头鲂耐低氧新品系的选育提供了借鉴作用。本研究通过关联分析筛选到 2 个与低氧性状相关的 SNPs 位点，然后利用不同低氧耐受亲本间的繁殖组合子代，探讨这两个 SNPs 的有效性，然而，关联分析结果表明，不管是在子代整个群体还是各繁殖组合子代群体中，2 个 SNPs 标记与低氧耐受性能的关系均不显著($P>0.05$)，表明在亲代中筛选得到的标记在子代中不适用，不能用于分子标记辅助选择。Wang 等(2009)从一个人工黄颡鱼繁殖群体中筛选出了 2 对 Y 和 X 染色体连锁的 SCAR 标记，但后来发现在其他群体中不起作用。通过克隆测序分析开发了 3 对新基因标记，能够正确区分 5 个相互隔离地方黄颡鱼群体的基因性别，鉴定准确率高达 100%。在褐牙鲆耐热性性状分子标记研究中，池信才等(2007)筛选到 2 个与褐牙鲆耐热性存在极显著相关的微卫星标记，但李三磊等(2012)在研究中却没有扩增出相关的基因位点。这些研究均表明分子标记存在一定的特异性，或者引物存在特异性。团头鲂低氧耐受性状是微效多基因控制的复杂数量性状，MAS 所利用的分子标记需要与控制该性状的 QTL 相连锁，当目标性状只是由少数几个基因(1～3)控制时或少量 QTL 就可解释大部分变异时，分子标记的选择效率才会较高，作物 DNA 标记辅助育种研究证明，若仅使用单个分子标记达到高于 90%的正确率，标记与目标基因或 QTL 间的重组率不能大于 0.05(陈秀华等，2016)。另外，基因型×环境互作效应也可以影响性状的整体表现，也就是说，具有单个耐低氧基因的鱼体可能在整体表型上是低氧敏感，具有单个低氧敏感基因的鱼体也有可能耐低氧。因此，育种实践中需要筛选出与控制性状的目标基因/QTL 紧密连锁的分子标记，并在多种养殖环境下进行性状测试，以保障其在性状辅助选择中的有效性。

二、*fih-1* 基因耐低氧性状 SNPs 的开发

通过团头鲂 *fih-1* 基因的启动子和 cDNA 序列的扩增，测序比对找到 3 个 SNPs 位点，分别位于启动子中的–402(T/A)，5′UTR 中的–106(G/T)和 3′UTR 中的+1557(C/T)(以 CDS 的第一个碱基设为 0)。利用 PCR-RFLP 和 PCR-HRM 方法进一步分析了各 SNPs 位点在低氧耐受群体与低氧敏感群体中的等位基因频率和基因型频率。Hardy-Weinberg 平衡检测发现 3 个 SNPs 位点在两个群体中均符合 Hardy-Weinberg 平衡。使用 SPSS 16.0 软件分析不同 SNPs 位点的等位基因频率与低氧性状的相关性。使用卡方检验分析其显著性，发现 3 个 SNPs 位点均与低氧性状具有显著的相关性($P<0.05$)。其中–106(G/T)SNP 与低氧性状极显著相关($P<0.01$)。等位基因频率和基因型频率统计结果见表 5-14。

表 5-14 *fih-1* 基因的 3 个 SNPs 位点在两个群体中的基因频率和基因型频率

SNPs 位点 (突变类型)	基因型	个体数(百分比)		卡方值(P 值)	等位基因	个体数(百分比)		卡方值(P 值)
		S	T			S	T	
−402 (T/A)	TT	60(54.5%)	74(70.5%)	8.273 (0.016)	T	166(75.5%)	179(85.2%)	6.484 (0.010)
	TA	46(41.8%)	31(29.5%)		A	54(24.5%)	31(14.8%)	
	AA	4(3.7%)	0(0.0%)					
−106 (G/T)	GG	53(48.2%)	27(25.7%)	13.457 (0.001)	G	154(70.0%)	112(53.3%)	12.650 (0.000)
	GT	48(43.6%)	58(55.2%)		T	66(30.0%)	98(46.7%)	
	TT	9(8.2%)	20(19.1%)					
+1557 (C/T)	CC	61(55.5%)	44(41.9%)	7.378 (0.025)	C	168(76.4%)	138(65.7%)	5.938 (0.015)
	CT	46(41.8%)	50(47.6%)		T	52(23.6%)	72(34.3%)	
	TT	3(2.7%)	11(10.5%)					

注：S 代表低氧敏感群体，T 代表低氧耐受群体

由于-106G/T SNP 与低氧性状极显著相关，且等位基因"T"在低氧耐受群体中的频率(46.7%)显著高于其在低氧敏感群体中的频率(30%)。分别选取 TT 基因型与 GG 基因型的团头鲂个体进行相同的低氧处理，在低氧处理 3h 时取肌肉组织，经 RNA 提取、反转录及荧光定量 PCR 检测显示 *fih-1* 在 TT 基因型中的表达量显著高于在 GG 基因型中 (Zhang et al., 2016b)。

有研究表明启动子区域的多态性可能会影响基因的转录，而位于 3′UTR 上的多态性则可能会影响 mRNA 的稳定性(Satake and Sasaki, 2010; Sun et al., 2007; Goto et al., 2001)。通过 JASPAR 脊椎动物在线数据库预测发现-106G/T SNP 位点附近具有转录因子激活增强子结合蛋白 TFAP2A/2B/2C 结合元件，当基因型为 GG 时，其具有 TFAP2A/2B/2C 结合元件，而当基因型为 TT 时，TFAP2A/2B/2C 结合元件消失。有研究指出，TFAP2A/2B/2C 是与肿瘤发生相关的蛋白，其可以调控一些肿瘤相关基因的表达，同时也可以调控低氧相关基因的表达，如血管内皮生长因子(VEGF)等(Aqeilan et al., 2004; Berger et al., 2005)。

第六章 团头鲂新品种华海 1 号的选育

第一节 华海 1 号的选育过程

2007～2008 年，收集团头鲂野生群体，包括梁子湖国家级团头鲂原种场团头鲂亲本 280 组，淤泥湖国家级团头鲂种质资源保护库团头鲂亲本 200 组、江西省鄱阳湖团头鲂亲本 200 组。

F_1 代选育 2009 年，从梁子湖、淤泥湖、鄱阳湖团头鲂天然群体(原种)中分别筛选出 49(49 雌、49 雄)、20(20 雌、20 雄)和 49(49 雌、49 雄)组亲本，构建群体内家系 118 个；同时选取梁子湖 15(15 雌、17 雄)、淤泥湖 12(12 雌、13 雄)和鄱阳湖 15(15 雌、20 雄)组亲本，构建群体间家系 54 个，群体内和群体间家系总计 172 个。共繁育出 1300 多万尾鱼苗，从每个家系中随机取 1000 尾鱼苗放入 1m^3 的塑料缸中培育，15 天后转入 4m^2 的池塘网箱培育，其中在 2009 年年底，通过比较每个家系的生长和成活率，筛选体重平均为 30g 以上、成活率为 60%以上的 102 个家系继续培育。2010 年 12 月，对每个家系的个体进行生长测量，评估个体的育种值，筛选出平均育种值大于 150 的家系共计 76 个，每个家系选 300 尾，共 22 800 尾放入 20 亩①的池塘培育。

F_2 代选育 2011 年 5 月，从 76 个家系中选择体重大于 500g 的个体共 580 尾，通过微卫星亲子鉴定技术，鉴定其系谱，并根据系谱信息，在避免近亲繁殖的条件下，筛选个体间遗传距离为 0.75 以上的个体，进一步筛选出 110 尾雌性和 55 尾雄性作为下一代繁育亲本，采用全同胞与半同胞繁育方法，繁育出 110 个 F_2 代家系，共 700 多万尾鱼苗。从每个家系中随机取 1000 尾鱼苗放入 1m^3 的塑料缸中培育，15 天后转入 4m^2 的池塘网箱培育。2011 年 9 月底，通过比较每个家系的生长和成活率，保留平均体重大于 18g，成活率高于 75%的家系 78 个。然后从每个家系中随机选取 300 尾，共计 23 400 尾鱼种运往海南育种基地，放在 1 个 25 亩的池塘中培育。

F_3 代选育 2012 年 3 月培育的个体均达到 400g 以上，4 月挑选体重达到 550g 以上的个体 486 尾，并利用 9 对微卫星标记对这些个体的系谱进行亲子鉴定，并评估个体间的遗传距离，结果显示，这些个体来源于 F_2 代的 72 个家系；选取来源于不同家系，个体间遗传距离为 0.75 以上的 291 个个体(155 雌，136 雄)为配组亲本，繁育出 155 个 F_3 代家系，1000 多万尾鱼苗，从每个家系中随机取 1000 尾鱼苗放入 1m^3 的塑料缸中培育，15 天后转入 4m^2 的池塘网箱培育。2012 年 8 月底，通过比较每个家系的生长和成活率，保留平均体重大于 70g，成活率高于 75%的家系 104 个。然后从每个家系中随机选取 300 尾，共计 31 200 尾鱼种放在 1 个 32 亩的池塘中培育。2012 年 12 月，从 F_3 代中筛选出生长速度较快(体重大于 500g)的 1280 尾作为候选繁育亲本。

---

① 1 亩≈666.67m^2，下同。

F₄代选育　2013 年 2 月，从 1280 尾 F₃代候选亲本中筛选出大于 600g 的个体，共 500 尾(261 雌、239 雄)作为繁育亲本。并利用 9 对微卫星标记对这些个体的系谱进行亲子鉴定，并评估个体间的遗传距离，结果显示，这些个体来源于 F₃代的 83 个家系；2013 年 4 月，选取来源于不同家系，个体间遗传距离为 0.75 以上的 240 个个体(120 雌、120 雄)繁育出 120 个 F₄代家系，共 800 多万尾鱼苗。从每个家系中随机取 10 000 尾鱼苗，共 120 万尾鱼苗(其中 600 多万尾鱼苗空运至湖北百容水产良种有限公司)，放入 10 亩鱼池经过 25 天培育，获得 90 多万夏花鱼种(全长 3cm 左右)，筛出 10 万尾夏花鱼种放入 12 亩池塘培育至 2013 年 8 月，再次筛选规格大于 50g 的个体 1 万尾放入 15 亩池塘继续培育，12 月筛选规格大于 400g 的个体 6000 尾放入 10 亩池塘培育，作为华海 1 号后备亲本。空运至湖北百容水产良种有限公司 600 多万尾 F₄代鱼苗，一部分作为生长与成活率对比试验用，一部分作为中试对比试验用，另外 40 万尾鱼苗养至年底获得 30 多万冬片鱼种，从中选出体重 75g 以上的个体 3 万尾继续培育作为 F₄代候选亲本。2014 年在海南完成选育的 F₄代于 3 月空运 200 组亲本到湖北百容水产良种有限公司，6 月繁殖出 F₅代鱼苗，一部分作为生长与成活率对比实验用，一部分作为中试对比实验用，其余对外销售。

在选育过程中，应用亲子鉴定和性状关联分子标记技术，以及数量遗传学分析(包括个体育种值、性状遗传力、性状遗传相关和表型相关等)，提高选育的效应值。经过 4 代系统选育，获得遗传性状稳定、生长快、成活率高的优良团头鲂品种——华海 1 号。

团头鲂华海 1 号有如下几个主要优点。①生长速度快。一龄和二龄团头鲂华海 1 号生长速度分别比未经选育的团头鲂群体快 24.3%～30.6% 和 22.9%～28.7%。②成活率高。一龄和二龄团头鲂华海 1 号成活率分别比未经选育的团头鲂群体高 22.2%～32.6% 和 20.5%～30.0%。③有益脂肪酸含量高。二龄团头鲂华海 1 号肌肉组织中二十碳五烯酸(EPA)含量为 2.6%，二十二碳六烯酸(DHA)含量为 9.3%。④遗传性状稳定。团头鲂华海 1 号是经过分子育种技术，结合数量遗传学参数评估选育出的优良品种，选育效率高，遗传性状稳定。

第二节　华海 1 号的遗传进展及稳定性分析

一、遗传进展分析

在生长性状方面，基于每一代在 20 月龄时候的生长指标，对每一代进行了遗传进展的分析，采用一般线性模型估计每一代与上一代的选择反应，计算遗传进展。

$$Y = \mu + ST_i + P_j + bA_k (ST_i) + e_{ijk}$$

式中，Y 为 F$_i$代个体体重性状的测定值；μ 为 F$_{i-1}$代群体均值；ST_i 为池塘固定效应；P_j 为各选育代组固定效应；b 为回归系数(即遗传进展)；A_k 为入池前平均体重；e_{ijk} 为随机残差。结果见表 6-1，F₁代较 F₀代获得的遗传进展为 12.3%，F₂代较 F₁代获得的遗传进展为 7.13%，F₃代较 F₂代获得的遗传进展为 4.60%，F₄代较 F₃代获得的遗传进展为 2.23%，F₄代较 F₀代获得的累计遗传进展为 26.26%。

表 6-1　团头鲂选育代较上一代的体重遗传进展分析

选育代	平均体质量/g	遗传进展/%
F_0	476.52	
F_1	535.35	12.30
F_2	573.50	7.13
F_3	599.92	4.60
F_4	613.32	2.23

二、染色体遗传稳定性

在团头鲂华海 1 号群体中选取了 30 个家系，每个家系随机抽取 10 尾进行 DNA 含量的测定分析，结果表明，团头鲂华海 1 号的 DNA 含量为 $(2.92\pm0.08)\,\mathrm{pg}$；同时对个体进行了染色体数目的观察分析，结果表明，团头鲂华海 1 号的染色体众数为 48（图 6-1）。团头鲂华海 1 号的染色体遗传稳定。

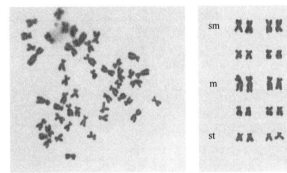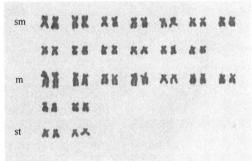

图 6-1　染色体中期分裂相及染色体组型

三、群体遗传一致性

为了研究团头鲂华海 1 号的遗传稳定性，利用 26 对多态性的团头鲂 SSR 标记对团头鲂华海 1 号 45 个个体的遗传一致性进行了分析，引物序列见表 6-2。研究结果表明，在 26 个扩增位点中，后代个体的基因型一致性达到 90% 以上（图 6-2，图 6-3）。

表 6-2　用于个体遗传一致性检测的微卫星引物信息

引物	名称	序列	退火温度/℃
1	Mam179F	TGGGAGATAGGAGCAAGA	60
	Mam179R	TGAATGGCTACAAGGTTTT	
2	Mam4F	GCAGTGTTGGAGGTCGTG	60
	Mam4R	CATACTGGAATGTTTGTTAGGA	
3	Mam7F	GTTGAAAAGGGAGGGACT	58
	Mam7R	TGGGGGACAAATAAAAGC	
4	Mam11F	ATGCCAGTCTGCCAACAA	60
	Mam11R	TTCAATGATCGTCCGTCTT	
5	Mam90F	AAAGTGTTGAGGGGGGGA	60
	Mam90R	CAGGAAGTTGGAAGGCGG	

续表

引物	名称	序列	退火温度/℃
6	Mam37F	CACAAACCATAAACACAG	60
	Mam37R	AATGCCCATAAAACACAC	
7	Mam811F	AGACGGAACAAACCCAGAG	60
	Mam811R	TATTTGTGCCCGAGTGAA	
8	Mam129F	GTCTGGCTTATCATAAAGAG	56
	Mam129R	GAGGAGGTGAGAACTGGA	
9	Mam9F	GGGTTTGTCCATTACTGCC	60
	Mam9R	TCCCTGGTCCGACTTTCC	
10	Mam32F	TCAGCAGCTCCAGCACAG	60
	Mam32R	ATCCACCATACCATCCAATCT	
11	Mam43F	CGTAACCCAACTGTATCCG	58
	Mam43R	GTTCACTCGTGCCCATCC	
12	Mam53F	ACCCATAAACTCAAGACTACAT	60
	Mam53R	TGATTTCAGACAGGCACA	
13	Mam57F	TGGCAAATGAAGATGAAG	56
	Mam57R	TTACAACGCACCACTGAC	
14	Mam94F	CACTCGCTGTGGTGGAAG	58
	Mam94R	GAAGATGTGCTATCTGGGTCA	
15	Mam95F	TCTCCTGGTGGGCTTGTCTG	52
	Mam95R	CGTCAAAGGCTGGTTCTTCC	
16	Mam100F	AGACGCCGTCAGGGAAAC	58
	Mam100R	AACTCAAATCGCAATCAGC	
17	TTF04F	GACTGGAGTCGTCAGGCTTC	62
	TTF04R	TGCCCCACATTGTTAGACTG	
18	TTF02F	AAACAGCTGCTACCCTTGGA	62
	TTF02R	TTTCGCCAGAAGAGCAAATCA	
19	Mam166F	AGCAAACAGTCTGCCAACA	50
	Mam166R	GGCGGTCTAGTGCATTTACGT	
20	Mam184F	GTGTAACGGTTATGAACGAGTG	52
	Mam184R	TGGGAAAGGGAAAGTGTATG	
21	Mam195F	GAAGCAGGTGAACATCGTG	52
	Mam195R	GGGTAGGTATAGTGTAGGGTGA	
22	Mam560F	CTTTGAGGAGAAGGTGAA	52
	Mam560R	AGTGAGGTTACTGGCATT	
23	Mam590F	CAAACTTCCCCTTCACGC	50
	Mam590R	AAGAGCAAAAGAAACGCAGA	
24	Mam592F	GAAAGGGGGAAGGAAGTT	52
	Mam592R	TAAAAGGGACACGGGATG	
25	Mam851F	AAGACATTGTAGGGTGAG	52
	Mam851R	CAGAGAACGATAAGAGGA	
26	Mam116F	CTATTTACAGTTTCATGCTTTCCTC	60
	Mam116R	ATCCCGTCCGCCGCTTACT	

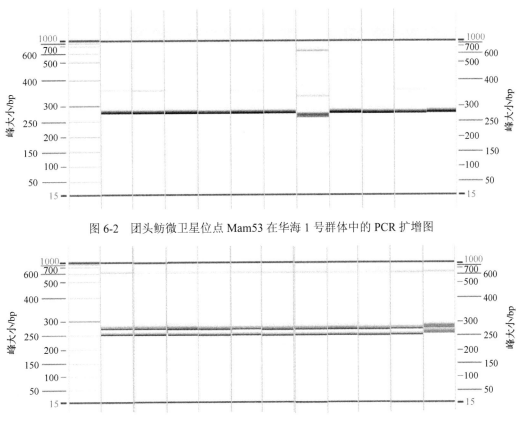

图 6-2　团头鲂微卫星位点 Mam53 在华海 1 号群体中的 PCR 扩增图

图 6-3　团头鲂微卫星位点 Mam851 在华海 1 号群体中的 PCR 扩增图

（一）团头鲂华海 1 号与原种亲本的遗传结构比较分析

采用 8 对微卫星引物（Mam12、Mam46、Mam851、Mam166、Mam90、TTF01、TTF02、TTF04），从团头鲂华海 1 号群体中随机选取 50 尾，结合之前 9 对引物对原种亲本的基因型分析结果，采用 SPAGeDi1-5a 软件对选育前后的遗传多样性进行了分析，分析结果见表 6-3。团头鲂华海 1 号群体平均等位基因数为 5.38，平均有效等位基因数为 2.92，平均观测杂合度为 0.2890；而原种亲本群体平均等位基因数为 13.25，平均有效等位基因数为 6.39，平均观测杂合度为 0.7060；团头鲂华海 1 号遗传纯度有较大提高。

表 6-3　团头鲂原种亲本与华海 1 号的遗传结构比较分析

指标	亲本	团头鲂华海 1 号
平均等位基因数	13.25	5.38
平均有效等位基因数	6.39	2.92
期望杂合度	0.8001	0.4396
平均观测杂合度	0.7060	0.2890
近交指数	0.1180	0.3930
群体间 F_{it}		0.3293
群体间 F_{is}		0.2429
群体间 F_{st}		0.1141

(二)团头鲂华海 1 号群体形态一致性

团头鲂华海 1 号的全长、体长、头长、体宽等主要可数可量性状一致性较强，主要性状之间比值的变异系数(CV)值小于 10%(图 6-4)。

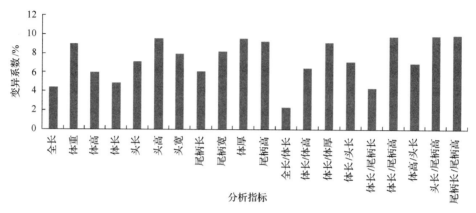

图 6-4　团头鲂华海 1 号群体主要形态性状之间比值的变异系数

2015 年测量了团头鲂华海 1 号 234 个个体，最大个体重 677.5g，最小个体重 552.7g，个体体重均值为(613.08±35.66)g。

按整齐度 10%，最大、最小体重用下式进行个体筛选：

$$SW = \overline{SW} \pm \overline{SW} \times 10\%$$

根据上述计算得出：613.08+613.08×10%=674.3，613.08–613.08×10%=551.7。在体重为 551.7g 到 674.3g 中有 233 个个体，因此整体度为 99.6%。

第三节　华海 1 号的养殖性能分析

一、历年对比试验结果

自 2013 年开始，我们进行了连续 3 年的生长和存活率对比试验，在相同养殖条件下，一龄和二龄团头鲂华海 1 号生长速度分别比未经选育的群体快 24.3%～30.6%和 22.9%～28.7%；一龄和二龄团头鲂华海 1 号成活率比未经选育的群体高 22.2%～32.6%和 20.5%～30.0%。

表 6-4 为 2013 年在华中农业大学校内基地的循环养殖系统中，选取了 9 个体积为 200L 的养殖缸，经过 70 天的养殖试验后，团头鲂华海 1 号平均体重为 6.43g/尾，未经选育群体平均体重为 4.95g/尾。结果表明，团头鲂华海 1 号生长速度比未经选育群体快 29.9%，成活率高 26.0%。

表 6-4 2013 年一龄团头鲂养殖缸生长对比试验

时间	指标	团头鲂华海 1 号	团头鲂未经选育群体
2013-7-6	放养时体重/g	1.00±0.32	0.90±0.36
2013-9-15	检测时体重/g	6.43±2.30	4.95±1.97
2013-7-6	放养时个体数	50 (n=3)	50 (n=3)
2013-9-15	检测时个体数	45±2	32±6
2013-9-15	成活率/%	90.0	64.0

表 6-5 为 2013 年在湖北百容水产良种有限公司的团风基地选取 3 个面积为 1 亩的池塘，对 2 月龄团头鲂华海 1 号和未经选育的群体注射荧光标记后开展同池生长对比试验，养殖 152 天后，团头鲂华海 1 号平均体重为 118.50g/尾，未经选育群体平均体重为 95.30g/尾。结果表明，团头鲂华海 1 号比未经选育的群体生长速度快 24.3%，成活率高 22.2%。

表 6-5 2013 年一龄团头鲂池塘生长对比试验

时间	指标	团头鲂华海 1 号	团头鲂未经选育群体
2013-7-20	放养时体重/g	1.36±0.46	1.25±0.52
2013-12-20	检测时体重/g	118.50±33.98	95.30±28.48
2013-7-20	放养时个体数	400 (n=3)	400 (n=3)
2013-12-20	检测时个体数	352±26	263±39
2013-12-20	成活率/%	88.0	65.8

表 6-6 为 2014 年 3 月在湖北百容水产良种有限公司的团风基地选取 3 个面积为 1 亩的池塘，通过注射荧光标记后开展二龄团头鲂华海 1 号和未经选育的群体同池生长对比试验。经过 274 天的养殖后，团头鲂华海 1 号平均体重为 561.06g/尾，未经选育群体的平均体重为 456.52g/尾。结果表明，团头鲂华海 1 号比未经选育群体生长速度快 22.9%，成活率高 20.5%。

表 6-6 2014 年二龄团头鲂池塘生长对比试验

时间	指标	团头鲂华海 1 号	团头鲂未经选育群体
2014-3-10	放养时体重/g	125.30±35.18	120.30±46.48
2014-12-10	检测时体重/g	561.06±73.70	456.52±102.32
2014-3-10	放养时个体数	400 (n=3)	400 (n=3)
2014-12-10	检测时个体数	372±26	290±46
2014-12-10	成活率/%	93.0	72.5

表 6-7 为 2014 年在湖北百容水产良种有限公司的团风基地选取 9 个面积为 $16m^2$ 的水泥池开展一龄团头鲂华海 1 号和未经选育群体的同池生长对比试验，经过 183 天的养殖后，团头鲂华海 1 号平均体重为 67.44g/尾，未经选育群体的平均体重为 51.64g/尾。结果表明，团头鲂华海 1 号比未经选育群体生长速度快 30.6%，成活率高 32.6%。

表 6-7　2014 年一龄团头鲂水泥池生长对比试验

时间	指标	团头鲂华海 1 号	团头鲂未经选育群体
2014-5-28	放养时体重/g		
2014-11-28	检测时体重/g	67.44±5.23	51.64±3.56
2014-5-28	放养时个体数	500 (n=3)	500 (n=3)
2014-11-28	检测时个体数	453±36	290±55
2014-11-28	成活率/%	90.6	58.0

表 6-8 为 2015 年 1 月在湖北百容水产良种有限公司的团风基地选取 3 个面积为 1 亩的池塘，通过注射荧光标记后开展二龄团头鲂华海 1 号和未经选育群体的同池生长对比试验。经过 365 天的养殖后，团头鲂华海 1 号平均体重为 613.32g/尾，未经选育群体平均体重为 476.52g/尾。结果表明，团头鲂华海 1 号比未经选育群体生长速度快 28.7%，成活率高 30.0%。

表 6-8　2015 年二龄团头鲂池塘生长对比试验

时间	指标	团头鲂华海 1 号	团头鲂未经选育群体
2015-1-10	放养时体重/g	120.50±32.21	117.50±52.32
2016-1-10	检测时体重/g	613.32±73.70	476.52±96.13
2015-1-10	放养时个体数	400 (n=3)	400 (n=3)
2016-1-10	检测时个体数	344±39	224±89
2016-1-10	成活率/%	86.0	56.0

二、历年生产性能对比试验结果

2013 年主要在天津市西青区水产技术推广站和湖南省湖南渔缘生物科技有限公司的水产养殖基地进行团头鲂华海 1 号的中试养殖，分别引进夏花苗 15 万尾和 30 万尾，养殖 20 亩和 35 亩，在池塘中进行主养，用当地养殖的团头鲂作对照，进行养殖试验。结果表明，团头鲂华海 1 号比当地养殖的团头鲂增重 54.8%～81.5%，存活率较当地养殖的团头鲂提高 33.0%～35.0%。

2014 年继续在天津市西青区水产技术推广站和湖南省湖南渔缘生物科技有限公司的水产养殖基地进行团头鲂华海 1 号的规模化养殖，分别中试主养春片鱼种 2 万尾和 5 万尾，养殖 20 亩和 35 亩，均套养在池塘中，用当地养殖的团头鲂作对照，进行养殖试验。结果表明，团头鲂华海 1 号比当地养殖的团头鲂增重 53.2%～70.7%，存活率较当地养殖的团头鲂提高 23.0%～28.0%。此外，本年度还在湖北鄂州市樊优团头鲂养殖专业合作社和宜兴市聚隆渔业专业合作社进行了中试，分别中试水花苗 1000 万尾和 800 万尾，用当地养殖的团头鲂作对照，进行养殖试验。结果表明，团头鲂华海 1 号比当地养殖的团头鲂平均增重 38%以上，存活率较当地养殖的团头鲂平均提高 26%以上。

2015 年，除继续在天津市西青区水产技术推广站和湖南省湖南渔缘生物科技有限公司的水产养殖基地进行生产性中试之外，还向鄂州团头鲂原种场、湖北百容水产良种有限公司的很多养殖户进行中试，本年度共中试团头鲂华海 1 号水花鱼苗 5000 多万尾，中试养殖面积达到 2000 多亩，结果表明，团头鲂华海 1 号比当地养殖的团头鲂苗平均增产 30%以上，存活率提高 28%以上。

从连续 3 年的中试养殖情况来看，团头鲂华海 1 号生长快、成活率高、增产效果明显，深受广大养殖户的欢迎。

第七章　团头鲂三倍体和雌核发育的诱导及鉴定

在育种上，多倍体和雌核发育的人工诱导均属于染色体工程的范畴，是通过控制染色体来达到目的。蒋一珪等(1983)以兴国红鲤为父本，方正银鲫为母本获得的具有异精效应的银鲫子代——异育银鲫。异育银鲫及后来桂建芳院士等在其基础上培育出的中科3号、中科4号和中科5号，在全国23个省(自治区、直辖市)得到大规模推广养殖，获得了较高的养殖经济效益。湖南师范大学刘筠院士团队培育的三倍体湘云鲫和湘云鲤也得到了大规模的推广养殖。由于多倍体具有可以控制过度繁殖(Stanley，1979)、个体大的优点；雌核发育可使优良性状以最快的速度达到纯合固定，还可进行性别控制，达到培育单性品种的目的(Lie et al.，1994)，从而使多倍体和雌核发育逐渐成为重要的育种手段。

第一节　三倍体的诱导及鉴定

鱼类染色体组操作技术是一种鱼类遗传育种很重要的方法。三倍体鱼由于具有3套染色体组，染色体在减数分裂的过程中由于联合的不平衡，导致了三倍体鱼类的高度不育，从而形成繁殖隔离(楼允东，1984)。由于三倍体鱼类的不育性，可减少在性成熟时的能量消耗，从而有利于生长。由于近年来我国养殖的团头鲂群体开始出现种质退化现象，养殖个体出现了性早熟、个体小型化、病害滋生等问题(王卫民，2009)。如何防止养殖团头鲂个体小型化和性早熟问题，提高鱼体的抗逆性已成为团头鲂养殖业中亟待解决的难题，培育三倍体团头鲂可能成为解决这些问题的有效途径之一。Zou等(2004)通过热休克抑制第一次卵裂获得了团头鲂同源四倍体，Li等(2006a)利用团头鲂同源四倍体与二倍体杂交获得了倍间三倍体，而团头鲂人工诱导的三倍体还未见报道，倍间三倍体与诱导的三倍体之间是否有差异有待进一步研究。本研究采用冷休克对团头鲂三倍体的诱导条件进行了摸索；并对团头鲂三倍体和二倍体群体的早期生长进行了对比，观察三倍体群体是否快于二倍体群体；同时采用染色体计数方法、流式细胞仪测定DNA含量和红细胞(核)大小的方法对诱导的三倍体进行鉴定，并对这些方法进行比较，以期得出一个较准确又简便的鉴定团头鲂三倍体的方法。

一、诱导方法

团头鲂亲鱼经绒毛膜促性腺激素(HCG)、地欧酮(DOM)、促黄体素释放激素进行混合催产。采用两针注射法，第一针注射促黄体素释放激素 A_2(LHRH-A_2)，注射剂量为1μg/kg，只注射雌性亲鱼。10h后注射第二针，每1kg雌鱼混合注射 LHRH-A_2 4μg、HCG 500U 和 DOM 5mg，雄鱼的剂量减半。待亲鱼产卵后采用人工授精。

冷休克诱导处理方法，设计 0~2℃、4~6℃作为处理温度，受精后3min、5min作为处理起始时间，20min、25min、30min为处理持续时间，共计12个试验组，每组设2

个平行。处理完成后，将受精卵放入孵化桶中进行孵化，孵化水温为 26～27℃。同时设定平行对照组，直接将受精后的卵放入孵化桶中进行孵化。分别在原肠期、孵化前期统计各个实验组及对照组存活的胚胎数，以对照组发育到各个阶段的胚胎占总卵数的比例作为存活率，以对照组的存活率为基础，分别求出各个实验组相对于对照组的相对存活率。后采用 DNA 含量测定、红细胞大小测量及染色体计数的方法鉴定诱导个体的倍性。

二、倍性的鉴定

(一)三倍体的诱导结果

比较了不同处理温度、起始时间、处理时间对三倍体诱导率的影响，由表 7-1 可知，0～2℃3min25min 实验组的三倍体诱导率及综合评分(吴玉萍等，2000)均高于其他组(三倍体由 DNA 含量测定的方法鉴定)。由表 7-1 的数据可知随着处理时间的延长，孵化率逐渐下降，而三倍体诱导率、三倍体畸形率呈上升趋势，但在处理 30min 的 4 个组没有子代存活。不同的处理温度，三倍体畸形率也有较大的差别，说明了温度对畸形的产生有重要影响。0～2℃3min20min 和 25min 处理组分别采用 15 日龄组织研磨的方法和 6 月龄抽血的方法进行三倍体诱导率的检测，结果却有较大的差别，两组用 15 日龄检测的三倍体畸形率分别为 50.09%和 66.67%，而在 6 月龄检测时分别为 40.96%和 60.62%。推测可能是因为畸形的三倍体在生长的过程中逐渐死亡，从而造成两个处理组在 6 月龄检测的三倍体诱导率低于 15 日龄检测结果。此外，4～6℃5min20min 处理组三倍体诱导率为零也可能是此原因。

表 7-1　温度休克诱导团头鲂三倍体的实验结果

组名	温度/℃	起始时间/min	持续时间/min	受精率/%	孵化率/%	三倍体诱导率%	倍性鉴定样品	三倍体畸形率%	综合评分%
实验组	0～2	3	20	67.01	41.28	50.09	15 日龄	—	—
						40.96	6 月龄	18.23	41.15
			25	69.13	34.31	66.67	15 日龄	—	—
						60.62	6 月龄	20.61	44.83
			30	70.11	12.43	—	—	—	—
		5	20	71.21	47.53	25.00	6 月龄	19.60	38.51
			25	64.41	42.58	33.33	6 月龄	15.56	38.88
			30	57.62	13.26	—	—	—	—
	4～6	3	20	76.10	9.78	15.79	6 月龄	16.9	12.18
			25	75.30	5.00	37.56	6 月龄	19.3	18.02
			30	61.14	14.23	—	—	—	—
		5	20	79.45	46.45	0	6 月龄	0	0
			25	68.34	23.64	9.09	6 月龄	22.10	17.82
			30	43.22	13.78	—	—	—	—
对照组				95.30	90.90	0	6 月龄	0	0

注：综合评分=三倍体诱导率×40%+孵化率×60%。"—"表示没有后代存活。没有诱导出三倍体的综合评分为零

　　由于鱼类精子入卵的时间是在第二次减数分裂中期,受精后释放第二极体。人工诱导三倍体的基本理论就是在卵子受精后通过某种手段抑制第二极体的释放,所以处理的起始时间尤为重要,处理的时间过早或过迟都会对诱导率产生影响。不同鱼类第二极体的排放时间是不同的,一般冷水性鱼类较迟,如鲑科鱼类大多在受精后 15～40min(楼允东,1984)。温水性鱼类较早,如草鱼在受精后 3～5min(湖北省水生生物研究所,1976),白鲢在受精后 3min(苏泽古等,1984)。即使是同一种鱼,在不同的处理条件下处理的起始时间也是不同的,如 Chourrout(1980)在 27～30℃诱导虹鳟三倍体幼鱼时的起始时间是在受精后的 70min,而 Thorgaard 等(1981)在 36℃诱导虹鳟三倍体胚胎时的起始时间是受精后 10min。由本实验的结果可知,团头鲂卵子在受精后 3min 的三倍体诱导率均高于受精后 5min 的诱导率,因此受精后 3min 可作为抑制团头鲂卵子第二极体释放的最佳时间。即使是同一批卵发育也不全是同步的,所以最佳休克的起始时间可能不一定在一个时间点上,而是在一个时间的范围内。总之,最佳休克的起始时间应依据卵子成熟状态、孵化的水温、鱼类生长习性及所处生长环境来确定。

　　卵子对温度休克敏感性的差异既与遗传背景有关,也与成熟度有关(Refstie et al.,1982)。为了增加刺激强度,冷水性鱼类宜用热休克,温度范围为 28～36℃;温水性鱼类宜用冷休克,温度范围 0℃左右。实验结果显示,温度越低时间越长对受精卵的刺激越大,孵化率受到一定影响,但诱导率却增大。本实验结果显示团头鲂卵子在受精 3min 后 0～2℃持续处理 25min,三倍体诱导率最高;4～6℃处理组的三倍体诱导率下降,均低于 0～2℃处理组;随着持续时间的增加(在一定的处理时间范围内),三倍体诱导率也在增加,在 30min 这个实验组中,4 个处理组均没有子代存活下来,由此可知处理时间 30min 后则会不利于胚胎的存活。综合分析实验结果得出,本实验中三倍体团头鲂最佳诱导条件是受精后 3min 在 0～2℃的温度处理 25min。

　　(二)DNA 相对含量的测定

　　采用流式细胞仪对诱导三倍体实验鱼和对照组实验鱼的血细胞 DNA 相对含量进行测定。结果见表 7-2 和图 7-1,二倍体的 DNA 含量为 (2.90 ± 0.08) pg,而三倍体的 DNA 含量为 (4.33 ± 0.13) pg,三倍体的 DNA 含量是二倍体的 1.49 倍,接近于理论值的 1.50 倍。

表 7-2　正常二倍体、三倍体血细胞 DNA 含量

样品	样品消光值	鸡血消光值	鱼鸡比	DNA 含量/pg	三倍体与二倍体DNA 含量的比值
二倍体	252.7±10.2	199.8±3.1	1.26±0.03	2.90±0.08	1.00
三倍体	376.6±12.5[**]	199.9±2.3	1.88±0.05[**]	4.33±0.13[**]	1.49

**表示差异极显著$(P<0.01)$

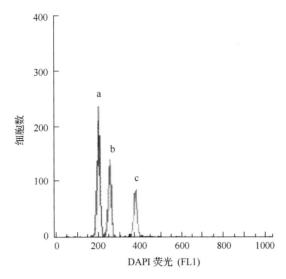

图 7-1　三倍体和正常团头鲂 DNA 含量的流式细胞仪检测结果（鸡血作为参照）

a：鸡血消光值；b：正常团头鲂消光值；c：三倍体消光值

（三）染色体计数

团头鲂二倍体的染色体数为 2n=48，理论上三倍体的染色体数为 3n=72，本实验对通过流式细胞仪检测过的 8 个三倍体个体进行染色体制片，得到染色体的众数均为 72（图 7-2），这与前期利用同源四倍体与二倍体杂交获得的倍间三倍体的染色体数是相同的，流式细胞仪测得的结果也与这个结果一致，表明诱导的是三倍体。

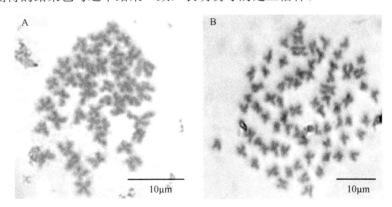

图 7-2　团头鲂二倍体和三倍体染色体分裂相

A. 二倍体团头鲂染色体分裂相；B. 三倍体团头鲂染色体分裂相

（四）不同倍性团头鲂的红细胞（核）大小测量

从血涂片（图 7-3）上可以看出，三倍体和二倍体的红细胞均有核，多为椭圆形，细胞核形态随细胞形态而改变。由表 7-3 可以看出，三倍体较二倍体对照组在核长径、核短径、核体积、核表面积、红细胞长径、红细胞短径、红细胞体积、红细胞表面积均随着倍性的增加而显著增加($P<0.05$)，在这些指标中核体积、核表面积、红细胞体积、红细胞表面积增加极显著($P<0.01$)，分别为二倍体的 1.51 倍、1.31 倍、1.40 倍、1.28 倍。对团头鲂三倍体的红细胞进行测量观察时发现一定比例的异常红细胞(10.03%)(图 7-4)，表现为红细胞形态不规则(有的呈涡虫形状，有的呈元宝形状)，不对称，胞质凹陷或中间凸起，细胞核偏离中心，存在弯曲变形等异常现象。而对照组的正常团头鲂的红细胞并没有出现异常。

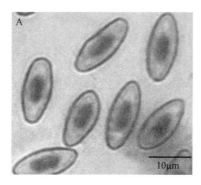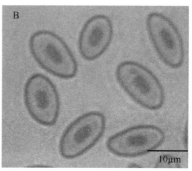

图 7-3　团头鲂二倍体和三倍体的红细胞形态

A. 三倍体红细胞；B. 二倍体红细胞

表 7-3　团头鲂三倍体实验组和二倍体对照组的红细胞(核)大小的测量值

测量指标	二倍体	三倍体	三倍体/二倍体
测定尾数	5	8	
核长径/μm	4.92±0.539	5.60±0.573[*]	1.14
核短径/μm	2.41±0.313	2.75±0.421[*]	1.14
核体积/μm³	15.24±4.489	23.04±8.537[**]	1.51
核表面积/μm²	9.32±1.652	12.18±2.484[**]	1.31
红细胞长径/μm	13.20±0.784	15.58±1.136[*]	1.18
红细胞短径/μm	6.56±0.519	7.13±0.47[*]	1.09
红细胞体积/μm³	298.64±44.981	416.79±56.87[**]	1.40
红细胞表面积/μm²	67.91±5.684	87.25±7.719[**]	1.28

*表示差异显著($P<0.05$)，**表示差异极显著($P<0.01$)

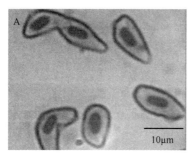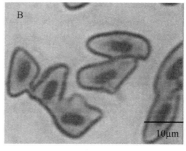

图 7-4　异常的三倍体红细胞形态

　　细胞大小与 DNA 的含量或染色体多少成正比(Gregory，2002)，在脊椎动物中，基因组越大红细胞体积越大，为了维护恒定的核质比例，随着染色体数目增多，细胞及细胞核大小按一定比例增加。多倍体鱼由于染色体及 DNA 含量的增加造成了多倍体鱼的红细胞(核)较二倍体鱼的大，邹曙明等(2006)对团头鲂同源四倍体、倍间三倍体与二倍体红细胞的形态特征进行了比较，团头鲂同源四倍体、倍间三倍体的核体积增大最为显著，与二倍体的比值接近期望的理论值(2.00 倍和 1.50 倍)。刘巧等(2004)对不同倍性鲫鲤血液及血细胞的形态进行比较，红细胞及细胞核、白细胞、血栓细胞长径、血栓细胞短径都是随着染色体倍性的增大而增大。本实验的结果也表明，红细胞(核)的长径、短径、体积、表面积也随着倍性的增加而增大，尤其是三倍体与二倍体红细胞(核)的比例接近1.50。邹曙明等(2006)在团头鲂同源四倍体红细胞中报道了一定比例的异常红细胞，而倍间三倍体与正常二倍体则没有异常的红细胞。本实验的结果是在诱导的三倍体鱼红细胞中发现有一定比例的异常红细胞，而导致诱导鱼类多倍体生理出现这种现象的原因还有待研究。

　　鉴定多倍体的倍性最常用的方法是通过染色体计数，但是比较费时，获得良好的分裂相也较困难，并且无法进行活体筛选必须把鱼杀死。利用组织培养制片的方法可以在活体条件下获得染色体标本，但是技术操作复杂且要求严格，不能作为大规模鉴定多倍体倍性的方法。

　　早在 20 世纪 90 年代即有人用流式细胞仪测定鱼类细胞的 DNA 含量(Tierch et al.，1989)。郑春静等(2006)通过对大黄鱼二倍体和三倍体的倍性分析，建立了流式细胞仪检测三倍体的方法。耿波和孙效文(2008)利用流式细胞仪对鲤、银鲫等淡水鱼和海水鱼进行了 DNA 含量测定或倍性的分析，认为流式细胞仪在 DNA 相对含量测定和倍性分析上结果比较一致，可以用于大量样品的测定分析。本实验利用流式细胞仪对诱导团头鲂三倍体的检测结果与染色体计数的结果是一致的，这证明利用流式细胞仪测定鱼体倍性是精确的，同时这种方法又比较省时，一次测样量大，且能够保证个体成活，所以可以成为育种工作中筛选多倍体个体的一种较好的技术方法。但由于流式细胞仪为大型仪器，价格比较昂贵，只有在一些研究所和高等院校中使用，很难在生产中应用。

　　通常情况下，随着染色体数目的增多多倍体鱼类的细胞及细胞核通常要比二倍体大(楼允东，1984)。一般认为鱼类三倍体与二倍体红细胞的体积比为 1.5∶1，但是不同的鱼，其三倍体与二倍体的红细胞核体积比还存在着较大的差异。陈侠君等(2010)报道了三倍体虹鳟与二倍体虹鳟的红细胞及细胞核体积均为 3∶2 的比例关系。俞小牧等(1998)则发现异源四倍体、四倍体和倍间三倍体白鲫的细胞核体积分别是二倍体的 1.83 倍、1.98倍和 1.43 倍，接近理论值 2.00 倍和 1.50 倍。高泽霞等(2006)采用染色体计数和测量红细胞大小两种方法，鉴定了 4 个地理群体泥鳅的倍性，指出红细胞核大小测量方法较为简便，可操作性强，可作为鉴定天然泥鳅倍性的一个较好指标。本实验结果表明，三倍体的红细胞及细胞核的各项数据与二倍体的各项数据有显著性差异。其中三倍体的红细胞体积及细胞核体积与二倍体的比值接近理论比值 1.50，可达到较高的准确率。因此，红细胞及细胞核体积测量法可作为鉴定团头鲂三倍体的一种简便、价廉且较易掌握的方法。

（五）团头鲂二倍体与三倍体群体生长的比较

两个群体均是在相同的环境条件下培养，在 5 月龄和 8 月龄对两个群体进行体重和体长的测量见表 7-4。两个群体的体重在 5 月龄与 8 月龄均为极显著性差异（$P<0.01$），而体长均为显著性差异（$P<0.05$），结果表明两个群体在发育的早期二倍体群体的生长速度要快于三倍体。但从 5 月龄至 8 月龄的生长速度三倍体群体要显著快于二倍体群体。

表 7-4　团头鲂二倍体与三倍体群体体长和体重的比较

群体	5 月龄				8 月龄			
	体重	体重变异系数	体长	体长变异系数	体重	体重变异系数	体长	体长变异系数
二倍体群体	12.42±5.46**	0.439	8.84±1.64*	0.185	15.01±5.98**	0.398	9.58±1.27*	0.133
三倍体群体	6.06±2.42	0.399	6.97±1.51	0.216	11.03±3.75	0.339	8.55±0.82	0.096

*表示差异显著（$P<0.05$）；**表示差异极显著（$P<0.01$）

人们对三倍体的研究多是希望其能生长较二倍体为快，但不同研究者的结果有很大差异。有研究发现，三倍体幼鱼的生长速度多数都较二倍体的生长慢，如 Utter 等（1983）发现三倍体银大麻哈鱼的幼鱼比二倍体生长还要慢。Chourrout 等（1986）的研究发现三倍体虹鳟在二龄以前比二倍体生长慢。也有不少的研究发现，在性成熟时三倍体比二倍体生长快，其原因可能是由于二倍体用于发育性腺的能量在三倍体中被用于生长。本研究发现在团头鲂三倍体的早期其生长要比二倍体慢，但从结果可知，三倍体从 5 月龄到 8 月龄的生长速度要快于二倍体，但团头鲂三倍体的生长速度究竟是否快于二倍体还需要以后研究。

第二节　团头鲂雌核发育的诱导及形态特征的分析

雌核发育是鱼类单性生殖中一种重要的生殖方式。人工诱导雌核发育作为染色体操作育种的一种新技术，是快速建立纯系的有效手段，在鱼类染色体操作、遗传改良及性别控制等方面都具有潜在的应用价值（蒋一珪等，1983）。人工雌核发育在鱼类的染色体操作、数量性状分析及基因定位等方面都展示了其美好的应用价值（刘静霞等，2002）。进行人工诱导雌核发育，不仅可以迅速获得基因纯合，使优良性状以最快的速度达到纯合固定，还可以进行性别控制，达到培育单性品种的目的。Stanley（1979）通过雌核发育获得了全雌性的草鱼。吴清江等（1981）应用雌核发育并辅助人工控制性别技术建立了鱼类近交系的可能途径，通过这种技术可以大规模的获得全雌鱼类，成为一种有效地获得单性鱼的方法。除此之外可以利用雌核发育单倍体作为材料构建遗传连锁图谱（Lie et al.，1994）。

团头鲂在养殖过程中先后出现了生长速度减慢、性早熟、体型变薄和肉质品位下降等趋势，生长优势明显减弱，野生的种质资源也受到过度捕捞和混杂的威胁（李思发等，1991）。所以对团头鲂种质资源监测、评估与保护，挖掘和创新种质资源，选育出生长快、抗逆性好的团头鲂优良品种有了迫切的要求(王卫民,2009)。而通过人工诱导雌核发育快速建立团头鲂纯系,并通过纯系间杂交选育,是培育团头鲂优良品种的良好途径。本研究采用冷休克抑制第二极体的释放获得减数分裂雌核发育的团头鲂群体,对团头鲂雌核发育后代的生长、形态特征、性腺及 DNA 含量进行分析,观察雌核发育团头鲂与普通团头鲂在形态及生理上是否有差异,以期为团头鲂雌核发育优势的利用及进一步的优良品种培育提供基础资料。

一、诱导方法

采用松浦镜鲤紫外线遗传灭活的异源精子刺激团头鲂卵子后冷休克诱导团头鲂的雌核发育。雌核发育所用的亲本来自鄂州水产基地,挑选性腺发育良好的团头鲂雌鱼和松浦镜鲤雄鱼,获得雄鱼精子后,加入 1 : 3 的 Hank's 液,然后开始用功率为 30W 的紫光灯照射鲤精子,紫外灯距盛有精子溶液的培养皿 10~12cm,培养皿放在冰上,并放置在摇床上不断摇动。开始每隔 10min 观察 1 次精子的活力,半小时之后,每隔 5min 观察 1 次,直到观察到鲤精子活力明显减弱,停止照射。采用干法受精,先将团头鲂雌鱼的卵子挤入盆中,加入经过灭活的精液,再加适量 0.6% 的生理盐水,摇荡 1min 左右,倒入黄泥浆中进行脱黏,受精后 3min 分别放入 0~2℃ 水中 20min、25min、30min、35min,后放入孵化桶中,27℃ 水温孵化。同时设置团头鲂♀×团头鲂♂和团头鲂♀×松浦镜鲤♂(精子不做处理)杂交。设 2 个对照组,孵化条件与雌核发育的相同。

二、诱导结果及鉴定分析

(一)雌核发育的诱导结果

由表 7-5 可知,受精率、孵化率、平游存活率随着处理时间的延长呈下降趋势,只有处理 25min 的孵化率稍微高于处理 20min 的孵化率。畸形率则是随处理时间的延长呈上升趋势。处理组 30min 的孵化率远远低于 25min 的处理组,由此可以知道在温度诱导雌核发育的过程中一定要把握好处理的温度和时间。结果表明,处理 20min 组的效果最佳。团头鲂♀×松浦镜鲤♂不做处理的杂交后代在孵化出来 1 天内大量死亡,到正常对照组个体平游时,杂交的个体已全部死亡。这说明团头鲂和松浦镜鲤的杂交后代并不能存活。因此,通过紫外线照射的精子来诱导团头鲂雌核发育孵化出来的鱼苗都应该是雌核发育个体。

表 7-5 雌核发育受精率、孵化率、平游存活率、畸形率的统计

实验组	温度/℃	起始时间/min	持续时间/min	受精率/%	孵化率/%	平游存活率/%	畸形率/%
TTF♀×SP♂(G)	0~2	3	20	36.19	19.02	15.13	9.01
TTF♀×SP♂(G)	0~2	3	25	33.90	20.24	14.77	13.13
TTF♀×SP♂(G)	0~2	3	30	27.01	5.08	3.71	11.28
TTF♀×SP♂(G)	0~2	3	35	18.91	2.45	1.84	20.00
TTF♀×SP♂				50.50	40.80	0.00	

注:TTF 为团头鲂;SP 为松浦镜鲤;G 为遗传灭活

（二）雌核发育个体倍性的检测

以鸡血作为内参，用流式细胞仪检测雌核发育个体的 DNA 含量（图 7-5），共检测 22
尾雌核发育个体，其中 15 日龄 12 尾，6 月龄 10 尾。其 DNA 含量的平均值为 2.93pg，
与正常二倍体团头鲂的 DNA 含量没有显著性差异（$P>0.05$）（表 7-6）。这一结果证实了人
工雌核发育团头鲂具有与普通团头鲂相同的倍性，为二倍体团头鲂。

表 7-6　正常二倍体、雌核发育血细胞 DNA 含量

样品	团头鲂血细胞消光值	鸡血细胞消光值	FAC/CAC	DNA 含量/pg
二倍体对照群体	252.7±10.2	199.8±3.1	1.26±0.03	2.90±0.08
雌核发育群体	255.2±4.3	200.0±2.2	1.27±0.02	2.93±0.05

注：FAC/CAC，团头鲂血细胞消光值/鸡血细胞消光值

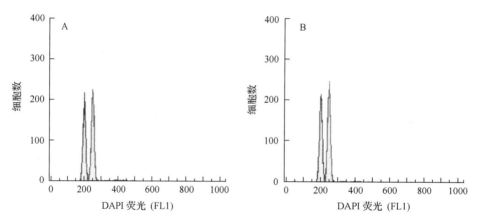

图 7-5　以鸡血作为参照，雌核发育和正常团头鲂个体 DNA 含量的流式细胞仪检测结果
A. 正常团头鲂血细胞的消光值；B. 雌核发育个体血细胞的消光值。第一个峰值均为鸡血细胞消光值

雌核发育倍性的检测，本实验采用的是组织研磨制备细胞悬液，利用流式细胞计数
的方法测定 DNA 含量来鉴定倍性，雌核发育个体的 DNA 含量与正常二倍体的 DNA 含
量的比值为 1.01，并没有显著性差异（$P>0.05$）。李渝成等（1983b）曾对 14 种淡水鱼的
DNA 含量做过研究，并阐述这些鱼的 DNA 含量和相应染色体数之间存在着密切的相关
性，即 DNA 含量高的鱼类，染色体数一般较多，含量低的鱼类，染色体数一般较少。
叶玉珍和吴清江（1998）对人工复合三倍体鲤的红细胞和精子的 DNA 含量分析的结果与
李渝成的观点一致。而松浦镜鲤是在德国镜鲤的基础上选育出来的，其染色体与德国镜
鲤应相同，为 2n=100（尹洪滨，2001），远大于团头鲂的 2n=48。若松浦镜鲤的精子进入
雌核发育个体，则其 DNA 含量应远大于 2.90pg，而雌核发育个体的 DNA 含量与对照组
没有显著性差异，这也表明团头鲂雌核发育个体并没有松浦镜鲤外源遗传物质的渗入。

(三)雌核发育二倍体早期生长

正常群体和雌核发育群体的母本为同一团头鲂，在繁殖季节，进行正常催产，将获得的卵分为两组，一组进行雌核发育，另一组与一尾正常雄性团头鲂交配获得普通的团头鲂。两个群体从孵化开始一直都在相同的环境条件下饲养。测其体长、体重。由表 7-7可知，雌核发育群体的平均生长速度要比二倍体对照慢，5 月龄以前正常群体的平均体长、体重都较雌核发育群体为大，但差异不显著，而 10 月龄时的数据正常群体与雌核发育群体出现显著性差异($P<0.05$)。同时，雌核发育群体的个体差异较大。

表 7-7　团头鲂雌核发育二倍体的早期生长与普通二倍体的比较

样品	样本数	5 月龄				10 月龄			
		体重/g	体重变异系数	体长/cm	体长变异系数	体重/g	体重变异系数	体长/cm	体长变异系数
二倍体对照群体	45	14.15±6.26	0.442	9.73±1.08	0.111	35.89±6.33[*]	0.176	12.74±1.01[*]	0.08
雌核发育群体	42	14.03±5.02	0.358	9.52±1.04	0.109	28.39±7.68	0.271	11.21±1.25	0.112

[*]表示差异显著($P<0.05$)

雌核发育个体的生长与正常个体的生长是有差异的。庄岩等(2010)对牙鲆同质雌核发育二倍体的早期生长研究发现，雌核发育二倍体鱼的生长速度明显低于普通二倍体，且个体间差异较大。Scarpa 等(1994)报道地中海贻贝对照组幼虫的个体大小总是大于雌核发育个体，且其附着变态的时间也比雌核发育幼虫大约提前 3 周。聂鸿涛等(2011)对刺参雌核发育二倍体早期生长发育的研究显示，雌核发育个体的生长速度比正常个体慢。多数鱼类雌核发育群体生长较快，都是由于在雌核发育个体中发现了异源精子进入，由异精效应导致。例如，潘光碧等(2004)对雌核发育鲢的生长研究发现，雌核发育鲢的生长速度也大于正常个体。蒋一珪等(1983)对异育银鲫的研究发现，异育银鲫比鲫快84.1%～103.6%，比红鲫快 52.5%～68.6%，比方正银鲫快 15.8%～22.5%。本文的研究结果为团头鲂雌核发育个体的生长较正常个体的慢，且随着生长，个体之间的差异也越来越大，在仔鱼期出现大量死亡的现象。楼允东(1986)认为这是由于雌核发育所产生的后裔是自交的，且遗传上是一致的，因此它比正常受精得到的后裔成活率低、生长慢。也可能由于雌核发育的纯合度提高后，一些控制生长的隐性基因获得表达，导致生长慢、成活率低。

(四)团头鲂雌核发育个体的形态分析

通过对两个群体各项可数和可量数据进行差异性比较(表 7-8，表 7-9)，结果表明，两个群体差异均不显著($P>0.05$)。但雌核发育群体中出现尾鳍条数为 12 的鱼，与其他的鱼的尾鳍条数差别很大，这是由于在冷休克的过程中温度对雌核发育鱼产生的影响，这些鱼的尾部都是畸形。

表 7-8　团头鲂正常二倍体群体和雌核发育群体的可数性状

项目	正常二倍体群体		雌核发育群体	
	平均值	范围	平均值	范围
侧线鳞	52.50±1.50	50～55	53.66±1.66	51～57
侧线上鳞	10.91±0.45	10～12	10.97±0.40	10～12
侧线下鳞	7.41±0.49	7～8	7.38±0.49	7～8
背鳍棘数	3.00±0.00	3	3.00±0.00	3
背鳍条数	7.00±0.00	7	7.00±0.00	7
胸鳍棘数	1.00±0.00	1	1.00±0.00	1
胸鳍条数	13.82±0.90	13～15	14.03±0.78	13～15
腹鳍棘数	1.00±0.00	1	1.00±0.00	1
腹鳍条数	7.47±0.50	7～8	7.50±0.51	7～8
臀鳍棘数	3.00±0.00	3	3.00±0.00	3
臀鳍条数	27.64±1.20	26～30	27.66±1.33	26～30
尾鳍条数	18.73±0.82	18～20	18.09±2.15	12～20

表 7-9　团头鲂正常二倍体群体和雌核发育群体的可量性状

性状	正常二倍体群体	雌核发育群体
全长/体长	1.2509±0.0277	1.2214±0.0226
体高/体长	0.4089±0.0256	0.3994±0.0196
体厚/体长	0.1105±0.0102	0.1226±0.0113
头长/体长	0.2342±0.0126	0.2350±0.0107
吻长/体长	0.0698±0.0062	0.0640±0.0058
眼径/体长	0.0749±0.0062	0.0734±0.0077
眼间距/体长	0.1163±0.0182	0.1187±0.0088
眼后头长/体长	0.1054±0.0077	0.0995±0.0077
尾柄长/体长	0.0961±0.0095	0.1011±0.0078
尾柄高/体长	0.1237±0.0064	0.1193±0.0085

　　张虹(2011)对雌核发育草鱼的可数和可量性状进行测量，雌核发育草鱼同普通草鱼在外形特征上没有明显的区别($P>0.05$)，说明在外形上根本不可能将雌核发育群体同普通草鱼区分出来。邹拓谜(2011)对雌核发育鲤的形态进行了测量，发现雌核发育群体与正常群体并没有显著性差异($P>0.05$)，但是在体高/体长上有一定程度上的增加，表现一定程度的团头鲂的特征，他认为这可能是由于团头鲂的一些小的 DNA 片段进入到鲤卵子，由异精效应导致的。本实验对团头鲂雌核发育群体和普通二倍体群体 22 个性状进行了测量，两个群体没有显著性差异($P>0.05$)，除畸形个体的尾鳍条数比较少，正常雌

核发育个体与普通个体的尾鳍也没有显著性差异($P>0.05$)，畸形个体的存在可能是冷休克时温度刺激的原因。从形态学判断雌核发育鱼的真伪最为直观、简单，由于雌核发育的遗传物质全部来自于母本，在外形上也应与母本保持一致。对雌核发育幸存个体形态学特征检测证实了它们同普通团头鲂在形态上完全一致，可推测这些幸存者为真实的雌核发育后代。

(五)雌核发育性腺的观察

随机选取 20 尾雌核发育二倍体进行性腺组织学切片观察，16 尾雌核发育团头鲂个体的卵巢处于Ⅱ时相期，卵母细胞处于初级卵母细胞的小生长期，细胞呈多角形，且大部分卵母细胞外面有一层滤泡膜。性腺结构也与对照组普通团头鲂个体性腺的结构是一致的(图 7-6)。雌核发育个体的性腺都是正常发育，性腺不能够正常发育的个体没有发现，但能否正常发育到性成熟还有待研究。采样的 20 尾个体全为雌性，没有发现雄性个体。这也可以推测团头鲂的性别可能为雌性同配(XX)。

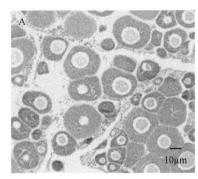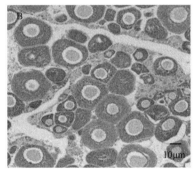

图 7-6　团头鲂卵巢组织切片图

A. 雌核发育个体Ⅱ期卵巢；B. 正常个体Ⅱ期卵巢

雌核发育作为一种特殊的有性生殖发育方式，在对鱼类性别遗传机制的分析中具有十分重要的应用。例如，XY 和 XO 性别决定机制类型的鱼类，母本只能形成带有一条 X 染色体的配子，经雌核发育后，后代理论上应该全部是 XX 型个体，即后代理论上应该全部都是雌鱼。但是由于鱼类性别决定机制复杂、易受自身及外界环境因素影响等原因，部分研究结果和上述结论并不完全一致。Tabata(1991)研究了褐牙鲆雌核发育后代，获得的后代并不全都是雌鱼，雌鱼占的比例为 97.1%。Sun(2006a)采用冷休克诱导日本白鲫，获得日本白鲫雌核发育个体，并对雌核发育后代的性别进行了鉴定，没有发现雄性个体，从而推测白鲫的性别决定为雌性同配(XX)。雌核发育个体的性腺发育有较大的种族和个体差异。多数雌核发育个体具有严重的畸形卵巢，部分个体具有兼性或是不育的特征。张虹(2011)对雌核发育的 72 尾草鱼的早期性腺进行了观察，发现雌核发育草鱼的后代全部为雌性，88%的性腺发育正常。本实验对 20 尾雌核发育团头鲂的后代进行了早期性腺切片的观察，性腺发育处于Ⅰ、Ⅱ期，性腺发育都正常，且全部都为雌性。从而我们也可以推测团头鲂的性别为雌性同配(XX)。

（六）红细胞的观察

从血涂片上可以看出，雌核发育、正常二倍体的红细胞均为有核的椭圆形或长圆形，细胞核随细胞的形态改变而改变（图 7-7）。雌核发育群体和二倍体对照群体的红细胞及核的大小测量结果及二者之间的差异显著性检验结果见表 7-10，异源雌核发育与对照组二倍体的各项数据之间没有显著性差异。

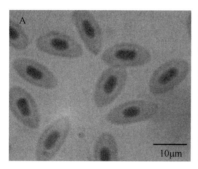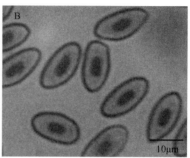

图 7-7 团头鲂正常个体和雌核发育个体的红细胞形态

A. 正常个体红细胞；B. 雌核发育个体红细胞

表 7-10 团头鲂雌核发育群体、二倍体对照群体的红细胞（核）的测量

测量指标	对照二倍体群体	雌核发育群体
测定尾数	10	9
核长径/μm	4.92±0.539	4.87±0.366
核短径/μm	2.41±0.313	2.44±0.279
核体积/μm³	15.24±4.489	15.27±4.191
核表面积/μm²	9.32±1.652	9.50±1.375
红细胞长径/μm	13.20±0.784	13.0±0.687
红细胞短径/μm	6.56±0.519	6.57±0.513
红细胞体积/μm³	298.64±44.981	293.66±47.632
红细胞表面积/μm²	67.91±5.684	66.20±6.216

（七）雌核发育团头鲂的核型

雌核发育和对照组团头鲂群体的染色体数均为 48（图 7-8），且核型分析也都为亚中部着丝点染色体（sm）13 对，中部着丝点染色体（m）9 对，亚端部着丝点染色体（st）2 对，sm 组第一对染色体为最大染色体，核型均为 18m+26sm+4st。

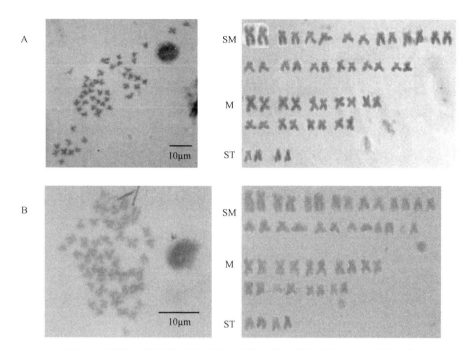

图 7-8　团头鲂雌核发育和正常个体染色体中期分裂相及相应的核型

A. 雌核发育中期分裂相及染色体组型（×1000）；B. 正常个体中期分裂相及染色体组型（×1000）

一般来说，细胞大小与 DNA 的含量或染色体多少成正比（Gregory，2002），在脊椎动物中，基因组越大，红细胞体积越大，为了维护恒定的核质比例，随着染色体数目的增多，细胞及细胞核大小会按一定比例增加（Small et al.，1987）。团头鲂雌核发育群体和对照组普通群体的红细胞大小和染色体条数及组型都没有显著性差异，这也与 DNA 含量的结果相一致。

第三节　雌核发育群体的微卫星分析

微卫星 DNA 标记是近几年来发展迅速、应用广泛的分子标记之一（蒋鹏等，2009），与其他分子标记相比，微卫星 DNA 标记具有较高的多态性，并在物种基因组中广泛存在，可用于检测雌核发育后代是否含有父本的遗传物质，同时由于其具有共显性特点，可以用于评价雌核发育后代的纯合性。本研究采用微卫星 DNA 标记的方法对团头鲂减数分裂雌核发育的后代进行检测，并对雌核发育团头鲂后代的纯合性进行评价，目的在于对团头鲂雌核发育的诱导效果进行评价，为今后进行团头鲂雌核发育诱导、纯系的建立等遗传育种的研究提供遗传学依据。利用微卫星 DNA 标记对团头鲂正常群体和雌核发育群体的遗传多样性进行评估，对利用雌核发育技术建立团头鲂纯系提供一些资料。

一、微卫星对雌核发育子代的鉴定

从松浦镜鲤和团头鲂 40 对微卫星引物中筛选出 8 对在父本母本出现特异性并且可在松浦镜鲤和团头鲂中获得重复性好、多态性高的引物。其中，SP-MFW1、SP-MFW5、

SP-HLJ393 为松浦镜鲤的引物，TTF-EST4、TTF-EST6、TTF-EST47、TTF-EST98、TTF-EST179 为团头鲂引物（引物序列及扩增条件见表 7-11）。利用筛选的 8 对父本母本具有特异性的微卫星引物对雌核发育子代及其亲本基因组 DNA 进行 PCR 扩增，产物在8%的非变性聚丙烯酰胺凝胶中分离，硝酸银染色。结果表明，所选用的 8 对引物均可以相应地在团头鲂、松浦镜鲤及其雌核发育后代得到扩增产物，雌核发育个体在 8 个位点的基因型全部来自母本，在雌核发育个体中没有发现父本的基因型，所以可以确定，这些个体并没有父本遗传物质的渗入，可以确定为雌核发育个体。图 7-9 为通用引物TTF-EST4（A）和 SP-MFW5（B）在部分雌核发育后代及其亲本中的扩增图谱。

表 7-11　用于鉴定雌核发育个体的微卫星引物序列及扩增条件

位点	引物序列	退火温度/℃	重复序列
SP-MFW1	F: GTCCAGACTGTCATCAGGAG R: GAGGTGTACACTGAGTCACGC	60.0	$(TG)_{13}$
SP-MFW5	F: GAGATGCCTGGGGAAGTCAC R: AAAGAGAGCGGGGTAAAGGAG	60.0	$(TG)_{13}$
SP-HLJ393	F: TGCGGTCATTACTCATTCG R: CCCAGCACCTGTTTCCAC	57.0	$(CA)_{10}$
TTF-EST4	F: GCAGTGTTGGAGGTCGTG R: CATACTGGAATGTTTGTTAGGA	57.5	$(TG)_{12}$
TTF-EST6	F: TGTGTCAAAATGCGTTCA R: TCTCCCCCCAAGCCTACC	52.0	$(GT)_{12}$
TTF-EST47	F: ACGGTGTCAGTTCAGCA R: CTCCCACGACAGAAAGA	50.0	$(AC)_{19}$
TTF-EST98	F: TCATGCTTGAAGCGTGTTGC R: CGCCTGCCATCCTAAGTGTT	57.5	$(AC)_{16}$
TTF-EST179	F: ATTCATTATGGCGTGCTG R: TTCTTGGCTGAGGGTATT	54.0	$(CA)_{10}$

注：SP 表示松浦镜鲤微卫星位点；TTF-EST 表示团头鲂微卫星位点

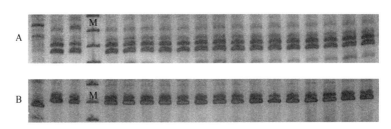

图 7-9　通用引物 TTF-EST4（A）和 SP-MFW5（B）在部分雌核发育后代及其亲本中的扩增图谱
M 表示 marker。第一泳道为父本，第二泳道为母本，其余为雌核发育个体

精子灭活的效果直接关系着雌核发育的成败，有时候会因精子的遗传物质灭活不彻底，导致父本的遗传物质整合到雌核发育的子代中，对雌核发育后代遗传物质的来源进行检测是非常重要的。所以对异源精子诱导团头鲂雌核发育后代的真实性进一步评价是有必要的。邹桂伟等（2004）利用 RAPD 技术对人工雌核发育鲢进行了分析，发现有部分个体含有与父本相同的特异 DNA 扩增条带，证明父本的遗传物质整合到了雌核发育子代个体中。吴彪等（2009）利用 3 对微卫星引物对栉孔扇贝雌核发育进行遗传物质检测发

现，后代的遗传物质全部来自母本，并没有父本的遗传物质整合到子代个体中。Li 等 (2006b)应用 5 对微卫星引物标记，研究证实了太平洋牡蛎人工雌核发育是一个纯系，即没有任何雄性基因参与遗传。运用微卫星分子标记技术对本研究所诱导的雌核发育后代进行检验，可以在更深层上证实后代基因的来源情况，能检验后代基因有无父本基因的干扰。本试验利用了 8 对父本母本出现特异性的微卫星引物对雌核发育后代进行检测，结果显示了团头鲂雌核发育个体的遗传物质全部来自母本，没有发现父本的遗传物质。本实验的结果证明适当的紫外线处理松浦镜鲤的精子，精子的遗传物质能够被完全破坏，不会对雌核发育团头鲂的基因组造成遗传污染。本实验的结果也表明了利用微卫星分子标记对雌核发育的遗传物质来源进行检测，是一种有效的方法。

二、雌核发育后代纯合性的评价

从团头鲂 30 对微卫星引物中筛选出 10 对母本为杂合的位点，用这 10 对引物对雌核发育后代进行纯合性的评价(引物序列及扩增条件见表 7-12)。结果表明，雌核发育个体在这 10 个位点中，TTF-EST46、TTF-EST61、TTF-EST851 三个位点均表现为纯合，TTF-EST 12 位点为部分个体表现为杂合，杂合率为 86.4%，其余位点则全部为杂合，10 个位点的平均杂合比例为 68.64%。

表 7-12 评价雌核发育纯和性的微卫星引物序列及扩增条件

位点	引物序列	退火温度/℃	重复序列
TTF-EST6	F: TGTGTCAAAATGCGTTCA R: TCTCCCCCCAAGCCTACC	52.0	$(GT)_{12}$
TTF-EST7	F: GTTGAAAAGGGAGGGACT R: TGGGGGACAAATAAAAGC	56.0	$(GT)_{10}$
TTF-EST12	F: TCGTGCGAAGTAAACAAGR R: CAGGCAATAATAACAAAACC	54.0	$(TCTT)_{13}$
TTF-EST46	F: AGTATAAGTTGAGTGGGTG R: TAAAGGGAAATTCTGGT	50.5	$(ATCT)_{25}$
TTF-EST61	F: CAACGGAAACCAGACAGGA R: CATCACAATGAGTTTGAGGCT	52.0	$(CA)_{13}$
TTF-EST80	F: TCAGCAACCGTTCACATA R: GCAGACCCTTTCAGACAA	54.5	$(TG)_{11}$
TTF-EST84	F: ATGTATTGGGTTGAGGTT R: GAGCTATGGACTCCGTTAT	53.0	$(TG)_{14}$
TTF-EST851	F: ATTGGTCCAGTCTGTTGT R: TGTATCTTGCACGCTCTA	54.5	$(AAGA)_{14}$
TTF-EST90	F: CTTACAGACTCCGACAGG R: ATCCACGACTTCCAGAAC	57.0	$(AC)_{12}$
TTF-EST110	F: GCCTGACAGTCTTCTGC R: GCTATCCGATTATCATTTAC	59.0	$(AC)_{13}$

雌核发育二倍体出现杂合现象表明卵细胞减数分裂过程中同源染色体之间发生了交换重组，因此，减数雌核发育二倍体的杂合子比例可以用来反映该座位与着丝粒的重组率(Thorgaard et al.，1983)。本研究的结果说明团头鲂在所研究的 10 个微卫星座位的重组率很高。每对微卫星引物扩增出的雌核发育个体数、母本及后代的基因型和重组率见

表 7-13。每个个体在微卫星位点的等位基因，按照其迁移率从大到小依次定义为 A、B。图 7-10 为通用引物 TTF-EST12、TTF-EST7 在部分雌核发育后代及其母体中的扩增图谱。

表 7-13　团头鲂雌核发育个体及母本在 10 个位点的基因型及杂合比例

位点	母本基因型	雌核发育个体基因型(个体数)	重组率/%
TTF-EST6	A/B	A/B(44)	100.0
TTF-EST7	A/B	A/B(44)	100.0
TTF-EST12	A/B	A/B(38) A/A(3) B/B(3)	86.4
TTF-EST46	A/B	A/A(44)	0.0
TTF-EST61	A/B	B/B(44)	0.0
TTF-EST80	A/B	A/B(44)	100.0
TTF-EST84	A/B	A/B(44)	100.0
TTF-EST851	A/B	A/A(44)	0.0
TTF-EST90	A/B	A/B(44)	100.0
TTF-EST110	A/B	A/B(44)	100.0

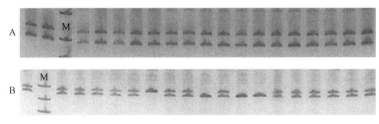

图 7-10　通用引物 TTF-EST7(A) 和 TTF-EST12(B) 在部分雌核发育后代及其母本中的扩增图谱

第一泳道为母本，其余为雌核发育个体

　　人工诱导雌核发育就是为了快速获得纯合的群体，而抑制第一次卵裂的雌核发育在理论上是可以获得纯合率为 100% 的个体，但是抑制第一次卵裂很难获得大量的雌核发育后代，所以在实践中多采用抑制第二极体释放获得减数分裂雌核发育个体。由于卵细胞在进行第一次减数分裂的过程中同源染色体之间发生联会和交换重组，导致了减数分裂雌核发育的后代出现杂合的现象，所以对减数分裂雌核发育后代的纯合性进行检测也就非常重要。由于微卫星分子标记具有共显性的特点，不仅可以检测个体内同源染色体是纯合子还是杂合子，还可以计算基因的杂合率，所以微卫星分子标记被许多学者用于评价雌核发育后代的纯合性。Galbusera 等 (2000) 利用 2 对微卫星引物对非洲鲶雌核发育的后代进行检测，发现在这 2 个座位上的重组率分别为 86% 和 71%；朱晓琛等 (2006) 得到的牙鲆的 8 个座位的平均重组率为 82.24%；孙效文等 (2008) 用 8 个位点对雌核发育牙鲆 A、B2 个家系进行了评价，这 2 个家系的平均重组率为 80% 和 75.6%，C、D2 个家系在 9 个位点的平均重组率为 77.8% 和 90.6%。本实验除了 TTF-EST46、TTF-EST61、TTF-EST851 之外的位点都发生了重组，只有 TTF-EST12 的重组率小于 100%，为 86.4%，其余 6 个位点的重组率均为 100%，雌核发育团头鲂个体在这 10 个位点的平均重组率为 68.64%，由此可知，雌核发育团头鲂个体在母本杂合位点的纯合度并不高，没有得到一个完全纯合的个体。依据遗传理论，雌核发育可以提高育种群体的纯合度，但是在实际育种工作过程中由于不同的育种鱼类有其自身不同的遗传特点，经过不同的雌核发育操作手段可能会有不同的纯合效果，这就是造成不同种鱼或是同一种鱼在经过不同的处理手段后得到的雌核发育后代纯合度有很大差异的原因。母本杂合位点在子代纯合度不高的原因可能有两个方面。一方面是隐性致死基因纯合位点的表达，导致纯合性高的子代死亡(本实验诱导的团头鲂雌核发育个体在出鱼苗 5 天后，有大量死亡)。Palti 等(2002)利用 20 个微卫星标记对奥利亚罗非鱼异质雌核发育后代进行了研究，在 3 个微卫星座位上发现，随着发育时期的延长杂合子比例逐渐升高，即发生了纯合子缺失的现象，经过关联分析和显著性检验发现这个座位可能与致死基因相连锁。另一方面是鱼类的染色体较小，基因座位与着丝点之间比较容易发生重组，因此得到的雌核发育后代的重组率较高。

三、团头鲂正常群体和雌核发育群体微卫星位点的遗传多样性分析

雌核发育群体和对照组团头鲂群体在 10 对微卫星位点的信息见表 7-14。图 7-11 为 TTF-EST46 引物在雌核发育群体和对照组群体的电泳图谱。正常群体和雌核发育群体在 10 个微卫星位点的平均等位基因分别为 3.8000 个和 1.7000 个，平均有效等位基因数分别为 3.1000 个和 1.7000 个。两个群体在 TTF-EST46、TTF-EST61、TTF-EST851 三个位点的多态性都较低，尤其是雌核发育群体在这 3 个位点的多态性信息为单态性。在这 10 个位点上，减数分裂雌核发育群体的平均等位基因和平均有效等位基因、期望杂合度、观测杂合度都少于正常群体，说明正常群体的多态性高于雌核发育群体。雌核发育个体的遗传物质均来自母本，基因表达趋于一致，未见个体之间的差异，群体遗传的多态性明显降低，这表明经人工诱导雌核发育团头鲂的群体遗传纯合度已获得了明显提高。而对照组的多态性较高，子代的基因随父本母本基因呈随机组合。

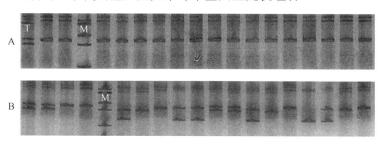

图 7-11　TTF-EST46 引物在雌核发育群体和正常群体上的电泳图谱

A. 雌核发育电泳图谱；B. 正常个体电泳图谱。M：marker；T：雌核发育的母本

遗传多样性是指地球上所有生物所携带的遗传信息的总和，是生物多样性的重要组成部分。遗传多样性是生物适应复杂多变的环境、维持生存和进化的基础，若一个物种的遗传变异越大，则其进化潜力就越高，其适应环境的能力就越强(张文静等，2003)。本研究中团头鲂雌核发育群体在 10 个微卫星位点的等位基因数、有效等位基因数、观测杂合度、期望杂合度、多态信息含量均低于正常群体，尤其是雌核发育群体在 TTF-EST46、TTF-EST61、TTF-EST851 三个位点是纯合的，这时的群体遗传多样性为 0。这就说明了团头鲂雌核发育群体的遗传多样性显著低于正常群体。从群体遗传上考虑，团头鲂雌核

发育群体经历了遗传瓶颈，这也说明了人工干预选择降低了团头鲂雌核发育群体的遗传多样性。

从本实验的结果可以看出，通过抑制团头鲂卵子第二极体获得的纯合性并不高，由于其有较高的重组率，使其并不适用于直接建立纯系，但是雌核发育的遗传物质均来自母本，基因表达趋于一致，群体遗传的多态性明显降低，这表明经人工诱导雌核发育团头鲂的群体遗传纯合度已获得了明显提高。由于其具有较高的重组率使其与母本具有高度的遗传同质性，从而可以形成很好的育种材料。

表 7-14 团头鲂正常群体和雌核发育群体在 10 个微卫星位点的多样性指数

位点	正常群体					雌核发育群体				
	等位基因	有效等位基因	期望杂合度	观测杂合度	多态性信息含量	等位基因	有效等位基因	期望杂合度	观测杂合度	多态性信息含量
TTF-EST6	4.0000	3.5674	0.7288	0.9250	0.6667	2.0000	2.0000	0.5057	1.0000	0.3750
TTF-EST7	4.0000	3.2675	0.7030	0.9487	0.6355	2.0000	1.9990	0.5055	0.9773	0.3748
TTF-EST 12	4.0000	2.3810	0.5873	0.5000	0.5350	2.0000	2.0000	0.5057	0.8636	0.3750
TTF-EST 46	3.0000	2.8169	0.6532	0.5250	0.5719	1.0000	1.0000	0.0000	0.0000	0.0000
TTF-EST61	4.0000	3.4595	0.7199	0.2250	0.6581	1.0000	1.0000	0.0000	0.0000	0.0000
TTF-EST80	4.0000	3.2018	0.6968	1.0000	0.6305	2.0000	2.0000	0.5057	1.0000	0.3750
TTF-EST 90	4.0000	2.9879	0.6737	1.0000	0.6304	2.0000	2.0000	0.5057	1.0000	0.3750
TTF-EST 110	4.0000	2.8777	0.6608	1.0000	0.5881	2.0000	1.9907	0.5034	0.9318	0.3738
TTF-EST 116	4.0000	3.6909	0.7383	1.0000	0.6796	2.0000	2.0000	0.5057	1.0000	0.3750
TTF-EST851	3.0000	2.6208	0.6263	0.2500	0.5489	1.0000	1.0000	0.0000	0.0000	0.0000
平均值	3.8000	3.1000	0.6788	0.7374	0.6144	1.7000	1.7000	0.3537	0.6773	0.2623

第八章 团头鲂全基因组测序及比较研究

第一节 团头鲂全基因组测序与进化分析

随着高通量测序技术的快速发展，测序成本的不断降低，高通量测序已经被广泛应用到现代农业科学及生命科学研究中。全基因组测序对研究物种的基因集信息、基因表达模式、物种进化、发育调控机理及品种改良都具有重要意义。已有诸多重要经济物种及模式生物都有了全基因组数据，这些基因组信息的解析为在分子层面阐明该物种的生物学特性提供了数据支持。目前，在世界范围内已有40多种水产动物测得了基因组数据，主要的经济水产鱼类有大西洋鳕、虹鳟、蓝鳍金枪鱼、南极大头鱼、大黄鱼、罗非鱼、半滑舌鳎、欧洲鲈、鲤、菊黄东方鲀、草鱼、斑点叉尾鮰、大西洋鲑、大西洋鲱、牙鲆及鮸等。这些数据为鱼类分子设计育种研究、优良品种快速培育提供了重要的数据支持。团头鲂是我国特有的优良草食性鱼类，在20世纪中期就被作为优良的草食性鱼种在中国普遍推广。近年来，由于人为过度捕捞及环境污染等原因，团头鲂的种质资源受到严重的威胁，这给团头鲂新品种选育带来了不良影响。为获得团头鲂的全基因组信息，为新品种选育提供数据支持，课题组启动了团头鲂的全基因组测序项目，本节主要介绍了团头鲂全基因组测序、组装、注释及进化分析等内容。

一、团头鲂全基因组测序

(一)基因组建库测序

双单倍体团头鲂来源于华中农业大学水产养殖实验教学中心。经过 MS-222 麻醉后，用 75%酒精消毒鱼体全身，在无菌条件下，采集尾静脉血液，置于 4℃保存，用于基因组 Survey 评估和全基因组测序。团头鲂全血 DNA 的提取根据 QIAamp DNA Micro Kit 说明书进行。

将团头鲂基因组 DNA 大片段随机打断成小于 800bp 的片段(179bp、500bp、800bp)，加接头制备成小片段文库后采用 Illumina HiSeq 2000 平台进行双末端测序。另外，构建 DNA 大片段文库，主要是将基因组 DNA 随机打断成大小分别为 2kb、5kb、10kb、20kb 的片段后，进行末端修复，加生物素标记、环化、再打断后末端修饰、加接头构成大片段文库，在 Illumina HiSeq 2000 平台进行测序。对测得的原始数据进行过滤，去除低质量 reads。

根据全基因组鸟枪法测序策略，研究共构建了 11 个不同插入长度(170bp、500bp、800bp、2kb、5kb、10kb、20kb)的文库，获得了 23 个 lane 的数据，总的原始数据为 196.74Gb。为了减少测序错误，提高组装的效果，对 Illumina-Pipeline 测得的原始数据做了校正和过滤处理，最终得到了 142.55Gb 的过滤数据，有效覆盖度接近 130×(表 8-1)。

表 8-1 过滤后的测序数据统计

双末端文库	插入片段	平均读长/bp	总数据/Gb	测序深度（×）	物理深度（×）
Solexa reads	170bp	100_100	35.91	32.64	27.75
	500bp	100_100	24.28	22.07	55.18
	800bp	100_100	13.78	12.53	50.12
	2kb	49_49	26.48	24.07	491.20
	5kb	49_49	19.60	17.81	908.92
	10kb	49_49	9.72	8.83	901.33
	20kb	49_49	12.79	11.62	2372.26
总计			142.55	129.59	4806.76

（二）基因组大小评估

采用 K-mer 分析方法评估团头鲂基因组大小。从测序数据中获取 K-mer，然后统计 K-mer 及出现的频率。一段连续序列中迭代地选取长度为 K 个碱基的序列，若 read 长度为 L，K-mer 长度为 K，那么可以得到 L-K+1 个 K-mer，根据公式：基因组大小=K-mer 数/峰值深度可以计算出基因组大小。本研究采用 17-mer 对团头鲂基因组大小进行了评估。如图 8-1 所示，主峰前面的 17-mer 频率分布曲线较为平滑，没有出现明显的小杂峰，说明团头鲂基因组杂合率比较低。在主峰的后面有明显的重复峰及拖尾现象，说明团头鲂基因组中存在一定比例的重复序列。

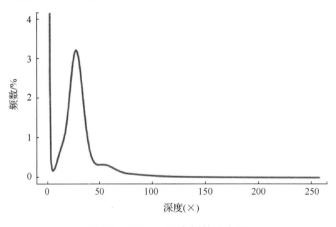

图 8-1 17-mer 深度频数分布图

通过 17-mer 的分析结果（表 8-2），K-mer 总数为 30 152 065 104，17-mer 的峰值深度为 27，可通过公式：基因组大小=K-mer 数/峰值深度，最终计算得到团头鲂基因组大小为 1 116 743 152bp。

表 8-2 17-mer 分析基因组大小

K	K-mer 数	峰值深度（×）	基因组大小	碱基数	reads 数	测序深度（×）
17	30 152 065 104	27	1 116 743 152	35 895 315 600	358 953 156	32.14

(三)基因组组装与评价

采用 SOAP *de novo* 软件将过滤后的数据进行组装拼接。将过滤后的小片段文库测序数据断裂成 45-mers 来构建 de Bruijn 图。把所有的过滤数据拼接成 contig 后,再把 contig 连接成 scaffold,最后再填补 gaps。为了评价基因组组装的完整性,采用 bwa0.5.9-r16 软件把小片段文库数据 map 到组装好的团头鲂基因组上,并用 Soap coverage 2.27(http://soap.genomics.org.cn/)计算测序深度。另外,利用 Trinity 软件将已有的 EST 数据比对到基因组上,对基因组组装结果进行评估。

N50 是评价组装效果的重要指标之一,由表 8-3 可知,团头鲂 contig N50 的长度为 49 400bp,数目为 5730,contig 长度大于等于 2kb 的有 38 933 个,其中最长的 contig 为 545 658bp;N50 的 scaffold 长度达到 838 704bp,数目为 285,最长的 scaffold 长度达到 8 950 707bp。

表 8-3　基因组组装结果统计

项目	scaffold		contig	
	长度/bp	数量	长度/bp	数量
N90	20 422	4 034	3 960	31 288
N80	93 290	1 651	13 926	17 849
N70	207 323	845	24 236	11 986
N60	449 155	469	35 571	8 306
N50	838 704	285	49 400	5 730
最长	8 950 707		545 658	
总长	1 115 678 790		1 082 690 375	
≥100bp 总数	347 976		386 642	
≥2kb 总数	9 769		38 933	

GC 含量过高或者过低会对测序造成不良影响,通常情况下,可以根据 GC 含量的分布图来评估测序对基因组的影响。团头鲂基因组 GC 含量为 37.3%,与其他鲤科鱼类[包括斑马鱼(36.7%)]基因组的 GC 含量接近,但低于青鳉(40.4%)及三刺鱼(44.5%)等其他鱼类(图 8-2)。

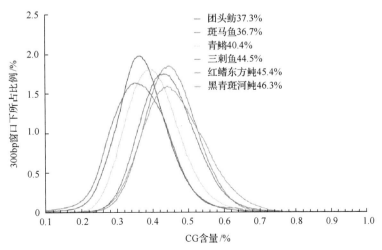

图 8-2　6 个物种基因组 GC 含量分布比较(见文后彩图)

（四）基因组注释

团头鲂全基因组注释主要包括重复序列注释、基因集注释及非编码 RNA 注释，具体流程如图 8-3 所示。

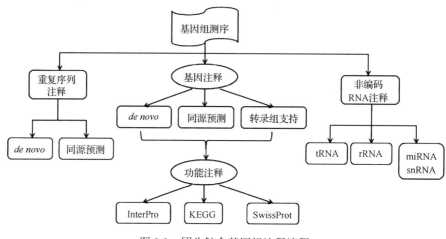

图 8-3　团头鲂全基因组注释流程

1. 重复序列注释

基因组中存在大量的重复序列，根据其结构和位置的不同分为散在重复序列（interspersed repeat）和串联重复序列（tandem repeat）。其中串联重复序列主要是微卫星序列和小卫星序列。散在重复序列又称转座子元件，一般比较均匀地分布在基因组中，包括以 DNA-DNA 方式转座的 DNA 转座子（transposon）和反转录转座子（retrotransposon），这些序列在物种进化、调控基因表达及染色体构建等方面起着重要作用。研究利用 Tandem Repeats Finder 软件（http://tandem.bu.edu/trf/trf.html）对团头鲂基因组中的串联重复序列进行查找统计。分别采用了 RepeatProteinMask 和 RepeatMasker 3.3.0 软件（http://www.repeatmasker.org/）基于数据库（http://www.girinst.org/repbase/）的同源预测方法和采用 RepeatModeler 3.3.0 和 LTR-FINDER1.0.5 软件（http://tlife.fudan.edu.cn/ltr_finder/）基于 de novo 预测对团头鲂基因组中的转座子原件（transposable elements，TE）进行了分析。

如表 8-4 所示，团头鲂基因组含有 56 433 287bp（5.058 202%）的串联重复序列和散在重复序列，占基因组 34%。散在重复序列又称为转座子原件，主要包括 DNA 型转座子及反转录转座子[长散在重复序列（long interspersed nuclear elements，LINE）、长末端重复序列（long terminal repeats，LTR）、短散在重复序列（short interspersed nuclear elements，SINE）及其他类型]。在团头鲂基因组中，DNA 型转座子和 LTRs 的比例最高，分别达到 23.8% 和 9.89%，LINE 和 SINE 分别为 5.24% 和 0.24%。

表 8-4 团头鲂基因组重复序列的比例

类型	重复序列长度/bp	基因组占比/%
Tandem Repeats Finder	56 433 287	5.058 202
RepeatMasker	186 984 973	16.75 975
RepeatProteinMask	64 209 925	5.755 234
de novo	294 683 394	26.412 924
整合	431 570 739	38.682 347

2. 基因预测

采用 *de novo* 预测，近缘物种同源注释、EST 序列及转录组数据等对团头鲂的基因集进行预测，最后通过 GLEAN 将上述几种方法获得的基因集进行整合从而获得非冗余的、完整的团头鲂基因集数据。具体如下。

de novo 预测：采用 Augustus 对全基因组编码基因进行预测。同源预测：收集已经测序的鱼类(斑马鱼、三刺鱼、罗非鱼、青鳉、大西洋鳕)的蛋白质序列，采用 TBLASTN 方法将这些序列分别比对到团头鲂的基因组数据中，然后将同源预测得到的序列用 Genewise 预测基因结构。转录组数据预测：采用 TopHat 程序将团头鲂的 EST 序列和 cDNA 序列比对到团头鲂基因组中，然后结合 Cufflinks 预测转录本结构。

如表 8-5 所示，结合 *de novo* 预测，同源预测及转录组数据预测，团头鲂基因组上共有 23 696 个蛋白编码基因，基因平均长度为 15 797bp，编码序列(coding sequence，CDS)平均长度为 1637bp。

表 8-5 团头鲂蛋白编码基因预测

基因	物种	数目	基因平均长度/bp	CDS 平均长度/bp	基因平均外显子数	外显子均长/bp	内含子平均长度/bp
de novo 预测	Augustus	55 459	9 177	1 044	5.63	185	1 755
同源预测	斑马鱼	38 985	8 431	1 237	5.92	209	1 463
	三刺鱼	35 167	7 751	1 056	5.45	194	1 506
	罗非鱼	42 897	7 493	1 053	5.07	207	1 581
	青鳉	38 148	6 762	1 023	5.03	203	1 424
	大西洋鳕	32 747	7 986	1 051	5.53	190	1 530
转录组预测	肌隔结缔组织	41 298	10 159	349	1.68	207	14 345
	肌间刺	29 744	5 256	1 273	3.86	330	1 393
	肌肉	20 187	5 542	1 196	4.18	286	1 368
整合		23 696	15 797	1 637	9	186	1 812

3. 基因功能注释

基因功能注释主要借助外源蛋白数据库(SwissProt、TrEMBL、GO、KEGG、InterPro)对基因集中的蛋白质进行功能注释。通过上述多种数据库，最终注释出了 23 696 个蛋白编码基因，占到总基因集的 99.44%，未能注释出的只有 133 个基因(0.56%)(表 8-6)。

表 8-6　团头鲂蛋白编码基因的功能注释

基因注释	数据库	数目	比例/%
注释	InterPro	20 373	85.98
	GO	17 094	71.14
	KEGG	18 343	77.41
	SwissProt	22 368	94.40
	TrEMBL	23 127	97.60
	整合	23 696	99.44
未注释		133	0.56

（五）非编码 RNA 预测

非编码 RNA（non coding RNA）是那些不编码的 RNA，一般由 21～25 个核苷酸组成，主要包括核糖体 RNA（rRNA）、转运 RNA（tRNA）、干扰 RNA（miRNA）、小核 RNA（snRNA）等。目前研究发现这些非编码 RNA 在细胞活动调节、基因转录及 mRNA 稳定性中都扮演了重要的角色。在非编码 RNA 注释过程中，根据 tRNA 的结构特征，利用 tRNAscan-SE 寻找基因组中的 tRNA 序列；由于 rRNA 具有高度的保守性，选择近缘物种的 rRNA 序列作为参考序列，通过 BLASTN（E 值为 1×10^{-5}）比对来寻找基因组中的 rRNA；另外，利用 Rfam 家族的协方差模型，采用 Rfam 9.1 自带的 INFERNAL 预测团头鲂基因组上的 miRNA 和 snRNA 序列信息。

如表 8-7 所示，团头鲂基因组中预测到了 1 796 个非编码 RNA，其中 530 个 tRNAs、474 个 miRNA、220 个 rRNA、572 个 snRNAs。

表 8-7　团头鲂基因组中非编码 RNA 的统计

类型		拷贝数	平均长度/bp	总长/bp	基因组中占比
miRNA		474	89.369 2	42 361	0.003 797
tRNA		530	80.181 1	42 496	0.003 809
rRNA	rRNA	110	147.645 0	16 241	0.001 456
	18S	67	173.000 0	11 591	0.001 039
	28S	36	117.222 0	4 220	0.000 378
	5.8S	2	129.000 0	258	0.000 023
	5S	5	34.400 0	172	0.000 015
snRNA	snRNA	294	121.282 0	35 657	0.003 196
	CD-box	132	94.909 1	12 528	0.001 123
	HACA-box	69	149.710 1	10 330	0.000 926
	splicing	77	149.324 7	11 498	0.001 031

（六）团头鲂全基因组的三代测序

为了获得更高质量的团头鲂基因组数据库信息，进一步采用了第三代测序仪 PacBio sequel 对团头鲂全因组进行了测序。如表 8-8 所示，研究共测得 8 268 554bp（74.29×）有效数据。

表 8-8 PacBio 数据信息统计

文库	N50/bp	平均长度/bp	最大长度/bp	片段数	过滤数据/Gb	测序深度(×)
1	12 704	10 078	53 359	4 958 046	49.97	44.62
2	12 783	10 038	49 431	3 310 508	33.23	29.67
整合	12 735	10 062	53 359	8 268 554	83.20	74.29

基因组大小评估：如表 8-9 所示，使用高质量测序数据 34 787 470 960bp，取 17-mer 获得深度频数分布图，其深度峰值大约在 25。因此，根据公式基因组大小= K-mer 数/峰值深度，可以估算出该物种的基因组大小约为 1 113 199 070bp。

表 8-9 17-mer 分析统计

K	K-mer 数	峰值深度(×)	基因组大小/bp	碱基/bp	Reads 数	测序深度(×)
17	27 829 976 768	25	1 113 199 070	34 787 470 960	434 843 387	31.25

使用 Platanus 软件完成二代 reads 的 contig 初步组装。采用 MECAT 软件对 PacBio 数据进行纠错，共获得 46.33Gb 纠错后的 PacBio 数据，约 42X。之后用 DBG2OLC 软件对初步组装的 contig 和纠错后的三代数据进行混合组装，得到 raw contig，然后将三代纠错数据用 sparc 软件对 raw contig 进行 consensus 校正，之后将纠错后的数据用 pilon 软件再进行二代数据校正，获得校正后的 contig。再使用 sspace-longreads 和 SSPACE_Standard_v3.0 进行 scaffold 连接，使用 Gapcloser、GapFiller 和 PBjielly 软件进行补洞，再用 pilon 软件做最后校正，获得最终 scaffold 基因组。结果组装得到团头鲂基因组 contig N50 的长度为 3.19 Mb，scaffold N50 的长度为 5.01Mb。利用 busco_v2 将基因组比对到辐鳍鱼纲 actinopterygii_odb9 数据库，统计 Complete BUSCOs 占 96.1%，Complete and single-copy BUSCOs 占 91.9%，可见该基因组组装质量较高。

二、团头鲂全基因组进化分析

(一)基因家族构建

直系同源基因家族构建是进化分析的重要内容之一。由于直系同源基因家族比较保守，其在功能和序列上也很相似，所以可以通过序列比对的方法对物种的基因家族进行聚类，从而可得到单拷贝和多拷贝基因家族。本研究选取已有基因组数据的物种：草鱼、半滑舌鳎、鲤、斑马鱼、大西洋鳕、三刺鱼、虹鳟、罗非鱼、青鳉、红鳍东方鲀、腔棘鱼、姥鲨的基因集数据和本研究获得的团头鲂基因组和基因集数据。首先对上述 13 个物种的所有蛋白质序列进行 BLAST 比对(E 值设置为 $1×10^{-7}$)，过滤掉比对结果差的数据后，利用 TreeFam 对这些物种的基因家族进行聚类分析，其中将姥鲨和腔棘鱼作为外类群。将获得的每种蛋白质的高比值片段(HSP)用 Solar 软件串联起来后根据 H-scores 来评估这些同源基因之间的相似性，最后利用 Hcluster_sg(Version 0.5.0)对直系同源基因进行聚类，从而得到物种的基因家族数据。

基因家族聚类结果(表 8-10)表明，团头鲂基因组中共有 23 696 个蛋白编码基因，其中 23 407 个基因都在基因家族中。团头鲂基因组中共有 13 967 个基因家族。

表 8-10　13 种鱼基因家族聚类结果统计

物种	基因总数	基因数	未分类的基因数	基因家族数	未分类的基因家族	家族平均基因数
团头鲂	23 696	23 407	289	13 967	21	1.68
草鱼	32 811	27 466	5 345	16 183	212	1.70
鲤	52 610	45 273	7 337	18 074	993	2.50
斑马鱼	26 405	25 966	439	14 789	37	1.76
半滑舌鳎	22 141	20 734	1 407	14 155	82	1.46
大西洋鳕	20 084	19 541	543	13 288	6	1.47
三刺鱼	20 772	20 045	727	13 345	11	1.50
虹鳟	46 566	41 109	5 457	17 871	881	2.30
罗非鱼	21 437	21 253	184	12 845	15	1.65
青鳉	19 671	18 809	862	12 672	79	1.48
红鳍东方鲀	18 507	18 321	186	12 216	10	1.50
大黄鱼	19 555	19 067	488	13 499	55	1.41
姥鲨	25 477	24 430	1 047	15 148	498	1.61

(二)进化树构建

选取鉴定出来的单拷贝直系同源基因家族来构建物种进化树，通过将所有的单拷贝基因家族串联起来形成一个超级基因，然后进行构树。分别使用 CDS 序列、蛋白质序列、4 度简并位点数据采用 PhyML 中的限制性最大似然法构树，选择 GTR 替代模型和 γ 分布模型作为参数。利用 PAML(version 4.5)估算物种分歧时间。为明确团头鲂的进化地位，

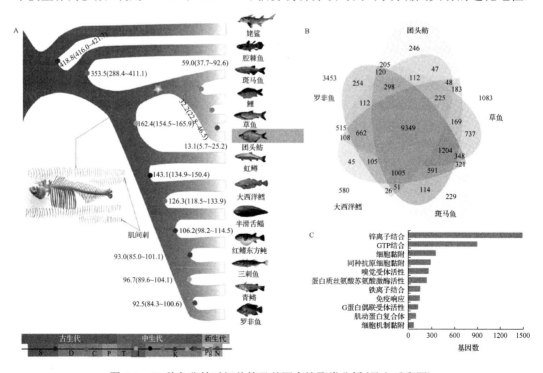

图 8-4　13 种鱼分歧时间估算及基因家族聚类分析(见文后彩图)

对已有基因组数据的 12 种鱼及团头鲂基因组进行了进化分析及分歧时间估算,其中以姥鲨和腔棘鱼作为外类群。如图 8-4A 所示,系统进化树由 316 个单拷贝直系同源基因构建。4 种鲤科鱼类:团头鲂、草鱼、鲤及斑马鱼聚为一支,其中团头鲂和草鱼的亲缘关系最近,分歧时间大约在 13.1 百万年前。与斑马鱼相比,团头鲂和草鱼与鲤的亲缘更近些。

韦恩图分析可以获得鱼类基因组中特有和共有的基因家族及数目,对于分析物种特异性有帮助。研究对团头鲂、草鱼、斑马鱼、罗非鱼及大西洋鳕的基因家族分析发现,这 5 种鱼共有的基因家族为 9349 个,团头鲂特有基因为 246 个(图 8-4B),同属于草食性的团头鲂和草鱼特异共有 183 个基因,对这 183 个基因进行功能富集分析发现主要是嗅觉受体、免疫相关 MHC 家族及抗原分子、脂肪代谢及蛋白质消化相关的基因家族等。

(三)基因家族扩张收缩分析

对上述鉴定出来的基因家族通过使用 café 软件进行基因家族的扩张和收缩分析。利用限制性最大似然法估算物种进化树中的所有分支包括每个祖先支的基因家族数目的变化,再结合每个子节点的基因家族大小来判定每个分支中某一基因家族是否发生扩张或收缩。

团头鲂扩张的基因家族有 618 个,收缩的有 4620 个。团头鲂与草鱼的祖先支扩张的基因家族有 175 个,收缩的有 4402 个。为了研究鲤科鱼类(包括团头鲂、鲤、草鱼和斑马鱼)的肌间刺的进化,本研究对其祖先支扩张的基因家族进行了 GO 富集分析,结果发现(图 8-4C),具有代表性的扩张的基因主要与细胞粘连、肌动蛋白、GTP 结合相关。

(四)基因家族正选择分析

物种在进化中,因为自身某些特性及生存环境等因素的影响,基因组的一些基因往往受到选择压力的调控。一般选择压力分为正选择、负选择又叫纯化选择和中性选择。受到正选择的基因往往对物种是有益的。为了明确草食性团头鲂受到正选择的基因是否与糖类物质代谢相关,而且与其食性相适应,研究选取了草食性团头鲂和草鱼、杂食性鲤和斑马鱼及肉食性的大西洋鳕和半滑舌鳎的所有单拷贝直系同源基因进行了基因家族选择压力分析。利用 PRANK 对直系同源基因的 CDS 进行全局比对,使用 Gblocks 程序对不清楚的比对区域进行剔除。最后使用 PAML 软件包中的 codeml 程序对比对结果较好的直系同源基因进行选择压力分析。结果(表 8-11)发现,在团头鲂和草鱼基因组中共同受到正选择的 338 个基因中,有 20 个正选择基因在糖代谢和脂肪代谢调控中起到关键作用,暗示这些基因可能与其自身的草食性相关。

表 8-11 团头鲂和草鱼中 20 个正选择基因与糖代谢和脂代谢的关系

基因名	基因全称	P 值	FDR 值
PIGV	GPI mannosyltransferase 2	4.07×10^{-11}	4.59×10^{-9}
SLC2A3	solute carrier family 2, facilitated glucose transporter member 3	0.000 659	0.010 611
SLC2A5	solute carrier family 2, facilitated glucose transporter member 5	1.26×10^{-6}	4.95×10^{-5}
Gba2	non-lysosomal glucosylceramidase	1.10×10^{-5}	0.000 329
Glb1	beta-galactosidase	8.10×10^{-5}	0.001 769

基因名	基因全称	P 值	FDR 值
B3gat2	galactosylgalactosylxylosylprotein 3-beta-glucuronosyltransferase 2	3.38×10^{-14}	8.42×10^{-12}
Acss1	acetyl-coenzyme A synthetase 2-like, mitochondrial	4.20×10^{-6}	0.000 148
H6pd	GDH/6PGL endoplasmic bifunctional protein	0.004 096	0.043 630
IdhA	L-lactate dehydrogenase A chain	3.57×10^{-6}	0.000 128
Athl1	acid trehalase-like protein 1	3.98×10^{-5}	0.000 979
FabG	3-oxoacyl-[acyl-carrier-protein] reductase FabG	2.64×10^{-7}	1.21×10^{-5}
Fabp10a	fatty acid-binding protein 10-A, liver basic	0.003 090	0.035 983
Cyp51A1	lanosterol 14-alpha demethylase	0.004 638	0.048 083
Lpcat4	lysophospholipid acyltransferase LPCAT4	0.001 364	0.019 058
Agps	alkyldihydroxyacetonephosphate synthase, peroxisomal	9.24×10^{-7}	3.75×10^{-5}
Hrasls	HRAS-like suppressor	0.003 983	0.042 823
Ptpla	3-hydroxyacyl-Coa dehydratase 1	5.21×10^{-6}	0.000 172
Dgat1	diacylglycerol O-acyltransferase 1	4.59×10^{-6}	0.000 159
SOAT2	sterol O-acyltransferase 2	0.000 388	0.006 785
Srebf2	sterol regulatory element-binding protein 2	0.002 243	0.028 288

注：FDR 为错误发现率（false discovery rate）

第二节　高密度遗传连锁图谱的构建

遗传选育项目的重要基础是具有可用的遗传连锁图谱，遗传连锁图谱可用于表型性状的分子映射并为后续研究奠定遗传基础。与传统的图谱构建方法相比较，基于下一代测序的基因分型技术可对数以百计的个体同时进行大规模的 SNPs 位点发掘与评测，从而提供一种快速描述非模式物种基因组的新方法。SNP 分子标记代表了基因组中最丰富的变异，已经被广泛应用于高密度遗传连锁图谱的构建。RAD-Seq 作为一种可靠的、高通量的、低成本的减少基因复杂性的技术，已经被广泛应用于 SNP 标记发掘与基因分型，已成功应用于多种鱼类的遗传图谱构建、进化分析及基因组比较分析，如牙鲆、绯小鲷、亚洲鲈、大西洋鲑、橙色斑点石斑鱼和鳎目鱼等。

一、群体的建立及遗传连锁图谱构建的方法

作图群体及 DNA 提取　采用拟测交策略构建 F_1 代作图群体，父本和母本分别为生长快/生长慢的团头鲂个体，繁殖获得子代。2014 年繁殖后在华中农业大学水产养殖基地培育。子代 1 龄时，剪取个体尾鳍条，使用传统酚-氯仿法提取亲本及子代 DNA，提取的 DNA 通过 NanoDrop 进行定量及 1%琼脂糖检测 DNA 的质量。

文库构建与 RAD 测序　个体基因组 DNA（0.3～1.0μg）采用 EcoR I 内切酶进行酶切，37℃条件下消化 15min（50ml 反应体系，20 单位 EcoR I）。采用华大基因的 Illumina Hiseq 2500 测序平台，对文库进行 PCR 扩增并对每个个体的 RAD 序列进行 Illumina 双末端测

序(125bp)。共获得了 187 尾 F_1 代个体的 RAD 测序数据。

　　RAD 测序数据分析　　移除接头序列及低质量序列后,4~8bp 的特定核苷酸序列与特异识别位点(AATTC)被用来匹配 reads 至不同的个体,允许一个碱基的错配。不符合的 reads 将会被移除。随后使用软件 Rainbow 2.0247 对父本母本的 RAD 双末端测序数进行装配(Chong et al.,2012)。长度低于 200bp 的 contigs 将被移除。为了发掘父本和母本 SNPs 标记,使用 SOAP 2.20 将 RAD reads 与组装 contigs 进行比对。SOAPsnp 被用于 SNP 标记的发掘(5×≤测序深度≤200×,碱基质量≥25)。此外,为提高分析准确性,将测序序列 109~117 的碱基去除(测序错误)。选取第一条双末端测序 reads 用于 SNP 发掘(更高的覆盖率与固定序列)。用 Stacks version 0.9998 对 RAD 进行序列比对、等位基因与 SNP 位点的发掘。

　　遗传连锁图谱的构建　　双向拟测交策略被用于本研究遗传连锁图谱的构建,使用 JoinMap 4.0 软件对 CP 群体进行分析构图,用卡方测试计算标记的分离比,显著偏离分离比的标记将被移除。

二、RAD 测序数据分析

　　基于 2 个亲本及 187 个杂交子代,我们构建了 189 个 RAD-Seq 测序文库,并使用 Illumina HiSeq2500 平台进行了高通量测序获得原始数据。数据整理后,共获得 922.99 百万 reads,包括大约 99.69Gb 测序数据,根据其分子识别序列,分别将其划分为 RAD 标签。最终,在母本与父本数据集中,分别获得了 15.93 百万过滤后的 reads(包含 1719.90Mb 数据,GC 含量为 37.06%)和 14.71 百万过滤后的 reads(包含 1588.68Mb 数据,GC 含量为 37.05%),并相应的划分为 13.68 百万和 12.62 百万 RAD 标签。这些 RAD 标签被比对并分别聚类到 327 364 个和 323 929 个 stacks,并检测出 31 149 个和 31 509 个候选等位基因。在 187 个子代个体中,共获得了 892.35 百万过滤后的 reads(每个个体平均 4.77 百万),对应数据总量为 96 378.27Mb(平均 515.39Mb)。这些数据被划分为 697 396 575 个 RAD 标签(变化范围为 1 140 488~6 621 573,平均为 3 729 393)用于构建 SNP 发掘所需的 stacks。原始数据可在 NCBI Short Read Archive(http://www.ncbi.nlm.nih.gov/ Traces/sra/)数据库查询,编号为 SRS1797758。

三、SNP 分子标记发掘与基因分型

　　经严格筛选后,父本母本的 RAD 标签被装配为 367 640 个 contigs 用于 SNP 检测与后续基因分型,其平均长度为 374bp(表 8-12),显示出了高的装配质量。使用已有研究中描述的标准(5×≤测序深度≤200×,碱基质量≥25),我们在父本母本中共发现 61 284 个假定的 SNPs。团头鲂父本母本中的这些 SNP 核酸变异为双等位基因变异,包含 58% 的转换与 42% 的颠换,其比例为 1.40(图 8-5)。同时,使用相同标准对子代 stacks 进行基因分型。在去除不符合孟德尔分离定律的标记后,我们共获得了 14 648 个具有固定基因型的高质量 SNPs 分子标记。

表 8-12　父本母本 RAD 双末端测序 contig 装配

项目	contig 长度/bp	数目
N50	404	164 632
N60	399	198 905
N70	390	233 770
N80	364	269 928
N90	288	312 940
全长	137 629 749	
最大长度	1 826	
长度≥200bp 的 contig		367 640
contig 平均长度	374	
GC 比率	0.372	

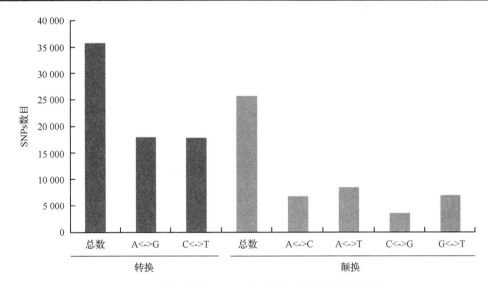

图 8-5　父本母本中 61 284 个双等位基因的转换与颠换

四、高密度遗传连锁图谱的构建

　　研究使用 Lep-MAP 首次构建了基于 SNPs 分子标记的团头鲂高密度遗传连锁图谱，14 648 个分离的 SNPs 被成功分配至 24 个连锁群（表 8-13）。母本图谱包含了 9531 个 SNPs，总遗传距离为 2390.06cM；每个连锁群长度从 45.28cM（LG24）至 177.37cM（LG11）不等，平均遗传距离为 99.59cM（表 8-13）。对应的父本图谱包含了 9847 个 SNPs，总遗传距离为 2109.82cM，各连锁群长度变化范围为 44.97cM（LG24）至 196.19cM（LG1），平均遗传距离为 87.91cM（表 8-13）。LG24 在父本母本中都显示出了最短的遗传距离与最少的 SNP 标记。其中母本中包含了 170 个 SNPs，遗传距离为 45.28cM；父本中包含了 147 个 SNPs，遗传距离为 44.97cM。LG1 是父本图谱中最大的连锁群（196.19cM），也是母本图谱中第二大的连锁群（176.24cM），在母本图谱中 LG11 的遗传距离为 177.37cM，但在父本图谱中 LG11 的遗传距离仅有 79.66cM。最终综合父本母本图谱信息构建了包含 24 个连

表 8-13　团头鲂遗传连锁图谱特征

连锁群	母本图谱		父本图谱		整合图谱			
	SNPs 数	遗传距离/cM	SNPs 数	遗传距离/cM	SNPs 数	有效基因位点数	遗传距离/cM	基因位点间平均遗传距离/cM
1	575	176.24	584	196.19	964	350	277.38	0.79
2	708	138.92	286	85.62	879	310	180.51	0.58
3	548	154.32	570	124.56	858	317	239.92	0.76
4	430	156.88	561	143.28	822	382	227.70	0.60
5	356	83.01	547	76.23	730	215	98.28	0.46
6	414	112.20	472	93.96	678	277	244.96	0.88
7	455	99.32	358	101.46	661	251	137.85	0.55
8	329	80.61	505	80.09	658	234	124.21	0.53
9	407	73.29	475	61.00	645	208	101.57	0.49
10	372	133.28	430	100.67	643	259	153.87	0.59
11	423	177.37	400	79.66	641	265	130.86	0.49
12	413	125.78	424	91.95	610	281	133.32	0.47
13	426	71.90	476	71.57	605	215	111.71	0.52
14	472	68.37	350	75.69	603	226	133.30	0.59
15	359	73.66	382	85.59	577	201	98.45	0.49
16	377	77.43	391	77.86	572	239	128.81	0.54
17	471	84.20	430	91.76	557	190	112.09	0.59
18	384	82.22	333	77.65	547	220	102.77	0.47
19	248	83.42	423	62.32	516	218	84.11	0.39
20	362	72.00	390	76.34	459	168	91.56	0.55
21	263	75.92	292	77.01	417	210	114.46	0.55
22	282	70.25	307	68.21	417	180	98.37	0.55
23	287	74.19	314	66.18	343	139	78.85	0.57
24	170	45.28	147	44.97	246	121	53.47	0.44
总计	9 531	2 390.06	9 847	2 109.82	14 648	5 676	3 258.38	0.57(平均)

遗传连锁群

图 8-6　基于 SNP 标记的团头鲂遗传连锁图谱的连锁群长度及 RAD 序列标记的分布

锁群的团头鲂遗传图谱，图谱包含了 14 648 个 SNPs 标记并对应 5 676 个有效基因位点（表 8-13，图 8-6）。遗传图谱全长 3258.38cM，平均有效基因位点数为 236.5。连锁群平均遗传距离为 135.77cM，基因位点间平均遗传距离为 0.56cM。每个连锁群的遗传距离从 53.47cM（LG24）至 277.38cM（LG1）不等，各连锁群内基因位点间平均遗传距离从 0.39cM 至 0.88cM 不等。LG4 是密度最大的连锁群，包含了 382 个有效基因位点且位点间平均遗传距离为 0.6cM。而 LG24 拥有数量最少的有效基因位点（121 个）（表 8-13）。

基于分子标记的高密度遗传连锁图谱对个体物种的基因组和遗传分析具有重要意义。SNP 分子标记代表了最广泛的基因组 DNA 多态性，适用于高通量基因分型。本研究使用 SNPs 分子标记首次构建了团头鲂高密度遗传连锁图谱。该图谱由 24 个连锁群构成，包含了 14 648 个 SNPs 分子标记和 5676 个有效基因位点。图谱总遗传距离为 3258.38cM，基因位点间平均遗传距离为 0.56cM。每个连锁群的遗传距离从 53.47cM 至 277.38cM 不等。这些数据为后续基因组选择和全基因组关联分析奠定了基础。与其他研究相比，大西洋鲑中 6458 个 SNPs 被分配至 32 个连锁群，每个连锁群平均包含 220 个 SNPs 位点，父本母本的图谱总遗传距离从 1426cM 至 2807cM 不等（Gonen et al.，2014）。橙色点状石斑鱼的性别平均遗传图谱共包含了 4608 个 SNPs，总遗传距离为 1581.7cM，基因位点间平均遗传距离为 0.56cM，SNP 位点间平均遗传距离为 0.34cM（You et al.，2013）。亚洲鲈的高密度遗传连锁图谱包含了 3321 个 SNPs，图谱总长 1577.67cM，标记间平均遗传距离为 0.52cM（Wang et al.，2015b)。慈鲷的遗传连锁图谱由 867 个 SNPs 绘制而成，包含了 22 个连锁群。图谱总长 1130.63cM 且标记间平均遗传距离为 1.30cM(Henning et al.，2014)。基于 1622 个 RAD 标签标记，Kakioka 等(2013)构建了白杨鱼遗传连锁图谱。该图谱包含 25 个连锁群，总长 1390.9cM，标记间平均遗传距离为 0.87cM。与这些鱼类图谱相比较，本研究构建的团头鲂遗传连锁图谱在标记数量，图谱长度及标记间平均距离等方面都有所提升。仅有牙鲆的遗传连锁图谱显示出了类似的质量，牙鲆图谱包含 12 712 个高质量的 SNPs 标记，图谱全长 3497.29cM，基因位点间平均遗传距离为 0.47cM。使用 Lep-MAP 工具，团头鲂 SNPs 标记被成功划分至 24 个连锁群，在父本母本中，相同编号的连锁群长度相似。例如，LG24 包含最少的 SNPs 且在父本母本中都最短。LG1 是父本图谱中最大的连锁群，是母本中第二大的连锁群。但是，LG11 的长度在母本图谱(177.37cM)和父本图谱(79.66cM)中表现出了显著地差异。相似的现象也发现在了其他物种中，如在牙鲆中，不止一对对应的连锁群在父本母本中长度悬殊(Shao et al.，2015)。为了探究其是否与性别、作图群体大小或测序有关，需要开发更多的标记与研究。

第三节　不同食性鱼类内源性消化系统的比较基因组学研究

团头鲂是典型的草食性鱼类，主要以各种水草为食，也食一些菜叶和陆生草，这不仅节省了豆粕、鱼粉等饲料成本，也减少了对环境造成的压力，被美誉为资源节约型和环境友好型鱼类。目前对于动物食性的研究尚不成熟，对于哺乳动物而言，体内不存在内源性纤维素酶，动物对于纤维素的消化主要依靠肠道微生物进行。但近年来有研究发现，在昆虫体内(如蚂蚁、黄粉虫、软体动物河蚬等)存在内源性纤维素消化酶，包括内切葡聚糖酶、外切葡聚糖酶及 β-葡糖苷酶。重组蛋白功能验证结果表明，这些基因具有消化纤维素的功能，这很好地解释了蚂蚁等动物机体是如何消化纤维素的。鱼类在进化过程中是否存在内源性纤维素消化酶基因目前尚不清楚。除了纤维素消化酶外，内源性的消化酶基因还有淀粉酶基因和蛋白消化相关的蛋白酶基因，这些酶基因对于帮助动物对食物中碳水化合物、脂肪及蛋白质等的消化起着直接的作用。此外，动物体的感觉系统(包括嗅觉系统和味觉系统)对于食物的选择及有毒物质的识别也起着重要作用(Nei et al.，2008)。动物机体嗅觉受体基因家族数目的多少及亚型数目的变化是与其生物学特性的发展相适应的。人类的嗅觉器官能识别和区分上千种不同的气味，Zozulya 等(2001)的研究发现人类基因组中存在 1000 多个嗅觉受体基因，但大多数都是假基因。但是在鱼类和四足动物中，嗅觉受体基因数比哺乳动物相比少了很多(Niimura and Nei，2005)。鱼类的嗅觉受体基因家族属于 Class I，包括 δ、ε、ζ 和 η 等亚型，主要感知水溶性气味。相比之下，大多数哺乳动物的嗅觉受体基因都属于 Class II 类，包括 α 和 γ 亚型，主要感知挥发性气味(Niimura and Nei，2005)。Niimura(2009)的研究认为除了上述两种主要的气味分子外，还有一种 β 亚型能同时感知水溶性和挥发性两种气味分子。味觉受体同样是动物感觉器官中最重要的分子之一。目前已经确定的味觉受体家族有 T1Rs 和 T2Rs 两大家族，主要感知鲜味(*T1R1/T1R3*)、甜味(*T1R2/T1R3*)及苦味(*T2Rs*)(Amrein and Bray，2003)。酸味受体基因有多种形式，主要有 *ASIC*、*PKD1L3*、*PKD2L1* 等(Huang et al.，2006)。咸味主要是味觉细胞对氯化钠的一种感知，其受体基因为 *ENaC* 基因（Yoshida et al., 2009）。本研究为了明确草食性团头鲂内源性消化酶基因的拷贝数的变化，嗅觉和味觉受体基因家族的进化方式是否与其草食性的饮食特征相适应，另外选取了草食性的草鱼、肉食性的大西洋鳕和半滑舌鳎，杂食性的斑马鱼、鲤、青鳉及三刺鱼等作为比较研究的对象，这不仅为揭示团头鲂的草食性机理提供依据，也为研究不同食性鱼类的消化系统和感觉系统的进化做了铺垫。

一、内源性消化酶基因家族分析

为了明确草食性的团头鲂与其他食性鱼类内源性消化酶基因在拷贝数上的差别，分别对草食性的团头鲂和草鱼，肉食性的半滑舌鳎和大西洋鳕，杂食性的斑马鱼、鲤及三刺鱼基因组中的内源性消化酶基因的拷贝数进行了统计。在 NCBI 数据库上下载鱼类的淀粉酶（α 淀粉酶和葡萄糖淀粉酶）和蛋白酶（胃蛋白酶、胰蛋白酶、组织蛋白酶及糜蛋白酶）基因序列、内源性纤维素（β 葡聚糖酶、内切葡聚糖酶及外切葡聚糖酶）的比对序列为昆虫的序列。经过序列过滤后，总共 58 个结构完整的纤维素酶基因序列、31 个淀粉酶基因序列和 267 个蛋白酶基因序列最终作为比对序列。

如表 8-14 所示，除斑马鱼之外，草食性的团头鲂和草鱼的 α 淀粉酶基因拷贝数与其他食性的鱼相比差异不大，但草鱼的葡萄糖淀粉酶基因拷贝数较多。对内源性蛋白酶基因[主要包括胃蛋白酶（pepsin）基因、胰蛋白酶（trypsin）基因、组织蛋白酶（cathepsin）基因及糜蛋白酶（chymotrysin）基因]的研究结果发现，除斑马鱼外，草食性的团头鲂和草鱼基因组中的组织蛋白酶基因和糜蛋白酶基因的拷贝数与其他鱼类的差异不大，但是胰蛋白酶基因拷贝数高于其他食性的鱼类。胃蛋白酶基因只在肉食性的大西洋鳕中存在，其他鱼类基因组中均不存在。

表 8-14　7 种硬骨鱼内源性淀粉酶和蛋白酶编码基因的拷贝数变化的比较

物种	内源性淀粉酶基因		内源性蛋白酶基因			
	α 淀粉酶基因	葡萄糖淀粉酶基因	胃蛋白酶基因	胰蛋白酶基因	组织蛋白酶基因	糜蛋白酶基因
团头鲂	2	2	0	38	22	12
草鱼	2	5	0	53	31	12
半滑舌鳎	1	1	0	18	24	8
大西洋鳕	1	1	3	17	17	12
斑马鱼	9	1	0	41	65	10
青鳉	1	1	0	27	19	7
剑尾鱼	2	1	0	20	23	4

二、嗅觉基因家族分析

鱼类的嗅觉受体基因主要感知水溶性气味，以 δ、ε、ζ 和 η 等亚型为主。嗅觉受体基因家族的鉴定主要是结合序列比对的方法、功能注释的方法及嗅觉受体基因家族的特征来进行鉴定。具体有如下几步。

（1）在 NCBI 数据库中下载已有鱼类的嗅觉受体基因的核酸序列和蛋白质序列，过滤掉不完整的低质量的序列后，将剩余的 400 个高质量的序列作为比对序列。

（2）利用 TBLASTN（Blast v2.2.23）软件将这些序列分别比对到团头鲂、草鱼、斑马鱼、青鳉、大西洋鳕、半滑舌鳎、三刺鱼和红鳍东方鲀的基因组中（$E < 1 \times 10^{-10}$）。

（3）对比对上的序列进行过滤，只保留比对的覆盖度＞70%、蛋白序列相似性＞40%的序列。

（4）基因预测。利用 Genewise 软件，根据比对结果在基因组上预测基因，首先预测完整的编码区，并且前后延伸 300 个氨基酸序列寻找起始和终止密码子。

（5）多序列比对。利用软件 MEGA5.10，对预测的基因及比对序列进行 Muscle 比对，条件设为 Clustering Method：UPGMB，Gap Open：−2.9，Hydrophobicity Multiplier：1.2。

（6）筛选到的序列采用邻近法构建进化树，排除非嗅觉基因结构。利用软件 MEGA5.10，根据多序列比对结果，用 NJ 构建进化树。进化树的参数设置为 Bootstrap Replications: 500，Model：JJT，Rates among Sites：Gamma Distributed，Gamma Parameter：4，Gaps：Partial deletion，Site Coverage Cutoff 95%。

（7）对所有预测到的基因进行 NR（non redundant）库注释，得分最高的注释结果定义为该基因的功能。

（8）根据嗅觉受体基因家族的特征（完整的 7 次跨膜结构），用在线跨膜预测软件 TMHMM Server 2.0（http://www.cbs.dtu.dk/services/TMHMM-2.0/）对得到的序列再次进行确认。

（9）亚型的分类。对所有鉴定出来的嗅觉受体基因家族再次构建进化树，对嗅觉受体基因根据不同的亚型进行分类统计。

研究发现，团头鲂基因组中共存在 179 个嗅觉受体基因，与其他鱼类相比，嗅觉基因的数目最多（图 8-7）。鲤科的 3 种鱼（团头鲂、草鱼和斑马鱼）嗅觉受体基因的数量比其他几种鱼类都高。在这些分型中，所有鱼类的嗅觉受体基因都是以 δ 分型为主，其次分

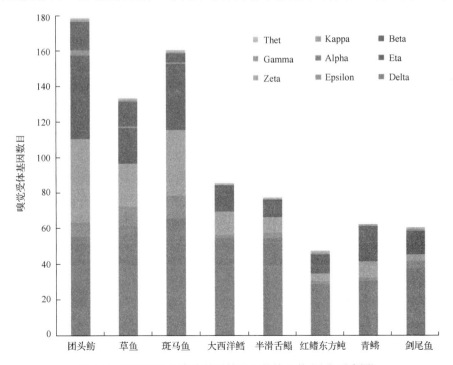

图 8-7　比较硬骨鱼类嗅觉受体基因的拷贝数（见文后彩图）

别是 η、ζ 及 ε 亚型。值得注意的是，β 亚型可以同时感知水溶性气味和挥发性气味，鲤科鱼类，尤其是草食性的团头鲂和草鱼中 β 亚型的数目明显高于其他鱼类。

如图 8-8 所示，团头鲂、斑马鱼、青鳉和半滑舌鳎全部嗅觉受体基因的进化图，这些嗅觉受体基因的各个亚型因为序列的相似性而聚在一起。为了明确鱼类嗅觉受体基因在进化过程中受到的选择压力，本研究对 7 种鱼类的嗅觉受体基因的祖先基因数目进行了推算。

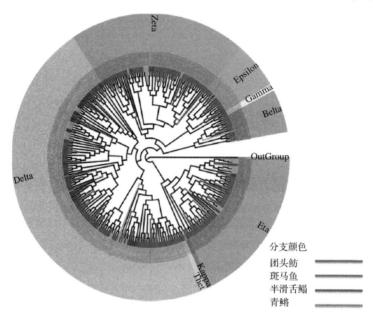

图 8-8　4 种鱼全部嗅觉受体基因的进化图（见文后彩图）

如图 8-9 所示，团头鲂的嗅觉受体基因的扩张数目最多，有 29 个基因发生扩张，其次是斑马鱼。所属鲤科鱼类的团头鲂和斑马鱼在祖先支的时候就发生了明显的扩张，其祖先支有 50 个嗅觉受体基因发生扩张，而其他鱼类的祖先支都不同程度地发生了收缩，其中红鳍东方鲀的嗅觉受体只有 48 个，在进化过程中有 23 个发生了丢失。

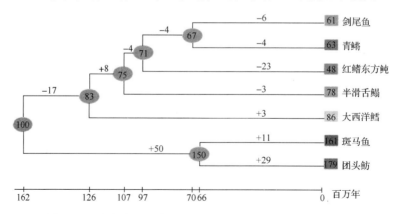

图 8-9　7 种鱼嗅觉受体基因的扩张和收缩分析（见文后彩图）

方框中的数字表示嗅觉基因的总数，椭圆中显示每个分支的祖先嗅觉基因数目，树枝上的红色数字表示与祖先支相比丢失的基因数，绿色表示扩张的基因数

嗅觉受体基因的 β 分型较为特殊,同时可感知水溶性气味和气溶性气味分子。本研究对团头鲂及其他鱼类的所有 β 分型的嗅觉基因进行了进化分析(图 8-10),结果发现,草食性的团头鲂和草鱼的该亚型基因的数目是 16 个和 14 个,斑马鱼也有 5 个拷贝,而其他鱼只有 1 个或 2 个拷贝。在这些 β 分型的嗅觉基因进化中,团头鲂和草鱼分别有一个基因与其他鱼类的聚为一支,说明原始的祖先基因在进化中保留了下来。鲤科鱼类的嗅觉受体基因 β 亚型的扩张,形成了鲤科鱼类特有的 β 亚型基因分支,有趣的是,草食性团头鲂和草鱼特有的 11 个 β 亚型聚为一支。

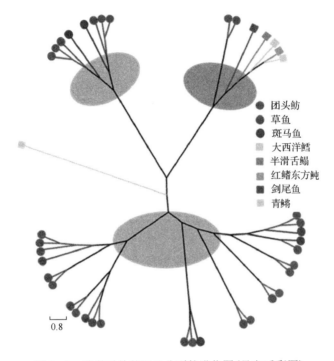

团头鲂
草鱼
斑马鱼
大西洋鳕
半滑舌鳎
红鳍东方鲀
剑尾鱼
青鳉

图 8-10　嗅觉受体基因 β 分型的进化图(见文后彩图)

三、味觉受体基因家族结果分析

味觉受体同样是动物感觉器官中最重要的分子之一。目前已经确定的味觉受体家族有 T1Rs 和 T2Rs 两大家族,主要感知鲜味(T1R1/T1R3)、甜味(T1R2/T1R3)及苦味(T2Rs)。味觉受体基因家族的鉴定与嗅觉受体基因家族相似。具体的方法如下。

(1)收集比对序列。从 NCBI 数据库上下载文献中已发表的味觉基因的蛋白质序列。

(2)对比对序列的筛选。过滤不完整的蛋白质序列,主要包括序列中出现移码,不是 3 的倍数、没有起始的序列,筛选后共得到 85 个完整的蛋白质序列作为比对序列,其中鱼类鲜味及甜味受体基因家族 T1Rs 序列共 54 个,苦味受体 T2Rs 基因家族序列 31 个。

(3)序列比对。利用 BLAST 软件,将比对序列与草食性的团头鲂和草鱼,杂食性的鲤、斑马鱼、青鳉、三刺鱼,以及肉食性的大西洋鳕和半滑舌鳎的 8 个物种的基因

组分别进行 BLASTP 比对，参数为 $E<1\times10^{-10}$。并过滤掉序列相似性<40%且覆盖度
<70%的比对结果。

(4)后续鉴定步骤与嗅觉受体基因家族鉴定步骤类似。

对不同食性鱼类的味觉鲜味、甜味和苦味受体基因的研究发现(图 8-11)，草食性的
团头鲂鲜味受体基因 *T1R1* 缺失，而在杂食性的青鳉和三刺鱼、肉食性的大西洋鳕和半
滑舌鳎中发生了复制，有多个拷贝。相反的，除了三刺鱼外，甜味受体基因 *T1R2* 在草
食性和杂食性的鱼类中发生了复制，却在肉食性鱼类进化中丢失了。鲤科鱼类的苦味受
体基因都发生了复制，而在青鳉、三刺鱼及大西洋鳕中只有一个拷贝，在肉食性的半滑
舌鳎中完全丢失。

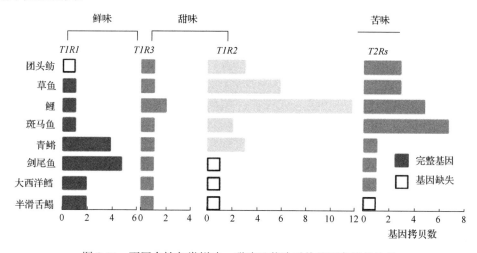

图 8-11　不同食性鱼类鲜味、甜味及苦味受体基因家族的比较

鲜味受体 *T1R1* 分析　对团头鲂的 *T1R1* 序列残片与鲤和斑马鱼的完整 *T1R1* 基因进行
多序列比较发现(图 8-12)，团头鲂的 *T1R1* 在 N 端缺少 24 个氨基酸序列，中间有序列与
斑马鱼和鲤的序列无法比对上(黄色标识的序列)。鲜味受体基因 *T1R1* 具有完整的 7 次跨
膜区域，但团头鲂的前 3 个跨膜区域序列都发生了改变。对该基因的结构分析(图 8-13)发
现，鲤和斑马鱼的 *T1R1* 基因由 7 个外显子和 6 个内含子组成，草鱼的 *T1R1* 基因有 8 个外
显子。团头鲂的 *T1R1* 第 1、第 3、第 5、第 6 外显子区域都发生了改变。

***T1Rs* 基因家族进化**　为了明确不同食性的鱼类 *T1Rs*(*T1R1*、*T1R2*、*T1R3*)基因进
化关系，本研究对鉴定出来的 7 种鱼类的鲜味和甜味受体基因家族进行了进化分析，
用 MEGA 5.0 软件中的 NJ 进行构树。如图 8-14 所示，7 种鱼类的 *T1R3* 基因家族聚为
一支。除了团头鲂之外，在进化过程中，其他 6 种鱼都保留了原始祖先的 *T1R1* 基因。
在 3 种鲤科鱼类的甜味受体 *T1R2* 基因发生了复制，并且聚为一支，而其他鱼类中，除
了青鳉以外，都丢失了 *T1R2* 基因，取而代之的是 *T1R1* 基因，这种变化可能与其食性
的进化相适应。

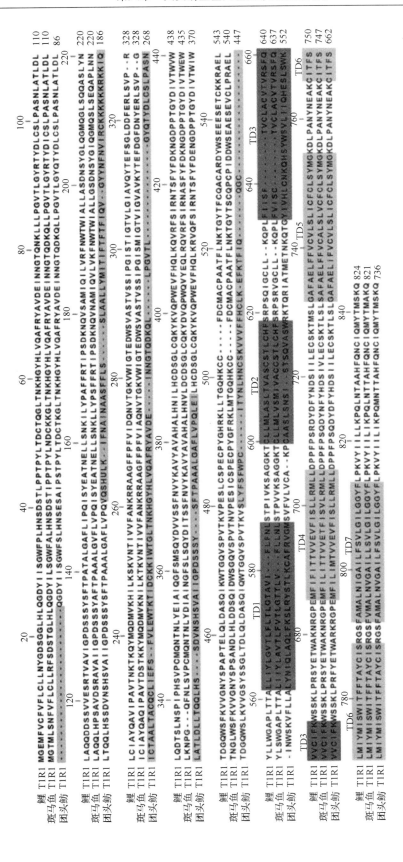

图8-12　团头鲂T1R1序列片段与鲤及斑马鱼的T1R1的多序列比对(见文后彩图)

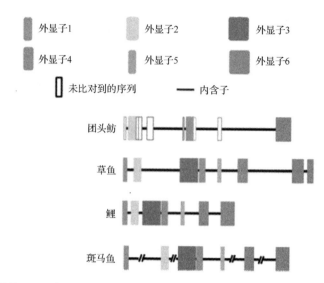

图 8-13　团头鲂的 *T1R1* 序列与其他 3 种鲤科鱼类的完整 *T1R1* 基因结构图的比较(见文后彩图)

　　苦味受体 *T2Rs* 基因家族分析　　苦味受体 *T2Rs* 基因家族在物种对食物的选择和有害物质的识别中起到重要的作用。对不同食性鱼类苦味 *T2Rs* 基因家族的进化分析中发现,鲤科鱼类保留原始祖先的 *T2R* 基因,与其他只有一个拷贝的鱼类的 *T2R* 基因聚为一支,而在进化中可能为了适应食性的变化,鲤科的 4 种鱼(团头鲂、草鱼、斑马鱼及鲤)的 *T2Rs* 基因都发生了复制,并且形成了鲤科鱼类特有的分支。

　　鱼类的食性与其本身消化器官的组成及消化机能密切相关。本研究对团头鲂及其他食性的鱼类的内源性消化酶系统进行的比较分析结果与其他高等动物的一样,草食性团头鲂的基因组中不存在内源性纤维素消化酶基因。这可能说明团头鲂对于食物中纤维素的消化主要依赖其肠道微生物菌群,对于这一点,在后续章节中进行了进一步的研究。对淀粉酶和蛋白酶基因的研究发现,草食性的团头鲂的淀粉酶基因的拷贝数与其他肉食性和杂食性鱼类相比,并没有发生扩张,而蛋白酶基因的拷贝数与肉食性鱼类相比差异不大,有趣的是胰蛋白酶基因拷贝数甚至比肉食性鱼类还多,这也说明团头鲂具有完整的消化系统,具备对碳水化合物、脂肪及蛋白质等物质的消化能力。

　　嗅觉是动物感觉器官中最重要的分子之一。有研究表明,哺乳动物嗅觉系统的灵敏度与其基因组中存在的具有完整功能的嗅觉受体基因的数目有关,并且呈现出正相关性(Gilad et al.,2004;Niimura and Nei,2007)。动物体嗅觉受体分子数量的多少能反映出其鉴别不同气味分子的能力。本研究对鱼类嗅觉受体基因家族的研究发现,草食性的团头鲂基因组中有 179 个完整的嗅觉受体基因,在所研究的 9 种鱼类中数目最高。值得注意的是,除了团头鲂外,鲤科鱼类的斑马鱼和草鱼的嗅觉受体基因的数目也明显高于其他鱼类,这说明在鱼类的进化中,可能受到生活环境、食性及其他因素的影响,半滑舌鳎、大西洋鳕及青鳉等鱼类的嗅觉受体出现了丢失现象。Zhou 等(2014)在对人类和猴子的嗅觉受体基因家族研究中发现其嗅觉受体中存在大量的假基因,推断可能在人和猴子进化过程中受到明显的选择压力而使其向着与其生物特性相适应的方向发展。嗅觉受体中 β 亚型能同时感知水溶性和挥发性气味分子。本研究发现,草食性的团头鲂和草鱼的

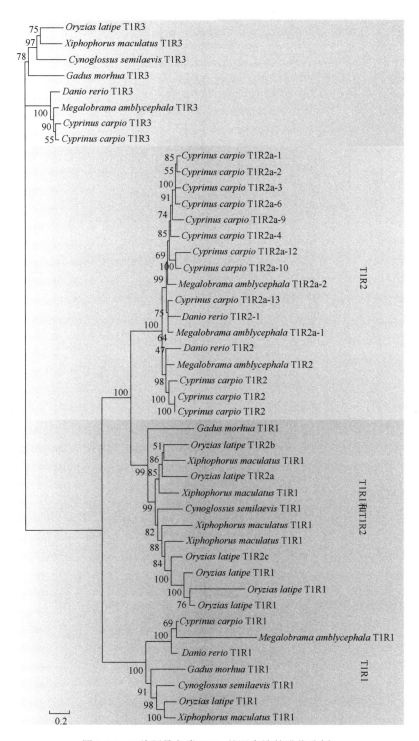

图 8-14　7 种硬骨鱼类 *T1Rs* 基因家族的进化分析

Oryzias latipe：青鳉；*Xiphophorus maculatus*：剑尾鱼；*Cynoglossus semilaevis*：半滑舌鳎；

Gadus morhua：大西洋鳕；*Danio rerio*：斑马鱼；*Cyprinus carpio*：鲤；*Megalobrama amblycephala*：团头鲂

β 亚型的嗅觉受体基因与其他鱼类比较，其拷贝数明显发生扩张，推断这可能与这两种鱼的食物组成和食物获取的方式有关，这两种鱼既能吃存在于水中的水草，又能吃漂浮在水面上的浮萍及人为撒在水面的陆生草。

　　有研究表明，缺失 $T1R1$ 和 $T1R3$ 基因的小鼠完全失去鲜味感知能力(Zhao et al.，2003)。本研究对味觉受体基因家族的研究发现，草食性的团头鲂鲜味受体基因 $T1R1$ 缺失，这意味着团头鲂可能失去对鲜味的感知能力，这可能是团头鲂为什么主要以草而非肉类物质为食的原因之一。同样的，Li 等(2010)对大熊猫的基因组研究中发现，以竹子为食的大熊猫虽然在分类上属于肉食目，其基因组中也缺少鲜味受体 $T1R1$ 基因。但是，在杂食性的青鳉和三刺鱼，肉食性大西洋鳕和半滑舌鳎的基因组中 $T1R1$ 基因存在多个拷贝，相反的，甜味受体基因 $T1R2$ 却在肉食性鱼类中缺失，但在草食性鱼中发生扩张。这些受体基因的拷贝数变化可能与鱼类的食性存在直接的关系，因为肉食性鱼类主要以小鱼、小虾为食，不需要甜味受体的感知，更多地需要鲜味受体的感知，而草食性鱼类主要以各种水草为食，甜味、苦味受体对其更重要。Jiang 等(2012)对肉食目 12 物种的 $T1R2$ 基因进化研究中发现，在食肉性的 7 种动物中，都缺少 $T1R2$ 基因，而在喜食甜品的眼镜熊基因组中有完整结构的 $T1R2$ 基因，这说明味觉受体的丢失或者扩张与物种本身食性有关。苦味受体主要是由 $T2Rs$ 基因家族来调控的(Chandrashekar et al.，2000)，是由单个基因家族所感知，与甜味受体基因家族没有直接关系(Zhang et al.，2003a)。本研究发现，草食性的团头鲂和草鱼、杂食性的鲤和斑马鱼基因组中都存在至少 3 个拷贝的苦味受体基因，然而在杂食性的青鳉和三刺鱼及肉食性的大西洋鳕中只存在一个拷贝，在肉食性的半滑舌鳎基因组中完全丢失。在进一步的基因进化分析中发现，除了半滑舌鳎以外，所有的鱼类都保留了一个拷贝的原始的祖先基因，但在鲤科鱼类中出现了鲤科鱼类特有的分支，这可能与这几种鱼的食性有着密切的关系，因为苦味受体 $T2Rs$ 基因家族在动物对食物的选择及有毒物质的鉴别中起着重要的作用。Dong 等(2009)对不同食性的物种(包括鱼类、四足动物及哺乳类的 $T2Rs$ 家族)的研究也表明了苦味受体基因与物种本身的食性相关，该基因家族的缺失与扩张与其食性的变化相适应。

第九章　团头鲂功能基因组的研究

21 世纪以来，随着以高通量、高性价比为特点的新一代高通量测序技术(NGS)的成熟和普及，大大地促进了对生命活动在全面的、整体水平上的理解。NGS 的兴起也为水产动物组学研究提供了巨大的契机。课题组在开展团头鲂遗传选育工作之初，团头鲂的基因组及转录组资源极其匮乏，给团头鲂的遗传改良和种质资源保护等多方面的研究带来了极大困难。因此，课题组利用高通量测序技术，开展了团头鲂多个性状相关的组学资源的开发(Gao et al.，2012；Yi et al.，2013；Tran et al.，2015；Wan et al.，2015，2016；Chen et al.，2017；Liu et al.，2017；Nie et al.，2017)，为团头鲂分子标记的开发及功能基因组学的研究奠定了坚实的基础。

第一节　生长性状相关的组学分析

一、生长性状相关的转录组分析

(一)转录组数据分析

2010 年，我们对生长快($n=12$)和生长慢($n=12$)的团头鲂个体进行 454GS FLX Titanium 测序及拼接，具体参照第三章第一节内容。使用 BLASTX 程序将拼接所得的 unigenes 与蛋白质序列公共数据库 GenBank 非冗余蛋白质数据库 Nr、Swiss-Prot、KEGG 作比对，E 值设置为 $<1\times10^{-6}$，并选取每个基因最佳注释结果。根据 KEGG 注释的基因功能信息，对参与次生代谢的序列进行分类。应用于基因注释的公共数据库包括 NCBI 中的斑马鱼(*Danio rerio*)、青鳉(*Oryzias latipes*)、绿河豚(*Tetraodon nigroviridis*)、红鳍东方鲀(*Takifugu rubripes*)、三棘刺鱼(*Gasterosteus aculeatus*)、人(*Homo sapiens*)、小鼠(*Mus musculus*)和鸡(*Gallus gallus*)蛋白质数据库。根据基因本体论(gene ontology)信息，将 unigenes 按分子功能(molecular function)、细胞组分(cellular component)和生物学过程(biological process)进行分类。通过 GO 注释，对比对上的基因进行功能分类。用 EMBOSS 软件查找基因开放阅读框(open reading frame，ORF)。

(二)基因鉴定和注释

转录组测序共获得 100 477 个 unigenes，包括 26 802 个 contigs 和 73 675 个 singletons。在装配好的 contigs 中，5615(21%)的 ORF 长于 200bp，平均长度为(736±244)bp，其中最短 305bp，最长 3017bp，各长度区间 unigenes 的数目分布如图 9-1 所示。

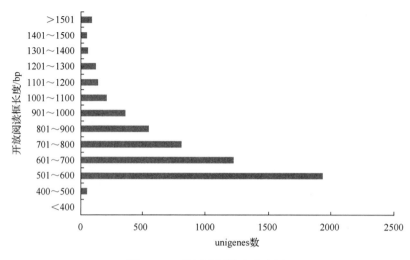

图 9-1　开放阅读框长度分布图

利用 BLASTX 程序(期望值为 1×10^{-10}),将所有的 unigenes(contigs 和 singletons)序列与 Nr 数据库进行同源性比对。共提交了 100 477 个 unigenes 进行比对,40 687 个(40.5%)unigenes 至少得到一种显著的注释。有 19 063 个(46.85%)unigenes 在 Nr 数据库中获得了注释,13 418 个(32.98%)unigenes 在 Swiss-Prot 数据库中获得了注释,20 274 个(49.83%)unigenes 在 KEGG 数据库中获得了注释。当 unigenes 与 UniProt 数据库进行同源比对时,26 802 个 contigs 中有 17 378 个(64.8%)序列获得了注释,平均长度为 803bp。当 contigs 的长度大于 500bp 时,13 915(80.1%)的序列能够比对上 UniProt 数据库。当 73 675 个 singletons 与 UniProt 数据库比对时,24 629 个(33.4%)序列获得了注释,平均长度为 424bp。总的来说,100 477 个 unigenes,通过与 UniProt 数据库比对,42 007(41.8%)获得了注释,且与 20 674 个独特的蛋白质匹配(表 9-1)。

表 9-1　团头鲂转录组序列的功能注释结果汇总

数据库	获得注释序列的数量	单一蛋白质序列	单一蛋白质序列占各物种总蛋白质序列的比例/%
参照 NR 蛋白质数据库的基因注释	40 687	19 230	
参照 UniProt 蛋白质数据库的基因注释	42 007	20 674	
Refseq 和 Ensembl 数据库			
斑马鱼	36 179	15 110	55%(27 251)
青鳉	28 740	12 302	50%(24 661)
绿河豚	28 471	12 053	52%(23 118)
河豚	29 112	14 890	31%(47 841)
三棘刺鱼	29 736	13 122	48%(27 576)
人	27 858	11 765	36%(32 883)
小鼠	27 776	11 201	37%(30 100)
鸡	25 938	10 084	45%(22 194)
累积的独立基因($\times 10^{-10}$)	37 289	26 349	

注:括号中数据为数据库中各物种蛋白质序列的总数

　　对所有注释到的团头鲂 unigenes 进行 GO 功能分类,共有 21 023 个 unigenes 获得注释结果,这些序列被分为分子功能(molecular function)、细胞组分(cellular component)和生物学过程(biological process)3 个大类及 41 个小类,这一分类结果显示了基因表达谱的总体情况(图 9-2)。

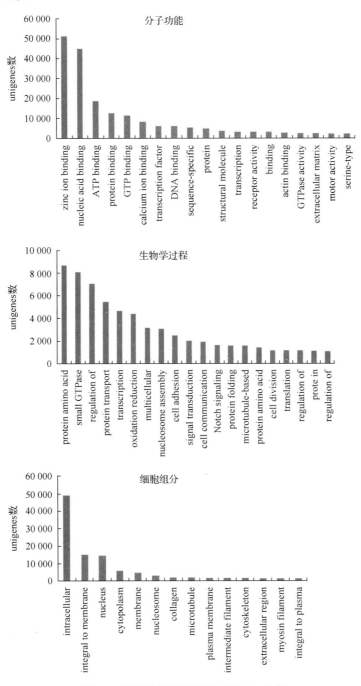

图 9-2　团头鲂转录组基因功能 GO 分类

（三）比较分析

为了解团头鲂转录组真正被捕获的水平，所有 unigenes（100 477 个）在 Refseq 和 Ensembl 数据库中进行比对。许多基因比对上了斑马鱼、青鳉、绿河豚、河豚、三棘刺鱼、人、小鼠和鸡的蛋白质数据库（表 9-1）。在除去冗余的蛋白质序列后，有 10 084～15 110 个单一蛋白质序列分别比对上了斑马鱼、青鳉、绿河豚、红鳍东方鲀、三棘刺鱼、人、小鼠和鸡。其中，团头鲂的序列与斑马鱼匹配结果最高，达到 55%。在所有比对结果中，一共累积有 37 289 个序列能够在 Refseq 和 Ensembl 数据路中匹配上，这些基因对应了 26 349 个蛋白质序列。

为了评估团头鲂基因进化的保守性，利用团头鲂转录组序列与斑马鱼、青鳉、绿河豚、河豚、三棘刺鱼、人、小鼠和鸡的数据库进行 BLAST 对比，一共 27 488 个（65.4%）基因在上述 8 种生物中均有发现；30 332 个（72.2%）基因在 5 种鱼类中有发现；41 229 个（98.1%）基因在至少 1 种鱼中有发现（图 9-3），意味着团头鲂基因与其他鱼类有着高度的保守性。另外，还发现了 778 个团头鲂特有的基因。

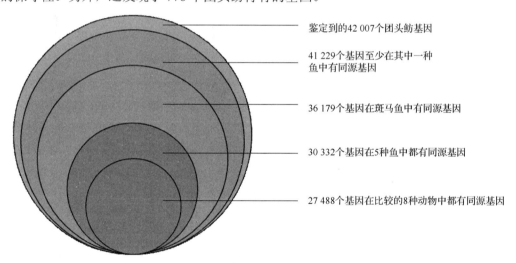

鉴定到的42 007个团头鲂基因

41 229个基因至少在其中一种鱼中有同源基因

36 179个基因在斑马鱼中有同源基因

30 332个基因在5种鱼中都有同源基因

27 488个基因在比较的8种动物中都有同源基因

图 9-3　BLASTX 程序分析团头鲂基因的同源性（见文后彩图）

比较的物种包括：斑马鱼、青鳉、绿河豚、红鳍东方鲀、三棘刺鱼、人、小鼠和鸡

本研究一共获得了 1 409 706 个高质量序列，经过组装拼接后，共获得 100 477 个 unigenes，其中包括 26 802 个 contigs 和 73 675 个 singletons，序列平均长度为 411bp，测序深度达 7.6×，测序的长度和 Sanger 测序的读长相当，且所获得的信息量是传统 Sanger 测序的数十倍。与传统测序相比，454 高通量测序完全可以满足转录组的要求，且 454 高通量测序技术是大规模发现物种基因更为高效的手段，同时 454 高通量测序还具有速度快、通量高、成本低的优点。团头鲂转录组测序的结果说明了 454 高通量测序的序列能够被有效地拼接起来而且能够被分类。在 454 高通量测序中，获得了大量的长片段序列，使之获得了较高的覆盖深度。本研究中团头鲂的 contigs 平均长度达到了 730bp，与其他在当时已发表的高通量转录组测序的研究相比，有一定的长度优势，如格兰维尔贝

母蝴蝶 (*Melitaea cinxia*) 197bp、珊瑚 (*Acropora millepora*) 440bp、松树 (*Pinus* spp.) 500bp、帝王蝎 (*Imperial scorpion*) 422bp、红辣椒 (*Capsicum annuum*) 521bp、蕨菜 (*Pteridium aquilinum*) 547bp 和虾夷扇贝 618bp。另外，本实验中＞500bp 的 contigs 占 74.1%，BLAST 比对时绝大部分 contigs 能够与已知的蛋白质序列匹配上，说明这些 contigs 得到了高质量的拼装。

测序还获得了 73 675 个 singletons，有学者指出这些序列也是非常有用的基因信息，虽然有一小部分的序列被认为是测序过程中产生的，或者是其他生物的 DNA 污染，但是绝大多数的 singletons 是来自基因表达丰度很低的转录本 (董迎辉，2012)。Meyer 等 (2009) 从珊瑚转录组 454 高通量测序中获得的 singletons 序列中随机选择 10 个序列设计引物检测 singletons 的真实性，10 个 PCR 扩增结果中有 8 个被成功扩增出来，证实了 singletons 在实验材料中真实存在。

本研究利用生物信息学的手段，经过拼接后的团头鲂 unigenes 与 5 个公共数据库进行比对，共有 40.5%的 unigenes 被注释，为进一步挖掘并鉴定新的功能基因提供了丰富的数据信息。与传统测序方法相比，454 高通量测序大大缩短了新基因发现的时间，提高了新基因发现的效率，促进了相关研究领域的快速发展 (Gao et al.，2012)。通过高通量测序获得大量团头鲂转录组信息，不仅可以发现团头鲂生长、免疫、细胞周期控制、DNA 损伤修复等基因的候选基因，还为团头鲂分子标记的大量开发提供了丰富的序列资源。

二、生长性状相关的小 RNA 组分析

(一) 小 RNA 文库构建与测序分析

2012 年，在同一繁育批次团头鲂中，分别选取 3 月龄、6 月龄与 12 月龄团头鲂，同一月龄的团头鲂分生长速度快与生长速度慢两个群体进行采集，每月龄每群体各采集 4 个个体的组织样本，采集肌肉 (背部白肌)、脑、肝脏组织，提取总 RNA。用 NanoDrop 2000 (Thermo Scientific，USA) 检测各个组织样品总 RNA 浓度及其纯度 (A260/A280)，琼脂糖凝胶电泳检测其总 RNA 的完整性。分别将生长快和生长慢群体不同时期个体组织样品总 RNA 进行混合，组成两个总 RNA 池。采用 Agilent 2100 Bioanalyzer (Agilent，USA) 检测生长快和生长慢群体总 RNA 的质量和浓度。

样品检测合格后，使用 TruSeq small RNA Sample Pre Kit (Illumine，USA) 构建小 RNA 文库，将 RNA 反转录为 cDNA 后采用华大基因 Illumina Hiseq2000 测序平台进行测序。得到的原始图像数据经 base calling 转化为序列数据，利用 Illumina Genome Analyzer (Illumina，CA，USA) 评估 Fastq 文件中每个序列的测序质量。采用华大基因自主开发的软件去除低质量序列、接头序列、污染序列及带有 Poly A 序列后，获得纯净序列 (clean reads)，并统计其序列长度分布、sRNA 的种类及两个文库间共有与特有的序列。

由于研究开展时缺少团头鲂基因组数据，在数据分析过程中选用斑马鱼基因组作为参考基因组。将与斑马鱼基因组比对上的序列与重复序列进行比对，得到 repeat associate sRNA。分别选取 GenBank (http://www.ncbi.nlm.nih.gov/genbank/) 和 Rfam database (http://rfam.sanger.ac.uk/) 数据库中的 rRNA、scRNA、snoRNA、snRNA 和 tRNA，对测序所得

sRNAs 序列进行注释。同时，将 clean reads 与 mRNA 的内含子和外显子进行比对。统计比对注释结果，为了使每个 read 有唯一的注释，按照 rRNAetc＞knownmiRNA＞repeat＞exon＞intron 的优先级顺序将 sRNA 注释，没有注释上的 sRNA 用 unannotation 表示。

通过比较团头鲂生长快和生长慢群体两个文库中 miRNA 的表达，以发现差异表达 miRNA。从差异表达 miRNA 中随机选取 8 个 miRNA（表 9-2），根据 miRNA 的序列设计出特异性茎-环引物，采用茎-环定量 RT-PCR 检测 miRNA 在团头鲂各组织中的表达量。利用生物信息学方法对团头鲂大个体与小个体文库中差异表达的 miRNA 进行靶基因预测。根据 KEGG 功能注释对预测的候选靶基因进行分类注释，以鉴定生长相关 miRNA 调控的相关通路。

表 9-2 团头鲂 miRNAs 茎-环 RT-PCR 引物设计

miRNAs	茎-环引物(5′-3′)	正向引物
miR-462	CTCAACTGGTGTCGTGGAGTCGGCAATTCAGTTGAGCAGCTGCA	ACACTCCAGCTGGGAACGGAACCCATAATG
miR-92a	CTCAACTGGTGTCGTGGAGTCGGCAATTCAGTTGAGACAGGCCA	ACACTCCAGCTGGGATTGCACTTGTCCCG
miR-23b	CTCAACTGGTGTCGTGGAGTCGGCAATTCAGTTGAGAATCCCTG	ACACTCCAGCTGGGATCACATTGCCA
miR-135a	CTCAACTGGTGTCGTGGAGTCGGCAATTCAGTTGAGCACATAGG	ACACTCCAGCTGGGTATGGCTTTTTATTCC
miR-212	CTCAACTGGTGTCGTGGAGTCGGCAATTCAGTTGAGCAGTAAGC	ACACTCCAGCTGGGTTGGCTCTAGACTGC
miR-novel12	CTCAACTGGTGTCGTGGAGTCGGCAATTCAGTTGAGCGACCGAT	ACACTCCAGCTGGGTAGCACCATTTGAAAT
miR-novel18	CTCAACTGGTGTCGTGGAGTCGGCAATTCAGTTGAGTGCCAGTA	ACACTCCAGCTGGGGAGCAGCACAAACCATA
miR-novel4	CTCAACTGGTGTCGTGGAGTCGGCAATTCAGTTGAGAAGAAATA	ACACTCCAGCTGGGTTACAATTAAAGGATA
5S rRNA	正向引物：GCTATGCCGATCTCGTCTGA	反向引物：CAGGTTGGTATGGCCGTAAGC
	通用反向引物：TGGTGTCGTGGAGTCG	

（二）团头鲂小 RNA 文库特征

通过 Solexa 高通量测序，从生长快和生长慢群体的小 RNA 文库中各获得原始序列 9 600 000 个。除去低质量 reads 后，共获得了 19 144 188 个高质量序列。两个文库 reads 长度分布没有明显差异，94.28% 的 reads 长度分布于 21～23nt（图 9-4）。去除接头序列、poly A 序列及小于 18nt 的序列后，共获得 19 069 714 个 clean reads，其中大个体文库包含 117 169 种 sRNAs，小个体文库包含了 99 070 种 sRNAs。由于缺少团头鲂基因组信息，通过 SOAP 软件将两个文库 reads 分别比对到近缘物种斑马鱼基因组后发现，共有 16 461 503 条（86.32%）reads 比对上，这些 reads 去冗余后有 26 984 种 sRNAs。对两个文库间的 reads 分析显示，两个文库间共有序列数达到 99.01%。生长快群体文库中特有序列种类数达 47.71%，而在生长慢群体文库中特有序列种类数为 38.5%。图 9-5 显示：在两个文库中，序列中最主要部分是 miRNA 和未被注释上的 sRNAs 序列，序列总数分别为 9 417 103 个（98.95%）和 9 465 565 个（99.09%）；其次是 rRNAs、重复序列、tRNAs、小核 RNAs 和其他非编码 RNAs，生长快和生长慢群体分别包含了 99 896（1.05%）与 87 150（0.91%）

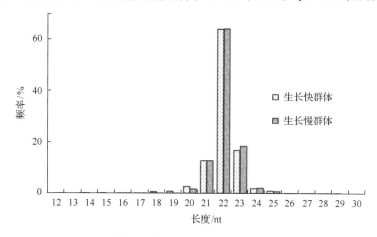

图 9-4　团头鲂 sRNAs 长度分布

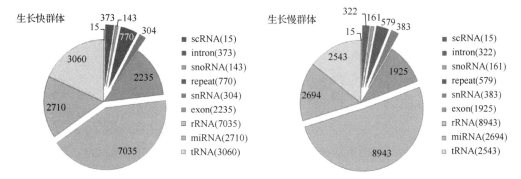

图 9-5　两个小 RNA 组测序获得的各类非编码 RNA 的小 RNA 的种数（见文后彩图）

（三）团头鲂保守 miRNA 的鉴定及候选 miRNA 的预测

合并两个文库鉴定出的 miRNAs，共包含了 347 种成熟 miRNAs，来源于 123 个 miRNA 家族。其中，共有 326 个 miRNAs 在生长快和生长慢群体的两个文库均有预测到，生长快群体与生长慢群体文库分别有 4 个特异 miRNAs 与 15 个 miRNAs。

利用 Mireap 软件（https://sourceforge.net/projects/mireap/）将与基因组序列比对上的未注释 sRNAs 用来预测团头鲂候选 miRNA，共预测到 22 个团头鲂候选 miRNAs（表 9-3），其中 14 个候选 miRNAs 在两个文库中均存在，3 个候选 miRNAs 在生长快群体文库中鉴定出，另外 5 个候选 miRNAs 仅在生长慢群体文库检测出来。通过软件预测出来的候选 miRNAs 与已知的 miRNAs 具有同样地首碱基 U 偏倚。

表 9-3　团头鲂候选 novel miRNAs 预测分析结果

miRNA 编号	染色体位置	ΔG/(kcal/mol)	miRNA 序列(miR-#-5p/3p)
mam-miR-novel1	chr16：18756347：18756435：−	−41.2	3p: GGAGTTGTGGATGGACATCATGC
mam-miR-novel2	chr17：10965644：10965731：+	−19.5	3p: CTAGGGAGCTGATTGAGACACA
mam-miR-novel3	chr18：49714923：49714993：−	−22.2	3p: ACGGTTGTGTGTGTGTGTTTA
mam-miR-novel4	chr17：25795649：25795727：−	−34.5	5p: TTACAATTAAAGGATATTTCT 3p: AAATATCTCTTAATTGTTTGG
mam-miR-novel5	chr12：13216983：13217063：−	−24.3	5p: TTACAATTAAAGGATATTTCT
mam-miR-novel6	chr16：9055780：9055864：−	−43.0	3p: GCTTCTTCACAACACCAGGGT
mam-miR-novel7	chr18：7031122：7031218：+	−31.2	3p: TCTGGTTGTCTGTTGCTTGGTTA
mam-miR-novel8	chr20：14790236：14790318：−	−29.3	5p: TAACCAATGTGCAGACTACTGT 3p: GGTAGTCTGAACACTGGGATGA
mam-miR-novel9	chr20：14792423：14792504：−	−48.3	3p: CACAGCAAGTGTAGACAGGCAG
mam-miR-novel10	chr21：7721354：7721432：−	−29.6	5p: TACATTCATTGATGTCGTTGGGT 3p: CTCACTGACCAATGAGTGCAA
mam-miR-novel11	chr21：7721499：7721578：−	−28.7	3p: ACCATCGACCGTTGGCTGTGC
mam-miR-novel12	chr23：20637177：20637262：−	−35.3	3p: TAGCACCATTTGAAATCGGTCG
mam-miR-novel13	chr5：1695979：1696059：+	−33.0	5p: UAACCAAUGUGCAGACUACUGU 3p: ACAGGUAGUCUGAACACUGGG
mam-miR-novel14	chr5：66977807：66977889：+	−26.1	5p: UAACCAAUGUGCAGACUACUGU 3p: ACAGGUAGUCUGAACACUGGGAA
mam-miR-novel15	chr5：37563836：37563923：−	−41.8	5p: GAGGUCACGCGAGUGGUGGCAG 3p: UCCAUCAGUCACGUGACCUACC
mam-miR-novel16	chr6：10815396：10815478：+	−34.4	3p: UCAGUGCAUUACAGAACUUUGC
mam-miR-novel17	chr6：36906304：36906388：+	−23.8	3p: TCTCTATTTGACTGTCAGCATG
mam-miR-novel18	chr7：27197293：27197376：−	−46.4	5p: GAGCAGCACAAACCATACTGGCA
mam-miR-novel19	chr8：31015666：31015748：−	−35.7	5p: TGGGTTCCTGGCGTGCTGATT
mam-miR-novel20	chr10：36675710：36675784：+	−29.8	5p: CAAGTAAGAGACCATGTGCTGA
mam-miR-novel21	chr10：36675708：36675786：−	−37.7	3p: AGCACATGGTCTCTTACTTGTA
mam-miR-novel22	chr11：5104804：5104882：+	−29.1	5p: GATGGAGGGCTGTTGCAGGAGA

(四) 差异表达 miRNAs 的筛选

对团头鲂生长快和生长慢群体两个文库鉴定出的保守 miRNAs 与候选 miKNAs 进行差异表达分析。差异表达分析结果(图 9-6)显示：两个文库中,共有 27 个差异表达的 miRNAs(P<0.05),其中包括 19 个保守 miRNAs 与 8 个候选 miRNAs;在生长快群体文库中有 16 个 miRNAs 为上调表达,其余 11 个 miRNAs 在生长慢群体文库中高表达。在差异表达 miRNAs 中,其测序频率有着明显差异,部分 miRNA 表达丰度占据着明显的优势(表 9-4),如 mam-miR-462(7665reads)在两个文库中的表达量均高于其他差异表达 miRNAs,其次是 mam-miR-92a(1882reads)与 mam-miR-92(2083reads)。这些高表达的差异表达 miRNAs 在生长慢群体中的表达量要显著高于在生长快群体文库中的表达量。然而,其他差异表达的 miRNAs 在两个文库中的测序频率均较低,这可能是由于这些 miRNAs 在特定的细胞类型或者某一特定的条件下低水平表达。

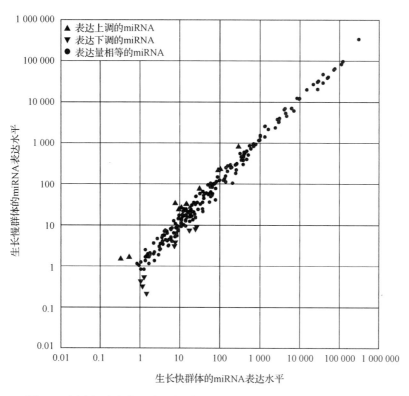

图 9-6　团头鲂生长快和生长慢群体文库中差异表达 miRNAs 的散点图

表 9-4　团头鲂生长快和生长慢群体文库中的差异表达 miRNAs

miRNA	生长快群体中的相对表达量	生长慢群体中的相对表达量	差异倍数 $(\log_2$ No.2-std/No.1-std$)$	P 值	差异性
mam-miR-10d-5p	0.315 2	1.570 2	2.316 608 89	4.54×10^{-3}	**
mam-miR-135c	14.710 5	32.765 6	1.155 335 67	2.79×10^{-16}	**
mam-miR-144-5p	26.373 9	8.688 6	−1.601 915 28	4.41×10^{-21}	**
mam-miR-23b	32.153 0	77.988 3	1.278 304 35	1.27×10^{-42}	**
mam-miR-92a	101.712 7	229.672 9	1.175 080 81	4.140×10^{-107}	**
mam-miR-2187-5p	0.525 4	1.674 9	1.672 586 86	1.73×10^{-2}	*
mam-miR-145	9.772 0	23.867 6	1.288 327 74	2.83×10^{-14}	**
mam-miR-193b	7.880 6	32.556 2	2.046 554 94	2.89×10^{-35}	**
mam-miR-212	11.032 9	26.170 6	1.246 134 95	8.40×10^{-15}	**
mam-miR-462	302.406 3	803.436 5	1.409 695 81	0.00	**
mam-miR-135a	14.710 5	32.765 6	1.155 335 67	2.79×10^{-16}	**
mam-miR-92	96.353 9	218.053 2	1.178 265 20	3.22×10^{-102}	**
mam-miR-122-2	17.337 4	7.223 1	−1.263 197 51	1.76×10^{-10}	**
mam-miR-1-1	7.250 2	3.035 8	−1.255 944 04	4.26×10^{-5}	**

续表

miRNA	生长快群体中的相对表达量	生长慢群体中的相对表达量	差异倍数 $(\log_2$ No.2-std/No.1-std)	P 值	差异性
mam-miR-10b-5p	0.315 2	1.570 2	2.316 608 89	4.54×10^{-3}	**
mam-miR-133b-5p	1.155 8	0.314 0	−1.880 055 31	3.45×10^{-2}	*
mam-miR-9b-3p	1.471 1	0.209 4	−2.812 561 97	2.29×10^{-3}	**
mam-miR-551	1.155 8	0.314 0	−1.880 055 31	3.45×10^{-2}	*
mam-miR-144-3p	26.373 9	8.688 6	−1.601 915 28	4.41×10^{-21}	**
mam-miR-novel4	8.300 9	0.010 0	−9.697 124 01	1.42×10^{-24}	**
mam-miR-novel6	1.366 0	0.010 0	−7.093 813 68	1.19×10^{-4}	**
mam-miR-novel11	1.260 9	0.010 0	−6.978 310 06	2.38×10^{-4}	**
mam-miR-novel12	16.076 5	6.909 0	−1.218 404 54	2.35×10^{-9}	**
mam-miR-novel18	0.010 0	9.002 7	9.814 213 93	1.52×10^{-26}	**
mam-miR-novel19	0.010 0	1.884 3	7.557 884 86	3.95×10^{-6}	**
mam-miR-novel21	0.010 0	1.151 5	6.847 370 60	4.99×10^{-4}	**
mam-miR-novel22	0.010 0	2.407 7	7.911 511 83	1.25×10^{-7}	**

　　为了验证测序结果及组织表达分析，通过茎-环定量 RT-PCR 的方法，对 8 个差异表达 miRNA 在团头鲂各个组织中进行了表达分析。图 9-7 结果证实这些差异表达 miRNAs 在团头鲂各个组织中均有表达，其中已知的保守 miRNAs 在团头鲂组织中的表达水平总体上要高于候选 miRNAs。在候选 miRNAs 中，mam-miR-novel4 与 mam-miR-novel18 在脾脏中的表达量要显著高于其他差异表达 miRNAs，mam-miR-novel12 与 mam-miR-novel18 在性腺中的表达量也高于其他 miRNAs。在保守 miRNAs 中，大部分在团头鲂脑、心脏、肌肉及肝脏中有较高表达量。而 mam-miR-462 与 mam-miR-26b 在团头鲂肝脏与性腺之外的其他组织中均有较高表达量。

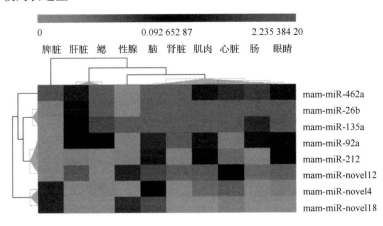

图 9-7　团头鲂大个体与小个体差异表达 miRNA 在不同组织中的表达分析

（五）差异表达 miRNAs 的靶基因预测与 KEGG 分析

据斑马鱼基因组与团头鲂转录组数据（NCBI SRA Accession：SRX096134）中 EST 序列，用 RNAHybrid 软件进行了团头鲂两个文库中极显著差异表达 miRNAs（$P<0.01$）的靶基因预测。共有 1901 个靶基因位点被预测出来，其中包括 154 个团头鲂 EST 序列。在预测的靶基因中，有部分位点存在被多个 miRNAs 结合的现象，例如，胰岛素样生长因子结合蛋白 2a（NM_131458）为 5 个 miRNAs 的靶基因，其中包括 mam-miR-462、mam-miR-1-1、mam-miR-122-2、mam-miR-novel12 与 mam-miR-novel6。

通过注释、可视化和集成发现数据库（David）的生物信息学资源，按照 KEGG 功能注释将预测靶基因进行了分类注释，以鉴定团头鲂生长相关差异表达 miRNA 调控的通路（表 9-5）。KEGG 通路分析结果显示：22 个极显著差异表达 miRNA 的靶基因在代谢通路中显著富集，同时靶基因在细胞生长分化相关的通路，如 MAPK 信号通路、次生代谢物合成、Wnt 信号通路、细胞因子受体互作、TGF-beta 信号通路、胰岛素信号通路、破骨细胞分化、GnRH 信号通路、mTOR 信号通路等被不同程度富集。而与细胞生物学相关的通路，如黏着连接、肌动蛋白细胞骨架调节、黏着斑、细胞周期、胞吞作用等也被显著富集，说明团头鲂生长轴组织差异表达 miRNA 在细胞运动、胞间连接、细胞间通讯、细胞骨架、胞外基质等生物学过程中也可能发挥重要的调控作用。另外，靶基因在轴突导向、神经营养因子信号通路等通路中富集，表明差异表达的 miRNA 也参与了团头鲂神经系统的发育。

表 9-5 团头鲂差异表达 miRNAs 靶基因的 KEGG 信号通路

通路	靶基因数	P 值	Q 值	对应的信号通路
代谢途径	1 356	0.318 502 0	0.918 499 0	ko01100
胞吞作用	324	0.392 741 0	0.923 510 0	ko04144
MAPK 信号通路	312	0.391 134 0	0.923 510 0	ko04010
肌动蛋白细胞骨架调节	298	0.700 262 0	1.000 000 0	ko04810
吞噬体	281	0.046 179 5	0.578 242 4	ko04145
次生代谢物合成	277	0.082 294 0	0.713 680 6	ko01110
黏着斑	277	0.811 008 4	1.000 000 0	ko04510
细胞间紧密连接	272	0.095 399 8	0.734 049 0	ko04530
刺激神经组织的配体-受体相互作用	269	0.275 921 7	0.881 559 2	ko04080
轴突导向	230	0.623 210 6	0.997 857 4	ko04360
微生物代谢	219	0.195 031 7	0.791 552 4	ko01120
内质网蛋白质加工	215	0.150 492 7	0.763 931 8	ko04141
细胞黏附分子	197	0.518 860 5	0.968 952 5	ko04514
白细胞跨内皮迁移	196	0.337 193 6	0.923 509 5	ko04670
钙信号通路	194	0.351 812 0	0.923 510 0	ko04020

续表

通路	靶基因数	P 值	Q 值	对应的信号通路
Wnt 信号通路	190	0.866 450 7	1.000 000 0	ko04310
趋化因子信号通路	189	0.941 428 0	1.000 000 0	ko04062
胰岛素信号通路	184	0.429 379 6	0.936 520 9	ko04910
嘌呤代谢	180	0.269 995 0	0.881 559 2	ko00230
RNA 运输	165	0.885 651 8	1.000 000 0	ko03013
神经营养因子信号通路	164	0.598 286 4	0.994 776 6	ko04722
细胞因子受体互作	149	0.628 938 0	1.000 000 0	ko04060
细胞周期	138	0.804 184 0	1.000 000 0	ko04110
破骨细胞分化	137	0.032 259 0	0.558 487 0	ko04380
黏附连接	137	0.410 904 0	0.932 764 0	ko04520
Jak-STAT 信号通路	125	0.740 380 0	1.000 000 0	ko04630
GnRH 信号通路	124	0.197 293 0	0.791 552 0	ko04912
TGF-beta 信号通路	115	0.882 584 0	1.000 000 0	ko04350
PPAR 信号通路	103	0.964 444 0	1.000 000 0	ko03320
mTOR 信号通路	73	0.434 449 0	0.937 831 0	ko04150
Notch 信号通路	66	0.209 498 0	0.817 337 0	ko04330
脂肪酸代谢	54	0.531 965 0	0.968 953 0	ko00071

通过 Solexa 高通量测序与生物信息学分析,本研究发现团头鲂 sRNAs 长度主要分布在 21~23nt,其中 22nt 的 sRNAs 丰度最高。与 miRbase 数据库比对,鉴定出团头鲂已知保守 miRNAs 共 347 个及 60 个保守的 miRNA*s,对未注释到的 sRNAs 进行了候选 miRNA 预测,共获得 22 个团头鲂候选 miRNAs。鉴定出的团头鲂保守 miRNAs 的表达量变化范围为 1~2 649 630,表明两个文库中高表达的 sRNAs 与低表达的 sRNAs 均被检测到。从 5406 个 sRNAs 中鉴定出 60 对 miRNA:miRNA*s。近年来,许多学者报道了 miRNA*s(miR-#-3p)在生物体中被大量检测到, 且在生物不同发育时期发挥着与 miRNAs 相同的功能(Guo and Lu,2010)。鉴定出的部分团头鲂 miRNA*s 的表达量要略低于 miRNAs 的表达量,猜测是由于 miRNA*s 的表达可能与其自身的降解或降解速度有关,因为 miRNA*s 与 miRNAs 来源于同一前体序列,在转录及后期加工过程中是相同的,一般情况下, miRNA 的互补链在 miRNA 形成后即进入降解途径,因而拷贝数极低,利用传统的小 RNA 克隆方法一般很难检测到。但是也存在部分 miRNA*s 的表达量高于 miRNAs(mam-miR-206-3p、mam-miR-199-3p、mam-miR-124-3p)的表达量,在其他研究中也存在相似的结果,可能是由于 miRNA*s 在生物体中的某一个发育时期具有十分重要的调控作用(Chi et al.,2011)。

在鉴定出的团头鲂保守 miRNAs 中,mam-let-7a-5p 在两个文库中均具有最高的表达量,mam-let-7a 在生长相关组织中的高表达在之前的研究中也有大量的报道。mam-miR-1-5p 作为肌肉特异性的 miRNA,在本研究中其表达量仅次于 mam-let-7a,与肌肉细胞的生成与分化具有重要的调控作用。mam-miR-122 在两个文库中也具有高表达量，mam-miR-122 作为肝脏特异性的 miRNAs 之一，主要参与脂肪与胆固醇代谢调控(Girard et al.，2008；Esau et al.，2006)。大量研究表明，mam-miR-122 为典型的肝脏特异性 miRNA，在肝脏中的表达量高达 70%(Elmen et al.，2008)。这些组织特异性的 miRNAs 在某一组织的高表达也许对调控组织细胞分化与发育具有重要意义。通过统计碱基分布发现，团头鲂 miRNA 序列或候选 miRNA 序列的 5'端首碱基具有尿嘧啶(U)的碱基偏好性，之前的研究结果表明，miRNA 与 AGO 蛋白结合形成 RNA 诱导的沉默复合体从而发挥其生物学功能，而 AGO 蛋白能够与 miRNA 的 5'端尿嘧啶产生较稳定的结合，因此导致了miRNA 序列在 5'端的尿嘧啶碱基偏好性(Cohen and Smith，2014)。

　　miRNA 在生物体中的表达具有明显的时序与组织特异性，其表达量依赖于特定的生理功能与生理状态。本研究中我们通过 Solexa 测序读数分析了团头鲂 miRNA 在大个体与小个体两个不同群体中的表达情况，通过差异表达分析发现 27 个 miRNA 在两个文库中差异表达。部分差异表达 miRNA 在团头鲂生长慢群体文库中的表达量要高于生长快群体文库中的表达量，如 mam-miR-462、mam-miR-92a、mam-miR-92 与 mam-miR-23b。在虹鳟(Bela-Ong et al.，2013)与斑马鱼(Cohen and Smith，2014)的研究中发现，当感染鱼体感染败血病病毒(VHSV)后 mam-miR-462 会上调表达，其功能与鱼类免疫应答有着重要联系。在之前的研究中发现 mam-miR-92a、mam-miR-92 与 mam-miR-23b 与生物体骨髓细胞的扩散及白细胞介素的合成有关(Zhu et al.，2012)。

　　通过茎-环 RT-PCR 对差异表达 miRNA 在团头鲂各个组织中进行定量分析，与其他组织相比，保守的 miRNA 在团头鲂肝脏、脑、肌肉中高丰度表达。然而，候选 miRNA 在团头鲂各个组织中的表达量要低于保守 miRNA，mam-miR-novel4 与 mam-miR-novel18 在鱼类重要的免疫器官脾脏中出现了高表达，由此可以推测这两个 miRNA 对团头鲂免疫功能发挥着重要的调节作用。值得关注的是，mam-miR-novel12 与 mam-miR-novel18 在团头鲂性腺组织中表达量较高，可以猜测其与团头鲂性腺发育有着密切联系。mam-miR-462 与mam-miR-26b 在除了肝脏与性腺组织外的其他组织中表现出较高的表达，推测其在团头鲂各个组织中均发挥着一定的生物学功能，如 mam-miR-462 不仅调控 I 型干扰素的生成，在哺乳动物抗病毒免疫调节中也发挥着重要作用(Bela-Ong et al.，2013)，同时在卵生动物中具有促进卵黄生成的作用(Cohen and Smith，2014)。mam-miR-92a 与 mam-miR-212 的组织表达模式存在相似性，在脑、肌肉及眼组织中的表达量高于其他组织，推测其在团头鲂各组织中发挥着相似的功能。

　　通过对差异表达 miRNA 预测得到的靶基因进行 KEGG 通路分析发现，这些靶基因最具代表性的富集通路为代谢途径。之前的研究表明，代谢途径作为一个复杂的代谢网络，广泛参与脂肪代谢、碳水化合物代谢、氨基酸代谢及能量代谢等。同时，这个复杂的网络在生物体内也具有分解与合成代谢的功能(Moon et al.，1985)。将化学能量物质转化为 ATP 或 NADPH，用于细胞的其他功能，并将大分子前体转化为混合大分子，包括蛋白质、复合碳水化合物、核酸及脂质。在差异表达 miRNA 预测靶基因的富集通路中，MAKP 信号通路作为鱼类骨骼肌关键信号通路，对肌肉细胞的增殖起着决定作用(Fuentes et al.，2011)。在鱼类中，MAPK/ERK 信号通路在早期肌卫星细胞生长过程中被胰岛素样生长因子 I(IGF-I) 激活，而 IGF-I 作为脊椎动物重要调节激素对生长起着关键作用(Wood et al.，2005)。与 MAKP 信号通路相似，胰岛素信号通路也被富集出来，其作为生物体重要的合成代谢相关激素，调节着生物体内重要的生物学过程，如糖类、蛋白质及脂肪的合成与储存，抑制其降解及调控代谢。在富集的信号通路中，TGF-beta 信号通路参与生物体细胞增殖、凋亡、分化和迁移等广泛的细胞功能调节。Wnt 信号通路作为一种在进化中高度保守的信号通路，在生长、发育、代谢和干细胞维持等多种生物学过程中发挥着重要作用。

第二节　抗病性状相关的转录组分析

随着现代生物信息学和测序技术的发展，转录组技术在鱼类研究领域，包括免疫学领域也已被广泛应用。在鱼类细菌性疾病方面，例如，Mu 等(2010)分析了感染嗜水气单胞菌的大黄鱼脾脏转录组和数字基因表达谱(DGE)，发现了 1996 个差异表达的基因，这些基因主要集中在 Toll-like 通路、JAK-STAT、MAPK 通路和 T 细胞受体信号通路。Wang 等(2013)运用转录组测序技术研究了斑点叉尾鲴和长鳍叉尾鲴抗肠道败血症相关候选基因和表达差异显著基因的 SNP。在抗病组和易感组中发现 1255 个差异表达的基因，其中上调的主要是一些急性期反应基因，如 CC 趋化因子、Toll 样受体、补体成分蛋白、MHC 和 TNF 等。此外在易感组和抗病组的 4304 个非冗余基因上发现了 56 419 个显著差异的 SNP。Zhang 等(2015b)将半滑舌鳎的鳗弧菌感染过程中有明显病变症状的鱼、没有明显病变症状的鱼与对照组进行比较转录组学研究，得到 954 个差异表达基因及几个显著富集的代谢通路，鉴定得到许多免疫相关基因，还得到 13 428 个 SSR 和 118 239 个 SNP 位点。本节以团头鲂为研究对象，对其注射嗜水气单胞菌后采取肝脏组织(魏伟，2015)或混合样组织(Tran et al.，2015)进行 Illumina HiSeq 2500 高通量测序，为团头鲂研究提供基因和分子标记资源，并探索团头鲂细菌性疾病的免疫机理。

一、细菌感染后团头鲂肝脏的转录组学研究

(一)*de novo* 组装

成功构建了嗜水气单胞菌感染后 0h、4h、24h 3 个时间点团头鲂肝脏转录组文库，获得 33 692 775 个 raw reads，经过滤除去接头和低质量序列后得到 29 208 421 个 clean reads，高质量 reads 占原始 reads 数的 86.00%，测序质量较高。过滤后的 clean reads 的质量均很高，所有 reads 的各位点平均质量值均在 30 以上，仅有极少数 reads 的部分碱基质量值低于 20，clean reads 的总体重较高，满足后续组装等步骤的需要。

经过 Trinity 组装和 Tgicl 聚类再拼接，共获得 89 743 个长度大于 200bp 的 unigenes，平均长度为 781bp，N50 为 1365bp。其中，长度大于 500bp 的 unigenes 数为 36 917，占全部 unigenes 的 41.14%；长度大于 1000bp 的 unigenes 有 19 479 个，占全部 unigenes 的 21.71%；长度大于 2000bp 的 unigenes 高达 7941 个，占全部 unigenes 数的 8.85%；长度大于 3000bp 的 unigenes 达到 3204 个，占总 unigenes 的 3.57%(图 9-8)。

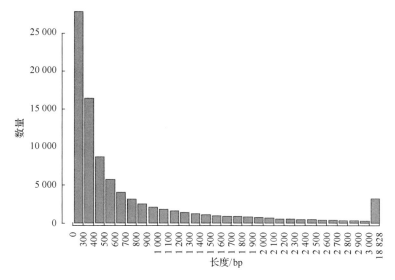

图 9-8　unigene 的长度分布图(魏伟, 2015)

Tran 等(2015)通过对嗜水气单胞菌感染后的团头鲂 6 个组织混合样品测序组装得到 unigenes 为 155 052 个, 比单独肝脏转录组测序获得的 unigenes 数多, 这与肝脏转录组测序的数据量较少及测序样本为单一组织有较大关系。另外, Gao 等(2012)通过对团头鲂 7 个混合组织转录组测序组装得到的 unigenes 有 100 477 个, 亦多于肝脏转录组总的 unigenes 数, 与 Gao 等(2012)使用的是 454 高通量测序平台及混合样测序有关。本研究肝脏转录组中 unigenes 的长度(N50 为 1365bp, 平均长度 781bp)大于 Gao 等(2012)的平均长度(730bp)和 Tran 等(2015)(N50 为 1234bp, 平均长度为 693bp)的, 表明本研究中肝脏转录组的组装效果较好。

(二)unigene 注释及功能位点开发

使用 BLASTX 将得到的 89 743 个 unigenes 分别与 Nr、Swiss-Prot、KEGG、COG 数据库进行比对, 共有 47 044 个 unigenes(52.42%)比对到 Nr 数据库中 29 010 个蛋白质序列上, 其中 39 920 个 unigenes(44.48%)注释到 Nr 数据库中 23 283 个动物蛋白序列上; 有 38 576 个 unigene(42.98%)注释到 Swiss-Prot 数据库中 11 825 个蛋白质序列上; 有 29 971 个 unigene(33.40%)注释到 KEGG 数据库的 23 553 个蛋白质序列上; 13 293 个 unigene(14.81%)比对到 COG 数据库的 4469 个蛋白质序列上。而注释到 Nr、Swiss-Prot、KEGG、COG 任意一个数据库上的 unigenes 有 47 955 个(占全部 unigenes 数的 53.44%)。与 Nr 数据库比对结果中, 有 47 044 个 unigenes 比对到 29 010 个唯一的蛋白质序列上, 注释率为 52.42%, 高于 Gao 等(2012)的 40.59%, Tran 等(2015)的 37.40%。鉴定到的蛋白质序列绝大多数为鱼类的蛋白质序列, 这与 Gao 等(2012)和 Tran 等(2015)转录组结果相符, 其中斑马鱼序列(16 292 个)占 58.36%, 使用 ESTscan 对 unigenes 进行 CDS 预测, 得到 2125 个新的 CDS 序列, 这些序列可能是物种特有的新编码基因(魏伟, 2015)。

根据 COG 注释结果, unigenes 被分为 24 个 COG 类, 其中通用功能中 unigenes 数最多，达到 5348 个，其次是修饰、蛋白质调转、伴侣 2247 个，复制、重组和修复 2017 个、氨基酸运输和代谢 1868 个等(图 9-9)(魏伟，2015)。

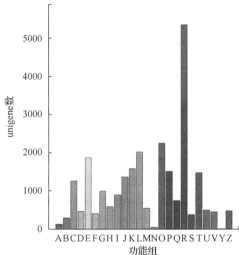

A：RNA processing and modification
B：Chromatin stucture and dynamics
C：Energy production and conversion
D：Cell cycle control，cell division，chromosome partitioning
E：Amina acid transport and metabolism
F：Nucleotide transport and metabolism
G：Carbohydrate transport and metabolism
H：Coenzyme transport and metabolism
I：Lipid transport and metabolism
J：Translation，ribosomal structure and biogensis
K：Transcription
L：Replication，recombination and repair
M：Cell wall membrane envelope biogenesis
N：Cell motility
O：Posttranslational modification，protein turnover，chaperones
P：Inorganic ion transport and metabolism
Q：Secondary metabolites biosynthesis，transport and catabolism
R：General function prediction only
S：Function unknown
T：Signal transduction mechanisms
U：Intracellular trafficking，secretion，and vesicular transport
V：Defense mechanisms
Y：Nuclear structure
Z：Cytoskeleton

图 9-9　unigene 的 COG 功能分类图(魏伟，2015)

A. 核糖核酸加工和修饰；B. 染色质结构和动力学；C. 能源生产和转换；D. 细胞周期控制：细胞分裂和染色体分区；E. 氨基酸运输和代谢；F. 核苷酸运输和代谢；G. 碳水化合物运输和代谢；H. 辅酶运输和代谢；I. 脂质运输和代谢；J. 翻译、核糖体结构和生物发生；K. 转录；L. 复制、重组和修复；M. 细胞壁膜包膜产生；N. 细胞运动；O. 翻译后修饰、蛋白质周转、伴侣；P. 无机离子运输和代谢；Q. 次生代谢生物合成、运输和分解代谢；R. 通用功能；S. 功能未知；T. 信号转导机制；U. 胞内运输、分泌和囊泡运输；V. 防御机制；Y. 细胞核结构；Z. 细胞骨架

根据 unigenes 的 BLAST 注释结果,从有注释信息的 unigenes 序列中截取 CDS 序列,得到 47 195 个 CDS 序列,对于没有注释信息的 unigenes 序列,使用 ESTScan 软件预测得到 2125 个 CDS 序列,最终共得到 49 320 个 CDS 序列,占 unigenes 总数的比例为 54.96%。ESTScan 预测的 2125 个 CDS 序列中很有可能发现新的蛋白质编码序列,那些新序列可能是团头鲂中特有蛋白质序列或者与其他物种序列相似性较低,还有可能在其他物种中也未发现或未被研究报道,这些新序列的研究对于新蛋白质的发现具有一定的价值。大部分 CDS 序列较短,少数序列长度较长,其中 200bp 以上序列有 42 613 个 (86.40%),1000bp 以上序列有 9552 个(19.37%),2000bp 以上序列有 2555 个(5.18%)。

(三)分子标记开发

进一步对 unigenes 库进行了分子标记开发,共筛选出 133 692 个 SNP 和 6035 个 Indel,分布在 20 350 个 unigenes 上。从 7128 个 unigenes 序列上开发得到了 8250 个 SSR 位点(表 9-6),SSR 和 SNP 的分子标记(Indel 除外)数均多于 Gao 等(2012)报道的。在所有的 SSR 中,二核苷酸(Di-)重复类型的 SSR 最多,有 5143 个,占总共 SSR 的 62.34%,Di-SSR 在全部 unigene 的出现频率为 5.73%,平均每 13.64kb 序列中会出现一个 Di-SSR;除了 Di-SSR 外,三核苷酸(Tri-)、四核苷酸(Tetra-)、五核苷酸(Penta-)、六核苷酸(Hexa-)重复类型的 SSR 数目依次递减,分别占所有 SSR 数的 31.72%、5.58%、0.33%、0.04%;SSR 位点在 unigene 中的出现频率为 9.19%,平均每 8.5kb 序列有一个 SSR 位点。

表 9-6　SSR 信息统计（魏伟，2015）

重复类型	数量	百分比/%	在 unigene 中的出现频率/%	平均距离/kb
二核苷酸	5 143	62.34	5.73	13.64
三核苷酸	2 617	31.72	2.92	26.80
四核苷酸	460	5.58	0.51	152.46
五核苷酸	27	0.33	0.03	2 597.46
六核苷酸	3	0.04	0.00	23 377.11
总计/平均	8 250	100	9.19	8.50

经筛选，总共得到 133 692 个高质量（概率值高于 0.99 的变异位点）SNP 位点和 6035 个高质量 Indel 变异位点（其中全部变异位点的筛选是将 3 个样本数据合并后 call SNP，而不是三样本的简单加和）。

（四）差异表达基因分析

对差异表达基因进行分析（图 9-10A）可以看出，*0h-vs-4h* 的差异表达基因（DEG）数为 10 583，*4h-vs-24h* 有 3741 个 DEGs，*0h-vs-24h* 的 DEG 有 8813 个，总 DEG 数为 13 962，3 个组合的 DEG 显示，嗜水气单胞菌感染团头鲂后，短期之内鱼体内免疫调节相关的基因迅速变化，表达量出现明显变化。随着感染时间的延长，部分显著变化的基因的表达量逐渐恢复至感染前的正常水平，表达量显著变化的基因数下降。那些表达量迅速变化之后又逐渐恢复至正常水平的基因可能与鱼体的短期免疫及应激相关。

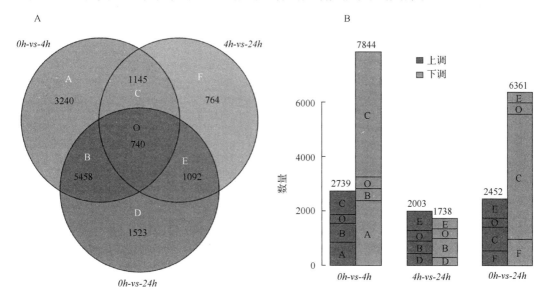

图 9-10　*0h-vs-4h*、*4h-vs-24h*、*0h-vs-24h* 的差异表达基因韦恩图（A）及上下调关系图（B）

图 9-10B 显示，在嗜水气单胞菌感染后的 4h 内，大部分差异表达基因（7844 个，占比 74.12%）表达量显著变化的基因都趋向于下调表达；而在 4～24h 时间段内，表达量上下调的基因数几乎相同；从 0h 到 24h，下调表达基因同样占据了所有差异表达基因的绝大部分，达到 72.18%。整体上，团头鲂在受到细菌感染后，整个机体的基因表达水平呈

现下降趋势, 大部分基因表达量下调, 少量基因呈现上调表达。而在一段时间后, 基因的表达量趋于稳定, 整个机体的基因表达水平相对于正常状态呈现降低趋势, 表明机体在受外来致病菌感染时, 基础代谢水平降低, 免疫相关系统的代谢水平增加, 整个机体的能量代谢由正常状态偏向于免疫状态。

DEG 的 KEGG 富集分析得到 43 个途径, 包括致病性大肠杆菌 (Pathogenic *Escherichia coli*)、金黄色葡萄球菌 (*Staphylococcus aureus*)、霍乱弧菌 (*Vibrio cholerae*) 感染等多个疾病相关的通路, 以及内质网上的蛋白质加工、抗原加工和呈递、补体和凝血级联反应、蛋白质分泌、DNA 复制等多个免疫相关通路, 其他显著富集的途径也大部分与机体的各种基础代谢和免疫相关。

DEG 的 GO 富集得到 16 个细胞组分、22 个分子功能和 33 个生物学过程。显著富集的细胞组分主要与内质网等生物膜及 MHC 蛋白质复合体相关; 显著富集的分子功能与酶活性、抗原结合、铁离子结合、血红素结合等相关; 显著富集的生物学过程与酶活性调节过程、抗原加工与呈递过程、T 细胞、白细胞及淋巴细胞介导的免疫过程、适应性免疫过程、细胞杀伤过程及小分子降解等过程相关。如图 9-11 所示, 除共质体 (symplast)、排斥过程 (chemorepellent)、蛋白质标签 (protein tag)、结构分子 (structural molecule)、生物黏附 (biological adhesion) 等的 DEG 占比低于 unigenes, 其他各个细胞组件、分子功能、生物学过程中, DEG 均比 unigene 有所加强, 尤其是抗氧化 (antioxidant) 过程、细胞杀伤 (cell killing) 过程、细胞死亡 (cell death) 过程、免疫过程的基因。说明团头鲂在感染嗜水气单胞菌后对外来抗原排斥性降低、结构分子减少、生物黏附力减小、抗氧化作用加强、细胞凋亡增多、免疫过程增强 (魏伟, 2015)。

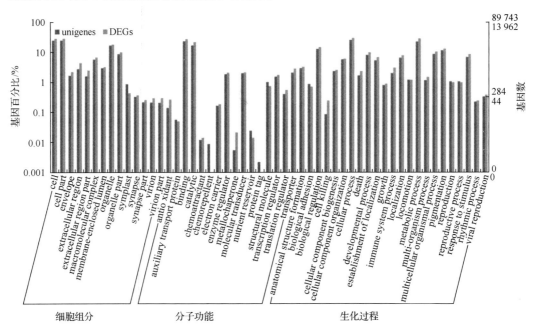

图 9-11 差异表达基因和 unigenes 的 GO 功能注释图

使用 stem 将所有的差异表达基因聚为 8 类，分别为 profile0、profile1、profile2、profile3、profile4、profile5、profile6、profile7，各 profile 的聚类情况如图 9-12 所示，有 4 个显著富集的 profile，分别为 profile0、profile1、profile2 和 profile6，分别包括 1835 个、4594 个、2577 个和 1616 个差异表达基因，其中 profile0 代表团头鲂被感染后的 0h 到 24h 时间段内，表达量一直下降的差异表达基因，profile1 代表表达量先下降后不变的基因，profile2 代表表达量先下降后恢复到正常水平的基因，profile6 代表表达量先上升后不变的基因。

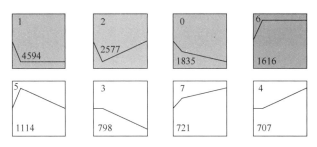

图 9-12　差异表达基因的表达趋势聚类分析示意图

上面数字代表趋势名称，下面数字代表该趋势的基因数目，带有底色的趋势为显著富集的趋势，线条代表该趋势的表达模式

荧光定量 PCR 结果显示补体通路基因的表达与转录组的分析结果基本吻合。鱼体在被感染后的 0h 到 4h 期间，补体的经典途径、旁路途径和凝集素途径均未被激活，之后的 4h 到 24h 期间，3 个通路均处于激活状态。

综上所述，本节对嗜水气单胞菌感染后团头鲂肝脏进行了转录组学分析，共筛选得到 13 962 个差异表达基因，KEGG 富集分析共得到 43 个通路，包括多个疾病相关的通路及多个免疫调节相关的通路。GO 富集分析得到 16 个细胞组分、22 个分子功能及 33 个生物学过程，这些分类与内质网和 MHC 蛋白质复合体、多种酶的活性、抗原结合、铁离子结合、血红素结合、肽段结合、抗原加工与呈递过程、T 细胞、白细胞及淋巴细胞介导的免疫过程、适应性免疫过程、细胞杀伤过程及小分子降解过程等相关，这与大多数鱼类细菌性感染的转录组的研究结果较为相似(Lv et al.，2015；Tran et al.，2015；Sutherland et al.，2014；Xiang et al.，2010)，这些显著富集的通路和 GO 分类与免疫过程紧密相关，为团头鲂的细菌性免疫研究提供了参考。

二、细菌感染后团头鲂肝脏、脾脏、肾脏混合组织转录组学研究

(一)转录组测序和组装

Tran 等(2015)构建了嗜水气单胞菌感染前后两个混合组织(血液、肝脏、鳃、肠、肾脏、脾脏)的 cDNA 文库，用 Illumina 进行两端测序，共获得 114 558 160 个原始序列(总长度 11 455 816 000bp)。经去除接头、短序列和低质量序列后，获得大约 95.6 百万高质量序列，长约 92 亿 bp。对照组 clean reads 数量 4 616 027 243 个(83.6%)，注射组的为 4 560 716 478 个(83.3%)，两组平均读长 96.1bp。

总共获得 253 439 个转录本(201～30 265bp，平均 998bp)，N50 和 N90 分别为 1923bp

和 352bp。总共组装注释得到 155 052 个 unigenes，平均长度 692.9bp，N50 为 1234bp，N90 为 264bp。组装注释基因中长度 250～450bp 的序列最丰富，占 65.9%，超过 1000bp 的有 27 617 个(17.8%)。clean 数据已提交 NCBI 数据库(http://www.ncbi.nlm.nih.gov /traces/sra/)，登录号 srx731259。

用 BLASTX 进行 NCBI 蛋白质数据库搜索，在 155 052 个 unigenes(相似性>30%和 $E=1\times10^{-5}$)中，分别有 58 017 个(37.4%)、42 739 个(27.6%)、58 928 个(38%)、26 393 个(17%)、48 454 个(31.3%)、20 909 个(13.5%)在 NCBI Nr、SwissProt、Tremble、CDD、Pfam 和 KOG 数据库中有有效的比对结果。与 NCBI Nr 数据库 865 个物种的转录组比对的结果表明，与团头鲂相似性最高的是斑马鱼(86%)。

(二)基因功能注释

GO 分类法通常用于对生物体内基因及其产物的功能进行分类。在这项研究中，30 482 个序列被标注为 6434 个 GO 分类的 3 个主要分类：生物学过程(25 242 个)、分子功能(26 096 个)和细胞组分(22 778 个)。在生物过程中，大部分的基因与细胞过程、代谢过程和生物监管相关。在分子功能的范畴，大多数的基因是与结合、催化活性和受体活性相关。在细胞成分分类，大多数基因与细胞、细胞组分和细胞器分类相关。这些结果表明,注释的基因通常与生物过程中的各种条目相关联,正如以前欧洲鲈(Sarropoulou et al.，2009)、草鱼(Chen et al.，2012a)和泥鳅(Long et al.，2013)的转录组分析所显示的。在这项研究中，刺激反应(GO：0050896)和免疫系统过程(GO：0002376)两种分类，在生物过程中的分层为 2 级，并在转录组数据库包含大量的基因(两类分别 6492 个和 839 个)。这些基因涉及化学刺激反应(1245 个序列)、应激反应(1909 个)、对其他生物的反应(189 个)、对外部刺激的反应(444 个)、对内生刺激的反应(423 个)、对生物刺激的反应(215 个)、对非生物胁迫的响应刺激(225 个)、对刺激的反应(1521 个)、免疫反应(595 个)、激活免疫反应(198 个)、免疫系统发育(177 个)和调节免疫系统的过程(353 个)。

真核细胞的直系同源组(KOG)可用来评估转录组的完整性和注释过程的有效性。在这项研究中，20 909 个被注释分为 25 类(图 9-13)。其中，信号转导机制(代码 T)中的基因数最多(7920 个)，其次是一般的功能预测(代码 R)和翻译后修饰、蛋白质周转、伴侣蛋白(代码 O)，分别包含 3872 个和 3172 个。核结构(代码 Y)和细胞迁移(代码 N)两类数量最少，分别为 98 个和 75 个。这些结果为未来研究团头鲂特异生物学过程、基因功能鉴定或特异性状提供了重要而有价值的数据库。

KEGG 数据库通过识别转录水平涉及的生物信号转导途径来预测基因功能。在这项研究中，28 744 个序列被分配到涉及 7 类的 315 个信号通路中。人类疾病和药物开发这两个功能类别含有最多和最少的基因，分别包含 18 512 个和 66 个序列。3 个主要通路是癌症通路(1255 个，ko05200)、PI3K-AKT 信号通路(1176 个，ko04151)和黏着斑(1079 个，ko04510)。有趣的是，与免疫相关疾病相关的几种途径在数据库中显示，76 个直接与免疫系统和病原体感染相关联。这一结果与之前大肠杆菌(LPS)注射后亚洲鲈的转录组分析一致(Xia and Yue，2010)。

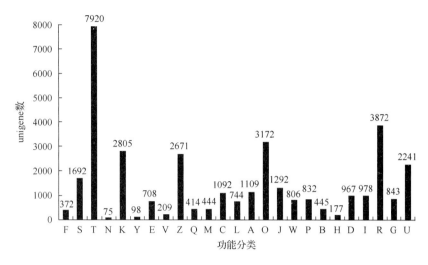

图 9-13　unigene 的 KOG 功能分类图（Tran et al.，2015）

A. 核糖核酸加工和修饰；B. 染色质结构和动力学；C. 能源生产和转换；D. 细胞周期控制：细胞分裂和染色体分区；E. 氨基酸运输和代谢；F. 核苷酸运输和代谢；G. 碳水化合物运输和代谢；H. 辅酶运输和代谢；I. 脂质运输和代谢；J. 翻译、核糖体结构和生物发生；K. 转录；L. 复制、重组和修复；M. 细胞壁膜包膜产生；N. 细胞运动；O. 翻译后修饰、蛋白质周转、伴侣；P. 无机离子运输和代谢；Q. 次生代谢物生物合成、运输和分解代谢；R. 通用功能；S. 功能未知；T. 信号转导机制；U. 胞内运输、分泌和囊泡运输；V. 防御机制；W. 胞外结构；Y. 细胞核结构；Z. 细胞骨架

（三）差异表达基因谱分析

两个转录组之间的差异表达基因用 RPKM 算法确定，消除了不同长度及测序水平对基因表达计算的影响。$Q \leqslant 0.05$，$|\log_2 ratio| \geqslant 1$ 作为基因表达差异的阈值。在基因表达谱的 RPKM 分布中，对照组有 148 103 个（49.4%），感染组有 151 528 个（50.6%）。这些差异表达的 unigene 中，只有 541 个显示出最显著（$Q \leqslant 0.05$）的差异表达，其中的 238 个 unigenes 被成功鉴定，并映射到 125 个基因：101 个基因（被 197 个 unigene 编码，36.4%）显著上调，24 个基因（被 41 个 unigene 编码，7.6%）显著下调。这 541 个 unigenes 中 303 个（56%）被映射到未知的基因，可能是新基因，对这 303 个 unigenes 的表达水平进行了检测，最高上调 8.5 倍，最低下调 11.5 倍。因为在这项研究中发现的基因大部分是未知的或新的，这一研究结果为宿主（团头鲂）和感染性病原体（嗜水气单胞菌）之间的免疫相互作用提供了进一步研究数据。从整个转录组分析，正如预期的那样大多数免疫相关基因差异上调或下调，这是由于嗜水气单胞菌感染引起团头鲂分子水平上的免疫系统激活。差异表达基因分析可被用作进一步研究抗病个体选育的潜在分子标记。

（四）先天性免疫相关基因差异表达的鉴定

在这项研究中，对先天免疫相关的基因进行了 GO 和 KEGG 分析。GO 分类将 238 个显著差异表达的基因（标定到 125 个基因）分配到 377 个 GO 条目，来识别响应刺激表达的免疫相关并参与免疫系统过程的基因。这些基因参与应激反应、氧化应激反应、对缺氧的反应、免疫反应、先天性免疫反应、炎症反应、细胞因子的活性、趋化因子活性、补体活化、抗原处理与表达、MHC II 类抗原加工和经由 MHC I 类途径的抗原肽的抗原加工和递呈。

在 KEGG 注释中，116 个差异表达基因（标定到 92 个基因）注释到 137 个信号通路。在这些通路中 71 个（114 个序列标定到 53 个基因）与免疫系统疾病相关。例如，对于"免疫系统"，我们鉴定了 13 个通路（含 75 个序列标定到 24 个基因），包括补体和凝血级联反应（25 个）、白细胞跨内皮迁移（6 个）、造血细胞谱系（4 个）、NOD 样受体信号（4 个）、趋化因子信号（6 个）、抗原处理与表达（15 个）、自然杀伤细胞介导的细胞毒性（8 个）、肠道免疫网络的 IgA 的产生（1 个）、Toll 样受体信号（2 个）、RIG-I 样受体信号（1 个）、胞内 DNA 传感（1 个）、T 细胞受体信号（1 个）与 B 细胞受体信号（1 个）。在本研究中得到的信号通路相关联的免疫系统和疾病过程类似于以前在嗜水气单胞菌感染后斑马鱼（Lu et al.，2015）中的研究。以往的研究报道，Toll 样受体、信号转导、MAPK、p53、Wnt、TGF-b、Notch、ErbB、VEGF、mTOR 和钙信号可能受细菌感染（Jung et al.，2011）的影响。

（五）通路分析

众所周知鱼类具有先天免疫和适应性免疫，先天免疫系统是鱼类在感染后对入侵病原体的自然反应的第一道防线。要了解感染反应的关键机制，应进行信号通路分析。这部分研究的主要目的是了解团头鲂被嗜水气单胞菌感染后在转录水平的免疫反应，确定相关的免疫过程和免疫相关组件的几个途径。这些途径先前已在许多物种中确定，包括补体和凝血级联反应、趋化因子信号通路、抗原加工与提呈、Toll 样受体信号、白细胞跨内皮迁移、T 细胞受体信号转导、造血细胞谱系、B 细胞受体信号和自然杀伤（NK）细胞介导的细胞毒作用（Mu et al.，2010；Xia et al.，2010；Chen et al.，2012b；Long et al.，2013）。Toll 样受体信号和补体级联反应在细胞内的反应过程与团头鲂的先天免疫系统相关。

Toll 样受体（TLRs）是一类重要的模式识别受体，通过启动细胞内信号转导在真菌和细菌感染的先天免疫反应中发挥关键作用，从而参与炎症基因表达的抗病毒反应与树突状细胞的成熟。TLRs 刺激后，激活胞浆接头蛋白髓样分化因子 88（MyD88）依赖和独立的途径，刺激诱发炎性细胞因子表达的核因子的激活（Barton and Medzhitov，2003；Takeda and Akira，2004）。Tran 等（2015）基于哺乳动物数据库进行了一个详细的团头鲂 TLR 信号通路在嗜水气单胞菌感染下先天性免疫系统诱导的分子机制的阐释。该途径包括 TLRs 及其相应的接头蛋白的下游效应，确定了其中 216 个序列。几种 TLRs，包括 TLR1、TLR2、TLR3、TLR4、TLR5、TLR6、TLR7、TLR8 和 TLR10，在团头鲂中被确定。注释的基因中，145 个（标定 47 个基因）表达上调，71 个（标定 29 个基因）表达下调。然而，只有 TLR5 和 NF-κBIA 在该途径中显示出显著差异上调表达。

补体系统在先天免疫和适应性免疫中发挥重要作用，包括微生物杀灭、吞噬功能、炎症反应、免疫复合物清除、抗体产生呼吸爆发、趋化和细胞溶解。补体级联反应可以用 3 种不同的方式激活：经典的补体激活途径、补体凝集素途径和补体替代途径。在目前的研究中，一些补体成分和受体，包括补体 C1q A B C 子亚基，补体 1r、1s、C2、C3、

C4、C5、C5a、C6、C7、C8A、C8B、C8G、C9、CR1/CD35、CR2/CD21，补体因子 B、D、I、H 和 SERPING1/C1INH 等在团头鲂的转录组中均被识别。在这个包括补体和凝血级联反应的通路中，发现其他的一些基因，如 α2-巨球蛋白，补体 C3、C7、C9，纤维蛋白原 α 链、纤维蛋白原 β 链和纤维蛋白原 γ 链(但不包括凝血因子 II、凝血酶)，在团头鲂的转录谱中均上调表达。这些蛋白质中的 C3、C7、C9 直接与补体级联反应有关，而其他的成分与凝血级联反应有关。

(六)qRT-PCR 分析

随机选取 7 个参与免疫反应的差异表达基因进行 qRT-PCR 验证。选定的基因与通路，如补体和凝血级联反应(C3、C7 和 C9)、Toll 样受体信号(TLR5 和 NFKBIA)、白细胞跨内皮迁移(matrix metalloproteinase-9，MMP9)、抗原加工和呈递(组织蛋白酶 L，CTSL)相关联。在不同时间点(4h、12h 和 24h)对感染后鱼的 3 个组织(肝脏、脾脏、肾脏)的候选基因的表达进行了测定，结果与转录谱分析基本一致。

总之，使用 Illumina 高通量测序技术，对团头鲂人工感染嗜水气单胞菌的肝脏、脾脏及肾脏混合组织的转录组进行了研究。对 155 052 个序列进行了鉴定和功能注释。嗜水气单胞菌感染后团头鲂转录组有 238 个序列(标记到 125 个基因)显著上调或下调。在已知的表达基因中，鉴定出 53 个免疫相关基因，分布在 71 个信号通路中。参与免疫系统和疾病过程的差异表达基因的表达模式在感染后不同时间点的肝脏、脾脏和肾脏中进行了 qRT-PCR 验证。此外还确定了 10 877 个微卫星位点，为进一步选择有用的遗传标记(包括相关抗病性状)提供了基本信息。因此，研究结果扩展了我们对团头鲂感染嗜水气单胞菌后的免疫机制的理解，包括免疫相关基因的表达与多种信号途径参与。

三、细菌感染后团头鲂肝脏小 RNA 组学研究

大量研究报道已证明 miRNA 在先天免疫、适应性免疫应答和细菌感染中扮演着重要的角色(Huang et al.，2012a；O'Connell et al.，2010；Qi et al.，2014)。为了鉴定团头鲂中与感染嗜水气单胞菌相关的 miRNA，Cui 等(2016)使用 Illumina 高通量测序技术对未感染嗜水气单胞菌(0h)和感染 4h、24h 后的团头鲂肝脏组织构建了 3 个小 RNA 文库并进行了测序。

(一)小 RNA 测序数据概况

为了研究嗜水气单胞菌感染后团头鲂肝脏 miRNA 的表达情况，Cui 等(2016)通过 Hiseq 2000 高通量测序技术对未感染(0h)和嗜水气单胞菌感染 4h、24h 后的团头鲂肝脏组织的小 RNA 进行了测序分析，构建了 3 个小 RNA 文库。通过测序，3 个文库分别获得 13 916 974 条、11 975 199 条和 10 468 772 条原始数据。原始数据经过过滤去除低质量、接头及长度范围在 18～30bp 以外的序列，最终分别获得 11 244 207 个、9 212 958 个和 7 939 157 个高质量序列(clean reads)用做后续的分析。各种类序列所占比例见表 9-7。

表 9-7　　小 RNA 测序数据量统计　　　　　　　　　　　　　　（%）

类型	0h 占总 reads 的百分比	4h 占总 reads 的百分比	24h 占总 reads 的百分比
总 reads 数	100.00	100.00	100.00
低质量 reads	0.00	0.00	0.00
带有 'N' reads	0.04	0.04	0.04
长度<18nt	5.79	9.77	12.46
长度>30nt	13.37	13.25	11.66
clean reads	80.79	76.93	75.84

随后为了进一步评价测序质量,统计分析了过滤后的 clean reads 的碱基长度分布。图 9-14 可以看出,3 个小 RNA 文库的 clean reads 的长度分布情况类似。大部分小 RNA 长度分布在 20~24nt。这与已知的 miRNA 典型长度相符合,同时也是 Dicer 酶酶切后产物的长度。其中 22nt 长度的 clean reads 所占比例最多,在 0h、4h 和 24h 3 个库中分别占 49.18%、54.51%和 53.48%。这些高质量的 clean reads 可以用作 miRNA 后续进一步的分析,尽管 3 个小 RNA 库的 clean reads 的长度分布情况类似,但是具有一定的差异,这表明部分 miRNA 可能在不同的样品之间存在差异。

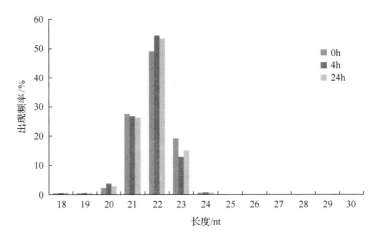

图 9-14　3 个团头鲂肝脏小 RNA 文库高质量序列长度分布

(二)公共及特有序列分析

统计分析了 3 个文库之间公共序列和特有序列的种类及其数量分布情况。3 个文库的公共和特有序列所占比例见表 9-8。从表 9-8 中可以看出,3 个文库两两之间的公共序列比较集中,但是序列种类差异较大说明测序整体上的一致性是比较好的。

表 9-8 公共及特有序列统计

类型	特有序列/个	百分比/%	全部 sRNA/个	百分比/%
总 sRNA(0h 和 4h)	1 337 186	100.00	9 447 947	100.00
0h 和 4h 的公共序列	116 159	8.69	8 095 885	85.69
0h 的特异序列	747 551	55.90	834 811	8.84
4h 的特异序列	473 476	35.41	517 251	5.47
总 sRNA(0h 和 24h)	1 298 126	100.00	8 164 099	100.00
0h 和 24h 的公共序列	113 038	8.71	6 855 711	83.97
0h 的特异序列	750 672	57.83	832 767	10.20
24h 的特异序列	434 416	33.46	475 621	5.83
总 sRNA(4h 和 24h)	1 023 042	100.00	9 083 496	100.00
4h 和 24h 的公共序列	114 047	11.15	8 094 008	89.11
4h 的特异序列	475 588	46.49	519 128	5.72
24h 的特异序列	433 407	42.36	470 360	5.18

(三)各类小 RNA 注释

将 clean reads 分别与 GeneBank、Rfam 和 Repbase 数据库进行比对，获得除 miRNA 以外其他非编码 RNA 的注释信息，各种类小 RNA 所占比例如图 9-15 所示。结果显示，3 个小 RNA 文库中其他种类的小 RNA 所占比例均较低，这说明测序质量是比较好的。作为样品的质控标准 rRNA 所占比例通常情况下应低于 40% 才能表明该样品质量较好。而本节中 rRNA 在 3 个库中所占比例分别为 4.37%、4.83% 和 6.45%，进一步表明测序结果质量较高。过滤掉其他种类的小 RNA 后，最后分别获得 8 967 663 个(0h)、7 437 425 个(4h) 和 6 342 311 个(24h)个序列用作后面 miRNA 的进一步分析。

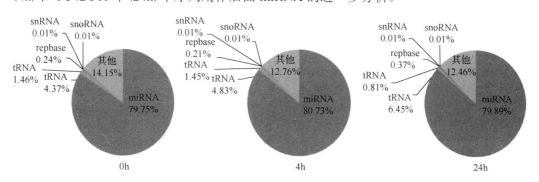

图 9-15 团头鲂肝脏 3 个小 RNA 文库中各类小 RNA 的注释(见文后彩图)
图中数值代表各种类小 RNA 占总 RNA 的比例

(四)团头鲂肝脏 miRNAs 表达分析

1. 团头鲂 miRNAs 的鉴定

为了鉴定团头鲂肝脏组织中保守的 miRNAs，首先将获得的序列与 miRBase 21.0 中已知的成熟 miRNAs 进行比对，最多只允许一个碱基的错配。最终 3 个文库中共鉴定到分属于 84 个家族的 171 个保守的 miRNAs。在这 171 个保守的 miRNAs 中，168 个 miRNAs 被检测到在 3 个文库中共表达。一个 miRNA（miR-153b）仅在 0h 和 24h 文库中检测到，两个 miRNAs（miR-2187-5p 和 miR-459-5p）仅在 0h 和 4h 文库中被检测到。保守 miRNA 的 reads 数从 1 到 4 185 500 不等，表明保守 miRNAs 表达范围比较广泛。在 3 个文库中，miR-122、miR-22a、miR-100、miR-192 和 miR-21 是 5 个表达丰度最高的 miRNAs。表 9-9 展示了 3 个文库中表达丰度最高的前 10 个 miRNAs。

表 9-9　3 个小 RNA 库中前 10 个高丰度表达的 miRNAs

0h		4h		24h	
miRNA	reads 数	miRNA	reads 数	miRNA	reads 数
miR-122	4 185 500	miR-122	1 847 241	miR-122	1 949 028
miR-22a	1 110 016	miR-22a	1 382 260	miR-22a	1 188 866
miR-100	630 796	miR-192	724 173	miR-192	503 300
miR-192	550 271	miR-100	605 151	miR-100	496 321
miR-21	221 724	miR-148	305 995	miR-148	168 563
miR-143	213 361	miR-143	257 189	miR-21	164 521
let-7a	144 256	miR-101a	175 935	miR-126a-5p	143 079
miR-126a-5p	141 629	miR-126a-5p	171 509	miR-143	130 810
let-7e	125 862	let-7e	170 094	miR-146a	106 451
miR-148	107 536	miR-21	144 253	let-7e	105 735

参考斑马鱼基因组，通过软件 miRDeep2 预测新的 miRNAs。最终共鉴定到 62 个新的 miRNAs，其中 miR-novel60 仅仅在 0h 文库中表达。图 9-16 展示了部分预测的新 miRNAs 的二级结构。有趣的是，我们发现在 3 个库中大部分新的 miRNAs 的 reads 数较保守的 miRNAs 低。最后为了确定预测到的新 miRNAs 的存在，我们以 0h 未感染组的总 RNA 为模板，采用 RT-PCR 的方法对随机挑选的 10 个新 miRNAs 进行检测。结果如图 9-17 所示，在挑选的 10 个新的 miRNAs 中均扩增出了目的条带，条带大小在 100bp 左右，而且对应的阴性对照组并没有扩增出条带。通过以上结果我们推测预测的新 miRNAs 确实存在。

研究证明与一些新发现的 miRNAs 相比，进化上保守的 miRNAs 一般具有相对较丰富的表达（Berezikov et al.，2005；Yi et al.，2013）。在本研究中，一部分在物种中进化保守的 miRNAs 在 3 个文库中均被鉴定到，而且具有较高丰度的表达，如 miR-122、miR-22a、miR-192、miR-100 和 miR-21。但是新预测的 miRNAs 普遍表达量较低。半滑舌鳎和鲤 miRNA 转录组研究中也发现了类似的现象（Sha et al.，2014；Zhao et al.，2016b）。miR-122 是一类在哺乳动物肝脏中特异表达的 miRNA，有研究表明，miR-122 与丙型肝炎病毒的感染有关。另外，鱼类中也有报道显示，在病原体感染后 miR-122 的表达会显著下调（Sha et al.，2014；Wu et al.，2012）。本研究中发现在 3 个文库中 miR-122 均具有最丰富的表达，并且在细菌感染后均出现下调表达，这些均暗示着其在宿主抵抗病原微生物感染中起着重要的作用。与本实验结果类似的，在牙鲆变态发育的过程中也发现 miR-22a 和 miR-192 具有很高的表达水平（Fu et al.，2011b）。综上所述，本研究中鉴定到的表达丰富的 miRNAs 在物种之间是高度保守的，推测它们在团头鲂肝脏感染嗜水气单胞菌后的基础生物进程和免疫反应中起着重要的作用。但如果要更好地了解这些 miRNA 参与机体免疫反应的分子机制，则需要进一步的实验研究来探索这些 miRNAs 在鱼类细菌感染中的作用。

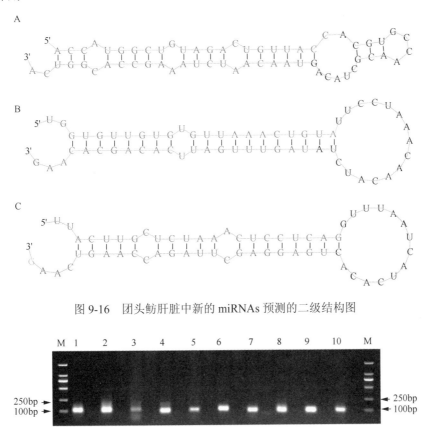

图 9-16　团头鲂肝脏中新的 miRNAs 预测的二级结构图

图 9-17　RT-PCR 鉴定预测的新 miRNAs

2. 差异表达 miRNAs 的鉴定

为了鉴定团头鲂肝脏组织中与嗜水气单胞菌免疫相关的 miRNAs，我们分析比较了 3 个库中 miRNAs 的表达情况，从而鉴定差异表达的 miRNAs（图 9-18）。通过 3 个组的两两比较共鉴定获得 73 个显著差异表达的 miRNAs。与对照组相比，在感染后 4h 和 24h 的文库中分别有 38 个和 24 个 miRNAs 显著上调，23 个和 20 个 miRNAs 显著下调。但是与 4h 文库对比，在感染后 24h 文库中仅有 8 个 miRNAs 呈差异表达，其中包括 4 个显著上调的 miRNAs（miR-301c、miR-novel2、miR-novel11 和 miR-novel56）和 4 个显著下调的 miRNAs（miR-10a-5p、miR-10b、miR-153c 和 miR-499）。除此之外，如图 9-18D 所示，仅有一个 miRNA（miR-499）在 3 组两两比较中均为差异表达。有趣的是，大部分差异表达的 miRNAs（79.01%）在嗜水气单胞菌感染 4h 后就显著上调或者下调表达，说明大部分的 miRNAs 在细菌感染早期就被激活。部分显著差异表达的 miRNAs 在 3 个库中均具有较高的表达量,如 miR-152、miR-148、miR-101a、miR-141、miR-200c 和 miR-216b(RPKM ＞10 000)。

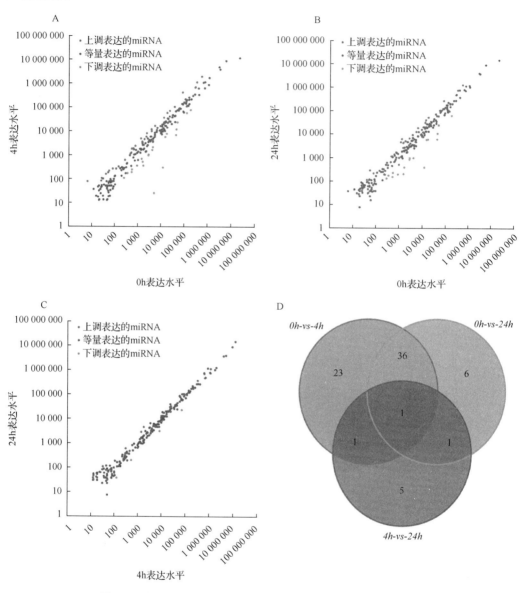

图 9-18　团头鲂肝脏 3 个库中差异表达的 miRNAs(见文后彩图)

A、B、C 散点图分别显示 0h、4h 和 24h3 个库中的 miRNAs 的表达水平,每个点代表一个 miRNA,红色代表显著上调的 miRNAs,绿色代表显著下调的 miRNAs;D 维恩图显示 3 个库中差异表达 miRNAs 的分布情况,重叠部分代表组与组之间共表达的差异表达 miRNA 的数目

在团头鲂肝脏感染嗜水气单胞菌后共获得 73 个显著差异表达的 miRNAs,包括 53 个保守的 miRNAs 和 20 个新的 miRNAs。其中部分 miRNAs 已经在哺乳动物中被鉴定与免疫相关,如 miR-148、miR-152、miR-101a、miR-141、miR-200c、miR-146、miR-217 和 miR-375。miR-148 和 miR-152 同属于 miR-148 家族。研究表明,用 TLR 激动剂刺激树

突细胞后，miR-148、miR-152 均被诱导显著上调，两者通过靶向调控 *CaMKIIα* 基因从而抑制 *MHC II* 的表达和细胞因子的产生。通过这种负调控免疫细胞可以防止免疫反应的过度激活(Liu et al.，2010)。本研究在细菌感染后也发现 miR-148、miR-152 被诱导上调，而且 miR-152 上调倍数最多(4h：4.89 倍；24h：3.14 倍)。

3. qRT-PCR 验证

为了验证测序结果的准确性，随机选取了 9 个 miRNAs 对其在团头鲂肝脏感染嗜水气单胞菌后的表达情况进行 qRT-PCR 验证。根据高通量测序结果，9 个 miRNAs 中包括 2 个高表达量的保守 miRNAs(miR-122 和 miR-146a)、6 个差异表达的 miRNAs(miR-141、miR-34a、miR-216b、miR-222a、miR-429b 和 miR-499)和 1 个新的 miRNAs(miR-novel54)。如图 9-19 所示，qRT-PCR 验证的结果显示 9 个 miRNAs 的相对表达量与测序结果基本一致。

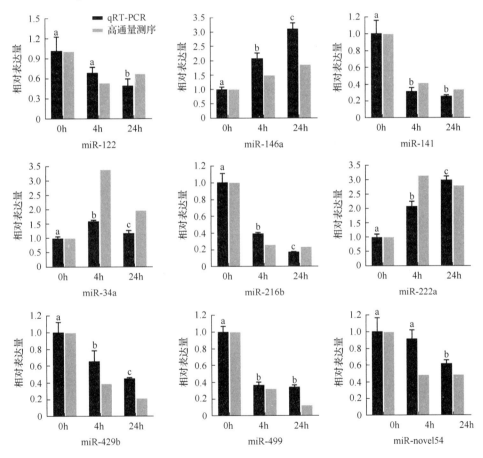

图 9-19　qRT-PCR 验证 9 个 miRNAs 在 3 个库中的相对表达水平

miRNA 在 0h 的表达水平设置为 1。数据以 3 次重复实验的平均值±标准差。

数据使用单因素方差分析，不同的字母代表 3 个库间 miRNA 表达水平差异显著($P<0.05$)

(五)差异表达 miRNAs 的靶基因预测及功能注释

miRNA 发挥作用主要是通过调控相关的靶基因表达间接实现的，据估计大概有 60%

的 mRNA 是受 miRNA 调控的，其中有一些 miRNAs 被认为可以作为主要的调控者同时参与多个细胞途径(Chan et al.，2013)。越来越多的研究表明 miRNA 在免疫反应中具有重要作用(Gantier et al.，2007；O'Connell et al.，2012)，并且成为诊断各种疾病的生物标志物(Wang et al.，2010)。

为了更好地了解差异表达 miRNAs 的生物学功能，我们利用 Miranda 和 RNAhybrid 软件参考斑马鱼基因组和本实验室已有的团头鲂转录组数据进行靶基因预测。最终 73 个差异表达 miRNAs 共预测到 87 486 个靶标，包括 63 086 个团头鲂 EST 序列。与未感染(0h)相比，感染后 4h 和 24h 分别预测到 83 973 个和 69 621 个靶基因。随后，我们从团头鲂 EST 序列预测的靶基因中获得了 94 个免疫相关的基因做进一步分析。这些免疫相关基因涉及干扰素、白介素、肿瘤坏死因子、细胞因子、Toll 样受体和补体等，它们在抵抗细菌入侵和感染中扮演着重要的角色(Chen et al.，2015；Zhang et al.，2013b，2014)。结果显示，大多数的靶基因在不同的位点同时受到多个 miRNAs 的共同靶向调控，少部分基因仅预测到一个靶向调控的 miRNA。

为了进一步了解嗜水气单胞菌感染后团头鲂肝脏差异表达 miRNAs 可能参与的生物学过程，我们对软件预测到的靶基因进行了 GO 富集分析。GO 富集分析结果显示，所有的靶基因共富集到 888 条细胞组分、2319 条分子功能和 6454 条生物学过程 GO 分类中。显著性分析后，共得到 52 条细胞组分、136 条分子功能和 262 条生物学过程显著富集(P<0.05)。差异表达 miRNAs 靶基因显著富集的细胞组分主要集中在内质网、微管和细胞骨架等相关的结构上，说明预测的靶基因可能与细胞内部这些蛋白质合成和分泌密切相关。显著富集的分子功能则主要包括 ATP 结合、铁离子结合和血红素结合等。显著富集的生物学过程，主要参与 DNA 依赖的转录调控、蛋白质磷酸化和氧化还原生物过程等。所有差异表达 miRNAs 靶基因的 GO 功能分类如图 9-20 所示。

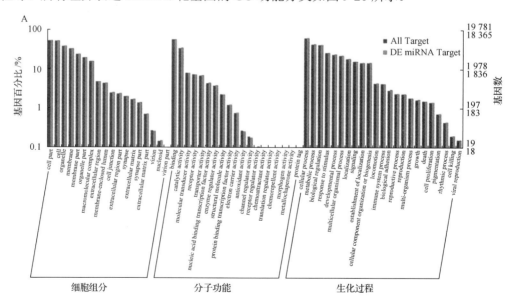

图 9-20　差异表达 miRNAs 靶基因的 GO 功能注释图

A、B、C 分别为 *4h-os-0h*、*24h-os-0h* 和 *24h-os-4h* 两两比较差异表达 miRNAs 靶基因 GO 注释图

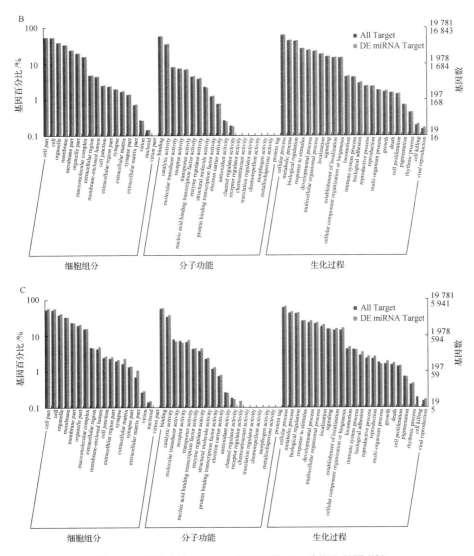

图 9-20　差异表达 miRNAs 靶基因的 GO 功能注释图（续）

　　生物体内基因之间通过相互协调完成特定的生物学功能。为了了解差异表达 miRNAs 靶基因可能参与的生物学通路和调控的生物学功能，分析其在嗜水气单胞菌感染过程中所起到的作用，我们对靶基因进行 KEGG 富集分析。预测的靶基因共注释到 216 条信号通路，其中 28 条信号通路显著富集（$P<0.05$）。显著富集的信号通路中与免疫相关的主要通路包括：MAPK 信号通路、Wnt 信号通路、内吞作用、吞噬体和细胞外基质受体等。除此之外还有 Toll 样受体信号通路、细胞因子-细胞因子受体信号通路和细胞黏附等。

（六）差异表达 miRNAs 的靶基因验证

　　miRNA 主要通过与靶基因的 3′UTR 互补结合从而参与基因的转录后调控（Lagos-Quintana et al.，2001）。我们从前面靶基因预测获得的 94 个免疫相关基因中随机挑选了

TF、*TFR*、*TRAF6*、*NFIL3*、*TAK1*、*TAB1* 和 *IL-6* 基因与其预测的 miRNA 进行了进一步的验证。图 9-21 展示了 miRNA 与预测的对应靶基因结合的位点图。

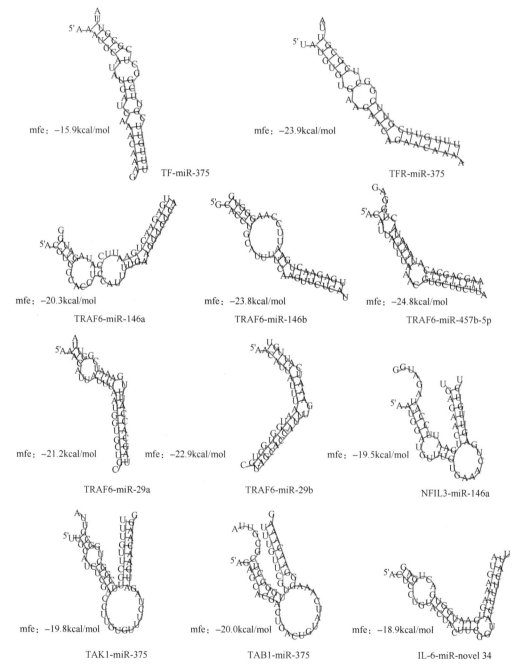

图 9-21 miRNA 与预测的对应靶基因结合的位点图（见文后彩图）

红色代表靶基因序列，绿色代表 miRNA 序列

为了了解预测的 miRNAs 是否参与嗜水气单胞菌的免疫反应，首先我们通过 qRT-PCR 检测了其在团头鲂肝脏感染嗜水气单胞菌 0h、4h 和 24h 后的表达情况。结果如图 9-22 所

示,嗜水气单胞菌感染后,除 miR-375 表达量呈下降趋势外,miR-146a、miR-146b、miR-29a、miR-29b、miR-457b-5p 和 miR-novel34 表达量均呈上升趋势。其中 miR-146b 和 miR-29b 在嗜水气单胞菌感染 4h 后表达量并没有太大变化,所以我们选择了 miR-146a、miR-29a、miR-375、miR-457b-5p 和 miR-novel34 进行后续的实验。

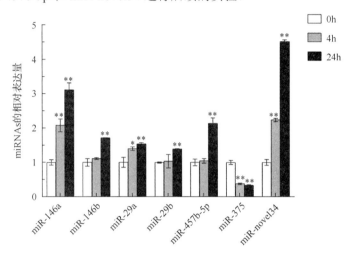

图 9-22　预测的免疫相关 miRNAs 感染嗜水气单胞菌后在团头鲂肝脏中的表达模式

数据以 3 次重复实验的平均值±标准差($n=3$,*$P<0.05$,**$P<0.01$)

　　为了进一步验证 miRNAs 靶基因预测结果的正确性,我们通过 PCR 克隆了靶基因的 3'UTR 序列,通过 *Xho* I 和 *Not* I 酶切将其插入 psi-check2 载体中构建成相应野生型的质粒。然后通过重叠 PCR 的方法,将构建的野生型质粒中对应的 miRNA 结合位点进行突变,最后用同样的方法插入 psi-check2 载体中,构建成对应的突变质粒。

　　将构建好的质粒和对应的 miRNA 模拟物(或模拟物阴性对照)共转染 HeLa 细胞,转染 24h 后收集细胞检测双荧光素酶的活性。*NFIL3* 基因中共预测发现 miR-146a 的两个结合位点,两个位点对应的突变质粒分别命名为 mut1 和 mut2(图 9-23A)。转染 miR-146a 模拟物后 psi-check2-*NFIL3*-3'UTR 的荧光素酶活性受到显著的抑制,突变第一个位点后抑制作用仍然存在,而当突变第二个位点后抑制作用消除。并且同时突变两个位点后其荧光素酶的活性与对照组没有显著的差异(图 9-23B)。以上结果说明 miR-146a 可以靶向作用于 *NFIL3* 基因的 3'UTR,而且是通过第二个结合位点发挥作用。*IL-6* 基因与 miR-novel34 的双荧光素酶活性实验结果显示,转染 miR-novel34 模拟物之后,可以显著抑制其报告质粒的活性,而突变质粒却没有抑制作用(图 9-23C、D)。

　　预测结果还发现,miR-375 同时靶向 *TAK1* 和 *TAB1* 两个基因,并且在 *TAK1* 基因的 3'UTR 有两个预测结合位点(图 9-23E)。双荧光素酶活性检测结果显示(图 9-23F)miR-375 对 psi-check2-*TAK1*-3'UTR 报告质粒活性具有显著抑制作用,并且两个预测位点均发挥作用。但是 miR-375 对 psi-check2-*TAB1*-3'UTR 报告质粒的活性并没有抑制作用(图 9-23G、H)。

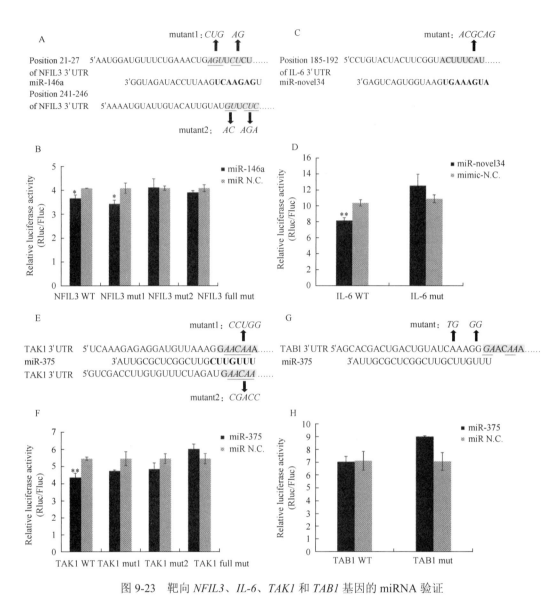

图 9-23 靶向 *NFIL3*、*IL-6*、*TAK1* 和 *TAB1* 基因的 miRNA 验证

A、C、E、G. miRNA 种子序列和与其互补的基因 3'UTR 结合位点。加粗、加底色分别代表 miRNA 种子区序列和对应基因 3'UTR 互补序列，对应的突变位点用斜体标注。B、D、F、H. 靶基因荧光素酶报告载体活性检测。数据以 3 次重复实验的平均值±标准差($n=3$，$*P<0.05$，$**P<0.01$）

  TRAF6 和 *TAK1* 基因是 TLR/NF-κB 信号通路中重要的信号分子，在病原微生物感染后，两者可以激活下游的信号通路，进而启动免疫应答抵抗病原微生物的入侵(Lu et al..，2002；Mao et al.，2011)。在鱼类研究中发现 *TRAF6* 和 *TAK1* 同样在免疫反应中发挥着重要的作用(贾生美，2014；陈燕等，2015)。而 IL-6 是一类重要的促炎因子，在鱼类免疫方面发挥着重要的作用(Fu et al.，2016b)。NFIL3 即 E4BP4 是免疫反应和免疫细胞发育过程中非常重要的亮氨酸拉链(bZIP)转录因子(Yu et al.，2014；于鸿燕，2015)。鱼类作为低等的脊椎动物，非特异免疫反应是其抵抗病原微生物的主要防线(范泽军等，2015)。

而在硬骨鱼类中，受 NFIL3 影响的免疫细胞和细胞因子与其先天性免疫又是息息相关的（徐晓雁，2015）。

综上总述，在本节的研究中获得了嗜水气单胞菌感染后团头鲂肝脏的小 RNA 表达谱，通过 qRT-PCR 的方法分析了 miR-146a、miR-29a、miR-375 和 miR-novel34 在团头鲂肝脏感染嗜水气单胞菌后的表达情况，发现它们均可以受细菌感染的诱导发生显著上调或者下调。进一步的靶基因预测和双荧光报告载体实验初步验证了 miR-146a、miR-375 和 miR-novel34 分别可以靶向作用于 NFIL3、TAK1 和 IL-6 基因的 3'UTR，从而抑制相应基因的表达（Cui et al.，2016）。研究结果表明，这些 miRNAs 在团头鲂对嗜水气单胞菌的免疫响应过程中发挥着重要的作用，并且推测其可能通过调控相应的靶基因表达来参与免疫反应。但是需要更多的研究来进一步证实其在团头鲂免疫应答中的具体功能。

第三节　耐低氧性状相关的转录组分析

随着新一代高通量测序技术的发展，全面快速获取特定组织或器官在某一状态下的转录本序列信息成为可能。在缺乏基因组信息参考的情况下，转录组测序技术也可对物种的整体转录活动进行检测（闫绍鹏等，2012）。转录组测序成了研究性状潜在主效基因及表达调控的有效途径（Garg et al.，2011），在鱼类研究中已得到广泛的应用，如虹鳟（Salem et al.，2010）、大西洋鳕（Johansen et al.，2011）及鲤（Ji et al.，2012）等。

(一) de novo 组装

通过转录组寻找低氧相关的基因或信号通路成为研究低氧调节分子机制的重要手段，如在斑马鱼、青鳉及团头鲂等物种中（Woods and Imam，2015；Lai et al.，2016；Li et al.，2015）。而肌肉组织是生物体重要的运动器官，在机体中占比最大，其在低氧胁迫条件下的调整机制对机体低氧适应起到重要作用，但相关的研究匮乏。对团头鲂 F_3 代后备亲本进行低氧处理（同第五章第三节），选取最开始出现缺氧腹部翻转的 5 尾团头鲂，作为低氧敏感个体（MS）及最后出现缺氧腹部翻转的 5 尾团头鲂，作为低氧耐受个体（MT），在实验前随机选取 5 尾作为对照个体（MC），采用 IlluminaHiSeqTM 2500 高通量测序平台，对耐氧程度不同的团头鲂肌肉组织进行了深度转录组测序（Chen et al.，2017），以期在转录水平上了解团头鲂低氧响应的分子机制。测序结果总共获得了 96 934 854 个 raw reads，经过过滤去除低质量 reads 后，MC、MS 和 MT 分别获得了 29 874 837 个、29 401 944 个和 28 924 108 个 clean reads，总获得比例为 90.99%。3 个样本的 GC 含量范围为 49.1%～49.8%。Phred 值大于 20（Q20）、30（Q30）的碱基占总体碱基的百分比范围（对应的正确碱基识别率分别为 0.99 和 0.999）分别为 93.8%～94.3% 和 88.2%～89.0%（表 9-10）。

表 9-10　3 种低氧处理团头鲂肌肉样本序列产出质量

样本	raw reads 数	clean reads 数	clean bases/Gb	Q20/%	Q30/%	GC 含量/%
MC	32 869 766	29 874 837	3.73	93.8	88.2	49.4
MS	32 380 267	29 401 944	3.68	94.2	88.9	49.8
MT	31 684 821	28 924 108	3.62	94.3	89.0	49.1
总计	96 934 854	88 200 889	11.03			

对团头鲂的转录本进行了 *de novo* 拼接组装, 总共获得了 68 739 个拼接转录本(平均长度为 943bp, 范围为 201～21 643bp), 转录本的 N50 和 N90 值分别为 1764bp 和 341bp。获得 44 493 个 unigenes(平均长度为 1307bp, 范围为 201～21 643bp), 相应的 N50 和 N90 值分别为 1986bp 和 576bp。unigene 碱基长度主要分布在 200～500bp, 占全部序列的 29.0%, 序列长度超过 1000bp 的有 19 838 个(44.6%)(图 9-24)。

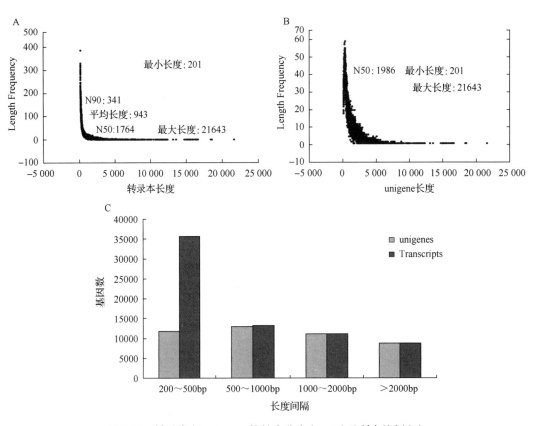

图 9-24　转录本和 unigenes 的长度分布(A、B)及所占比例(C)

(二)unigenes 功能注释及分类

为了得到比较全面的功能信息, 我们利用 BLASTX 在 7 个公共数据库中对获得的 unigenes 进行功能注释, 并进行了 COG、GO 和 KEGG 通路分类分析。57 303 个 unigenes

在 7 个数据库中注释成功的 unigenes 范围为 13 748～33 882 个，相应的注释成功比例为 23.99%～59.12%，在 7 个数据库中都注释成功的 unigenes 为 8027 个，占总 unigenes 数的 14%，至少在一个数据库中注释成功的数目为 40 536 个，占 70.73%，而在数据库中没有得到同源序列的 unigenes 数及其占总 unigene 数的比例分别为 16 767 个和 29.27%。

为了获取本物种基因序列与近缘物种基因序列的相似性及本物种基因的功能信息，通过与 Nr 数据库进行比对注释，结果显示绝大部分 unigenes（79.6%）在斑马鱼上可得到注释，接着是墨西哥丽脂鱼（5.4%）、虹鳟（2.3%）、草鱼（1.0%）、深裂眶锯雀鲷（0.9%）和其他（10.8%）（图 9-25）。

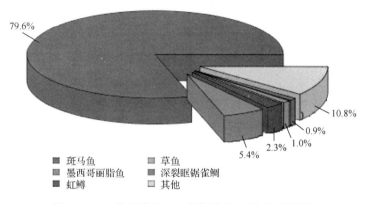

图 9-25　Nr 数据库比对上的物种分布（见文后彩图）

22 448 个 unigenes 在 GO 数据库中注释成功，按照生物过程，细胞组分和分子功能进行分类，获得 50 个二级分类条目，2581 个四级 GO 条目。在生物学过程分类条目中，有 21 个二级条目，其中主要集中在细胞过程（13 493）、单一生物过程（11 395）、代谢过程（11 309）、生物调控（6659）和生物过程调控（6416）。在细胞组分条目中，有 17 个二级分类条目，其中功能注释主要集中在细胞组分（9228）、细胞（9228）、细胞器（6160）、大分子复合物（5249）和膜（4845）。在分子功能分类条目中，有 12 个二级分类条目，主要集中在结合（13 960）、催化活性（8979）、运输活性（1640）、核苷的结合转录因子活性（994）、分子转导活性（937）和受体活性（687）。

13 748 个 unigenes 在 KOG 数据库中注释成功，按照 KOG 分类要求，将注释成功的功能分为 26 个类别（图 9-26）。其中包含基因最多的类别是信号传导机制（2912, 21.18%），接着是常规功能预测（2684, 19.52%），转录后修饰、蛋白转换及分子伴侣（1292, 9.40%），转录（993, 7.22%）、细胞内转运、分泌和包囊运输（886, 6.44%）、细胞骨架（838, 6.10%）等，以上功能包括 69.86% 的注释条目。另外，767 个 unigenes（5.58%）和 4 个 unigenes（0.03%）分别分类在功能未知类和未命名的蛋白质类。

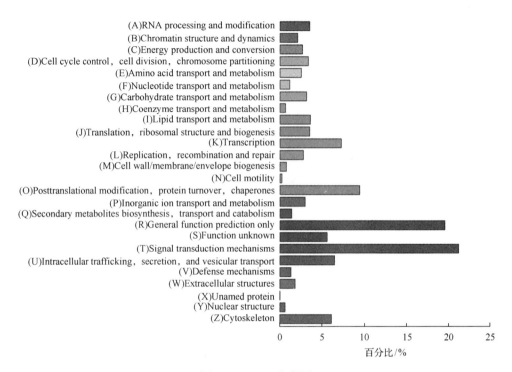

图 9-26　KOG 分类图

15 820 个 unigenes 在 KEGG 数据库上共计注释到 264 个代谢通路上，根据参与的 KEGG 代谢通路分为 5 个分支：细胞过程、环境信息处理、遗传信息处理、代谢和有机

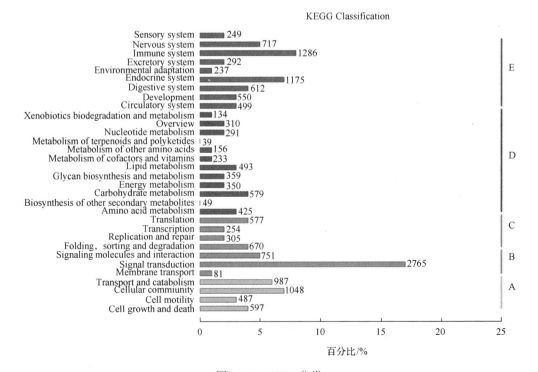

图 9-27　KEGG 分类

系统。细胞过程分支包含 3740 个基因(23.64%)，其中注释到基因个数最多的 3 个通路依次是黏着斑、肌动蛋白细胞骨架调节和内吞作用)，其占该分支总基因的比例依次为 14.57%(545 个)、13.02%(487 个)和 12.43%(465 个)。环境信息处理分支包含 7111 个基因(44.95%)，其中注释到基因个数最多的 3 个通路依次是 PI3K-Akt 信号通路、Rap1 信号通路和 MAPK 信号通路,其占该分支总基因的比例依次为 9.04%(643 个)、7.28%(518 个)、6.50%(462 个)。遗传信息处理分支包含 2003 个基因(12.66%)，其中注释到基因个数最多的 3 个通路依次是内质网的蛋白质加工、泛素介导的蛋白降解和 RNA 运输，其占该分支总基因的比例依次为 13.28%(266 个)、9.73%(195 个)、9.73%(195 个)。代谢分支包含 4737 个基因(29.94%)，其中注释到基因个数最多的 3 个通路依次是嘌呤代谢、碳代谢和氧化磷酸化，其占该分支总基因的比例依次为 5.47%(259 个)、4.03%(191 个)、3.93%(186 个)。有机系统分支包含 9936 个基因(62.81%)，其中注释到基因个数最多的 3 个通路依次是趋化因子信号通路、心肌中肾上腺信号和催产素信号通路，其占该分支总基因的比例依次为 3.38%(336 个)、3.29%(327 个)和 3.23%(321 个)(图 9-27)。

(三)差异基因表达分析

差异基因分析显示 MS 和 MC 间有 326 个基因存在显著表达差异，其中 34 个基因(10.43%)上调表达，292 个基因(89.57%)下调表达。MT 和 MC 间有 366 个基因存在显著表达差异，其中 103 个基因(28.14%)上调表达，263 个基因(71.86%)下调表达。在 MS 和 MT 两个样本间有 140 个基因存在显著表达差异,其中 125 个基因(89.29%)上调表达，15 个基因(10.71%)下调表达(图 9-28)。

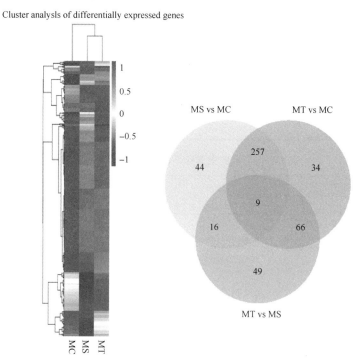

图 9-28　实验组间差异表达基因分析维恩图

MS vs MC、MT vs MC 和 MS vs MT 3 个比较组合间均存在差异的基因数为 9 个，MS vs MC 和 MT vs MC 间有 266 个差异基因，MT vs MC 和 MT vs MS 间有 75 个差异基因，MS vs MC 和 MS vs MT 间存在 25 个差异基因（图 9-28）。对于 MS vs MC 和 MT vs MC 间的 426 个差异基因，根据基因在 MS vs MC 和 MT vs MC 中的上调和下调特点，划分为 8 个不同的类别：MS vs MC 和 MT vs MC 都上调的基因、MS vs MC 和 MT vs MC 都下调的基因、MS 上调 MT 下调的基因、MT 上调 MS 下调的基因、只在 MS 上调的基因、只在 MS 下调的基因、只在 MT 上调的基因和只在 MT 下调的基因。248 个基因在低氧敏感和低氧耐受群体中均下调，占 58.2%，85 个基因只在低氧耐受群体中上调，占 20.0%，不存在在低氧敏感群体中上调而在低氧耐受群体中下调的基因（表 9-11）。整体上看，在低氧胁迫条件下差异表达基因中下调基因的数目要大于上调的差异基因，这与虹鳟肌肉转录组中的研究结果一致（Wulff et al.，2012），也和哺乳动物肌肉低氧条件下蛋白质组学研究中下调的蛋白质比上调的蛋白质多的结果相符（de Palma et al.，2007），表明肌肉组织应对低氧胁迫，主要是通过抑制基因表达而不是启动基因表达的方式来响应，当然基因的表达变化与低氧暴露时间和强度也有关。在 MT 与 MS 中部分靠前的上调和下调差异表达基因见表 9-12。

表 9-11　不同处理间差异表达基因的表达模式

类别	基因表达模式	数量
I	MS 和 MT 都上调的基因	15
II	MS 和 MT 都下调的基因	248
III	MS 上调 MT 下调的基因	0
IV	MT 上调 MS 下调的基因	3
V	只在 MS 上调的基因	19
VI	只在 MS 下调的基因	41
VII	只在 MT 上调的基因	85
VIII	只在 MT 下调的基因	15
共计		426

表 9-12　靠前的上调和下调差异表达基因（部分）

基因	基因表达倍差		基因编号	基因名称
	MS vs MC	MT vs MC		
Patl2	−8.9495	−6.5456	XP_683261.4	PREDICTED：protein PAT1 homolog 2（斑马鱼）
Rnf217	−8.5027	−7.9061	XM_016260041	PREDICTED：*Sinocyclocheilus grahami* probable E3 ubiquitin-protein ligase RNF217
—	−7.2587	−6.6621	AAI15068.1	Zgc：55888（斑马鱼）
eefla	−7.2551	−7.8512	AAH49512.1	Wu：fi12b10 protein（斑马鱼）
—	−7.2118	−9.2002	NP_001037797.1	uncharacterized protein LOC555399（斑马鱼）
Acp5	−6.7509	−8.8324	BAF51966.2	tartrate-resistant acid phosphatase（鲫）
Cdx	−6.7395	−7.1429	CAA56695.1	cdx1（鲤）
—	−6.7129	−8.4382	XP_007232694.1	PREDICTED：kelch domain-containing protein 2-like（墨西哥脂鲤）

续表

基因	基因表达倍差		基因编号	基因名称
	MS vs MC	MT vs MC		
Pif1	−6.5804	−6.3988	NP_942102.1	ATP-dependent DNA helicase PIF1（斑马鱼）
Fbxo43	−6.4163	−7.8197	NP_956725.1	F-box only protein 43（斑马鱼）
Elovl7	−6.3971	−7.27	NP_956072.1	elongation of very long chain fatty acids protein 7（斑马鱼）
Tob	−6.3608	−7.1179	AAY14591.1	B-cell translocation protein 4a（斑马鱼）
—	−6.3037	−7.3727	Q9I954.3	Thymosin beta-b（鲤）
—	−6.2895	−7.1523	XP_005169499.1	PREDICTED：carbonic anhydrase XV b isoform X1（斑马鱼）
—	—	−7.1691	NP_001096594.1	forkhead box protein R1（斑马鱼）
Jmjd3	−2.6026	3.2228	XP_005172296.1	PREDICTED：lysine-specific demethylase 6B（斑马鱼）
Csrnp	−2.4631	2.1686	XP_688758.3	PREDICTED：cysteine/serine-rich nuclear protein 1（斑马鱼）
Nr4a3	−2.1501	3.194	XP_009290607.1	PREDICTED：nuclear receptor subfamily 4 group A member 3 isoform X2（斑马鱼）
—	3.2541	4.1644	XP_009304421.1	PREDICTED：immediate early response gene 2 protein（斑马鱼）
Atp2a	3.5132	3.1353	NP_957259.1	sarcoplasmic/endoplasmic reticulum calcium ATPase 2（斑马鱼）
Tnnt2	3.7141	3.4387	NP_001188470.1	troponin T2e, cardiac isoform 2（斑马鱼）
Tnnc1	3.7217	3.3227	NP_001002085.1	troponin C type 1b（slow）（斑马鱼）
Actb_g1	3.7555	3.4716	AAA37165.1	alpha-cardiac actin, partial（子鼠）
Myl10	3.7689	3.2445	NP_001017871.1	myosin, light chain 10, regulatory（斑马鱼）
Myl3	3.9426	3.425	NP_956810.1	uncharacterized protein LOC393488（斑马鱼）
Myl2	4.0136	3.4569	XP_007259489.1	PREDICTED：myosin regulatory light chain 2B（墨西哥脂鲤）
Myh6_7	4.069	4.4168	NP_001096096.2	slow myosin heavy chain 2（斑马鱼）

为了验证转录组的测试质量，我们随机选取了 9 个基因进行 qRT-PCR 验证，结果显示，8 个基因 qRT-PCR 的表达结果与测序的结果一致，cdx1 基因的定量结果虽然没有完全与测序结果吻合，但是两者在下调表达方面的表现一致（表 9-13）。

表 9-13　9 个选择基因 qRT-PCR 验证

基因序号	基因	转录组测序		实时荧光定量	
		MS vs MC	MT vs MC	MS vs MC	MT vs MC
c21708_g1	il-1β	−6.44*	−5.08*	−2.10*	−5.23*
c19640_g1	hsp90β	1.36*	1.87*	3.02*	4.57*
c16025_g1	tnnt2	3.71*	3.44*	2.01*	2.76*
c8601_g1	cdx1	−4.53*	−6.15*	−0.81	−1.69*
c51934_g1	tf	3.82*	1.89*	2.58*	1.98*
c20225_g1	hif-3α	0.62	1.06*	0.93	2.50*
c11068_g1	hbegfα	−1.86*	−1.10	−3.91*	−0.24
c16623_g1	nr4a1	0.43	2.77*	0.45	2.68*
c20962_g2	hif-1α	0.34	0.47	0.45	0.13

*表示两者间的差异显著（$P < 0.05$）

差异基因的 GO 功能显著性富集分析表明，MS vs MC 中下调的差异表达基因显著富集在 9 个生物学过程，主要包括以下 GO 功能条目：细胞组分组织（GO：0016043，42 个 unigenes），细胞组分装配（GO：0022607，25 个 unigenes），大分子复合物装配（GO：0065003，19 个 unigenes），大分子复合物亚单位组织（GO：0043933，19 个 unigenes），细胞大分子复合物装配（GO：0034622，18 个 unigenes），细胞分裂（GO：0051301，14 个 unigenes）。MT vs MC 下调的差异表达基因显著富集 13 个生物学过程，包括以下主要 GO 功能条目：细胞组分组织（GO：0016043，39 个 unigenes），细胞周期（GO：0007049，22 个 unigenes），大分子复合物装配（GO：0065003，17 个 unigenes），大分子复合物亚单位组织（GO：0043933，17 个 unigenes），细胞大分子复合物装配（GO：0034622，17 个 unigenes），细胞周期过程（GO：0022402，16 个 unigenes），蛋白复合物装配（GO：0006461，14 个 unigenes），蛋白复合物生化合成（GO：0070271，14 个 unigenes），细胞分裂（GO：0051301，14 个 unigenes）（图 9-29）。

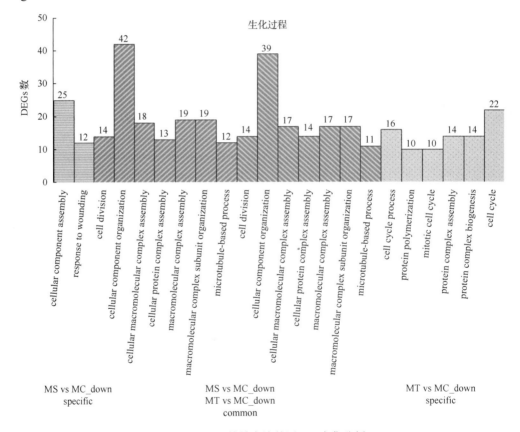

图 9-29　下调差异表达基因 GO 富集分析

MS vs MC 中上调的差异表达基因显著富集在 9 个生物学过程，包括以下主要 GO 功能条目：系统加工（GO：0003008，5 个 unigenes），血液循环（GO：0008015，4 个 unigenes），循环系统过程（GO：0003013，4 个 unigenes），心脏收缩（GO：0060047，4 个 unigenes），心脏过程（GO：0003015，4 个 unigenes）。MT vs MC 中上调的差异表达基因显著富集在

16 个生物学过程，包括以下主要 GO 功能条目：单-多细胞生物体过程(GO：0044707，20 个 unigenes)，生物过程负调控(GO：0048519，12 个 unigenes)，细胞过程负调控(GO：0048523，10 个 unigenes)，有机物应激(GO：0010033，8 个 unigenes)，脂类应对(GO：0033993，5 个 unigenes)，激素刺激细胞应激(GO：0032870，5 个 unigenes)，激素刺激反应(GO：0009725，5 个 unigenes)，系统加工(GO：0003008，5 个 unigenes)(图 9-30)。

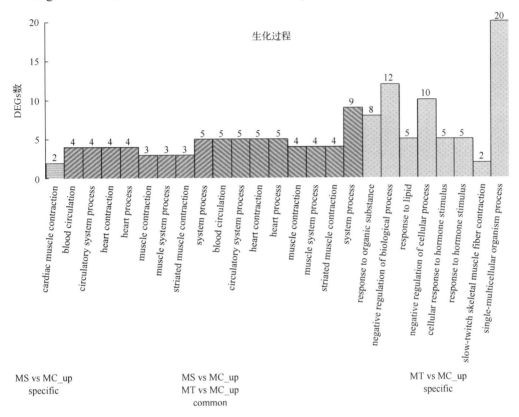

图 9-30　上调差异表达基因 GO 富集分析

不同基因在生物体内相互协调行使其生物学功能，低氧耐受和低氧敏感群体中差异表达基因参与的主要生物化学代谢途径和信号转导途径包括 FoxO 信号通路、心肌收缩、DNA 复制、p53 信号通路、细胞周期等通路显著富集(图 9-31)。而参与低氧调控经典的 HIF-1 信号通路 *mnk*、*tf*、*vegf* 和 *pfk2* 等基因表达差异显著，且在低氧条件下高表达。另外，研究也发现 4 个基因(*hspb8*、*csrnp1*、*sik1* 和 *vsnl1a*)在 MT vs MC 中上调，CSRNP 家族在斑马鱼中包括两个同源物，在果蝇中只有一个同源物 *DAxud1*，功能分析显示 *DAxud1* 调节细胞周期和凋亡，认为是一个肿瘤抑制因子(Glavic et al.，2009)，而斑马鱼 Csrnps/Axud1 对于头部神经祖细胞的扩张和存活至关重要(Feijóo et al.，2009)，敲除 *csrnp1a* 可造成祖细胞中红细胞缺陷(Espina et al.，2013)。*Sik1* 基因在细胞周期的调控、肌肉生长分化及肿瘤的抑制中起重要作用(Romito et al.，2010；Berdeaux et al.，2007；Cheng et al.，2009)。研究也发现 HSPB8 参与细胞周期、细胞迁移(Piccolella et al.，2017)，

而 *vsnl1a* 作为氧化还原感应因子在调节细胞中钙离子浓度及氧化应激中起重要作用(Liebl et al.，2014)。本研究也发现 FoxO 信号通路却仅仅在 MT 与 MC 显著富集。研究发现转录因子 FoxO 家族参与多种细胞生理过程(如细胞凋亡)和周期、葡萄糖代谢及氧化应激(Hedrick，2009；Greer and Brunet；2005；Eijkelenboom and Burgering，2013)，但这几个基因及通路是否与团头鲂的低氧耐受能力有关还需要进一步研究。

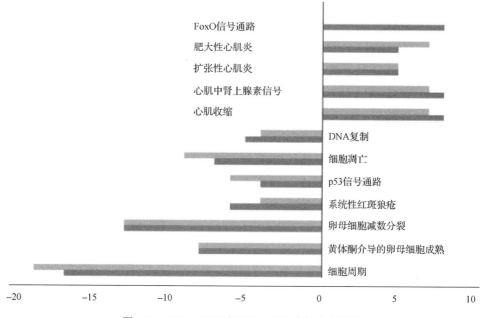

图 9-31　MT vs MC 和 MS vs MC 中的富集通路

同一细胞或组织的基因表达模式在不同环境条件及生长时期是不完全相同的，转录组具有空间性和时间性，是基因组与外部生命活动的动态联系，可以从整体水平上反映生物体器官、组织或细胞在特定发育和生理时期的全部基因表达水平(董迎辉，2012)。本节中通过对团头鲂低氧胁迫肌肉组织转录组进行高通量测序，得到 88 200 889 个 clean reads，获得比例为 90.99%，拼接后最终获得 57 303 个 unigenes，平均长度为 807bp，N50 为 1465bp。Gao 等(2012)采用 454GSFLX 测序技术对团头鲂混合家系中不同生长表现个体 7 个混合组织样本测序得到 100 447 个 unigenes 序列，Tran 等(2015)对团头鲂注射嗜水气单胞菌后 6种混合组织进行转录组测序得到 unigenes 序列数为 155 052 个，均比本实验中的 unigenes数多，这可能与本研究中转录组测序样本为单一组织有较大关系。但本实验中获得的unigenes 的长度大于前两者(平均长度分别为 730bp 和 693bp)，表明转录组的组装效果较好。Nr 数据库比对注释的结果表明，团头鲂的基因与斑马鱼具有较高的同源性(79.6%)，这与抗病转录组的研究结果基本一致(78.60%)(Tran et al.，2015)，但要高于生长转录组的结果(55.0%)(Gao et al.，2012)，表明经过几年的发展，团头鲂或者相近物种的分子基础研究不断增加，相关基因注释信息越来越多，同时，这也反映新一代高通量转录组测序技术的先进和稳定性。qRT-PCR 分析结果显示，8 个基因 qRT-PCR 的表达结果与测序的结果一致。另外，Khurana 等(2013)通过收录 PubMed 中 3500 多篇文献的 72 000 多条低氧调控相关蛋白质数据，建立了人类低氧相关基因数据库(http://www.hypoxiadb.com/)，50%以上差异基因均可以在其中找到相同或相似的基因。这些结果均表明，团头鲂低氧肌肉组织转录组测序数据质量良好、数据可行，有利于后续的研究。

整体上看，在低氧胁迫条件下差异表达基因中下调基因的数目要大于上调的差异基因，这与虹鳟肌肉转录组中的研究结果一致(Wulff et al.，2012)，也和哺乳动物肌肉低氧条件下蛋白质组学研究中下调的蛋白质比上调的蛋白质多的结果相符(de Palma et al.，2007)，表明肌肉组织应对低氧胁迫，主要是通过抑制基因表达而不是启动基因表达的方式来响应，当然基因的表达变化与低氧暴露时间和强度也有关。

不管是低氧敏感群体还是低氧耐受群体，下调的差异基因均集中在蛋白和大分子复合物的组装和组织过程。微管是构成细胞骨架的重要部分，在很多细胞过程中都起到重要的作用，如细胞结构、细胞质构成、转运、运动性和染色体分裂。骨架微管由 α 和 β 微管蛋白异质二聚体构成，虽然在低氧敏感群体和低氧耐受群体中没有发现微管蛋白 β 的表达变化，但微管蛋白 α 在两者中都受到了抑制。由于多数蛋白质转运与微管有关，因此可以推测在低氧条件下肌肉细胞中以微管为基础的蛋白质转运过程受到影响。另外一个关于微管和蛋白质转运的发现是驱动蛋白和动力蛋白在两个群体中也受到抑制。在细胞中驱动蛋白和动力蛋白被认为是沿着静止的微管通道运输货物的动力马达，在微管介导的转运中起重要作用(Cianfrocco et al.，2015)。因此，我们推测在低氧胁迫下微丝蛋白、驱动蛋白和动力蛋白的下调表达与蛋白质合成和转运等过程相关。鲫肌肉组织低氧胁迫的研究也证实了蛋白质的合成速度的降低(Sänger 1993)。最后，在低氧胁迫下肌酸激酶的 mRNA 水平降低，这也与蛋白质和大分子复合物组装和组织的抑制结果吻合。由于蛋白质在机体中的含量最为丰富，低氧抑制有关蛋白质的过程，如合成、运输和组装，在鲫、鰕虎鱼(Ctenogobius giurinus)中都被观察到(Smith et al.，1996；Gracey et al.，2001)，显示这可能是低氧胁迫下鱼类机体的一种普遍反应和节约能量的重要策略，与低氧耐受能力无关。

低氧敏感和低氧耐受转录组中上调的差异基因富集的生物学功能主要涉及肌肉收缩和血液循环，这和在斑马鱼(Ton et al.，2003)和鰕虎鱼(Gracey et al.，2001)中观察到大部分编码收缩蛋白的基因表达下调的结果不同，这可能与鱼类低氧耐受的生境特异有关，鰕虎鱼生活在溶氧水平低的洞穴中，是一种典型的低氧耐受鱼类。当面临低氧环境时，鱼体会采取一些生态途径。由于空气中氧气浓度高，水面呼吸被认为是可以满足氧气供应而代价最小的方式，是鱼类应对低氧的一般反应。低氧引起鱼类自发游泳活力的研究已经在多种鱼类中开展，表现出个体差异和种类特异。一般在轻微缺氧条件下，游泳活力受到抑制以达到保存能量的目的，但随着氧浓度降低到临界氧浓度以下，鱼体表现出游泳活力增强，这种行为一种解释是逃离或躲避的努力，另一种解释是鱼体在水面呼吸的同时可以改善水体表面的氧气交换(Fu et al.，2014)。实验过程中团头鲂表现出类似的行为，在开始时团头鲂从水底层游动到中上层，并偶尔进行水面呼吸，随着溶氧浓度的持续降低，鱼体开始躁动的游动，直到最后身体失去平衡停在水面进行呼吸。慢肌纤维特定蛋白，如原肌球蛋白 C1 和 I(tropomyosin C1 and I)、肌凝蛋白重链 2(myosin heavy chain 2)、肌球蛋白轻链 2 和 3(myosin light chain 2 and 3)，在低氧环境下的高表达，表明肌肉组织从快速肌肉转换为慢肌肉以减缓运动的强度，节省能量，这可能就是上调差异基因富集肌肉收缩生物过程的原因。肌红蛋白是一种细胞质血红蛋白素，主要存在于骨骼肌中，其可逆地与氧结合并促进氧扩散，有利于低氧时存储氧(Jr et al.，2012)，在低氧敏感和低氧耐受群体中都呈现上调表达，这与在低氧适应研究中发现鱼体肌肉肌红蛋白浓度增加的结果吻合(Sänger，1993；Wittenberg and Wittenberg，2003)。

为了了解低氧胁迫下团头鲂响应的基因和生物学过程，我们比较了不同低氧处理组的基因表达情况，低氧耐受和低氧敏感群体共发现有 426 个差异表达的基因，其中 266 个存在于低氧敏感个体与低氧耐受个体中，60 个仅存在于低氧敏感个体，100 个仅存在低氧耐受个体，低氧耐受群体差异表达基因显著富集的生物学过程数目比低氧敏感群体要多，表明随着低氧胁迫的持续，更多的基因和生物学过程被调动起来。根据实验结果，我们可以初步推断出团头鲂肌肉组织应对低氧胁迫过程动用的生物学过程的顺序。首先，低氧敏感群体中特异的生物学过程最先被启动，包括细胞组分装配和损伤反应的下调及心肌收缩的上调；接着，低氧敏感和低氧耐受群体中共同表现的生物学过程得到激活，如细胞组分和大分子复合物组装和组织的下调及促进血液循环和心脏收缩的上调；最后，低氧耐受个体中特异的生物学过程开始工作，包括单多细胞机体过程，生物过程负调控和细胞过程的上调及细胞周期和蛋白复合物生物合成的下调。这表明肌肉组织应对低氧胁迫的主要目的在于保持低能量水平，新陈代谢能量需求的控制能力可能就是团头鲂个体转录组差异的潜在功能结果。在低氧条件下能量供应紧缺，动物降低能量需求以保持能量平衡从而延长存活时间(Mandic et al.，2013)。所以，团头鲂个体间低氧耐受的差异可以归因于鱼体通过下调生物学过程降低能量消耗，保持有限能量供应的能力。

转录组的结果与实验品种、发育阶段、取样组织及实验条件(如处理时间和强度)等都有关。在很多鱼类中，降低能量水平和增加糖酵解酶是肌肉组织应对缺氧的主要途径(van der Meer et al.，2005；Alfieri et al.，2015)，但是本实验未发现糖酵解酶存在表达差异，如被认为是细胞能量代谢中关键的葡萄糖磷酸变位酶和磷酸丙酮酸水合酶，在低氧敏感和低氧耐受个体中均没有发现表达的差异。一种可能是肌肉组织已有的高糖酵解能力足够胜任低氧条件下的代谢需求(Gracey et al.，2001)。另外，糖酵解酶调控存在不一致，如在同一个组织中 α 磷酸丙酮酸水合酶是上调表达而 β 磷酸丙酮酸水合酶则下调表达(de Palma et al.，2007)。Abbaraju 和 Rees(2012)认为酶活性差异的机制具有酶和组织特异性，不能对糖酵解通路中所有酶用同一标准(Nikinmaa，2002)。

在大部分哺乳动物细胞中低氧诱导因子(HIF)被认为是应对低氧转录响应的主要调控器(Semenza et al.，1996)。目前，已确认的 hif-1 下游基因有 100 多个，涉及红细胞生成/铁代谢、葡萄糖代谢、细胞增殖、血管生成、细胞凋亡及其他与低氧相关的氧运输或代谢适应基因(Semenza，2001a，2001b；Manolescu et al.，2009)。尽管有研究发现低氧条件下骨骼肌中 hif-1α 表达水平升高(Stroka et al.，2001)，然而本实验中的 hif-1α 的表达水平没有明显变化，另一篇团头鲂的低氧研究也得到类似结果，在严重低氧处理 4h 后，团头鲂肝脏和肾脏中 hif-1α 的 mRNA 水平没有发现明显差异(Shen et al.，2010)。这可能与低氧处理的时间、物种及组织的不同有关，另外 hif-1α 的表达不仅可以在转录过程进行调控，还可以进行转录后调控(Lundby et al.，2009；Geng et al.，2014)。我们也发现 hif-3α 在低氧耐受群体中存在显著上调表达。一般认为 *hif-1α* 和 *hif-2α* 是主要的转录启动者，*hif-3α* 抑制它们的活性，但是也有研究证明 *hif-3α* 也是重要的氧依赖转录因子，对低氧启动一种特殊的转录响应(Zhang et al.，2014)。另外，一些 HIF 调控的重要基因在本实验中被发现存在差异表达，如血管内皮生长因子(VEGF)，转铁蛋白(TF)和热休克蛋白(HSP)。这些结果为了解 HIF 在团头鲂低氧胁迫中介导的转录调控机理提供了一定的依据。

第四节　肌间骨性状相关的组学分析

一、不同组织转录组分析

鱼类的肌间骨在鱼体主轴骨骼全部出现后才开始分化出现，它是由肌隔结缔组织中的成骨细胞阶段性的、连续同源骨化而来的(Patterson and Johnson，1995)。已有的肌间骨研究主要集中在肌间骨数量、形态、分布和进化方面，尚未有肌间骨相关的分子水平的研究。随着新一代测序技术的发展，RNA-Seq 被广泛用于特定组织或细胞基因表达模式的研究。为了探究团头鲂肌间骨发生发育的分子机制，本研究进行了团头鲂肌间骨、肌隔结缔组织及肌肉组织的显微结构观察，并基于其组织结构差异性进行了三个组织间的比较转录组分析(Liu et al.，2017)。表达分析揭示了大量组织间差异表达基因及组织特异性基因，并对其生物学功能进行了注释。本研究结果为理解肌间骨发生发育机制提供了重要的参考信息。

(一)组织结构比较分析

为观察团头鲂肌间骨及其相关组织(肌间骨外周肌隔结缔组织与普通肌肉组织)的显微结构特征，我们对 6 月龄团头鲂进行了 3 种组织的取样，在制作组织切片后进行了苏木精-伊红(HE)染色观察。显微观察结果显示肌间骨是由肌隔结缔组织包裹的，且肌隔结缔组织的形态特征显著不同于肌肉组织(图 9-32A)。染色结果显示着色的细胞核集中性的分布在肌隔结缔组织中。此外，图 9-32B 显示了分化出肌间骨的肌隔结缔组织的形态特征。这些显微观察结果的获得为研究肌间骨分化起源提供了重要的基础信息，也为不同组织转录组的分析提供了参考。

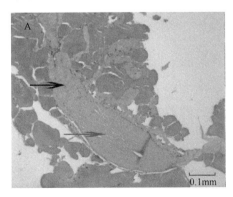
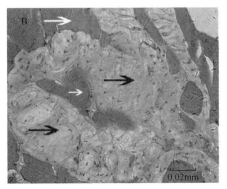

图 9-32　团头鲂肌间骨和肌肉组织显微结构观察(见文后彩图)

A. 肌间骨与肌隔结缔组织(黑色箭头指示肌隔结缔组织；蓝色箭头指示肌间骨组织)；B. 肌肉与肌隔结缔组织(白色箭头指示肌肉组织；黑色箭头指示肌隔结缔组织)

（二）转录组测序数据组装

使用 6 月龄团头鲂(肌间骨生长旺盛期)(万世明等，2014)，对其肌间骨、肌隔结缔组织及肌肉组织进行取样。在构建好三个组织的 cDNA 文库后，对其分别进行 Illumina 双末端转录组测序。肌间骨组织、肌隔结缔组织及肌肉组织的高通量测序分别产生了 42 014 020 个、41 992 356 个和 44 009 694 个原始 reads。在过滤掉低质量 reads、接头序列、poly-A 尾巴及含有超过 5%未知核苷酸的序列后，三个组织分别获得了 38 718 120 个、39 073 700 个及 39 852 898 个 clean reads。在三个组织中，分别有 97.52%、98.05% 和 97.64%的 clean reads 的质量达到了 Q20(错误碱基识别率为 0.01)。3 个转录组的 GC 含量介于 49.58% ～49.80%，比鲢(45.5%)与斑马鱼(46.2%)稍高，详情见表 9-14。

表 9-14　转录组测序质量统计

样品	肌隔结缔组织	肌肉组织	肌间骨组织	非冗余
测序原始序列数/个	41 992 356	44 009 694	42 014 020	
过滤后高质量序列数/个	39 073 700	39 852 898	38 718 120	
unigene 总数/个	37 077	28 548	44 627	49 477
总长度/bp	22 516 571	15 693 715	25 329 640	32 111 140
平均长度/bp	607	550	568	649
N50 值/bp	794	703	736	938
序列重叠群数/个	6 105	3 593	6 653	8 756
单拷贝序列数/个	30 972	24 955	37 974	40 721

本研究开展时团头鲂基因组信息还没有获得，因此我们使用软件 Trinity 对 3 个转录组分别进行了组装，在肌间骨组织、肌隔结缔组织及肌肉组织的 3 个转录组中分别获得了 44 627 个、37 077 个和 28 548 个 unigenes，其长度分布见图 9-33。这些 unigenes 的平均长度分别为 568bp、607bp 和 550bp，N50 值分别为 736bp、794bp 和 703bp。且在肌间骨

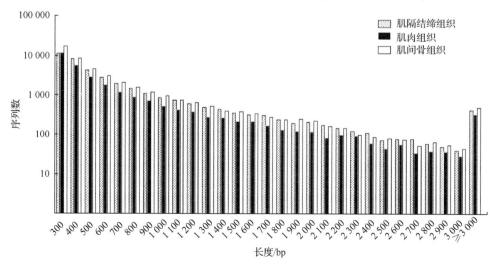

图 9-33　团头鲂肌隔结缔组织、肌肉与肌间骨转录组 unigenes 长度分布

组织、肌隔结缔组织及肌肉组织转录组的 unigenes 中，分别有 6417 个(14.38%)、6176 个(16.66%)和 3802 个(13.32%)unigenes 长度大于 1000bp。

　　此外，为了获得更长的非冗余 unigenes 序列，我们合并了 3 个转录组的 unigenes 并进行了集群分析。结果使得 unigenes 的最大长度与平均长度都得到了延伸，同时 unigenes 的总数有所减少。最后，我们共获得 49 477 个非冗余的 unigenes，其平均长度为 649nt，N50 值为 938bp，包含了 8756 个序列重叠群及 40 721 个单拷贝序列(表 9-14)。且 9258 个 (18.71%)unigenes 长度大于 1000bp，2747 个(5.55%)unigenes 长度大于 2000bp。

(三)基因功能注释

　　使用 BLASTX($E \leqslant 1 \times 10^{-5}$)对装配获得的 unigenes 进行蛋白质数据库比对。结果显示 28 162 个(66.29%)、24 855 个(58.51%)、20 241 个(47.65%)和 7803 个(18.38%)unigenes 分别在 Nr(NCBI non-redundant protein sequences)、Swiss-Prot、KEGG(Kyoto Encyclopedia of Genes and Genomes)和 KOG(eukaryotic Orthology Groups)数据库中具有同源序列。但也有 6695 个(13.53%)unigenes 没有比对到任何数据库。此外，我们使用 BLASTN($E \leqslant 1 \times 10^{-5}$)对 unigenes 进行 NT(NCBI nucleotide sequences)数据库的比对，结果发现，在 49 477 个非冗余 unigenes 中，41 553 个(97.81%)unigenes 获得了显著匹配。Nr 数据库的注释结果显示大部分 unigenes 与期望中的鱼类物种有高的匹配，部分 unigenes 与多个物种有序列同源关系，但大部分 unigenes 与斑马鱼(78.60%)、尼罗罗非鱼(4.25%)和青鳉(2.43%)有最高的匹配度(图 9-34)。

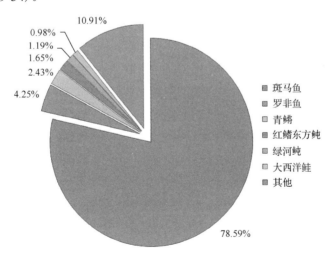

图 9-34　其他鱼类中发现的团头鲂同源基因比例(见文后彩图)

　　进一步进行 KOG 分类(Tatusov et al.，2001)表明 7803 个 unigenes 获得了 76 911 个功能注释，隶属于 25 个功能分类。其中最大的功能分类为"一般功能预测基因"，包含 3339 个 unigenes 及 19 002 个 KOG 注释。同时，约 59.60%的 unigenes 被注释到"翻译、核糖体结构和生物转化"(1732，9.03%)，"转录"(1633，8.52%)，"复制、重组和修复"(1524，7.95%)，"细胞周期调控、细胞分裂与染色体分区"(1186，6.18%)，"翻译后修饰与伴侣蛋白"(1176，6.13%)，"细胞壁/细胞膜/膜发生"(1030，5.37%)等功能分类(图9-35)。但也有1079 (8.32%)个unigenes未获得KOG功能注释。此外，基于KEGG数据库，我们对unigenes进行了信号转导通路分析，结果发现了包含20 241个unigenes的258个KEGG信号通路。

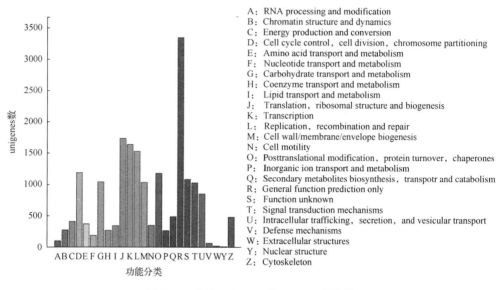

A：RNA processing and modification
B：Chromatin structure and dynamics
C：Energy production and conversion
D：Cell cycle control，cell division，chromosome partitioning
E：Amino acid transport and metabolism
F：Nucleotide transport and metabolism
G：Carbohydrate transport and metabolism
H：Coenzyme transport and metabolism
I：Lipid transport and metabolism
J：Translation，ribosomal structure and biogenesis
K：Transcription
L：Replication，recombination and repair
M：Cell wall/membrane/envelope biogenesis
N：Cell motility
O：Posttranslational modification，protein turnover，chaperones
P：Inorganic ion transport and metabolism
Q：Secondary metabolites biosynthesis，transpotr and catabolism
R：General function prediction only
S：Function unknown
T：Signal transduction mechanisms
U：Intracellular trafficking，secretion，and vesicular transport
V：Defense mechanisms
W：Extracellular structures
Y：Nuclear structure
Z：Cytoskeleton

图9-35　全部unigenes的KOG功能注释

(四)unigenes差异表达分析

FPKM值被用于量化unigenes的表达水平，并以此进行转录组内部及转录组间unigenes的表达水平比较。我们进行了3个转录组unigenes FPKM值的分散度分析及不同FPKM值的密度分布分析(图9-36)。总体而言，3个转录组的unigenes表达模式是极为相似的，但肌肉组织中unigenes的FPKM值要稍低于肌间骨与肌隔结缔组织中unigenes的

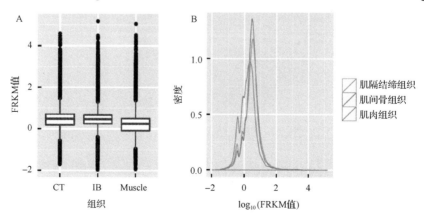

图9-36　3个转录组unigenes的FPKM值分布(见文后彩图)

A. FPKM值分布的箱形图分析；B. 3个转录组中$\log_{10}$(FPKM值)的密度分布。其中，IB为肌间骨组织，CT为肌隔结缔组织，Muscle为肌肉组织

FPKM 值，而肌间骨与肌隔结缔组织转录组的 FPKM 值密度分布是极为相似的。这表明肌肉组织的基因表达和分子特征可能是不同于肌间骨和肌隔结缔组织的，后两者有着更为密切的分化关系。

随后，使用 $FDR \leqslant 0.001$ 和 $|\log_2 Ratio| \geqslant 1$ 作为筛选条件，进行了差异表达 unigenes 的发掘(图 9-37)。在肌间骨与肌隔结缔组织、肌间骨与肌肉、肌隔结缔组织与肌肉三组比较中，分别发现了 5162 个、6758 个和 8745 个差异表达的 unigenes($P < 0.05$)。这一结果间接的表明了三个组织间生物学功能的差异，也相对说明了肌间骨与肌隔结缔组织在分化方向与基因表达上有一致性。

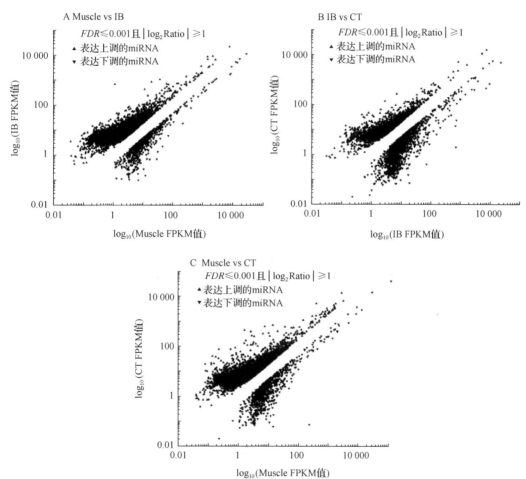

图 9-37　团头鲂肌间骨、肌隔结缔组织及肌肉间差异表达基因的散点图分析

红色与绿色圆点指示差异表达基因，蓝色圆点指示非差异表达基因。

其中，IB 为肌间骨组织，CT 为肌隔结缔组织，Muscle 为肌肉组织

同时，差异表达分析发现肌隔结缔组织中上调的差异表达 unigenes 要远远多于肌间骨与肌肉组织(图 9-38A)，这一现象可能是由肌隔结缔组织中间充质细胞活跃的分化发育行为导致，可能与肌间骨的发育相关。而肌间骨与肌隔结缔组织间差异表达的上调和

下调 unigenes 数目相近(图 9-38A),这与前面所述一致,推测二者之间存在密切的分化关系。此外,通过三个比较组中差异表达 unigenes 的韦恩图分析,我们发现了 394 个在任意比较组中都差异表达的 unigenes(图 9-38B)。

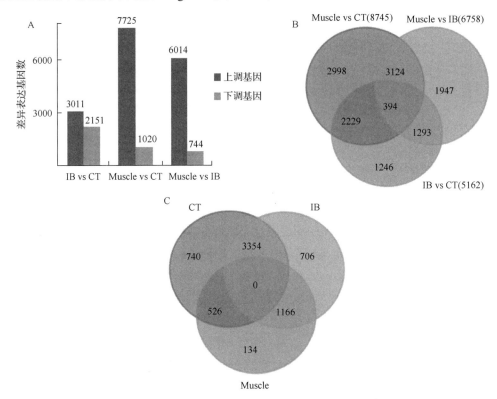

图 9-38 团头鲂肌间骨、肌隔结缔组织与肌肉间差异表达基因统计(见文后彩图)

A. 3 个比较组中的上、下调基因数目;B. 3 个比较组中差异表达基因的分布;C. 组织特异性表达基因统计。
其中,IB 为肌间骨组织,CT 为肌隔结缔组织,Muscle 为肌肉组织

差异表达 unigenes 的 GO 分析结果显示,在肌间骨与肌隔结缔组织比较组中,1802 个差异表达 unigenes 被注释到了生化过程、分类,1849 个差异表达 unigenes 被注释到了细胞组分分类,1922 个差异表达 unigenes 被注释到了分子功能分类。与此类似,在肌间骨与肌肉的比较组中,2073 个、2058 个和 2121 个差异表达 unigenes 被分别注释到了生化过程、细胞组分与分子功能分类中。同样,在肌隔结缔组织与肌肉的比较组中,2997 个、3002 个和 3019 个差异表达 unigenes 分别获得了 3 种分类注释,且生物调节、细胞过程、代谢过程、细胞组分、应激等是 unigenes 显著富集的功能分类。

为探究肌间骨分化发育过程中表达的 unigenes 的功能及三种组织中活跃的信号通路,我们对三个比较组中的差异表达 unigenes 进行了 KEGG 信号通路分析。结果发现肌肉和肌间骨比较组中的差异表达 unigenes 参与了 245 个预测的 KEGG 通路,各通路涉及的 unigenes 数量从 1 到 268 不等。肌肉和肌隔结缔组织比较组中的差异表达 unigenes 被注释到了 249 个信号转导通路,而肌间骨与肌隔结缔组织比较组中的差异表达 unigenes 参与了 248 个信号通路。各比较组中差异表达 unigenes 显著富集的信号通路如图 9-39 所示。

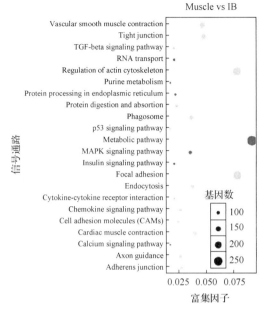

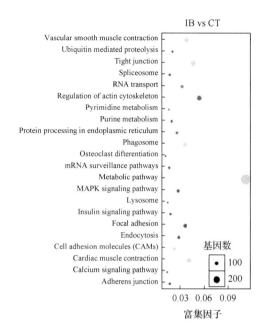

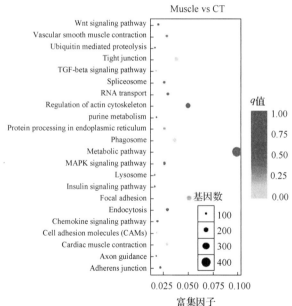

图 9-39　富集度最高的 22 个 KEGG 通路散点图

Y 轴表示 KEGG 通路名称，X 轴表示富集因子。圆点的不同颜色表示了不同的 q 值，其值为特定通路富集的基因数目与总基因数目的比值。圆点的大小指示基因的数目。其中，IB 为肌间骨组织，CT 为肌隔结缔组织，Muscle 为肌肉组织

此外，为了探究在三个组织间都差异表达的 unigenes 在肌间骨发育过程中可能发挥的功能，我们对 394 个 unigenes 进行了表达模式聚类分析及 KEGG 通路分析。这些 unigenes 在三个组织中的表达模式如图 9-40 所示。聚类结果表明，193 个 (48.98%) unigenes 在肌间骨中表现出了高的表达量，173 个 (43.91%) unigenes 在肌隔结缔组织中表达上调。但仅有 28 个 (7.11%) unigenes 在肌肉组织中高表达。这一结果表明，

这些差异表达 unigenes 可能是肌间骨发生发育所必需的。同时，我们对肌间骨中高表达的unigenes 进行了 KEGG 通路分析,分析结果显示,88 个差异表达 unigenes 未获得 KEGG 注释，其功能需进一步验证。但剩余的 105 个差异表达 unigenes 注释到了 142 个关键的信号通路，包括破骨细胞分化、新陈代谢、MAPK、PI3K-Akt 和 TGF-β 信号通路。

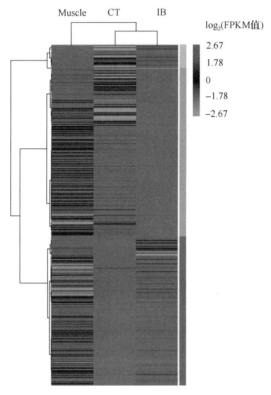

图 9-40　3 个比较组中都差异表达的 394 个基因的 FPKM 值聚类分析及表达模式分析(见文后彩图)

IB 为肌间骨组织；CT 为肌隔结缔组织；Muscle 为肌肉组织

(五)组织特异性表达 unigenes

通过对三个组织 unigenes 的维恩图交叉分析，在肌间骨、肌隔结缔组织及肌肉组织中分别发现了 706 个、740 个和 134 个特异性表达 unigenes(图 9-38C)。显而易见的，肌间骨与肌隔结缔组织中的特异性表达 unigenes 数目要明显大于肌肉组织。同时，通过 BLASTX 与 Nr 数据库比对，肌隔结缔组织中的特异性表达 unigenes 获得了最多的蛋白功能注释(61.35%)。而在肌间骨与肌肉组织中，分别有 301 个(42.63%)与 63 个(47.01%)特异性表达 unigenes 获得了蛋白功能注释。随后，我们对这些组织特异性表达 unigenes 进行了 KEGG 通路分析，结果在肌间骨、肌隔结缔组织及肌肉组织中分别获得了 149 个、55 个和 76 个 unigenes 显著富集的 KEGG 代谢通路。进一步分析发现，代谢途径信号通路在肌间骨与肌隔结缔组织中富集了数量最多的特异性表达 unigenes。而在肌肉组织中，特异性表达 unigenes 富集最多的是 MAKP 信号通路。同时，我们发现 PI3K-Akt 信号通路在三个组织中也有丰富的特异性表达 unigenes 富集。

为验证 RNA-Seq 测序数据，我们挑选了 12 个涉及 TGF-β 和破骨细胞分化信号通路的候选基因（表 9-15），并使用 RT-PCR 对其进行了不同组织中的表达模式验证（图 9-41A）。表达量比较分析结果显示这些基因在不同组织中的相对表达水平与 RNA-Seq 测序数据具有高的一致性（图 9-41B）。

表 9-15　RT-PCR 定量表达引物

Unigene 编号	候选基因名称	正向引物(5′-3′)	反向引物(5′-3′)	扩增片段大小/bp
CL1119.Contig1	CYR61	TTGTGTCTCAAAGCCTGTT	CAAACGGCACTGTTGTCGG	136
CL2034.Contig1	pdlim7	CTCCCTGAAGCCGAAAGC	TGCCAGCAGTGAGAAAGT	157
CL237.Contig3	h3f3d	TCTGTGGGGCTTCTTGAC	CGTTCCTTGTTTTGGGTT	186
CL2458.Contig2	rhoab	TACAAGGATGATGGGAAC	TGCTCTGTGGGATACTGC	181
CL2458.Contig4	rhoad	CACACTTCGGTTTCTTTAT	CTGCCTACTGTTATGAGCC	169
Unigene11283	sfrp1a	AGACCCCTGTATCCTTGC	GCTGTTGGTGGTGTTCAT	153
Unigene14805	ucmaa	ATGCGGAGCAAAGGGTGA	TGGTGAGGGTATCGTGGGT	184
Unigene305	tob1	CTGCCCTGGAGTATCACC	ACCGTTTCCCCCCAAGTT	114
Unigene7243	ltbp1	GCCTCTGGTGTTGTAGCA	AGCCCACTGACCCTGTTCC	193
Unigene14415	tgfb2	TGGCGTTGTAACCTTTCG	CACCTGCTGCTGATGCTG	194
Unigene18665	thbs2	TTGCTGGAGGGAGATTAG	TTCCTTCTGTCTTTGGTC	178
Unigene4546	fsta	GGGTAGGTAATGTTATCGTTG	AATCCTGCTCTAATGTCGTAT	151

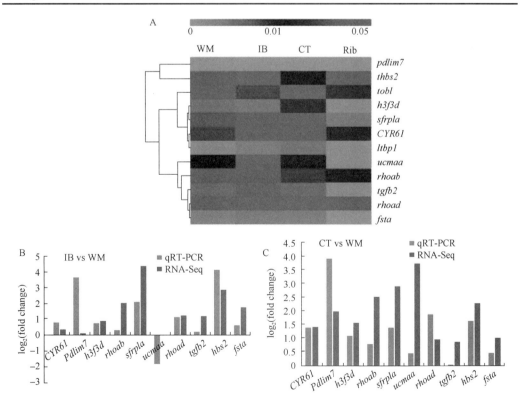

图 9-41　肌间骨发育相关基因的 RT-PCR 定量表达验证

A. 12 个基因在四个组织中表达模式的热图分析。B、C. IB vs WM 与 CT vs WM 比较组中的 10 个差异表达基因在 RNA-Seq 与 qRT-PCR 中的表达量比较。其中，IB 为肌间骨组织，WM 为肌肉组织，CT 为肌隔结缔组织，Rib 为肋骨组织在获知团头鲂肌间骨形态结构与发育规律的前提下(万世明等，2014)，我们重点关注了团头鲂肌间骨分化出现的位置及肌间骨与周围组织的分化发育关系。通过组织取样、染色及显微结构观察。我们确定了肌间骨在肌隔中的分布特征：肌间骨由肌隔结缔组织包裹，与周围的肌肉组织接壤。染色结果也显示着色的细胞核集中性的分布在肌隔结缔组织中。因此，我们推测肌肉、肌隔结缔组织与肌间骨有着连续演化的潜在关系。更为有趣的是，在差异表达 unigenes 发掘过程中，我们发现肌间骨与肌隔结缔组织间的差异表达 unigenes 是最少的(5162)；而肌隔结缔组织与肌肉间的差异表达 unigenes(8745)是最多的。这一结果间接的表明了肌间骨与肌隔结缔组织在分化关系上的密切联系，以及肌隔结缔组织与肌肉组织间表达的基因种类与分化方向的差异。同时，肌间骨与肌隔结缔组织中的特异性表达 unigenes 数目要明显大于肌肉组织。这也表明了前两者组织中活跃的基因表达与分化行为。这些特异性表达的 unigenes 为我们探究肌间骨分化发育调控机制提供了重要的遗传信息。

为检测本研究转录组测序数据质量，我们与已有的鱼类转录组测序质量进行了比较，结果表明，本研究中转录组组装质量与鱼类中已有的转录组测序质量是相似的，如尼罗罗非鱼(Zhang et al.，2013c)、美洲牡蛎(Zhang et al.，2014)及团头鲂(Tran et al.，2015)，这表明了本研究中转录组数据的组装质量是较高的。与此同时，信号转导通路研究结果显示数量显著的 unigenes 被注释到了新陈代谢信号通路，参与了各种合成代谢和分解代谢的任务，如脂质代谢、糖代谢、氨基酸代谢和能量代谢(Moon et al.，1985)。unigenes 同样参与了肌动蛋白细胞骨架调节信号通路。这一通路调控各种各样的生物反应，包括形态发生、趋化作用、细胞周期等(Hall，1998；Myers and Casanova，2008)。已有研究也表明，该通路在神经元的形态发展和成人神经元的结构变化中起着关键性的作用(Luo，2002)。这些研究表明，肌动蛋白细胞骨架通路可能在鱼类肌间骨的形态发生过程中起调控作用。除此之外，我们也发现了与骨骼发生发育相关的 unigenes 富集的信号通路，如 MAPK、TGF-β 及破骨细胞分化(osteoclast differentiation)信号通路。MAPK 信号通路积极参与了鱼类骨骼肌发育，是骨骼肌细胞增殖必不可少的(Fuentes et al.，2011)。TGF-β 信号通路在多种细胞的生长、分化、黏附及凋亡过程中起着重要作用(Miyazono，2000)。作为 TGF-β 超家族成员，*BMPs* 在动物软骨和骨的形成过程中是不可或缺的(Wozney，1989)。同样地，破骨细胞分化通路在骨组织再吸收及骨基质生成中都扮演着关键的角色(Boyle et al.，2003)。整体而言，富集在这些信号通路的基因与肌间骨的发生发育密切相关，但还需进一步对其功能进行验证。

组织间差异表达 unigenes 的功能注释结果也显示代谢途径信号通路在 3 个比较组中都富集了最多的 unigenes。但值得关注的是，我们也发现了与骨组织分化密切相关的信号通路，如 TGF-β 信号通路与破骨细胞分化信号通路。这些通路普遍存在于 3 个比较组差异表达 unigenes 的 KEGG 分析中。已有研究表明，肌肉的分化伴随着细胞循环阻滞、肌管形成及特异基因 Shh、Wnts、TGF-β 等的调控(Ludolph and Konieczny，1995；Zorzano et al.，2003)。通过 *hedgehog* 基因干扰肌肉先驱细胞的感应，TGF-β 通路可以抑制肌肉先驱细胞的形成(Du et al.，1997)。此外，肌隔结缔组织与肌肉都是由肌节间的间充质细胞分化而来(Caplan，1991)，而 TGF-β 通路在间充质细胞向其他类型细胞分化过程中也起着决定性的作用(Ludolph and Konieczny，1995)。这些研究表明，TGF-β等通路包含的差异表达基因可能在肌间骨发生发育过程中起着关键的调控作用。

与此同时，我们发现肌间骨中高表达的 unigenes 显著的富集到了破骨细胞分化、MAPK、PI3K-Akt、TGF-β 等信号通路，如肌间骨中显著上调的 *fosb*(unigene14486)和 *tgfb1a*(unigene14535)基因，被注释到了破骨细胞分化通路。已有的研究表明，*fosb* 基因对细胞增殖有着刺激效应(Gruda et al.，1996)，而 *tgfb1a* 基因是骨代谢中重要的调控因子，在骨骼重建、骨组织转化、细胞外间质矿化等过程中发挥重要功能(Ritter and Davies，1998；Tang et al.，2009)。这些结果表明了本研究中发现的骨骼相关基因，如 *fosb*、*tgfb1a*、*rhoa*、*ucmaa* 等，可能在团头鲂肌间骨发生发育过程有着重要的作用。

研究结果显示 PI3K-Akt 信号通路在三个组织中都有丰富的特异性表达 unigenes 富集。而 PI3K-Akt 信号通路在成骨细胞和软骨细胞分化中扮演重要角色(Fujita et al.，2004)。已有研究表明 PI3K-Akt 信号通路涉及调控骨组织分化相关的细胞，如成骨细胞、软骨细胞、脂肪细胞及成肌细胞(Hidaka et al.，2001；Lin *and Yang-Yen*，2001)。特异性表达 unigenes 在 PI3K-Akt 信号通路的富集表明了肌肉与肌隔结缔组织可能参与到了肌间骨的分化发育过程。此外，在肌肉与肌隔结缔组织中，部分 unigenes 也富集到了 TGF-β 信号通路，而在肌间骨中，特异性表达 unigenes 在破骨细胞分化通路中丰富富集。TGF-β 信号通路已被证明在诱导和维护成骨细胞分化过程中发挥关键的作用(Ghosh-Choudhury et al.，2002)。而破骨细胞分化与生成也与骨吸收和改造具有密切的联系，对骨组织结构和骨量有着重要的影响(Xiao et al.，2002)。这些研究结果表明了本实验所得的特异性表达 unigenes 可能在肌间骨分化发育过程中起着重要调控作用。

定量表达验证结果表明 *pdlim7*、*tgfb2* 及 $F_{st}a$ 基因的表达水平要显著低于其他基因，这与 RNA-Seq 中这些基因的 FPKM 值是一致的。与此同时，我们评估了这些基因在肋骨中的表达水平。结果发现除了基因 *thbs2*(unigene18665)与 *rhoad*(CL2458.Contig4)外，其他基因在肋骨中的表达水平都显著低于其他组织。*rhoad* 基因在四个组织中都有高的表达量，已有研究表明 *rhoad* 可以促进张力纤维与黏着斑的形成，并显著影响细胞形态与运动(Wennerberg and Der，2004；Schmitz et al.，2000)。与肌肉与肌隔结缔组织相比，*thbs2* 在肌间骨与肋骨中有较高的表达水平。已有研究表明小鼠缺乏 *thbs2* 蛋白会表现出肌隔结缔组织畸形，且 *thbs2* 在皮肤和肌腱的胶原蛋白纤维形成中起着关键作用(Kyriakides et al.，1998)。这表明了 *rhoad* 和 *thbs2* 基因在成骨组织中是活跃表达的。此外，与肋骨中的表达量相比，*rhoab*、*ucmaa*、*sfrp1a*，*tob1* 及 *CYR6* 基因在肌肉、肌间骨及肌隔结缔组织中都有着更高的表达量。*ucmaa* 基因不仅在软骨表达，也在骨骼、皮肤、血管、血清中表达，并在人体皮肤的异位钙化处和血管系统高度累积(Viegas et al.，2009)。在斑马鱼骨骼发育中，Neacsu 等(2011)发现 *ucmaa* 在软骨和结缔组织的发育与钙化过程中扮演着重要的角色。因此我们有理由推测 *ucmaa* 在团头鲂肌间骨发育过程中也起着重要的调控作用。虽然 *ucmaa* 及诸多骨骼发育相关基因的调控机制是不够清晰的，但我们的研究结果为探究鱼类肌间骨发育过程中关键基因的功能提供了基础。

二、不同组织 miRNA 组分析

生物体内的 micro RNA(miRNA)在不同的发育、生理和病理条件下，都发挥着重要的调控功能，如成骨细胞分化、组织发育、疾病、基因转录和翻译等。在鱼类中，如大西洋鲑、青鳉、虹鳟、鲤、鳙、鲢、斑点叉尾鲴、尼罗罗非鱼等，miRNA 的功能已经被广泛研究。这些研究表明 miRNA 广泛的参与了鱼类的性腺发育(Bizuayehu et al.，2012)、骨骼肌发育(Yan et al.，2012)、生长(Yi et al.，2013)等生命活动。

已有研究表明鱼类肌间骨与肌隔结缔组织有着密切的分化关系。本研究基于团头鲂肌间骨发育信息及相关组织的显微结构观察结果，选取了肌间骨与肌隔结缔组织进行了 miRNA 比较组学研究，对 2 个组织中 miRNA 的表达与调控模式进行了探究。研究结果发掘了大量差异表达的 miRNA 及相应的靶基因，为深入理解肌间骨发育的分子机制及 miRNA 在鱼类生命过程中的调控作用提供了重要的分子资源。

(一)miRNA 数据特征

为发掘肌间骨发育相关的 miRNA，我们对 6 月龄团头鲂的肌间骨与肌隔结缔组织分别进行了高通量 miRNA 组测序分析。测序后，肌间骨与肌隔结缔组织文库分别产生了 9 544 686 个与 9 375 253 个原始 reads。质量过滤后，两个文库最终获得了 9 424 634 个(98.74%)及 9 211 591 个(98.25%)高质量 small RNA reads。两个文库的序列长度分布相似，大部分 small RNA(93%)的长度分布在 21～23nt。这与已知 miRNA 的典型长度相符。其中 22nt 的 reads 所占比例最大，在肌间骨与肌隔结缔组织中分别占到了 64.29% 和 72.01%(图 9-42)。这一结果与其他鱼类中 small RNAs 的长度分布特征是相似的，如鲤(Zhu et al.，2012)，斑点叉尾鲴(Xu et al.，2013)及牙鲆(Fu et al.，2011b)。

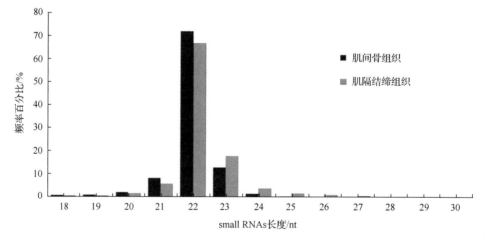

图 9-42　团头鲂肌间骨与肌隔结缔组织文库中 small RNAs 的长度分布

肌间骨与肌隔结缔组织的 small RNA 文库中分别有 168 227 个和 249 063 个特有序列(unique reads)，且两者有 34 314 个共有序列(表 9-16)。将 clean reads 分别与 GenBank 和 Rfam 数据库进行比对，获得了除 miRNA 以外的其他非编码 RNA 注释信息，各类 small

RNA 的数目如图 9-43 所示。数据也表明 2 个 small RNA 文库中其他种类的 small RNA 所占比例均较低,测序质量较好。过滤掉这几类 small RNA 后,肌间骨与肌隔结缔组织中剩余的 9 152 701 个与 8 884 176 个 clean reads(包含 131 549 个及 215 002 个特有序列)被用于后续的 miRNA 分析。

表 9-16　肌间骨与肌隔结缔组织间的公共和特异序列

类型	独特 sRNAs 数	百分比/%	总 sRNAs 数	百分比/%
总 sRNAs	382 976	100.00	18 636 225	100.00
两个组织间的共有序列	34 314	8.96	18 173 758	97.52
肌间骨组织特有序列	133 913	34.97	168 380	0.90
肌隔结缔组织特有序列	214 749	56.07	294 087	1.58

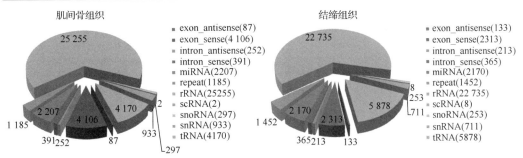

图 9-43　团头鲂肌间骨与肌隔结缔组织 small RNAs 文库注释结果(见文后彩图)

(二)团头鲂 miRNA 的鉴定

为鉴定团头鲂肌间骨与肌隔结缔组织中保守的 miRNAs,我们将 2 个文库中的 miRNA 序列与 miRBase 20.0 中的 1250 个前体 miRNAs 与 831 个成熟体 miRNAs 进行了比对。在最多允许一个碱基错配原则下,我们在肌间骨与肌隔结缔组织中分别发现了 201 个和 205 个保守的 miRNAs。这些保守 miRNAs 的 reads 数分布从 1 至 2 796 874 不等,表明了保守 miRNAs 广泛的表达范围及高通量测序对低表达 miRNAs 的高检测能力。对两个组织的 miRNAs 进行并集分析后,我们共获得了 218 个特有的保守 miRNA,隶属于 97 个 miRNA 家族。其中 188 个 miRNAs 在两个组织中都有表达,13 个和 17 个 miRNAs 分别在肌间骨与肌隔结缔组织中特异性表达。

对于发现的 miRNAs,肌间骨中表达量最高的 10 个 miRNAs 依次为 miR-1、let-7a、miR-206、let-7b、let-7c、miR-199-3p、miR-21、let-7f、let-7d 和 miR-199a-3p,这些 miRNAs 代表的 reads 占到了 miRBase 比对上 reads 数的 94.86%。同时,这些 miRNAs 中的 8 个 (miR-1、miR-206、let-7a、let-7b、let-7c、miR-199-3p、miR-21 和 miR-22a 在肌隔结缔组织中也属于表达量前 10 的 miRNAs,其代表的 reads 数占到了 miRBase 比对上 reads 数的 94.28%。

(三) 团头鲂 miRNA 的异构体现象

高通量测序结果表明, 由于 Drosha 或 Dicer 的剪切位点改变, 外切核酸酶介导的 miRNA 末端缩短, miRNA 编辑或 miRNA 5'/3'末端无需模板的核苷酸添加等原因, 同一个 miRNA 前体可能形成多种长度或序列不同的 miRNAs 异构体——isomiR。这些 isomiR 与已知的 miRNA 可以调节同一个靶标, 也可以调节不同的靶标, 所以它们不仅扩大了 miRNA 的调节范围, 而且有可能代表了每种 miRNA 基于 isomiR 的一种微型调节网络 (谢兆辉, 2014), 这种现象也出现在本研究中。在观察到的 12 种碱基替换类型中, 最显著的是 T-A (12.50%)、T-C (11.76%)、A-G (10.51%) 和 G-A (10.21%) 替换 (图 9-44)。这与先前的一些研究结果是非常类似的 (Yi et al., 2013; Fu et al., 2011b; Li et al., 2010)。

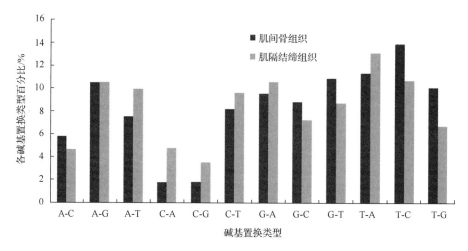

图 9-44　基于未注释 sRNAs 与 miRBase20.0 中成熟体 miRNAs 的比对结果
直方图展示了 miRNAs 种子序列中的单核苷酸替换

此外, miRNA 3'末端无需模板的核苷酸添加产生的 isomiR 也在本研究中被观察到。在这一现象中, 3'末端添加最丰富的核苷酸是 "U"。一个典型的 isomiR 出现在 mam-let-7d-3p 中 (图 9-45)。相似的现象在鱼类中已被广泛报道 (Yi et al., 2013; Xu et al., 2013), 表明了所有的 miRNA 都有可能发生长度与末端序列的变化。不同于核苷酸替换, miRNA 长度的变化主要是由 Drosha 或 Dicer 的剪切位点改变, 外切核酸酶介导的 miRNA 末端缩短引起。3'末端无需模板的核苷酸添加可能对 miRNA 与靶基因的互作造成严重影响。在果蝇中, 3'末端的核酸添加会增强 miRNA 的稳定性和弱化一些 miRNA 的有效性, 并且大量 isomiR 异构体的积累会非正常的下调相应的靶基因 (Fernandez-Valverde et al., 2010; Burroughs et al., 2010; Yang et al., 2011; Laqtom et al., 2014)。因此, 未来需要更多的研究对 miRNA 的异构体现象进行解释, 发掘其生物学意义。

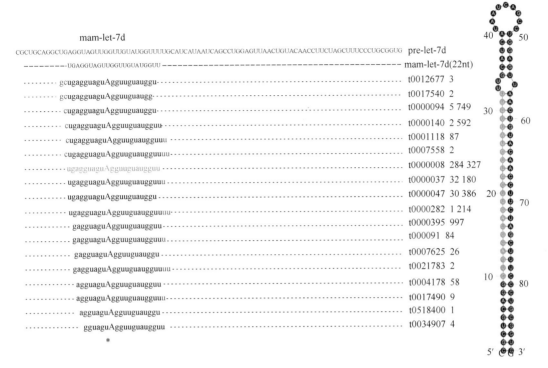

图 9-45 mam-let-7d 前体结构图及其 isomiRs 异构体（含序列数目）

浅灰色指示最丰富的的成熟体 miRNA 序列。加底色的指示无模板核苷酸添加。"＊"表示单核苷酸突变位点

（四）miRNA 差异表达分析

为探究 218 个保守 miRNA 中与肌间骨发育相关的 miRNA，我们对两个组织中 miRNA 的表达水平进行了比较分析。结果发现 44 个保守 miRNAs 在两个组织中差异表达。其中，24 个 miRNAs 在肌间骨中有较高的表达量，20 个 miRNAs 在肌隔结缔组织中有较高的表达量（图 9-46）。此外，我们发现这些差异表达 miRNAs 的序列丰度是变化明显的。例如，mam-miR-199-3p、mam-miR-199a-3p、mam-miR-128 和 mam-let-7d 在两个组织中都有着相对较高的序列丰度。但相反的，一些 miRNAs（mam-miR-363、mam-miR-30b 和 mam-miR-551）在两个组织中的序列丰度是相对较低的。

差异表达 miRNAs 在不同组织中的定量表达分析是探究 miRNAs 基本功能的关键步骤，同时，为了验证测序结果的准确性，我们对团头鲂 11 个差异表达 miRNAs 在 9 个组织中的表达模式进行了验证（图 9-47）。结果显示 miR-221、miR-222a、miR-92a 及 miR-26a 在肌间骨与肌隔结缔组织中有相对高的表达量，表明这些 miRNAs 可能在肌隔结缔组织分化与肌间骨形成过程中发挥调控作用。同时，我们发现 miR-125a 与 miR-26a 几乎在所有组织中都高表达。广泛的高表达表明这些 miRNAs 可能参与多种生理活动。例如，miR-125a 不仅可以影响 MAPK 信号通路中的基因表达（Herrera et al.，2009），也可以作为 NF-κB 抑制剂，抑制白血病和骨髓增生异常综合征细胞系的红细胞分化（Gañán-Gómez et al.，2014）。

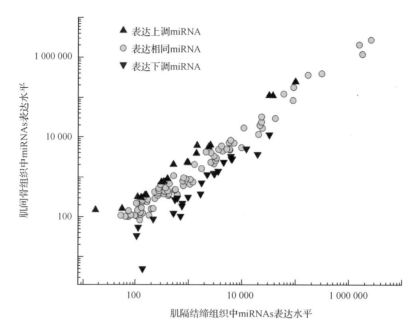

图 9-46　团头鲂肌间骨与肌隔结缔组织中 miRNAs 表达水平散点图（见文后彩图）

每个点代表一个单独的 miRNA，整体反映了肌间骨与肌隔结缔组织中高表达 miRNAs 的比例

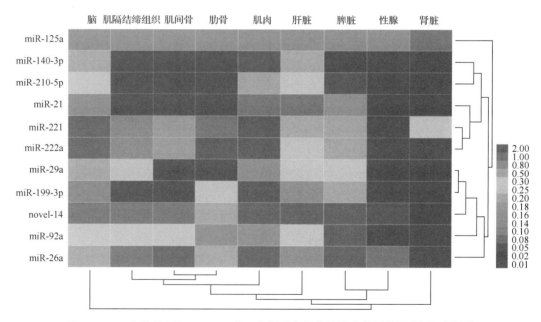

图 9-47　11 个差异表达 miRNAs 在 9 个组织中的表达模式热图分析（见文后彩图）

基于循环阈值（CT）及内参 5S rRNA 计算 11 个差异表达 miRNAs 的相对表达量，并进行聚类分析

（五）差异表达 miRNAs 的靶基因预测及功能注释

为了更好地了解差异表达 miRNAs 在肌间骨发育过程中的功能，我们利用 MiRanda （Enright et al.，2003）和 TargetScan（Lewis et al.，2003）软件，以斑马鱼基因组序列和已有

的团头鲂转录组序列为参考，进行了 44 个差异表达 miRNAs 靶基因预测。最终，一共预测到了 2 084 911 个 miRNA 靶基因，包含了 49 962 个团头鲂 EST 序列。

GO 富集分析结果显示，21 082 个、20 087 个和 20 627 个靶基因分别比对到了 877 个分子功能分类、388 个细胞组分分类及 3633 个生物过程分类。进一步分析发现差异表达 miRNAs 靶基因显著富集的细胞组分有细胞 (83.60%)、细胞内 (74.10%) 及细胞器 (61.00%)；显著富集的生物过程有细胞进程 (75.70%)、单生物过程 (57.40%) 与新陈代谢过程 (55.90%)；显著富集的分子功能分类有结合物 (76.40%)、催化活性 (44.70%) 及有机环状化合物 (31.80%)。

此外，我们对差异表达 miRNAs 的靶基因进行了 KEGG 功能注释，对涉及的信号通路进行了分析。意料之中的，最多的 miRNAs 靶基因参与到了代谢途径信号通路，执行各种合成代谢和分解代谢任务，如脂质、碳水化合物、氨基酸和能量代谢。类似的现象在许多研究中也有报道 (Schuster et al.，2000；Choi et al.，2012)，表明了这一信号通路广泛的功能。我们还发现 2.14%、1.46%、3.17% 和 1.45% 的靶基因分别获得了 Wnt、TGF-β、MAPK 及破骨细胞分化信号通路的注释。除此之外，通路分析也显示 miRNAs 靶基因与人类嗜 T 淋巴球病毒-型 (HTLV-1) 感染、扩张型心肌病、巴尔病毒感染、单纯疱疹感染及其他信号通路密切相关，表明了差异表达 miRNAs 在细胞免疫过程中的重要功能。此外，miRNAs 靶基因注释的信号通路还在肌动蛋白细胞骨架、黏着斑、次生代谢产物的生物合成、内吞作用、吞噬体、血管平滑肌收缩和内质网蛋白加工等分类中显著富集，表明了差异表达 miRNAs 在细胞活性调节、细胞骨架、细胞营养及细胞和细胞外基质沟通中扮演着关键的角色。

在团头鲂保守性 miRNAs 的鉴定过程中，我们发现 miR-1、miR-206、miR-21、miR-22、miR-199a-3p 及 let-7 家族的 miRNAs 在肌间骨和肌隔结缔组织中都有极高的表达量。尤其是 miR-1 在两个组织中都有着最高的表达量，这一现象也出现在了其他 miRNAs 的研究中 (Yan et al.，2012；Nielsen et al.，2010；Novello et al.，2013)，表明了 miR-1 在骨骼肌发育、骨肉瘤发生、增殖与细胞周期调控过程中都起着极其关键的作用。已有研究表明 miR-206 属于肌肉特异性 miRNA (Kim et al.，2006；Sweetman et al.，2008)，同时也是成骨细胞分化过程中重要的调控因子。miR-206 表达的降低有助于成骨细胞分化，而过表达的 miR-206 会抑制成骨细胞分化 (Inose et al.，2009)。因此，我们推测肌间骨与肌隔结缔组织中高表达的 miR-206 可能与肌隔结缔组织中成骨细胞的分化及肌间骨相应的发育相关。已有研究表明已知 miRNA 的靶基因在基本的生理反应与组织系统发育中有着广泛的功能。例如，miR-21 通过刺激纤维母细胞中的 MAPK 信号通路可以诱发心肌梗死 (Thum et al.，2008)，而雌激素引起 miR-22 表达下调会导致破骨细胞凋亡 (Sugatani and Hruska，2013)。另一项研究表明，miR-22 可以双向调控间充质干细胞衍生的人类脂肪组织的脂肪形成与成骨分化，表明了脂肪形成过程中 miR-22 表达下降，而成骨分化过程中 miR-22 表达上升 (Huang et al.，2012)。与此相似的，miR-199a-3p 也被报道在骨肉瘤细胞生长和增殖过程中发挥作用 (Duan et al.，2011)。这些已有的 miRNA 功能研究为我们更好的理解肌间骨发育机制提供了重要的参考信息。此外，let-7 家族的 7 个 miRNAs (let-7a、let-7b、let-7c、let-7d、let-7e、let-7f 和 let-7g) 在两个组织中也有高的表达水平，这一结果与许多鱼类 miRNA 研究结果相似（Mondol and Pasquinelli，2012；Wang et al.，2012a；Johnson et al.，2007），表明了 let-7 家族 miRNAs 在多种生理过程中发挥着广泛的作用。有趣的是，我们发现 let-7d 在肌间骨与肌隔结缔组织中的表达量具有显著差异。Huleihel 和 Ben-Yehudah（2014）研究发现 let-7d 转染可以显著地降低 TGF-β 诱导的高机动蛋白活性。众所周知，TGF-β 是成骨细胞分化和骨形成过程中的重要调控因子。因此，我们推测 let-7d 可以通过调节成骨细胞分化或骨形成过程中蛋白质的合成来影响肌间骨的发育。如上所述，我们发现本研究中高表达的保守性 miRNAs 都与骨骼的分化发育有着直接或间接的调控关系。这一结果有力地说明了本研究信息挖掘的准确性，反之也证明了肌间骨与肌隔结缔组织存在着密切的分化关系。为我们深入探究肌间骨分化发育过程中的 miRNAs 调控机制提供了资源。

此外，KEGG 通路分析表明大量的 miRNAs 靶基因也富集到了多个骨骼发育相关的信号通路，如 Wnt、TGF-β 及 MAPK 信号通路。Wnt 信号通路对成骨细胞分化具有双向调控作用（Liu et al.，2009a），同时在小鼠骨内稳态调节中起着重要作用，促进和抑制该信号通路分别会导致小鼠骨组织量的增加和减少（Glass et al.，2005）。TGF-β 信号通路调控多种细胞活动，并且在软骨内骨形成过程中对骨骺生长板软骨细胞的终端分化起着有效的抑制作用（Li et al.，2005），是骨代谢中最为重要的信号通路之一。而 MAPK 信号通路不仅可以通过影响肌原性转录因子活性调控肌肉分化及控制肌肉结构基因的表达（Keren et al.，2006），还是骨骼发育与维持骨内稳态所必需的信号通路。在老鼠中，p38 MAPK 信号通路是正常的骨骼发育所必要的，缺失 MAPK 信号通路的任何编码基因成员，如 Mkk3、Mkk6、p38a 或 p38b，都会严重减少骨组织量，进而造成成骨细胞分化缺陷（Greenblatt et al.，2010）。同样在鱼类中，MAPK 信号通路的激活是肌肉细胞增殖不可或缺的（Fuentes et al.，2011）。这些结果间接的表明了本研究发掘的 miRNAs 对肌隔结缔组织分化与肌间骨发育起着重要的调控作用。也为我们研究肌间骨发育过程中功能基因的表达提供了重要的分子信息。以已有的这些研究作为参考，对本研究所得的 miRNAs 与相应的靶基因进行深入的功能分析将有力地推动鱼类肌间骨发生发育机制的研究。

第十章 团头鲂性状相关基因的结构和功能分析

第一节 生长相关基因

　　鱼类的生长发育是非常复杂的过程，受到遗传、环境、营养水平与激素等多方面因素的影响，其中 GH-IGF 轴是调控生长发育的重要环节，*GH* 与其受体 GHR 结合启动胞内信号传导，促进细胞合成 IGF-I，由血液循环到达不同组织中发挥促生长作用。IGF-II 也有促进有丝分裂，代谢调节和抗凋亡等作用。肌肉生长抑制素(myostatin)是转化生长因子 β 家族成员之一，是动物肌肉生长发育的负调控因子，抑制肌肉细胞增殖分化，该基因的突变会导致动物肌肉增生，如双肌牛现象。为了深入了解团头鲂生长发育及其调控机理,促进渔业生产和发展,本文利用 RACE 技术克隆了 *GHR*、*IGF*、*myostatin* 的 cDNA 全长，分析其序列特征，并在后续实验中对其表达模式进行了研究，为研究其调控生长发育机理提供分子基础。

一、生长相关基因的克隆

　　基于转录组测序获得的团头鲂 *GHR*、*IGF*、*myostatin* 基因的中间片段序列，采用 RACE 克隆技术，克隆所得各基因 3′端序列与 5′端序列进行序列后拼接，得到各个基因的 cDNA 全长序列（表 10-1）。其中 *GHR1* 基因 cDNA 全长 2228bp，5′非翻译区(5′UTR)129bp，3′非翻译区(3′UTR)275bp，含有完整的开放阅读框 1824bp，编码 607 个氨基酸，3′末端具有 poly(A)尾巴。*GHR2* 基因全长 2984bp，5′UTR 区 380bp，3′UTR 区 861bp,编码区(coding sequence,CDS)1743bp,共编码 580 个氨基酸,3′末端具有 AATAAA 加尾信号和多聚腺苷 poly(A)尾巴。Genbank 登录号分别为：JN896373、JN896374。

表 10-1　克隆获得的团头鲂 6 个生长相关基因的基本特征

基因	cDNA 全长	5′UTR	ORF	编码氨基酸	3′UTR	GenBank 登录号
GHR 1	2228	129	1824	607	275	JN896373
GHR 2	2984	380	1743	580	861	JN896374
IGF-I	1474	200	486	161	788	JQ398496
IGF-II	1712	106	639	212	967	JQ398497
myostatin a	2195	298	1095	364	802	JQ065336
myostatin b	2193	101	1128	374	964	JQ065337

　　IGF-I 基因 cDNA 全长 1474bp，5′非翻译区(5′UTR)200bp，3′非翻译区(3′UTR) 788bp，含有完整的 CDS 区 486bp，共编码 161 个氨基酸。*IGF-II* 基因全长 1712bp，5′UTR 区 106bp，3′UTR 区 967bp，编码区 639bp，共编码 212 个氨基酸。Genbank 登录号分别为：JQ398496、JQ398497。

myostatin a 基因 cDNA 全长 2195bp，5′非翻译区(5′UTR)298bp，3′非翻译区(3′UTR) 802bp，含有完整的 CDS 区 1095bp，共编码 364 个氨基酸。*myostatin b* 基因全长 2193bp，5′UTR 区 101bp，3′UTR 区 964bp，编码区 1128bp，共编码 374 个氨基酸。3′末端具有 AATAAA 加尾信号和 poly(A)尾巴。Genbank 登录号分别为：JQ065336、JQ065337。

黄希贵(2004)证明了鱼类中存在两种生长激素受体，且仅在鱼类中有这种现象。分析团头鲂 *GHR1* 与 *GHR2* 序列特征发现，二者都含有 *GHR* 传统的特征区域，包括胞外的 FGDFS 基序，胞外的 Box1 和 Box2 等。在团头鲂中，胞外为 FGEFS，这与大多数鱼类的情况是相符的，仅有少数鱼类胞外为 FGDFS，如南方鲇(章力等，2006)。*GHR1* 和 *GHR2* 在结构上存在着相似之处，但也有一些差异。在胞外区，*GHR1* 含有 8 个半胱氨酸残基，*GHR2* 含有 6 个半胱氨酸残基，半胱氨酸残基的数目不同会导致其形成的二硫键的数目，影响其蛋白质的空间结构，进而导致两者的功能有差异。在胞内区，*GHR1* 含有 10 个酪氨酸残基，*GHR2* 含有 5 个酪氨酸残基，这与其他鱼类也有所不同。金鱼 *GHR1* 和 *GHR2* 胞内区各含有 7 个和 5 个酪氨酸残基，黄鳍鲷 *GHR1* 和 *GHR2* 胞内区各含有 9 个和 6 个酪氨酸残基。章力等(2006)在研究 *GHR* 功能时发现，*sbGHR1* 能激活 spi 和 β-casein 启动子活性，而 *sbGHR2* 不能激活其活性，说明二者的信号转导途径有很大差异，推测可能与 *GHR1* 和 *GHR2* 内酪氨酸残基差异有关。分析 myostatin 氨基酸结构发现，该蛋白具有 TGF-β 家族的典型特征，包括信号肽、N 端前肽区、蛋白酶水解位点和 C 端活性区。二级和三级结构预测显示，myostatin 蛋白结构以 β-折叠和 α-螺旋为主，其中 β-折叠最多。亲水性氨基酸分布在分子表面，疏水性氨基酸位于分子内部，β-折叠位于整个蛋白的中心且含量最高，决定蛋白的空间结构，其他的二级结构围绕在 β-折叠周围，β-转角和随机卷曲交替出现。

本研究克隆了团头鲂与生长性状有密切关系的 6 个基因，并分析了它们的核酸序列与氨基酸序列，对其信号肽、疏水性、跨膜区和特有的保守区域进行了预测，初步模拟了蛋白质的二级、三级结构，为了解基因的作用机理与基因功能提供基础资料。

二、生长相关基因对其生长发育的表达调控

鱼类的生长是一个自身同化和环境异化的动态平衡过程，受到各种因子复杂的调控，如遗传基因、环境因素、营养状况以及激素水平等。这些因子对鱼类生长的影响都是通过直接或是间接地影响动物体内的内分泌激素水平来实现的。除了少数激素如生长激素可以直接作用于组织器官之外，鱼类的生长主要依赖下丘脑-垂体-靶器官(肝脏，肌肉等)的生长轴神经内分泌系统来完成(马细兰等，2013)。外界环境对生物机体的刺激促使下丘脑分泌生长激素释放激素(growth hormone releasing hormone，GHRH)或生长激素抑制素(somatostatin，SS)至垂体中，分别促进和抑制生长激素的生成；生长激素与生长激素结合蛋白载体结合(carrier growth hormone binding protein)，释放到血液中，与细胞膜表面的生长激素受体(growth hormone receptor，GHR)结合后启动细胞内信号转导机制，刺激细胞产生类胰岛素生长因子(Insulin-like growth factor，IGF)(林浩然，2000；钟欢，2012)；IGF 通过血液循环到达组织与细胞中，在组织细胞中通过影响细胞分裂与新陈代谢等过

程发挥其促生长和分化作用(高凤英等，2012)。从鱼类生长轴基因被鉴定出来以来，许多重要生长相关基因已被证实在鱼类的生长调节中起了决定性作用。肌肉生长抑制素(Myostatin，MSTN)基因又称 GDF-8(growth differentiation factor 8)，属于转化生长因子 TGF-β 超家族，在哺乳动物中主要于骨骼肌中广泛表达，在心肌等几个组织中也能检测到 MSTN 的表达，它通过调节生肌调节因子 MyoD 家族的表达，抑制成肌细胞分化和增殖，从而抑制肌肉生长(Rios et al.，2002)。与哺乳动物情况不同，MSTN 在鱼类中表达更为广泛，在多种组织中均有表达，其中 MSTN-2 基因在鱼类几乎所有组织中都有表达，说明了鱼类 MSTN 基因的功能多样性(Ostbye et al.，2001)。

本研究定量分析团头鲂生长相关基因(GHR 1、GHR 2、IGF-I、IGF-II、MSTN a 与 MSTN b)在其不同生长阶段的生长快与生长慢个体生长相关组织(脑、肝脏、肌肉)的表达模式，探讨团头鲂生长相关基因对其生长发育的调控，以期为团头鲂分子辅助育种及功能基因研究提供理论依据。

(一)生长相关基因在不同组织中的表达

利用实时荧光定量PCR的方法分析团头鲂生长相关6个基因在具有生长差异的快、慢两个群体不同年龄阶段(表 10-2)生长相关组织(肌肉、脑和肝脏)中的表达情况。如图 10-1 所示，GHR 1 与 GHR 2 在团头鲂肝脏组织中表达量最高，其次是肌肉，在脑中的表达量要远低于肝脏与肌肉。其中 GHR 1 在生长快、慢两个群体中的表达量趋势相同，在 6 月龄团头鲂肝脏中的表达量要高于 3 月龄与 12 月龄个体，其中 3 月龄时，生长快个体肌肉组织中的表达量要高于生长慢个体($P<0.05$)；GHR2 在 3 月龄生长快个体肝脏中的表达量远高于生长慢个体肝脏中的表达量(6.6 倍，$P<0.05$)，12 月龄生长快个体中的肝脏肌肉表达量也要高于生长慢个体($P<0.05$)。IGF-I 与 IGF-II 在肝脏中表达量最高，在脑与肌肉中有少量表达，肝脏中的表达量从 3 月龄向 12 月龄依次递减，且 6 月龄与 12 月龄个体在脑与肌肉中的表达量要高于 3 月龄。IGF-I 与 IGF-II 生长快个体中大部分所检测组织中的表达量高于生长慢个体($P<0.05$)。MSTN a 在团头鲂肌肉中的表达量显著高于肝脏与脑中的表达量，其中在 6 月龄时肌肉中的表达量要显著高于 3 月龄与 12 月龄肌肉中的表达量($P<0.05$)。生长快个体中，其在 3 月龄肌肉中的表达量高于脑与肝脏中的表达量；在 3 月龄生长慢个体中，脑、肝脏与肌肉均有表达，且肝脏的表达量显著高于脑与肌肉中的表达量($P<0.05$)。MSTN b 在生长相关组织中均有表达，其中在生长慢个体中的肝脏与肌肉中表达量最高；生长快个体中脑、肝脏与肌肉中均有表达，但表达量较低，其中 6 月龄个体的脑与肝脏中表达量要高于 3 月龄与 12 月龄个体的表达量($P<0.05$)。生长慢个体中 3 月龄时在肝脏的表达量最高，依次递减，而在 12 月龄时肌肉中的表达量要显著高于 3 月龄与 6 月龄个体($P<0.05$)。MSTN a 与 MSTN b 在 3 月龄生长慢个体肝脏中均有高表达。

表 10-2　团头鲂不同生长时期体重与体长分布

实验组	平均体重/g	平均体长/cm	测量时间
3 月龄大个体	7.9	7.2	2012 年 9 月
3 月龄小个体	2.5	5.2	
6 月龄大个体	62.9	14.6	2012 年 12 月
6 月龄小个体	13.5	9.3	
12 月龄大个体	125.8	20.3	2013 年 6 月
12 月龄小个体	58.6	14.8	

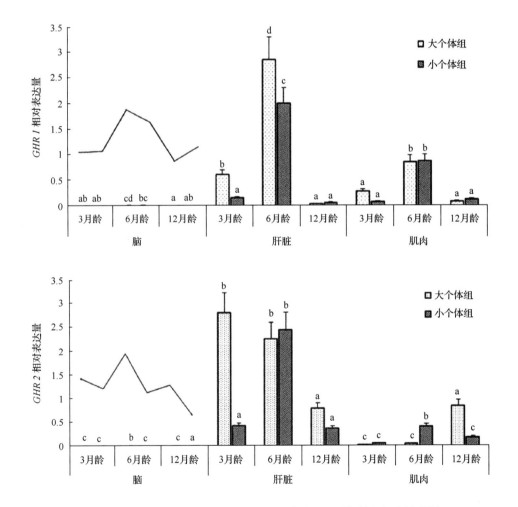

图 10-1　团头鲂生长相关基因在生长差异个体不同时期的组织表达分析

当上标小写字母不同时表示不同发育时期的相同组织中基因表达显著差异($P<0.05$)

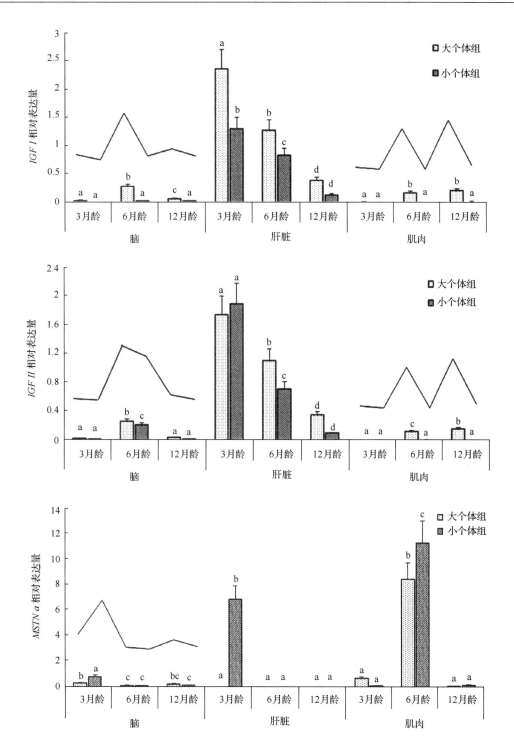

图 10-1　团头鲂生长相关基因在生长差异个体不同时期的组织表达分析(续)

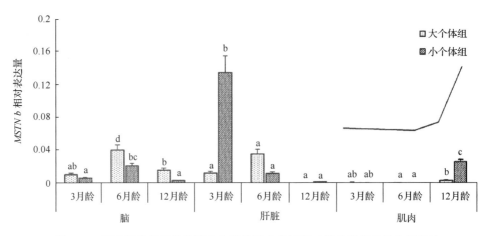

图 10-1　团头鲂生长相关基因在生长差异个体不同时期的组织表达分析(续)

(二) Heatmap 聚类与相关分析

为了探讨团头鲂生长相关基因在生长快慢个体中的表达差异，本研究对 *GHR 1*、*GHR 2*、*IGF-I*、*IGF-II*、*MSTN a* 与 *MSTN b* 基因在生长快与生长慢两个组合中的表达量进行了差异分析。*GHR 1*、*IGF-I*、*IGF-II* 与 *MSTN b* 基因在团头鲂生长差异个体中的表达相似性距离较小(similarity distance value < 0.3)；*GHR 2* 与 *MSTN a* 在生长快个体与生长慢个体中的表达量存在较大差异(similarity distance value < 0.5)。如图 10-1 所示，相同基因在团头鲂生长差异个体之间的表达相似性距离小于各个基因间的表达相似性距离，如 *GHR 1* 在团头鲂生长快与生长慢个体中的表达相似性距离要小于 *GHR 1* 与 *GHR 2* 在生长快个体中的表达相似性距离。

本研究分别以 6 个生长相关基因在团头鲂生长快与生长慢两个群体中的表达量与不同时期各组织表达量为变量进行了 HCL 系统聚类(图 10-2)。基因聚类结果显示：团头鲂 6 个生长相关基因在生长快与生长慢两个群体中的表达量被分为了 3 类。第一类为 *GHR 1*_Big、*GHR 1*_Small、*GHR 2*_Small 与 *MSTN b*_Big；第二类为 *GHR2*_Big、*IGF-I*_Small、*IGF-I*_Big、*IGF-II*_Big、*IGF-II*_Small 与 *MSTN b*_Small；第三类为 *MSTN a*_Big 与 *MSTN a*_Small。其中在第一类与第二类中，*MSTN b*_Big 与 *MSTN b*_Small 的距离测度值要大于同一类群其他基因。*GHR 1*、*IGF-I*、*IGF-II* 与 *MSTN a* 基因在团头鲂生长快个体与生长慢个体中的表达量聚为一类。不同时期组织表达值系统聚类为 3 类群，其中，6 月龄、12 月龄肝脏与 12 月龄肌肉聚为一类；6 月龄脑与 3 月龄肝脏聚为一类；3 月龄脑、12 月龄脑、3 月龄与 6 月龄肌肉聚为一类。Heatmap 显示(图 10-3)，6 个基因在第一类中的 6 月龄、12 月龄肝脏与 12 月龄肌肉组织中具有较高的表达量。第二类中的距离测度值最大，Heatmap 显示出 6 月龄脑与 3 月龄肝脏组织中的表达量存在较大差异。同时，相关分析结果(表 10-3)显示：*GHR* 与 *IGF* 呈正相关，且 *GHR 1* 与 *GHR 2* 呈极显著正相关($P < 0.01$)，*IGF-I* 与 *IGF-II* 也呈现极显著正相关($P < 0.01$)；*MSTN a* 基因与 *GHR 2*、*IGF* 基因呈负相关，*MSTN a* 与 *MSTN b* 基因呈负相关。

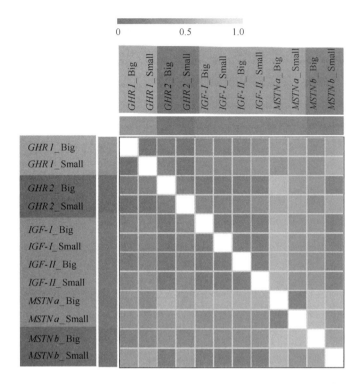

图 10-2　团头鲂生长相关基因在生长差异个体中表达差异分析

Big 表示大个体组；Small 表示小个体组

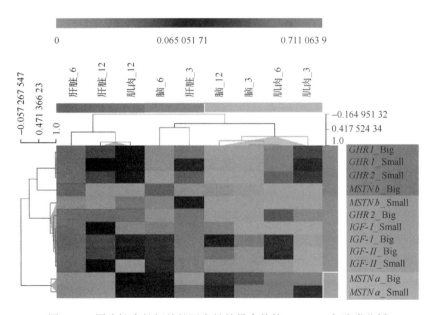

图 10-3　团头鲂生长相关基因生长差异个体的 Heatmap 与聚类分析

Big 表示大个体组；Small 表示小个体组

表 10-3　团头鲂生长相关基因生长差异个体 Pearson 相关分析

基因	GHR 1 _Big	GHR 1 _Small	GHR 2 _Big	GHR 2 _Small	IGF-I _Big	IGF-I _Small	IGF-II _Big	IGF-II _Small	MSTN a _Big	MSTN a _Small	MSTN b _Big	MSTN b _Small
GHR 1 _Big												
GHR 1 _Small	0.0119											
GHR 2 _Big	0.2013	0.2686										
GHR 2 _Small	0.0133	0.0269	0.1814									
IGF-I _Big	0.2643	0.3385	0.0273	0.2645								
IGF-I _Small	0.2226	0.2996	0.0223	0.2237	0.0055							
IGF-II _Big	0.2353	0.3081	0.0208	0.2310	0.0020	0.0045						
IGF-II _Small	0.3245	0.4049	0.0587	0.3341	0.0080	0.0173	0.0163					
MSTN a _Big	0.4482	0.3740	0.6498	0.5229	0.6090	0.6237	0.6181	0.6140				
MSTN a _Small	0.4417	0.4150	0.4260	0.5169	0.3468	0.3744	0.3678	0.3355	0.0890			
MSTN b _Big	0.2866	0.3109	0.3917	0.2781	0.3735	03602	0.3487	0.3824	0.6720	0.6572		
MSTN b _Small	0.4844	0.5595	0.1300	0.4963	0.0923	0.0923	0.0856	0.0364	0.6153	0.3236	0.4634	

　　生长是水产动物遗传改良最有价值的经济性状之一，因为生长速率增加可直接减少养殖成本和劳务投入，是评价养殖价值的重要指标，不仅直接决定养殖生产效率，而且是确定养殖周期的重要依据(苏军虎等，2012)。近年来，与鱼类生长相关的基因受到国内外学者的高度关注，并进行了大量的研究。这些基因包括在体细胞生长轴内主导生长的相关基因，如生长激素(GH)、生长激素受体(GHR)、胰岛素样生长因子($IGF-I$ 和 $IGF-II$)、生长激素释放激素($GHRH$)、生长激素抑制激素($GHIH$)等基因，在肌肉组织中表达的重要转化生长因子基因，如肌抑素($MSTN$)和肌原性的调节因子(MRF)以及其他的候选基因(Gui and Zhu，2012)。

　　本研究选取了团头鲂 6 个生长相关基因，对其在团头鲂不同月龄的生长快与生长慢个体中的表达模式进行了探讨。$GHR 1$ 与 $GHR 2$ 基因在不同时期团头鲂肝脏中的表达量最高，其次是肌肉。这与国内外的 GHR 基因的研究结果是一致的(俞菊华等，2011)。同时，$GHR 1$ 与 $GHR 2$ 基因在生长相关组织中的表达量存在差异，$GHR 2$ 基因在肝脏与肌肉组织中的表达水平要高于 $GHR 1$，这与黑鲷($Acanthopagrus schlegelii$)(Tse et al.，2003)的研究结果类似，与黄鳍鲷($Sparus latus$)(马细兰等，2011)和斜带石斑鱼($Epinephelus coioides$)(Li et al.，2007a)的研究结果相反。在团头鲂生长相关组织中 GHR 基因的表达模式存在差异，说明团头鲂 GHR 基因的表达具有类型特异性。GHR 基因在团头鲂生长快个体中的表达水平高于生长慢个体，说明团头鲂的生长与 GHR 的调控作用是密切相关的。国内外大量研究表明，GHR 通过 $GH/IGF-I$ 生长内分泌轴促进动物组织细胞的分化与生长(Jiao et al.，2006；Li et al.，2007b)，这为本研究提供了有效的理论依据。GHR 在团头鲂不同发育时期生长相关组织中的表达量存在较大差异，例如，*GHR 1* 在 6 月龄时肝脏中的表达量远远高于 12 月龄时的表达量，笔者推测可能与团头鲂生长发育季节性规律有关，这也可以初步推断出 6 月龄的团头鲂生长潜能要大于 12 月龄团头鲂。*IGF* 基因在团头鲂脑、肝脏与肌肉中均有一定表达，其中在肝脏中的表达量远高于其他组织，这与胭脂鱼(*Myxocyprinus asiaticus*)(郑凯迪等，2007)、鳜(*Siniperca chuatsi*)(刘俊等，2011)等的研究结果相一致，同时说明 *IGF* 在肝脏中的高表达与肝脏在产生 *IGF* 和发挥 *IGF* 生理功能方面起关键作用是一致的(钟欢，2012)，而 *IGF* 在脑与肌肉中有一定量的表达，说明团头鲂 *IGF* 也通过这些组织细胞的自分泌/旁分泌而作用于自身组织细胞发挥生理作用，国内外学者曾经对鱼类 *IGF* 研究发现其在性腺发育、调节渗透压及免疫等方面有着广泛的生理功能(Duan，1998)。*IGF* 基因在肝脏中的表达量随着月龄的增加而逐渐降低，而脑与肌肉中的表达主要出现在 6 月龄与 12 月龄，推测可能是团头鲂 3 月龄阶段处于高生长代谢的时期。*IGF* 在生长快的团头鲂个体生长相关组织中的表达量要高于生长慢个体中的表达量，充分说明了 *IGF* 的表达量与鱼类的生长呈显著的正相关性。*MSTN b* 在团头鲂脑与肝脏中高表达，在 12 月龄时肌肉中也有少量表达。薛良义和孙升(2010)对大黄鱼(*Pseudosciaena crocea*) *MSTN* 基因的时空表达分析显示在 6 月龄与 18 月龄阶段，其肌肉中都没有 *MSTN-2* 的表达，推测 *MSTN-2* 的表达可能与中枢神经系统的发育和功能有关，与本研究中 *MSTN b* 基因的表达模式是相类似的。*MSTN a* 基因的表达与 *MSTN b* 基因的表达模式具有较大差异，其在肌肉中高表达，在 6 月龄团头鲂个体中表达量显著高于其他时期，由此可以推测 *MSTN a* 在 6 月龄团头鲂肌肉生长发育的负调控达到高峰。*MSTN a* 在团头鲂生长快个体中的表达量要低于生长慢个体中的表达量，进而验证了 *MSTN a* 与团头鲂肌肉生长发育呈负相关的结论。

　　Marcell 等(2001)在对人类的研究中发现 *GHR* 基因在老年人骨骼肌中的表达降低与 *MSTN* 基因的高表达呈现显著的负相关($R = -0.60$，$P = 0.001$)。随后，Liu 等(2003)研究发现 *MSTN* 基因是 *GH* 诱导合成的潜在关键因子，*MSTN* 基因的高表达会降低 GH/IGFs 生长轴的合成代谢。Roberts 等(2004)在对转基因鲑 *GH* 基因过表达的研究中发现，*GH* 基因的过表达会抑制 *MSTN* 基因的转录表达。在本研究中的 Heatmap 聚类分析结果中，*MSTN b*_Big 与 *GHR1*_Small，*GHR1*_Big，*GHR 2*_Small 聚为一支，*MSTN b*_Small 与 *IGF*、*GHR2*_Big 聚为一支，而 *MSTN a* 在团头鲂生长差异的两个群体中的表达量聚为一支。Pearson 相关分析显示：*GHR* 与 *IGF* 呈正相关，*MSTN a* 基因与 *GHR 2*、*IGF* 基因呈负相关，*MSTN a* 与 *MSTN b* 基因呈负相关。这与国内外学者的研究结果是一致的(Marcell et al.，2001；Liu et al.，2003)，推测可能是 *MSTN a* 基因的表达对 GH/IGF 生长轴基因 *GHR*、*IGF* 的表达具有明显负调控的作用。*MSTN a* 与 *MSTN b* 基因在表达模式上存在较大差异，这可能是由于 *MSTN* 两个基因在生长相关组织中的表达特异性不同，且具有不同的分子功能。国内学者在大黄鱼(薛良义和孙升，2010)，金头鲷(*Sparus aurata*)(Maeeatrozzo et al.，2001)，虹鳟(*Oncorhynchus mykiss*)(Resean et al.，2001) *MSTN* 基因的研究也表明：*MSTN a* 与 *MSTN b* 基因在鱼类发育过程中的组织特异性表达及在不同发育时期的表达也有着明显差异，从而推断二者在鱼类生长发育中的功能可能存在差异，其中 *MSTN a* 与鱼类肌肉生长发育的调控有关，而 *MSTN b* 的表达与中枢神经系统的发育和功能有关。

第二节　免疫相关基因

　　鱼类是非特异性免疫和特异性免疫并存的最低等的脊椎动物，与哺乳动物相比，其特异性免疫系统还不够发达，免疫机制还不完善，因此主要依靠非特异性免疫来抵御病原微生物的入侵。目前，已发现一些抗病相关基因在水产动物的抗病毒防御反应中起着至关重要的作用，包括模式识别受体(TLR、NLR 等)、MHC、补体、细胞因子(干扰素、白细胞介素、趋化因子等)等，这些免疫基因在鱼类特异性和非特异性免疫中发挥着重要作用，这些基因的稳定表达是鱼类抵抗体内或体外病原入侵的重要保障。

一、Toll 样受体基因

　　Toll 样受体(TLR)是 I 型跨膜蛋白，也是重要的模式识别受体(PRR)之一。Toll 样受体家族等介导的先天性免疫是脊椎动物抵御病原微生物的第一道防线，在连接先天性免疫和获得性免疫反应过程中，起着非常重要的桥梁作用(Akira et al.，2001)。因其重要的免疫调节作用，TLR 在哺乳动物中已进行了广泛的研究。然而，在鱼类中对 TLR 的研究相对较少，对于全部 TLR 的描述在斑马鱼(Jault et al.，2004；Meijer et al.，2004)、河豚(Oshiumi et al.，2003)、斑点叉尾鮰(Quiniou et al.，2013；Zhang et al.，2013a)等鱼类中已有报道，本课题组研究生赖瑞芳基于团头鲂组学数据，对团头鲂的全部 TLR 进行了初步研究(赖瑞芳，2016)。鉴定团头鲂 TLR 并分析其序列结构和信号转导功能的保守性和差异性，对于研究 TLR 的进化关系具有重要的理论意义。而开展 TLR 在团头鲂经嗜水气单胞菌感染后的时空表达模式研究，有助于揭示鱼类 TLR 抗病原的免疫应答机制。

(一)团头鲂 TLR 基因序列分析及表达谱分析

1. 团头鲂 TLR 序列

　　赖瑞芳(2016)将本课题组已有团头鲂表达序列标签、转录组和基因组数据库与已知人类、小鼠和硬骨鱼类 TLR 蛋白序列进行比对，挖掘出相似性较高的团头鲂 TLR 序列 14 个基因：MaTLR1、MaTLR2、MaTLR3、MaTLR4、MaTLR5、MaTLR7、MaTLR8a、MaTLR8b、MaTLR9、MaTLR18、MaTLR 19、MaTLR20、MaTLR21、MaTLR22)，这些 TLR 序列推测的氨基酸数量从 664～1058 个不等。

　　目前共有 26 种 TLR 基因已在生物中被注释，TLR10 在各种哺乳动物(小鼠除外)中存在，但在硬骨鱼类中缺失；TLR11 仅存在于小鼠中；TLR12 和 TLR13 存在于小鼠和两栖动物中；TLR15 仅在鸟类中有发现；TLR16 存在于鸟类，同样在大西洋鳕中有发现，但大西洋鳕 TLR16 的命名可能是有问题的，因为它与青鳉 TLR18 高度相关，明显聚为一支；TLR24 仅在无颌鱼类(七鳃鳗)中被发现。总之，硬骨鱼类中存在 18 种 TLR 基因：TLR1～5、TLR7～9、TLR14、TLR16、TLR18～23、TLR25 和 TLR26(Quiniou et al.，2013；Zhang et al.，2013a，2014)。而团头鲂中共鉴定到 13 种 TLR，TLR14、TLR16、TLR23、TLR25 和 TLR26 这 5 种未在团头鲂中发现。在团头鲂中 TLR14 和 TLR16 的缺失，可能是由于 TLR18 的存在，Zhang 等(2013a)构建的系统进化树显示鱼类 TLR14、TLR16 和

TLR18 的进化关系非常相近，聚为一支，且目前未在一种鱼中同时报道 *TLR14* 和 *TLR18* 这两种受体，因此推测它们可能是一种受体的不同命名。

2. 团头鲂 *TLR* 基因的组织表达差异

赖瑞芳(2016)通过 qPCR 的方法来确定所有团头鲂 *TLR* 基因在血液、鳃、肝脏、脾脏、肾脏、肠道、心脏和肌肉等 8 种健康鱼组织中的表达情况。如图 10-4 所示，团头鲂

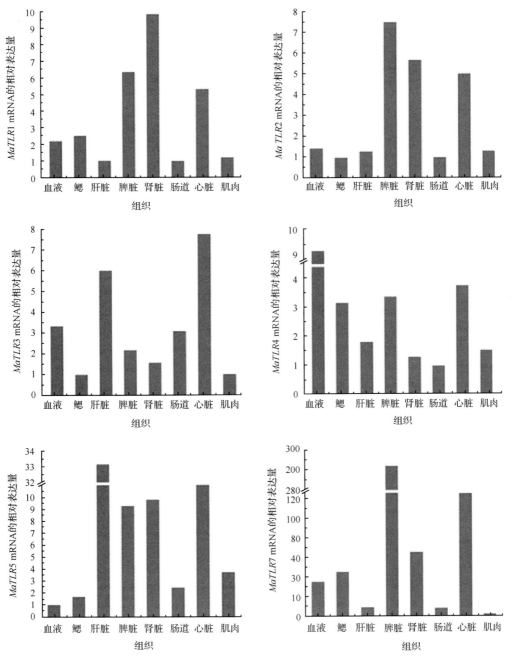

图 10-4　团头鲂 14 个 *TLR* 在团头鲂 8 种组织中的表达谱

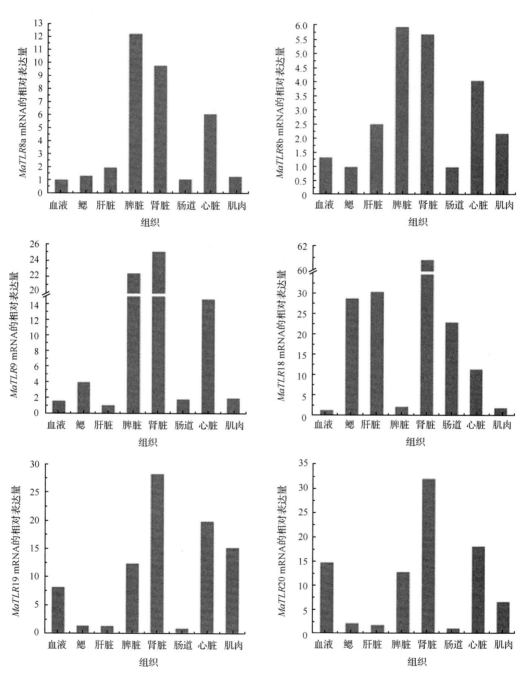

图 10-4 团头鲂 14 个 *TLR* 在团头鲂 8 种组织中的表达谱(续)

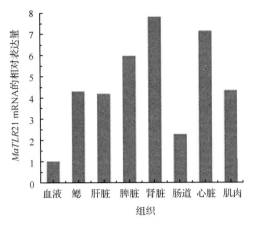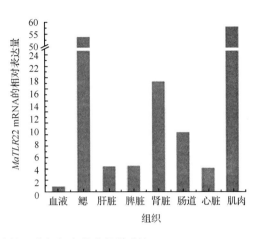

图 10-4　团头鲂 14 个 *TLR* 在团头鲂 8 种组织中的表达谱(续)

所有 *TLR* 基因在各个组织中都基础性的表达，*MaTLR1/2/8a/8b/9* 在脾脏、肾脏和心脏中的表达量显著高于在其他组织中的表达量；*MaTLR3* 在血液、肝脏和心脏中表达量较高；*MaTLR4* 基因在血液、鳃、脾脏和心脏中表达量较高；*MaTLR5* 在肝脏、脾脏、肾脏和心脏中的表达量都显著高于在其他组织中的表达量；而 *MaTLR7* 基因仅在脾脏和心脏中极显著的高表达；*MaTLR18* 基因除了在血液、脾脏和脑组织中表达量很低外，在其他组织中都极显著的高表达；*MaTLR19* 和 *MaTLR20* 基因在各个组织中的表达模式比较相似，都是在血液、脾脏、肾脏、心脏和脑组织中高表达，在鳃、肝脏和肠道组织中较低表达；*MaTLR21* 基因在血液和肠道组织中表达量较低，其他相对较高；而 *MaTLR22* 基因仅在鳃、肾脏和肠道中较高表达，其他组织中表达量都相对较低。总之，团头鲂不同 *TLR* 基因在不同组织中的表达是变化的，且大部分 *TLR* 基因，如 *TLR1*、*TLR2*、*TLR7*、*TLR8a*、*TLR8b*、*TLR9*、*TLR18*、*TLR19*、*TLR20* 和 *TLR21* 等在脾脏或是肾脏中表达水平最高。而 *TLR3*、*TLR4*、*TLR5* 和 *TLR22* 分别在心脏、血液、肝脏和肌肉中表达量最高。这与 Quiniou 等(2013)研究显示斑点叉尾鮰 *TLR1*、*TLR2*、*TLR5S*、*TLR7*、*TLR8*、*TLR9*、*TLR18*、*TLR19~22* 和 *TLR26* 在脾脏或是肾脏中表达水平相对最高的结果非常相似。但团头鲂 *TLR3*、*TLR4*、*TLR5* 和 *TLR22* 分别在心脏、血液、肝脏和肌肉中表达量最高。

3. 嗜水气单胞菌感染后团头鲂 *TLR* 在各组织的表达

赖瑞芳(2016)采用 qPCR 的方法研究了嗜水气单胞菌感染对团头鲂 *TLR* 基因在肝脏、脾脏和肾脏中表达的影响。结果表明，团头鲂 *TLR* 基因在肝脏、脾脏和肾脏中的表达呈现出组织差异性。如图 10-5 所示，在肝脏和脾脏中，除了团头鲂 *TLR1*、*TLR5*、*TLR18* 和 *TLR22* 这 4 个基因以外，其余 10 个 *TLR* 基因在 0h、12h、24h 和 48h 的表达模式都是类似于"V"字形表达。然而在肾脏中，团头鲂 *TLR3*、*TLR8a*、*TLR8b*、*TLR9*、*TLR18* 和 *TLR21* 这 6 个基因表现出是"V"字形的表达模式。这种"V"字形的表达模式可能是由于病原感染的发病机理：在感染后的早期阶段，巨噬细胞和其他参与反应的细胞可能从组织中迁移到感染部位，而感染后期，这些细胞迁回到组织中清除感染细菌。嗜水气单胞菌感染后，在肝脏中，*TLR8a*、*TLR9* 和 *TLR21* 在 48h 时呈显著性上调表达，*TLR18* 在 12h 表达量显著性增加。其余 *TLR* 基因显著性下调表达或是没有明显的影响。在脾脏中，除了 *TLR5*、*TLR20* 和 *TLR22* 出现显著诱导表达，其余大部分表达量都呈现出极显著的下降。而在肾脏中，团头鲂 *TLR1*、*TLR2*、*TLR4*、*TLR5*、*TLR18*、*TLR20* 和 *TLR22* 这 7 个基因在细菌感染后呈现出显著性上调表达的趋势。这些结果暗示在嗜水气单胞菌感染后的团头鲂 *TLR* 基因表达的组织偏好性。显然团头鲂 *TLR* 都参与了嗜水气单胞菌感染后的免疫应答反应，但只是基于团头鲂 *TLR* 表达水平的高低来推测其功能的重要性还是比较困难的。因此，将来应更进一步的阐明其表达调控机制，特别是在转录水平上调控的研究。

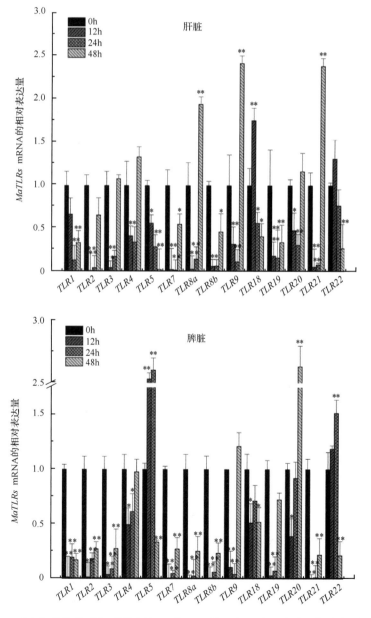

图 10-5　嗜水气单胞菌感染后团头鲂 14 个 *TLR* 基因在肝脏、脾脏和肾脏中的表达谱

*表示显著差异（*P*＜0.05），**表示极显著差异（*P*＜0.01）

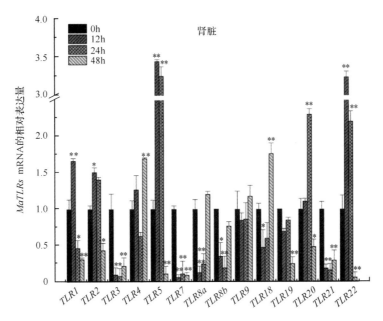

图 10-5 嗜水气单胞菌感染后团头鲂 14 个 *TLR* 基因在肝脏、脾脏和肾脏中的表达谱(续)

(二)嗜水气单胞菌感染后团头鲂 TLR4 免疫应答

TLR4 是 TLR 家族中第一个被鉴定的，且在先天性免疫应答中起着重要的作用(Takeda and Akira 2004；Medzhitov et al.，1997)。哺乳动物 TLR4 能识别革兰氏阴性菌表面的主要成分(LPS)，然后将信号通过 TIR 结构域转导给接头分子(MyD88)，从而激活下游促炎性基因的表达(O'Neill and Bowie，2007)。TLR4 下游信号转导通路分为 MyD88 依赖信号转导通路和 MyD88 非依赖信号转导通路，前者激活 NF-κB 和促炎性基因的表达，如 TNF 和 IL；后者诱导 I 型 IFN 的表达(Medzhitov et al.，1998；Janeway and Medzhitov，2002；Lu et al.，2008；Kawasaki and Kawai，2014；Liu et al.，2014)。已有研究阐明在小鼠中敲除 MyD88，LPS 刺激没能激活促炎性因子的表达，但 I 型 IFN 的诱导表达过程没有被损坏，因此 MyD88 依赖信号转导通路是 TLR4 的抵御病原入侵的关键通路(Adachi et al.，1998；Kawai et al.，1999；Kawai and Akira，2007)。目前，*TLR4* 只在鲤科鱼类(如斑马鱼、草鱼、稀有鮈鲫、鲤、印度鲮、青海湖裸鲤)和鮰科鱼类(如斑点叉尾鮰)中鉴定到，但在三刺鱼和河豚基因组中没有被发现。

1. 团头鲂 *TLR4* 基因序列分析

团头鲂 *TLR4* 基因的 cDNA 全长 2862bp，包含 5′UTR 146bp、ORF 2364bp(编码 787 个氨基酸)、3′UTR 352bp。预测蛋白分子量 90.22kDa，等电点 8.50。在 3′UTR，发现有 1 个 mRNA 不稳定序列 ATTTA 和一个典型的多聚腺苷酸信号 ATTAAA 存在。ATTTA mRNA 不稳定序列结构域被频繁地发现存在于一种瞬时表达基因的 3′UTR 中，因此它可能参与信息的快速衰退和退化。

　　用 SMART 对团头鲂 TLR4 蛋白结构域预测，并与已知各种鱼的 TLR4 二级结构进行比较发现，团头鲂 TLR4 蛋白结构域与其他脊椎动物 TLR4 二级结构非常相似，拥有 TLR 家族的标准结构特征：1 个 LRR 结构域、1 个跨膜区和 1 个 TIR 结构域。胞外结构域包含 9 个亮氨酸重复序列(LRR)结构域(分别位于 37～60、61～84、108～133、160～183、285～308、332～361、456～479、480～501 和 504～527)，跨膜结构域包含 23 个氨基酸，胞内结构域(TIR，位于 640～785)位于 C 端，有 146 个氨基酸。团头鲂 *TLR4* 的 N 端没有检测到信号肽。

　　为进一步确定团头鲂 TLR4-TIR 结构域的保守性，对已知鱼类的 TLR4-TIR 进行多序列比对。结果显示高等脊椎动物的 TLR4-TIR 结构域特征一样，都具有 3 个保守的 Box 框架，分别为 Box1(YDAFVIØ)、Box2(LC-RD-(A/P)G)和 Box3(FWXRLR)，其中"Ø"代表疏水氨基酸，"X"代表任意氨基酸。这 3 个 Box 在鲤科鱼类中是高度保守的，并在 TLR 信号转导中起到了非常重要的作用。在 TLR4-TIR 第 48 个位点，鱼类疏水缬氨酸替代了人类中的脯氨酸。除了鲤 TLR4ba 的 TIR(140aa)外，其他跨物种鱼类的 TLR4-TIR 都具有比较保守的长度(146aa)。TLR4-TIR 结构域的前两个 Box 主要负责招募调配分子，第三个 Box 是对调配分子进行直接定位。众所周知，哺乳动物 TIR 结构域 Box2 中的脯氨酸(位于第 48)对于 TLR4 识别抵御 LPS 是极其重要的。如在小鼠中，TLR4-TIR 中脯氨酸突变成组氨酸后，激活对 LPS 反应的信号通路完全被阻断(Poltorak et al.，1998)。然而鱼类 TLR4-TIR 结构域 Box2 中的脯氨酸被缬氨酸取代，这种突变是否对 TLR4 蛋白的功能机制有任何影响仍然未知。

　　2. 团头鲂 *TLR4* 表达分析

　　(1)团头鲂 *TLR4* 基因在早期不同发育阶段的表达分析

　　赖瑞芳(2016)通过 qPCR 方法检测了团头鲂 *TLR4* 基因在不同发育阶段的表达量变化。为了比较不同发育阶段间的相对表达量变化，将第一阶段(未受精卵)*TLR4* 的表达量定位为 1，其他阶段以此进行校准。团头鲂 *TLR4* 基因在所有检测的组织和 11 个不同发育阶段都基础性的表达，并且相对表达水平变化显著。原肠胚期，团头鲂 *TLR4* 表达量最高，约为未受精卵时期的 29 倍。其次是体节出现期，约 8 倍。*TLR4* 表达量在囊胚期、肠管形成期、尾椎上翘期、尾鳍出现期依次降低，但均比未受精卵时表达量高。而受精卵、8 细胞期、出膜期和鳔形成期，*TLR4* 表达量则均低于未受精卵时期。整个发育时期，*TLR4* 表达量呈现出"W"的表达模式(图 10-6A)。*TLR4* 表达只在 3 种鱼中有研究，分别为斑马鱼、草鱼和印度鲮。斑马鱼 *TLR4a*、草鱼 *TLR4* 和印度鲮 *TLR4* 在所有检测组织都表达。然而，斑马鱼 *TLR4b* 在 10 个检测的组织中，只在血液、心脏和皮肤中表达(Jault et al.，2004；Huang et al.，2012c；Madhubanti et al.，2013；Pei et al.，2015)。同样，*TLR4* 在鸟类和哺乳类大部分组织中也是基础性表达的，如肝脏、肾脏、脾脏、肠道、肺等。在鸡、鸭、人类和团头鲂中，*TLR4* 在脾脏中的表达量是显著高于肾脏中的。团头鲂 *TLR4* 在肠道中的表达量是低的，然而 *TLR4* 在人类和鸡中是高表达的，甚至高于在脾脏中的表达(Iqbal et al.，2005；Zarember and Godowski，2002；Zhao et al.，2013)。*TLR4* 基因表达模式的差异意味着在不同脊椎动物种类中 *TLR4* 基因的调控机制或是特异功能可能发生变化。健康团头鲂 *TLR4* 在免疫组织或是免疫相关组织中都基础性表达,暗示了 *TLR4* 在抵抗病原入侵和免疫反应的诱导中可能起到了非常重要的作用。

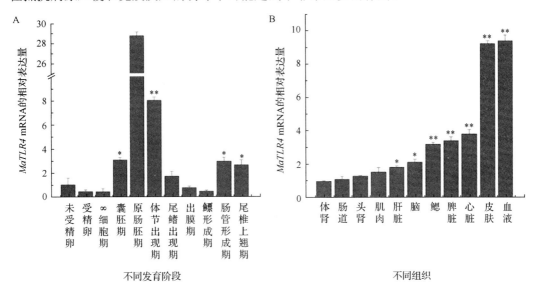

图 10-6　团头鲂 *TLR4* 表达分析
*表示显著差异(*P*＜0.05),**表示极显著差异(*P*＜0.01)

(2)团头鲂 *TLR4* 基因在不同组织中的表达分析

TLR4 基因在健康团头鲂的 11 种不同组织中都基础性的表达,体肾中 *TLR4* 表达量最低,将其表达量定位为 1,其他组织中 *TLR4* 的表达量以此进行校正。血液和皮肤中的 *TLR4* 表达量最高,超过 9 倍,其次为心、脾和鳃组织中,表达量在 3～4 倍,表达量都极显著地高于体肾组织中的表达量。脑和心脏组织中 *TLR4* 的表达量也显著高于体肾中的表达量。然而肌肉和头肾中,*TLR4* 的表达量只是稍高,差异不显著(图 10-6B)。

越来越多的证据显示 *TLR* 基因不仅在免疫反应调控过程中起到了重要的角色,而且在胚胎形成过程中也具有很重要的作用(Okun et al.,2011)。大量的神经形成是在胚胎发育过程中发生的,而 *TLR* 是参与中枢神经系统的发育的。例如,*TLR4* 参与神经干细胞的增殖和神经元的分化(Okun et al.,2011,2012;Rolls et al.,2007)。胚胎早期发育期间,斑马鱼 *TLR4a* 和草鱼 *TLR4* 的表达都是在受精后 12h 才被检测到,而斑马鱼 *TLR4b* 是 24h 后被检测到(Jault et al.,2004;Huang et al.,2012c)。然而,印度鲮 *TLR4* 基因的最高表达量是在受精卵时期(Madhubanti et al.,2013)。团头鲂 *TLR4* 表达高峰在原肠胚期和体节出现期,与在神经系统发育时所提出的角色完全一致。在斑马鱼原肠胚形成后期,神经板变得明显。在鱼类中,神经形成也从此开始,而神经板收敛于神经杆的形成是在体节形成早期(Kimmel et al.,1995;Yu and Zhang,1998;Schmidt et al.,2013)。

（3）在嗜水气单胞菌感染后团头鲂 *TLR4* 基因的表达

赖瑞芳（2016）的结果显示，对照群体中团头鲂 *TLR4* 基因表达在各个组织（肝脏、脾脏、头肾、体肾和肠）中的各个时间点均较稳定的表达，无显著性差异。而嗜水气单胞菌感染后，团头鲂 *TLR4* 基因在各个组织中的各个时间点均有显著性差异。在肝脏中，团头鲂 *TLR4* 在感染后 6h 表达轻微上调，随后极显著下调表达直至 24h，接着在 48h 出现显著上升，随后在 72h 显著下降直至 120h 恢复到注射前的表达水平。在脾脏组织中，团头鲂 *TLR4* 基因在感染后 6~72h 均为下调表达，且在 12h 和 24h 极显著下调表达。但在 120h，表达量显著性增加。头肾和体肾组织中，团头鲂 *TLR4* 的表达模式非常相似，都是双峰模式：在前 12h 先持续性上调表达，随后在 24h 轻微下调，接着在 48h 又极显著上调表达，最后表达量持续下降直至 120h。然而在肠道组织中，仅在 12h 有一个上调表达高峰被观察到，其他所有时间点团头鲂 *TLR4* 基因的表达量都是极显著下调的（图 10-7）。

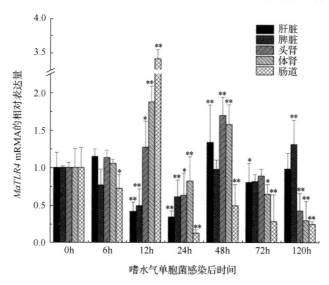

图 10-7　嗜水气单胞菌感染后团头鲂 *TLR4* 的表达模式

*表示显著差异（$P<0.05$），**表示极显著差异（$P<0.01$）

在哺乳动物中，*TLR4* 在宿主细胞识别 LPS（革兰氏阴性菌细胞壁的重要组成成分）和激活炎性细胞因子释放过程中起到了关键性的作用（Rodrigues et al.，2008）。然而，斑马鱼 *TLR4a* 和 *TLR4b* 均对大肠杆菌（*E. coli*）、嗜肺性军团病杆菌和 LPS 刺激不起作用，意味着 *TLR4* 在斑马鱼中可能具有不同功能（Sullivan et al.，2009）。嗜水气单胞菌感染后 12h，团头鲂 *TLR4* 基因在肠道中被显著性诱导表达，这样的表达模式在印度鲮中也被观察到（Madhubanti et al.，2013）。然而，在 0~36h 期间，稀有鮈鲫 *TLR4* 在脾脏和肝脏组织中均显著表达且一直上调，这与团头鲂完全不同（Su et al.，2009）。同样，团头鲂与印度鲮相比，*TLR4* 在肝脏中均为下调表达，但在肾脏中两种鱼却表现出不同的表达模式（Madhubanti et al.，2013）。LPS 刺激后，草鱼的 4 种 *TLR4* 基因也表现出不同的表达模式（Pei et al.，2015）。

(4)嗜水气单胞菌感染后团头鲂 TLR4 蛋白的表达模式

嗜水气单胞菌感染 12h 后，通过 Western Blot 的方法来衡量团头鲂不同组织(肝脏、脾脏、头肾、体肾和肠)中 TLR4 的蛋白表达水平(图 10-8A)。结果显示在各个组织中，对照组和实验组中 TLR4 蛋白表达量有显著差异。嗜水气单胞菌感染后，在肝脏和脾脏中，TLR4 蛋白表达是显著性降低的，然而在头肾、体肾和肠中，TLR4 蛋白表达是显著升高的(图 10-8B)。免疫组化的结果表明，所有组织中均能观察到阳性信号，包括对照组和实验组。TLR4 蛋白表达模式与其基因表达模式是极其一致的：在 12h，肝脏和脾脏组织中 TLR4 均为下调表达，而在头肾、体肾和肠道组织中，TLR4 显著性上调表达(图 10-9)。

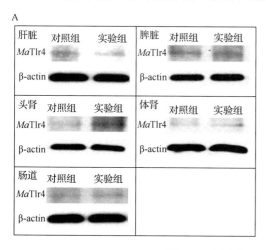
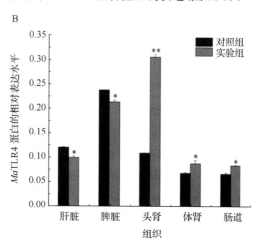

图 10-8 团头鲂 TLR4 的蛋白表达水平

A. Western blotting；B. 定量 Western blotting

嗜水气单胞菌感染后 12h，团头鲂 *TLR4* 基因和蛋白表达模式极为相似，暗示 *TLR4* 表达在转录水平被调控。团头鲂 *TLR4* 在肝脏和脾脏中表现出下调表达，在肾脏和肠道中表现出上调表达，对嗜水气单胞菌更加敏感。TLR4 类似的表达模式也在印度鲮出现，但在稀有鮈鲫中表达模式是不一致的(Madhubanti et al.，2013；Su et al.，2009)。*TLR4* 表达模式的差异可能是源于物种的差异，也有可能是源于个体免疫状态、发育阶段或是遗传背景等的差异(Renshaw et al.，2002)。

二、热激蛋白基因

热激蛋白(heat shock protein，HSP)是指细胞在外源非正常因子的刺激下生物体所表达出的一类高度保守的应激蛋白，普遍存在于从细菌到哺乳动物的所有生物体中，又称热休克蛋白或应激蛋白。热激蛋白能够被一系列应激源，如低温、高温、低氧、高盐、重金属、辐射、病原体感染等诱导。基于序列的同源性及分子量，热激蛋白可以分为几大类，如 Hsp110、Hsp90、Hsp70、Hsp60 等家族，以及小分子热激蛋白(Björk and Sistonen，2010)。

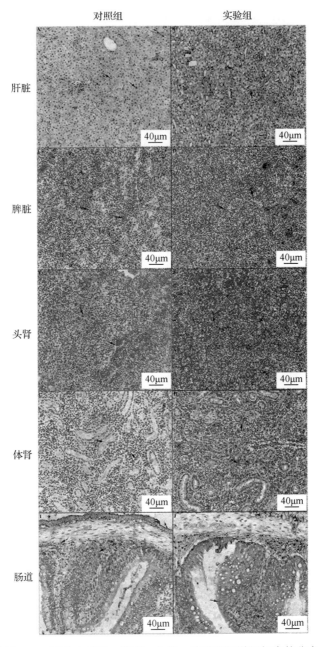

图 10-9　团头鲂 TLR4 蛋白在肝脏、脾脏、头肾、体肾和肠道组织中的分布（见文后彩图）

（一）热激蛋白基因 *Hsp90*

1. 团头鲂 *Hsp90* 基因的克隆及序列分析

利用 RACE 技术克隆到团头鲂 *Hsp90α* 和 *Hsp90β* 两个基因的 cDNA 全长序列。其中，团头鲂 *Hsp90α* 基因 cDNA 全长 2634bp，包含开放阅读框 2193bp，编码 731 个氨基酸，5′非编码区为 147bp，3′非编码区为 294bp。运用在线软件 ProtParam 分析显示预测得到的氨基酸序列分子量为 84.14kDa,等电点为 4.94。团头鲂 *Hsp90β* 基因 cDNA 全长 2631bp,包含 37bp 的 5′非编码区,2184bp 的开放阅读框,编码 728 个氨基酸,410bp 的 3′非编码区。*Hsp90β* 基因预测得到的氨基酸经 ProtParam 软件在线分析显示分子量为 83.59kDa,等电点为 4.9(Ding et al.,2013)。

　　Hsp90α 和 *Hsp90β* 是由基因复制而来的两种 *Hsp90* 亚型,在进化过程中具有相似并保守的功能结构域和位点。团头鲂 *Hsp90* 与其他脊椎动物一样可以有 3 个结构域:N 端结构域约 25kDa、中间结构域约 40kDa、C 端结构域约 12kDa。团头鲂 *Hsp90* 的 C 端含有保守的 MEEVD 结构,是 *Hsp90* 与协同分子伴侣结合位点。此外还含有一些重要的功能位点,如 ATP 结合位点、格尔德霉素和 p23 结合位点、磷酸化作用位点等。

　　Hsp90 是一类高度保守的分子伴侣,在细胞信号转导、免疫应答及胚胎发育过程中都具有重要的作用。本研究分析发现团头鲂 *Hsp90* 与其他物种拥有相似的保守结构域和功能位点。在团头鲂 *Hsp90α* 和 *Hsp90β* 的 C 端都具有保守的 MEEVD 结构,该肽链是利用肽重复序列结构与 *Hsp90* 相互作用的协同分子伴侣的结合位点(Gupta,1995)。此外,分析发现团头鲂 *Hsp90* 具有一些保守的功能位点,如 E47 为 ATP 水解作用位点,D93 为 ATP 结合位点;G95、G132、G135、G137 和 G183 为格尔德霉素和 p23 结合位点;R400 和 Q404 为 ATPase 活性位点;F369 为结构域间相互作用位点;S231 和 S263 为磷酸化作用位点。报道称 N 端的磷酸化作用肽链 QTQDQ 为所有 *Hsp90α* 亚基的特有序列,而分析发现团头鲂和其他真骨鱼类 *Hsp90α* 都缺少该结构域(Theodoraki and Mintzas,2006)。

　　2. 团头鲂 *Hsp90* 基因在不同发育期的表达

　　qRT-PCR 结果显示,团头鲂 *Hsp90α* 和 *Hsp90β* 两个基因都在出膜后 15d 出现表达高峰($P<0.01$),显著高于其他各个时期。此外,团头鲂 *Hsp90α* 在出膜前表达相对稳定,除了在受精后 6h 有一定的上调;而 *Hsp90β* 在受精后显著下调,至受精后 6h 几乎没有表达,随后又急剧上调至受精时的表达量(Ding et al.,2013)。

　　据报道,*Hsp90* 在胚胎发育过程中具有重要作用,多种发育相关蛋白酶的表达和功能行使都需要 *Hsp90* 的参与,并且认为干扰和阻断 *Hsp90* 的表达,将会导致胚胎发育出现异常(Doyle and Bishop,1993;Cutforth and Rubin,1994)。前人的研究表明斑马鱼 *Hsp90α* 基因在体节、骨骼以及肌肉的发育过程中高表达(Du et al.,2008;Sass and Krone,1997);与之相似,团头鲂 *Hsp90* 基因在不同发育时期的表达情况表明团头鲂 *Hsp90α* 在受精后 6h(即体节形成期)也显著上调,表明 *Hsp90α* 可能在团头鲂器官发育和体节形成中具有重要作用。Ali 等(1996)利用 *Hsp90β* 基因片段作为探针检测到非洲爪蟾发育到囊胚中期后,*Hsp90β* 的表达会迅速增加。Michaud 等(1997)发现小鼠胚胎发育到囊胚中期时,*Hsp90* 主要在骨骼形成区和中枢神经系统中表达。与其他物种中的表达模式不同,团头鲂 *Hsp90β* 在受精后表达量显著下调,到受精后 6h 几乎没有表达,暗示 *Hsp90β* 基因在团头鲂体节形成过程中的作用较小。随后,在受精后 12h 处 *Hsp90β* 表达又显著上调,应该与其参与神经系统发育的功能相关,因为团头鲂神经系统在受精后 6h 和 12h 之间开始发育(Csermely et al.,1998)。Michaud 等的研究还表明小鼠胚胎发育到 8.5d 时,*Hsp90α* 和 *Hsp90β* 都会大量表达。与之相似,团头鲂 *Hsp90α* 和 *Hsp90β* 都在出膜后 15d 出现表达峰，而这一时期团头鲂卵黄囊消失，并完全需要从外界摄食（Ding et al.，2013）。

3. 团头鲂 *Hsp90* 基因的组织表达

运用荧光定量 PCR 和蛋白印迹技术分析发现，团头鲂 *Hsp90α* 和 *Hsp90β* 在血液中的表达量最高，在鳃中的表达量最低。除此之外，团头鲂 *Hsp90α* 和 *Hsp90β* 表现为两种不同的组织表达模式。团头鲂 *Hsp90α* 在肌肉中高表达，其他组织中表达量较低；而 *Hsp90β* 在肌肉中表达量较低，在肝脏、脾脏、肾脏、肠和脑等其他组织中表达量较高。

Hsp90β 为组成型亚基，而 *Hsp90α* 为诱导型亚基，因而两者通常表现为两种不同的组织表达模式。塞内加尔鳎 *Hsp90α* 和 *Hsp90β* 表现为两种显著差异的表达模式，*Hsp90α* 在骨骼肌中高表达，在肝脏、脾脏、头肾、脑和肠等组织中表达很低；而 *Hsp90β* 在肝脏、脾脏、头肾、脑和肠等组织中高表达，在骨骼肌中表达较低（Manchado et al.，2008）。与该研究结果相似，团头鲂 *Hsp90α* 在肌肉中高表达，而 *Hsp90β* 在肌肉中表达较低；*Hsp90α* 在肝脏、脾脏、肾脏、肠和脑中表达较低，而 *Hsp90β* 在这些组织中的表达较高。除了因为 *Hsp90α* 为组成型亚基，*Hsp90α* 为诱导型亚基之外，团头鲂 *Hsp90* 两个亚基差异的组织表达模式应该还与各自的生理功能相关，比如 *Hsp90α* 参与斑马鱼肌肉发育，而 *Hsp90β* 在神经系统发育中具有重要作用（Du et al.，2008；Csermely et al.，1998）。此外，团头鲂 *Hsp90α* 和 *Hsp90β* 在血液中的表达量都显著高于其他组织。关于血液中 *Hsp90* 的表达较少，Ferencz 等研究表明鲤 *Hsp90α* 在血液中的表达量也高于肾脏、肝脏等组织，这应该与血液在机体内稳定、免疫及防御作用以及运输功能等相关（Ferencz et al.，2012）。

4. 细菌感染后团头鲂 *Hsp90* 基因的表达

利用荧光定量 PCR 或蛋白印迹技术分析目的基因在嗜水气单胞菌感染后的表达发现：被嗜水气单胞菌感染后，团头鲂 *Hsp90α* 和 *Hsp90β* 基因均会被诱导而高表达，且细菌感染组在注射后 4h 或 24h 均达到最大值。由此可以推断出 *Hsp90* 基因参与团头鲂的非特异性免疫应答，并且细菌感染可诱发团头鲂 *Hsp90* 基因的高表达。

Hsp90 在抗原递呈、激活淋巴细胞和巨噬细胞等免疫应答过程中发挥重要作用，并且在病原体感染后表达上调（Rungrassamee et al.，2010；Fu et al.，2011a）。本研究中团头鲂 *Hsp90α* 和 *Hsp90β* 基因在嗜水气单胞菌感染后的组织表达模式基本一致，细菌感染组在注射后 4h 或 24h 达到表达峰值，且显著高于对照组。这与海湾扇贝在被弧菌感染后 9h 达到表达峰以及其他相关研究的实验结果一致（Gao et al.，2008；Ekanayake et al.，2008；Essig and Nosek，1997）。尽管 *Hsp90* 基因在病原体感染后的详细作用机制还没有被阐述，但其上调表达被普遍认为是机体抵抗病原体感染的一种保护方式（Ekanayake et al.，2008；Essig and Nosek，1997；Gao et al.，2008）。因此，综合以上结果可以证明 *Hsp90* 基因具有参与团头鲂抵抗细菌感染的功能，并且细菌感染可诱发团头鲂 *Hsp90* 基因的高表达。

5. 团头鲂 *Hsp90* 基因的进化分析

分别运用位点（site）和分支位点（branch-site）模型探讨 *Hsp90* 基因在真骨鱼类的适应性进化。Site 模型分析发现 *Hsp90α* 具有一个正向选择位点（T717），而 *Hsp90β* 没有检测到有效的正向选择位点。Branch-site 模型分析发现 *Hsp90α* 在鲑形目分支有 1 个正向选择位点（Q11），在刺鱼目分支有 2 个正向选择位点（S465 和 K470）。*Hsp90β* 在鲑形目的进化过程中受到正选择作用,具有 3 个正向选择位点(G176、A652、S677)。由以上结果可以推断出 *Hsp90* 基因在真骨鱼类进化过程中比较保守,受到的正选择压力较小,而 *Hsp90* 基因在少数分支受到的正选择作用可能是为了适应不断变化的外界环境。

Vamathevan 等(2008)曾经指出基因在物种进化过程中受到的正选择压力是其功能改变从而推动物种分化的一种方式。本研究利用位点和分支位点模型探讨 *Hsp90* 基因在真骨鱼类中的适应性进化。结果发现,大多数预先设定的分支都不存在适应性进化位点,表明 *Hsp90* 基因在真骨鱼类进化过程中比较保守,并且受到的正选择压力较小。*Hsp90α* 基因在鲑形目和刺鱼目分支以及 *Hsp90β* 在鲑形目分支分别出现了正向选择位点。一些研究认为鲑形目和刺鱼目有生殖洄游的习性,因此需要适应不断变化的环境因子,如温度、盐度、海洋水流等(Quinn and Myers,2004;Arial et al.,2003)。因此可以推断 *Hsp90* 基因在这些分支受到的正选择作用是为了适应不断变化的外界环境。

(二)团头鲂 HSP70 重组蛋白的免疫功能研究

1. HSP70 重组蛋白的诱导表达、纯化及 ATP 酶活性检测

Chen 等(2014)将重组质粒转化入 *E.coli* BL21(DE3)菌株,当 IPTG 浓度为 1.5mmol/L 时,目的蛋白表达量最大,在 15℃摇菌时能获得绝大部分的可溶蛋白。将诱导表达的蛋白使用 HIS 标签蛋白纯化试剂盒进行蛋白纯化,咪唑浓度为 150mmol/L 能得到 80% 纯度以上的目的蛋白。经检测重组蛋白表现出 ATP 酶活性,并且随着蛋白浓度的增加,活性增强。相比之下,灭活的重组蛋白在高浓度下表现出很弱的 ATP 酶活性。这些结果表明,获得的 HSP70 重组蛋白是有生物活性的。

2. 注射 HSP70 重组蛋白对团头鲂非特异性免疫的影响

Chen 等(2014)进一步测定注射 HSP70 重组蛋白 24h 后团头鲂血液的 SOD 值、IFN-α 表达量、LYZ 含量,以及 *Hsc70*、*Cxcr4b*、*Tnf-α*、*Il-1β*、*Hsp70* 和 *Hif-1α* 免疫相关基因的表达量,通过分析这些指标的变化规律来评估 HSP70 重组蛋白对团头鲂非特异性免疫的影响。结果显示,试验组血清 SOD 值、IFN-α 及 LYZ 的含量均高于对照组,说明注射 HSP70 重组蛋白可以在一定程度上增强血清的非特异性免疫能力。

注射 HSP70 重组蛋白后,肝脏、肾脏及鳃内 *Hsp70* mRNA 表达量先升高,后下降至对照组水平,这与 *Hsp70* 的表达受到负反馈调节有关,当体内 HSP70 蛋白浓度含量达到一定程度时,HSP70 抑制热激转录因子(HSF)的活性,控制 *Hsp70* 转录,从而使体内 *Hsp70* mRNA 的表达量维持在一定范围内。另外,*Hsc70*、*Cxcr4b* 和 *Tnf-α* 在肝脏和鳃中的表达水平变化与 *Il-1β* 和 *Hif-1α* 在肝脏、肾脏及鳃中的表达水平变化相似,都呈显著性或不显著性升高,升高之后,部分呈现下降趋势。由此推测机体内 HSP70 蛋白水平可以诱导这些基因在相应组织中的表达水平上调,刺激免疫应答,增强机体耐受性;同时,高浓度的 HSP70 蛋白同样可以通过负反馈调节机制导致部分免疫相关基因表达下调。

有研究发现,在应激条件下,*Hsc70* 保持不变或者是少量的上调,而 *Hsp70* 被显著地诱导上调(Deane and Woo,2005;Franzellitti and Fabbri,2005),Chen 等(2014)的实验也得到类似结果。通过检测 *Hsc70* 与 *Hsp70* 表达水平可知,注射 HSP70 蛋白之后,

Hsc70 表达水平峰值处为对照组水平的 1～2 倍，远低于 *Hsp70* 上调水平（>20 倍），说明在应激条件下，HSC70 几乎不参与应激应答过程，主要是 HSP70 被诱导参与机体应激防御。

Chen 等（2014）的实验中还表明，所有免疫相关基因在脾脏中的表达水平均是先下降后升高，其中 *Hsc70* 和 *Cxcr4b* 在肾脏中的表达水平也是如此。这种变化规律的原因还需进一步考究，可能与肾脏和脾脏独特的结构、功能有关，也可能是实验样品误差所致。

3. 注射 HSP70 重组蛋白对团头鲂肝脏抗氧化能力的影响

两个试验组的肝脏 SOD 值比对照组 SOD 值较高，但无显著性差异（$P > 0.05$）。推测 HSP70 蛋白可以诱导肝脏 SOD 水平升高，但是这种诱导水平跟血液相比较弱，血液中 SOD 水平更容易被 HSP70 蛋白诱导增加。随着注射 HSP70 蛋白浓度的增加，肝脏 GSH 含量先呈显著性降低（$P < 0.05$），然后再呈显著性增加（$P < 0.05$），且最大值出现在 3.4mg/mL 注射组；而 MDA 含量则是逐步显著性下降（$P < 0.05$）（Chen et al., 2014）。

GSH 是一种含量最丰富的非蛋白巯基抗氧化物，主要在肝脏中合成，是一个良好的氧化胁迫指标（Reid and Jahoor, 2001）；MDA 含量标志着自由基对机体损伤程度，如果组织内自由基不及时清除，会导致机体内 MDA 含量升高，它是机体脂质过氧化程度的一个重要指标（Nogueira et al., 2003）。团头鲂肝脏 GSH 含量先下降后上升至高于对照组的水平，故 HSP70 重组蛋白可诱导肝脏 GSH 含量上调，只是其含量先下降后上升的原因需要进一步研究探讨。随着鱼体内 HSP70 蛋白浓度的升高，MDA 含量显著性下降，推测 HSP70 蛋白可以降低机体内脂质过氧化作用。

通过对肝脏 SOD 活性、MDA 及 GSH 含量的分析可知，HSP70 重组蛋白可以在一定程度上增强肝脏的抗氧化能力。然而，SOD、GSH 和 MDA 只是生物体内抗氧化系统的重要组成部分，它们指标的改变只能说明 HSP70 重组蛋白对其本身的影响，还不足以反应鱼体肝脏抗氧化能力改变的实际情况，因此，为了充分证明 HSP70 重组蛋白对肝脏抗氧化能力的影响水平，相关实验还需进一步的补充和完善。

三、*MHC II* 基因

MHC 是一个存在于所有脊椎动物中的具有高多态性的基因家族，表达产生特异性的细胞转膜蛋白，即 MHC 抗原，主要作用是识别、清除内源性和外源性抗原，在抗原的加工与呈递过程中发挥着重要的作用，处于特异性免疫反应的中心地位。MHC 家族基因呈现高度多态性，群体内有丰富的等位基因。在水产动物的多个物种中都发现 *MHC* 基因多态性与抗病力密切相关（董忠典等，2011）。

（一）团头鲂 *MHC IIA* 和 *IIB* 序列分析

Luo 等（2014c）利用 RACE 技术获得了 *MHC IIA* 和 *IIB* cDNA 的全长，*MHC IIA* cDNA（GenBank 登录号 KF193864）的全长为 1549bp，包括 54bp 的 5′UTR，790bp 的 3′UTR 和 705bp 的开放阅读框（ORF），ORF 编码一个 234 个氨基酸的多肽，预测分子量为 26.10kDa，理论等电点为 4.62。*MHC IIB* cDNA（GenBank 登录号 KF193866）全长 1196bp，包括 61bp 的 5′UTR，376bp 的 3′UTR 和 759bp 的 ORF，编码一个 252 个氨基酸的多肽，预测分子

量为 28.26kDa，理论上等电点为 6.70。

另外，在 MHC IIA α2 区和 MHC IIB β1 区还发现 1 个 N-糖基化位点，分别为 NHT 和 NST。在 MHC IIA α1 区和 α2 区，及 MHC IIB β1 区和 β2 区分别发现 2 个二硫键（半胱氨酸对），这 4 个半胱氨酸残基在大西洋鲑(Juul-Madsen et al.，1992)、虹鳟(Koppang et al.，1998)中被认为在鱼类跨膜区极度保守。MHC IIA 预测的氨基酸序列显示编码序列包含信号肽、α1 区和 α2 区、跨膜区和胞内区各 1 个；MHC IIB 具有类似的结构，包含信号肽、β1 区和 β2 区、跨膜区和胞内区各 1 个。MHC IIA 的跨膜区包含 1 段 "GxxxGxxGxxxG" 的结构(x 是除了甘氨酸以外的任何一种疏水残基)。团头鲂 MHC IIB 基因的跨膜区序列也相当保守，在这一区域团头鲂和其他鱼类及哺乳类一样均含有 GXXGXXXGXXXXXG 框，Cosson 和 Bonifacino(1992)推测此框与 *MHC IIB* 基因形成 αβ 异二聚体有关，这种结构广泛存在于其他的硬骨鱼和哺乳动物中。以人类 MHC IIB (HLA-DPB)的氨基酸序号(AAH 15000)和功能性氨基酸位置为参照，比较所得的团头鲂与鱼类、爪蟾、人等的 MHC IIB 氨基酸序列，在 24 个与抗原多肽结合的关键性氨基酸位点中，59 位上的酪氨酸(Y)特别保守，推测该氨基酸残基在生物体中对 *MHC IIB* 基因的功能维持有重要意义，而多态性异常丰富的多肽结合区则是 MHC IIB 结合多种外源性多肽的分子基础。

MHC II 复合物由 α 链和 β 链以非共价键相连接，组成异二聚体。经典的 MHC II 由胞外结构域(多肽结合区、免疫球蛋白样区)、1 个跨膜区和胞质区组成，而跨膜区极度保守，2 个细胞外结构域分别由 2 个半胱氨酸形成的链内二硫键相连(金伯泉，2006)。预测的团头鲂 MHC IIB 分子空间结构同样具备了经典 MHC IIB 的空间结构特点，N 端由 1 个 α 螺旋与 4 个反向平行的 β 折叠构成多肽结合区，C 端则由多个 β 折叠构成两个反向平行的三明治结构。而 4 个序列在同样的位置都存在 4 个半胱氨酸并两两形成二硫键。

团头鲂 MHC IIA 和 IIB 的氨基酸和其他硬骨鱼的同源性较高，其中，MHC IIA 与斑马鱼同源性最高，达到 88%，与青鳉(*Oryzias latipes*)同源性最低，为 48%；MHC IIB 与鲤同源性最高，为 77%，与虹鳟同源性最低，为 65%。将团头鲂 MHC IIA 和 IIB 的氨基酸序列与部分鱼类及其他高等脊椎动物的同源氨基酸序列构建 NJ 系统树，发现团头鲂与斑马鱼、鲤有较近的亲缘关系，而与大西洋鲑、虹鳟亲缘关系更远。软骨鱼类与硬骨鱼类外的其他高等脊椎动物聚合为另一个分支，并位于该分支的基部，表明 *MHC IIB* 基因的分化可能早于软骨鱼类与硬骨鱼类及其他高等脊椎动物的分化。鱼类是在空间结构上与高等的哺乳动物存在着很高的相似性，说明软骨鱼类的 MHC II 分子的免疫功能应该与高等哺乳动物更为相似。推测这种现象的原因有两种可能，一种是鱼类为单系起源，但 *MHC* 基因的进化在软骨鱼类和其他高等脊椎动物呈现趋同，另一种可能的原因为鱼类并系甚至多系起源。本研究所构建的进化树还显示出几乎所有物种内的不同等位基因均先聚合再与其他物种聚合，这种源于同一物种不同座位的 MHC IIB 分子均先聚合的结果，表明了多数 MHC IIB 位点的分化，即其通过基因重复-歧化等形成多基因座位的过程，是在物种形成之后进行的，由于其形成时间短，因此可以成为研究种内群体分化及良种选育的靶基因。

(二)健康鱼组织中团头鲂 *MHC IIA* 和 *IIB* 基因的表达

在健康团头鲂的 10 个组织中，*MHC IIA* 和 *IIB* 基因均有表达，但是表达量存在显著差异。其中，*MHC IIA* 在鳃中的表达量显著高于其他组织($P<0.05$)，在血液、肾脏、性腺、肝脏、脾脏和肠中中度表达，在脑、肌肉和心脏中低表达。*MHC IIB* 基因在脾脏中表达量最高，其次是鳃和肾脏。有学者认为 *MHC IIB* 基因的表达局限在一定的组织和细胞上，Juul-Madsen 等(1992)检测到虹鳟的头肾和脾脏中 *MHC IIB* 基因的表达，但在心脏和肝脏中未检测到此基因的表达。Ono 等(1993)在鲤肝胰腺和肠中检测到 *MHC IIB* 基因转录物，但在心脏、卵巢、脑和骨骼肌中未检测到转录产物。Rodrigues 等(1995)研究表明 *MHC IIB* 基因在鲤胸腺、外周血、后肠中表达，但在骨骼肌和红细胞中未检测到表达。也有学者认为 *MHC IIB* 基因表达的组织特异性与鱼体自身的免疫水平相关，Koppang 等(1998)应用 RT-PCR 技术分析免疫与非免疫大西洋鲑 *MHC IIB* 基因表达水平，发现非免疫鱼 *MHC IIB* 基因仅在前肠、脾脏、后肠和鳃中表达，在心脏、肝脏、头肾等组织均未检测到表达产物，而免疫鱼在心脏、肝脏、前肠、头肾、脾脏、后肠和鳃均检测到表达产物。本实验通过 SSCP 和实时定量 PCR 技术对团头鲂 10 个组织进行检测，所有组织均能检测到 *MHC I* 和 *MHC IIA* 和 *IIB* 三个基因不同程度的表达产物。张玉喜和陈松林(2006)在大菱鲆各组织中也均检测到 *MHC IIB* 基因不同程度的表达，说明 *MHC IIB* 基因的表达可能并不存在所谓的组织局限性，而是在表达程度上存在组织特异性。

(三)嗜水气单胞菌感染后团头鲂 *MHC IIA* 和 *IIB* 基因的表达

在团头鲂感染嗜水气单胞菌后的 4h、24h、72h、120h，利用 qRT-PCR，采用 18S rRNA 作为对照，对 *MHC IIA* 和 *IIB* 在不同组织的表达模式进行了分析。总的来说，这两个基因在受到感染后，表达量首先上调，在 24h 的时候到达最高值，在 48h 时慢慢回落，最后在 72h 时大部分组织的两个基因表达回归到正常水平(图 10-10)。

MHC 基因在脊椎动物的适应性免疫反应中起着非常重要的作用。团头鲂的 *MHC II* 基因在受到细菌侵染后，表达水平在 72h 之内显著增加。这与大黄鱼(Yu et al.，2010)和鮸(Xu et al.，2011)在被细菌感染后 *MHC* 基因的表达非常相似。然而与某些先前的研究相悖，Xu 等(2009a)发现在半滑舌鳎受到致病菌的感染后 96h 内，*MHC IIA* 和 *IIB* 的表达水平显著降低。Zhang 和 Chen(2006)发现大菱鲆在注射爱德华氏细菌后的 24～72h，*MHC IIB* 基因的表达量显著下降。通过与先前的多种鱼类 *MHC* 基因的表达模式进行比较分析，认为 *MHC* 基因表达的巨大差异可能是由于鱼的种类不同或者是致病病原不同。同时，本研究还认为，如果鱼被注射的致病菌的浓度在半致死浓度以上时，*MHC* 基因的表达水平往往显著降低；而当注射的致病菌的浓度在半致死浓度以下时，*MHC* 基因的表达水平往往会升高，然后在一定时间之后回归正常水平。这可能是由于当致病菌的浓度大于半致死浓度时，鱼类的免疫系统就会受到严重损伤甚至崩溃；而当致病菌的浓度小于半致死浓度时，通过增加 *MHC* 的表达，促进在免疫系统中的抗原呈递，起到抗病的作用。

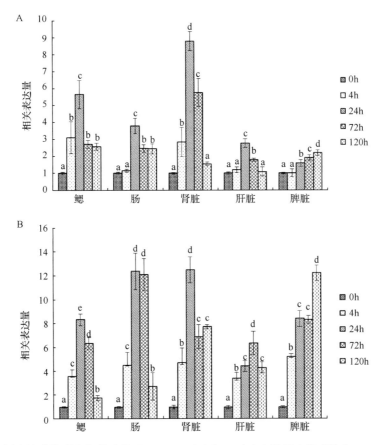

图 10-10 团头鲂感染嗜水气单胞菌后 *MHC IIA*(A) 和 *IIB*(B) 在组织中的表达(Luo et al., 2014c)

四、干扰素调节因子

干扰素(interferon,IFN)是一类重要的多功能细胞因子,由单核细胞产生,在抵抗病毒感染、抑制细胞增殖和调节机体免疫中起到重要的功能,成为机体抵抗病毒入侵的第一道防线。干扰素调节因子(interferon regulatory factor,IRF)是主要调节干扰素和干扰素刺激因子(ISG)的转录表达的转录因子,最初是在人类 *IFN-β* 基因的转录调节中被发现,同时,IRF 家族的成员在抵御病原体入侵、调节细胞生长发育、细胞分化,调控细胞凋亡和抑制肿瘤的生成等过程中扮演着重要的角色,通过细胞表面和胞质模式识别受体调整和协调先天免疫和后天免疫反应。*IFN* 基因的表达是由 IRF 调控的,并通过 IRF 以及 ISG 等产物的介导,激活相关的信号通路从而发挥其生物学效应。

到目前为止,脊椎动物中共发现 11 个干扰素调节因子(IRF1～IRF11),鱼类中共鉴定出 11 种 IRF,其中 IRF11 与 IRF1、IRF2 功能类似。近些年来研究表明,鱼类的 IFN 系统与哺乳类具有相似的功能。在斑马鱼、虹鳟、大西洋鲑、大菱鲆、牙鲆、乌鳢和鲫鱼等鱼类中也有 9 种干扰素调节因子的基因被相继克隆出来。1998 年,在牙鲆中首先克隆出来 IRF(Yabu et al., 1998),是鱼类最先被克隆的 *IRF* 基因。研究表明,IRF1 与 IRF2 结构相似但功能相反,系统进化树分析显示它们都属于 IRF1 亚家族,二者 N 端序列高度同源，而 C 端部分不同(Williams 1991)，使得二者在结合相关的同一顺式作用元件时具有强烈的竞争性。2003 年，Collet 等在虹鳟中鉴定出鱼类第一个 *IRF2* 基因(Collet et al.，2003)。同年，张义兵等成功地鉴定出了鲫鱼的 *IRF7* 基因，不仅是鱼类而且是整个低等脊椎动物中的第一个 *IRF7* 基因，研究组织特异性表达和诱导表达分析发现其与哺乳类 IRF7 具有相同的功能特性(Zhang et al.，2003b)。2008 年，在经过多聚肌苷酸[poly I：C]刺激后的虹鳟单核细胞系中克隆鉴定出了鱼类的第一个 *IRF3* 基因，研究表明 *IRF3* 在脊椎动物抗病毒反应中起着重要的作用(Holland et al.，2008)。2009 年，在草鱼中克隆得到鱼类的第一个 *IRF5* 基因，同时对其表达进行相关分析(Xu et al.，2010a)。根据结构和功能的不同，将 IRF 家族成员分为 4 个亚家族，分别为 IRF1 亚家族、IRF3 亚家族、IRF4 亚家族和 IRF5 亚家族。

(一)团头鲂 IRF 家族序列分析及系统进化关系

我们成功克隆并获得了团头鲂 IRF 家族序列，其 ORF 的长度分别为 IRF1：858bp，编码 285 个氨基酸；IRF2：978bp，编码 326 个氨基酸；IRF7：1182bp，编码 393 个氨基酸；IRF9：1191bp，编码 396 个氨基酸。亚细胞定位预测 IRF1 是核蛋白。团头鲂的 IRF 与鸟类、哺乳类及其他鱼类的同源性较高，特别是鲤科鱼类。不同的 IRF 在结构上是一致的，N 端都有 DBD 结合结构域并且包含保守的色氨酸残基，但是对于哺乳动物，一般含有 5 个保守的色氨酸残基，但是鱼类的色氨酸残基数目呈现多变的现象，团头鲂 IRF1 和 IRF2 氨基端具有 6 个色氨酸残基，而 IRF7 和 IRF9 则仅具有 3 个色氨酸残基。IRF 氨基端的结构都是螺旋-转角-螺旋结构，通过这个结构识别相似的 DNA 序列或者 ISRE(Gu et al.，2015)，这些结构对于理解其在抗病毒和免疫调节功能非常重要。

从团头鲂 IRF 蛋白与其他物种的蛋白序列对比可以看出，不同物种的 IRF 氨基端高度保守，特别是前 120 个氨基酸部分，而羧基端保守性较低。对比多个物种的 IRF，团头鲂 IRF1 蛋白序列全长与哺乳类、鸟类、两栖类及其他硬骨鱼类的一致性分别为 41%、43%、42%和 45%，而 DBD 区域的一致度更高哺乳类(74%)，鸟类(76%～78%)，两栖类(73%)以及硬骨鱼类(75%～99%)。IRF2 氨基端的 DBD 区域的一致性(93%～100%)高于全长(56%～97%)；IRF7 氨基端的 DBD 区域的一致性(48%～99%)高于全长(30%～96%)；IRF9 氨基端的 DBD 区域的一致性(70%～98%)高于全长(32%～95%)

氨基酸序列的系统进化分析显示，不同物种的 IRF 序列聚在一起，脊椎动物的 IRF 分成 4 个亚族：IRF1 亚族(IRF1 和 IRF2)、IRF3 亚族(IRF3 和 IRF7)、IRF4 亚族(IRF4、IRF8，IRF9 和 IRF10)和 IRF5 亚族(IRF5 和 IRF6)，团头鲂的 IRF 分别位于其亚族中，并且在同一亚族中，同一祖先的 IRF 又因不同物种的特异性分开(哺乳类、鸟类、两栖类和硬骨鱼类)，在不同的亚族中团头鲂的 IRF 与斑马鱼、草鱼和鲫鱼的亲缘关系更为相近。结果与普通分类学得到的结果一致，进一步证明所得的序列的正确性。

(二)团头鲂 IRF 家族的表达

团头鲂 IRF 的转录表达结果显示，*IRF* mRNA 在检测的组织中广泛表达，肝脏、脾脏、头肾、体肾、肠和鳃等免疫组织中的表达量较高，但是在不同的组织中，不同的 *IRF*

表达量是不同的。在肝脏中，*IRF2* 和 *IRF9* 的表达量较高；在脾脏中，*IRF7* 的表达量较高；在肾脏、肠和鳃中，*IRF1* 的表达量较高。在脾脏和头肾中的组成性表达，主要是因为在硬骨鱼类的免疫系统中，这些都是与造血有关及清除老化和损伤细胞的组织，而且脾脏也是淋巴细胞捕获和识别抗原的重要场所。

IRF1 在血液、肝脏、脾脏、肾和肠中的表达量高，而在肌肉中的表达量较低，这种表达模式与半滑舌鳎(Zhang et al.，2015a)、乌鳢(Jia et al.，2008)、斜带石斑鱼(Shi et al.，2010)和鳗鱼(Gu et al.，2011)类似。在半滑舌鳎中，*CsIRF1* 表达量最高的在血液中，其次是肠和鳃中。在乌鳢中，*CaIRF1* 表达量高的是在肠和鳃中。在鳜和大黄鱼中，鳃和脾脏中的表达量高。但是，在河豚、多宝鱼和鲷鱼(Ordás et al.，2006；Richardson et al.，2001)组织中，*IRF1* 的表达量相对较低。不同的鱼类之间的不一致性表达可能是由于这些物种之间的生理差异或者环境不同引起的。团头鲂的 *IRF1* 表达模式与哺乳动物中的表达模式也是相一致的，在猪(Liu et al.，2011)的组织中，*IRF1* 高表达于脾脏和淋巴结细胞中，在脑、心脏和骨骼肌中的表达量低，由于在动物组织中脑、心脏和骨骼肌不是主要的免疫系统的组织器官，这些结果都能够更好地预测 IRF 的功能，为进一步验证提供基础。目前已有研究表明病原体的感染可以诱导 *IRF* 基因的表达，但是在细菌性感染研究方面的资料较少。革兰氏阴性菌的外膜主要成分为脂多糖(LPS)，能够引起机体的免疫应答反应(Xiang et al.，2008)。在高等哺乳动物不同细胞中，*IRF1* 的表达量可以被 LPS 刺激表达，但是产生的调节机制是不同的(Liu et al.，2001b)。同时，研究表明，在鱼体中 LPS 可以诱导淋巴细胞的增殖，同时影响细胞因子分泌，大剂量甚至会导致休克。在半滑舌鳎和鳗鱼的研究中发现，*IRF1* 的表达可以被细菌、病毒以及 poly I：C 诱导，但是不同病原体诱导后产生的表达模式是不同的。研究表明，在体内革兰氏阴性菌可以诱导 IRF 的表达。同样，在团头鲂组织中发现感染嗜水气单胞菌后，组织中 *IRF1* 的表达量呈现时间依赖性的表达模式。在肝脏和脾脏中，感染后 24h 表达量最高；在肾脏中，感染后 12h 表达量最高；而在肠和鳃中，感染细菌后表达量下降。在半滑舌鳎、石斑鱼和大黄鱼(Yao et al.，2010)中受到细菌感染后观察到相似的结果。半滑舌鳎注射鳗弧菌 6h 后，*CsIRF1* 在肝脏中的表达量上调至 96 倍。头肾感染后 6h 表达量最高，为 15 倍，然后表达量下降。在脾脏中 *IRF1* 表达量也是不断上调，12h 表达量最高。在鳗鱼中，嗜水气单胞菌感染后 *IRF* 表达量上调，头肾中在 1h 后上升为 6 倍，脾脏中在 6h 和 24h 出现两次上调高峰，分别为 47 倍和 19 倍。

在蛋白质水平方面结果显示，在正常的肝脏、脾脏、肾脏和鳃组织中都能检测到 *IRF1* 的存在，从转录和翻译的不同水平验证 *IRF1* 反映出这些组织可能是病原体入侵的主要途径，从而进一步验证 *IRF1* 在团头鲂免疫系统中的重要地位。但是在脾脏和肠中蛋白表达量与 mRNA 的表达量不一致，有可能是由其他免疫机制引起的转录和翻译水平的不一致，需要进一步研究。但是在团头鲂感染嗜水气单胞菌 48h 后快速死亡，说明嗜水气单胞菌的毒性已经超过鱼体免疫系统的承受能力，可能触发其他的生理反应。免疫荧光结果与免疫印迹结果相一致，在感染细菌后的组织中阳性信号更多，说明 IRF1 蛋白的表达量较多。

在哺乳动物中，IRF2 广泛存在于组织中。在鳜、斜带石斑鱼和虹鳟(Collet et al.，2003；Shi et al.，2010；Sun et al.，2006b)的细胞和组织中都可以检测到 IRF2 的存在。在鳗中，*IRF2* mRNA 的表达量明显低于其他的研究鱼类(斜带石斑鱼、草鱼、鳜)，但是在皮肤和脾脏中高表达(Gu et al.，2011)。在草鱼中，*IRF2* 在心脏和脾脏中表达量高，在本实验中团头鲂 *IRF2* 在脾脏和头肾中表达量较高(Gu et al.，2015)。结果显示在大多数鱼类中，*IRF2* 在脾脏中的表达量都是相对较高的。嗜水气单胞菌感染团头鲂后，*IRF2* 在相关的免疫组织中表达量上升，特别是在脾脏和头肾中，这与石斑鱼和鳜是相一致的。但是免疫刺激后，头肾先出现下调的表达模式也是与其他鱼类一致的。在肠中 *IRF2* 的表达量非常低，这可能与实验使用腹腔注射病原体的入侵方式有关。细菌感染后，在鳃中表达量下调，与石斑鱼和鳜在 poly I：C 和脂多糖刺激后表达趋势一致。在鳗鱼中，体外实验显示 *IRF2* 和 *IRF7* 的表达量升高仅在感染嗜水气单胞菌 24h 后产生，然而在体内，在嗜水气单胞菌感染后的任何时间点都可以引起脾脏和头肾的 *IRF2* 和 *IRF7* 的表达量上调，而且上调表达量更高。

IRF7 在所有检测的组织中呈现组成性表达，在其他鱼类中也是类似的，例如，鲫(Zhang et al.，2003b)、斜带石斑鱼(Cui et al.，2011)、草鱼(Li et al.，2012a)和乌鳢(Jia et al.，2008)等。但是在虹鳟正常组织中没有检测到 *IRF7* 的表达(Holland et al.，2008)。在团头鲂中，嗜水气单胞菌感染后引起肝脏、脾脏、头肾和体肾的表达量上调。感染嗜水气单胞菌后，脾脏和肾脏在一段时间内(3~4 天)呈现高表达模式，在肝脏中除了感染后48h，其他时间点也是下调的，但是在肠和鳃中表达量下调。鳗在感染嗜水气单胞菌后与团头鲂不同的是在肾中 6h 就达到了表达量峰值。在乌鳢中，受到 poly I：C 刺激以后，*IRF7* 在肝脏和脾脏中显著上调。在金鱼中，病毒感染和 IFN 刺激后，*IRF7* 类似基因表达量也上调。在不同的鱼类中，病原体感染后 *IRF7* 的表达量产生了不同的变化。

在健康的团头鲂组织中 IRF9 基因广泛存在，目前，鱼类中对 *IRF9* 的研究相对较少。团头鲂 *IRF9* 在血液、肝脏和肠中的表达量较高，而在脾脏和心脏的表达量较低。这些结果与大西洋鲑和牙鲆是不同的，在大西洋鲑中，*IRF9* 在心脏和肌肉中高表达，而在脾脏、肾脏和皮肤中的表达量较低。牙鲆中则在肝脏、头肾和脾脏中高表达，在皮肤、肌肉和胃中表达量低(Hu et al.，2014；Sobhkhez et al.，2014)。嗜水气单胞菌感染后，团头鲂 *IRF9* 在肝脏、脾脏、头肾和体肾中表达量上调，而在肠和鳃组织中表达量下调。这些与牙鲆感染 poly I：C 和淋巴囊肿病病毒之后 *IRF9* 表达量的动态变化一致。poly I：C 注射鱼类后诱导 *IRF9* 的感应时间与哺乳动物是相似的。在大西洋鲑中，用 IFNγ 和 I 型 IFN 处理后 *IRF9* mRNA 表达量上调，在48h 达到最高值。与 I 型 IFN 处理细胞相对比，IFNγ 处理后 *IRF9* mRNA 表达量更高。结果显示免疫刺激后可以诱导 *IRF* mRNA 的表达，证明其参与转录层面的诱导，支持 IRF 在团头鲂免疫系统中具有重要地位。

目前，在鱼类胚胎发育早期研究 *IRF* 基因的表达情况较少。在团头鲂中，*IRF* mRNA 在胚胎发育早期检测到有表达变化，但是不同的 IRF 在胚胎发育早期的转录模式也是不同的，*IRF1* 在卵细胞中的表达量最高，受精后逐渐降低，然后在囊胚期又一次升高，可能与胚胎发育早期细胞的生长相关。*IRF2* 在受精卵时期的表达量最高，随后慢慢降低，表明此基因在胚胎发育早期还没有完全被激活。*IRF7* 在囊胚期表达量有小范围的增高，表达量最高则出现在出膜时期，可能是与出膜时细胞的分化相关。而 *IRF9* 在原肠期达到小的峰值，在肠管出现期的表达量最高。不同的 IRF 在胚胎发育早期的功能有待于进一步研究。

总之，研究表明，团头鲂 IRF 广泛存在于不同的组织中，在主要免疫组织中的表达量高，细菌感染后能引起 *IRF* mRNA 表达量的变化，变化模式在不同的组织中呈现多样化，为进一步研究鱼类的先天性免疫提供基础资料。

五、白细胞介素 6 的表达及其启动子活性分析

白细胞介素(interleukin，IL)简称白介素，是一类负责信号传递，作用于淋巴细胞、巨噬细胞等的细胞因子。白细胞介素家族成员众多，功能各异，在动物的免疫反应过程中具有重要作用。目前鱼类中研究过的有 IL-1、IL-2、IL-4、IL-8、IL-13 受体等。IL-1 具有免疫调节作用，可以促进 T 细胞的活化与增殖、促进免疫球蛋白的合成与分泌、增强 NK 细胞杀伤力、介导炎症反应等；鱼类中关于 IL-2 和 IL-8 的研究刚起步，越来越多的鱼类克隆得到 *IL-2* 和 *IL-8* 基因序列，但是它们的具体免疫机制还不清楚；IL-4 主要由 Th2 细胞分泌，可以刺激 B 细胞、肥大细胞、造血细胞的增殖、维持 Th2 细胞的增殖、促进抗原呈递过程等，水生动物中目前获得 *IL-4* 基因的物种有河豚等(郦佳慧，2007)；鱼类中目前还未发现 *IL-13* 基因，只推测得到 IL-13 受体基因序列(丰培金，2006)。

(一)*MamIL-6* 的序列分析

团头鲂白细胞介素 6(*MamIL-6*)基因的 cDNA 序列全长为 1092 bp，其中 ORF 长699bp，编码 233 个氨基酸，5′非编码区(5′UTR)80bp，3′UTR313bp，3′UTR 有 9 个不稳定的基序。SignalP 等软件预测显示，*MamIL-6* 基因有一段由 24 个氨基酸组成的信号肽。多氨基酸序列比对与系统进化分析表明，脊椎动物 IL-6 氨基酸序列的同源性很低，然而其蛋白结构与基因结构却很保守，MamIL-6 蛋白有一个典型的家族信号(C-X(9)-C-X(6)-G-L-X(2)-Y-X(3)-L)和 4 个保守的 α 螺旋，其基因结构包含 5 个外显子与 4 个内含子(Fu et al.，2016b)。

在真核生物中，mRNA 的降解是一个可以被调控的过程，并且 mRNA 还可以用来衡量基因的表达水平，值得注意的是，"ATTTA"信号序列在基因降解中起着至关重要的作用(Sachs，1993)。在 *MamIL-6* 的 3′UTR 区，有 9 个不稳定且无重叠交叉的"ATTTA"序列出现在多聚腺苷酸加尾信号(AATAA)上游，而这些不稳定基序(ATTTA)也存在于其他物种 *IL-6* 的 3′UTR 区，如在鸡中曾被报道过(Schneider et al.，2001)。的确，这些基序在促炎性调节因子，如细胞因子中广泛存在，并且已经被证实可以调节鱼体细胞因子的稳定性(Roca et al.，2007)。

据报道，参与形成二硫键的半胱氨酸与 IL-6 的生物学活性有关。人的 IL-6 中，4 个半胱氨酸(Cys 44、Cys 50、Cys 73、Cys 83)构成了 2 个二硫键，它们之间相隔 22 个氨基酸(Clogston et al.，1989)；类似的，绵羊 IL-6 也具有 4 个保守的半胱氨酸(Cys 72、Cys 78、Cys 101、Cys 111)，也参与形成了 2 个二硫键(Ebrahimi et al.，1995)。然而，在硬骨鱼中，如虹鳟(Iliev et al.，2007)、河豚(Bird et al.，2005)和日本比目鱼(Nam et al.，2007)，

IL-6 缺乏前两个半胱氨酸(对应于人的 Cys44 和 Cys50),因此只形成了第 2 个二硫键。而在真鲷(Castellana et al., 2008)中,IL-6 没有参与构成二硫键的半胱氨酸。MamIL-6 具有两个保守的半胱氨酸(Cys105 和 Cys115),形成 1 个二硫键。

在脊椎动物中,虽然 IL-6 氨基酸的同源性比较低,但是在整个进化过程中,IL-6 的一些主要特征一直延续了下来。与那些已被大家所熟知物种的 IL-6 一样,MamIL-6 具有 1 个信号肽、4 个保守的 α 螺旋和 1 个 IL-6/G-CSF/MGF 家族信号序列(C-x9-C-x6-G-L-x2-[FY]-x3-L),而这些特征在脊椎动物中是非常保守的(Simpson et al., 1997;Schneider et al., 2001;Bird et al., 2005;Iliev et al., 2007;Nam et al., 2007;Castellana et al., 2008;颜鹏等, 2013)。软件预测发现,MamIL-6 有 4 个 α 螺旋,这与人 IL-6 的 α 螺旋结构保持一致(Bazan, 1990;Sprang and Bazan, 1993),因此,推测 MamIL-6 属于长链 4-α 螺旋蛋白家族(Nicola, 1994)。此外,在整个进化过程中,*IL-6* 的基因结构也比较保守,与人、大鼠、小鼠和比目鱼 *IL-6* 的基因结构相似(Simpson et al., 1997;Nam et al., 2007),*MamIL-6* 的基因结构也包含 5 个外显子与 4 个内含子;但是稍微不同的是,鸡 *IL-6* 基因只有 4 个外显子与 3 个内含子(Schneider et al., 2001)。出现这种情况,很可能是由于哺乳动物与鱼类 *IL-6* 基因的外显子 1 和 2 在鸡 *IL-6* 基因的相应位置合并成了一个外显子 1,而这可能是由于内含子缺失导致的。

(二) *MamIL-6* 的表达

脊椎动物 *IL-6* 基因的组织分布变化非常大。在健康团头鲂成鱼 11 个组织中,*MamIL-6* 基因广泛表达,在脾脏中的表达量最高,在心脏、鳃、中肾、脑和白肌中有中等表达量,其余组织中的表达水平比较低(Fu et al., 2016b)。虹鳟(Iliev et al., 2007)*IL-6* 基因主要在卵巢、脾脏、鳃、胃肠道和脑中表达,而金头鲷 *Sparus aurata*(Castellana et al., 2008)*IL-6* 基因在肌肉和皮肤中表达量比较高。然而,大比目鱼 *IL-6*(Øvergård et al., 2012)基因除了在胸腺和脑中有较高水平的表达外,在大多数被检测组织中的表达量都非常低。类似地,河豚 *IL-6* 基因(Bird et al., 2005)仅仅在肾脏中有较低水平的表达,但是在大多数的组织中都不表达。*MamIL-6* 基因在团头鲂脾脏和中肾即鱼类免疫相关组织中的表达水平比较高,因此,可以推测 *MamIL-6* 基因在团头鲂先天性免疫系统中发挥着重要作用。此外,*MamIL-6* 在团头鲂脑中有较高水平的表达,这可能是由于 *IL-6* 参与中枢神经系统的调节作用及神经系统的发育(Taga and Fukuda, 2005);此外,在哺乳动物中,*MamIL-6* 在白色骨骼肌中的表达量比较高,推测 *IL-6* 与哺乳动物的运动机能有关(Ruderman et al., 2006)。

研究表明,*IL-6* 基因可以被多种外界因子如 cAMP、PHA、LPS、Poly I:C 所调节(Dendorfer et al., 1994;Beineke et al., 2004;Zare et al., 2004;Iliev et al., 2007);除此之外,*IL-6* 基因也可以被细菌所诱导(Sehgal et al., 1990;Nam et al., 2007;Zante et al., 2015)。在比目鱼中,细菌感染后 *IL-6* 基因在肾脏、肠和脾脏组织中的表达水平显著上升;在虹鳟中,细菌刺激后 *IL-6* 基因在脾脏、肝脏和鳃组织中的表达量均显著增加,推测 *IL-6* 可能有助于抵御病原菌的入侵(Nam et al., 2007;Zante et al., 2015)。本研究中,嗜水气单胞菌感染后,*MamIL-6* 在脾脏、鳃、肝脏、肠、中肾和头肾中的表达量均有不同程度的上调，推测 *MamIL-6* 可能在抵御病原菌入侵过程中具有重要作用。然而不同的是，细菌感染后，比目鱼 *IL-6* 基因在鳃和肝脏中的表达水平几乎没有增加(Nam et al.，2007)。细菌刺激时，不同物种的 *IL-6* 基因呈现出不同的诱导类型，可能是由于在免疫相关的刺激下，*IL-6* mRNA 的表达水平不稳定，也可能是种属间的差异性导致的，有待考究。

(三) *MamIL-6* 候选启动子的生物信息学及活性分析

转录水平的调节对真核基因的表达调控至关重要，其中转录的起始阶段对于整个转录过程尤其重要，而位于基因上游的启动子控制着基因的转录起始和表达程度。真核生物的启动子分为核心启动子、近端启动子与远端启动子。其中核心启动子是真核基因转录能够正常进行的最小 DNA 序列，包含许多转录因子结合位点，能与 RNA 聚合酶 II 及一些重要的转录因子结合。因此，作为调节转录水平最重要的一种顺式作用元件，启动子的研究，特别是对核心启动子的研究越来越受到人们的重视。

Fu 等(2016b)对团头鲂 *MamIL-6* 候选启动子区域(-1503bp～+34bp)进行生物信息学分析，发现位于 TSS 上游 21bp 处有一个 TATA 盒，此外，还发现了许多重要的转录因子结合位点，包括 GRE、CETS1、AP-1、GATA、CRE、STAT、C/EBPβ、NFAT、NF-κB 等。通过对不同物种 *IL-6* 基因近端启动子序列进行分析，发现一些重要的转录因子比较保守，如 GRE、NF-κB、AP-1、GATA 等(图 10-11)。

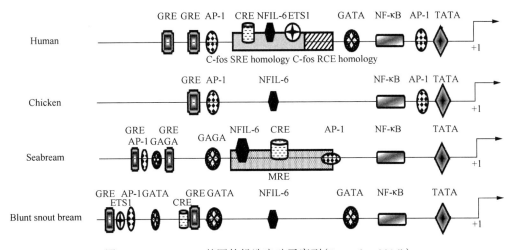

图 10-11 *MamIL-6* 基因的候选启动子序列(Fu et al.，2016b)

PGL3-basic 载体含有萤光素酶报告基因，但是不含启动子与增强子，是分析基因启动子活性的有效工具和方法；而导入的外源启动子可以驱动下游萤光素酶报告基因的表达，因此萤光素酶的活性可以直接表明启动子片段中转录因子的作用情况(Cheng et al.，1993；唐林，2003)。Fu 等(2016b)构建 5 个不同长度的重组载体(PGL3-IL-6)，以 PGL3-basic 质粒作为阴性对照，将它们分别与内参质粒共转染进鲤 EPC 细胞中，24h 后测定萤光素酶的活性。双萤光素酶检测结果显示：与阴性对照 PGL3-basic 质粒转染组相比，PGL3-IL-6-0、PGL3-IL-6-1、PGL3-IL-6-2、PGL3-IL-6-3 和 PGL3-IL-6-4 质粒转染组的萤光素酶活性均明显升高，而转染 PGL3-IL-6-4 质粒组的萤光素酶活性与转染 PGL3-IL-6-0、PGL3-IL-6-1、PGL3-IL-6-2、PGL3-IL-6-3 质粒组相比，其萤光素酶活性明显增强，说明启动子缺失体 PGL3-IL-6-4(-379 至+34)包含核心启动子区。用 100ng/mL 的 LPS 刺激转染过重组载体的细胞，发现只有 PGL3-IL-6-4 的活性有显著上升，而其余缺失体的活性则无明显变动，推测该区域存在的转录因子，如 NF-κB、C/EBPβ 为响应 LPS 刺激的重要作用元件(图 10-12，图 10-13)，推测可能与该区域存在 C/EBPβ 与 NF-κB 转录因子有关。与之相似的是，金头鲷 IL-6 的最小核心启动子区域(-171bp 到+64bp)包含 NF-κB、cETS1、GATA、AP-1 等元件；鸡、人、虹鳟的核心启动子区域，包含 NF-κB、NF-IL6 或 C/EBPβ 等作用元件(Castellana et al.，2013；Zante et al.，2015)。因此可以推测，NF-κB、CEBPβ 是激活 IL-6 启动子所必需的顺式作用元件。

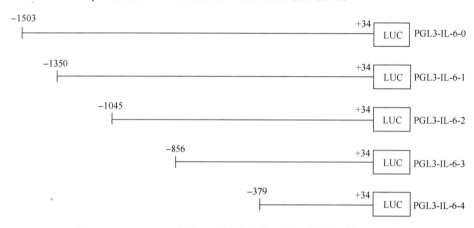

图 10-12　*MamIL-6* 各启动子缺失体的示意图(扶晓琴等，2016)

本研究构建的系列缺失体中，只有 PGL3-IL-6-4 缺失体的活性明显高于其他缺失体，据报道 IL-6 启动子可以被多种外界因子所激活，如促炎细胞因子 TNFα、IL-10、IL-2 以及细菌等(Dendorfer et al.，1994；Robb et al.，2002；Castellana et al.，2013)。在虹鳟中，IL-6 启动子分别被 NF-κB p50 和大肠杆菌激活(Zante et al.，2015)；在金头鲷中，IL-6 启动子可以被 TFNa、IL-2 等因子强烈诱导(Castellana et al.，2013)；除此之外，IL-6 启动子可以被 LPS 强烈诱导。本研究中，用 LPS 处理 *MamIL-6* 系列启动子缺失体后，发现仅 pGL3-IL-6P-4 启动子的活性有明显增加，其他的启动子活性无显著变化，进一步说明了 pGL3-IL-6P-4 缺失体为核心启动子(图 10-13)。分析 pGL3-IL-6P-4 缺失体发现存在 NF-IL6、C/EBPβ、NF-κB 等转录因子结合位点。在人中，NF-IL6 被认为在 LPS 介导的 IL-6 启动子激活中起着重要作用，与这一观点相符的是：LPS 可以诱导人 IL-6 基因的表达，这主要是由于 LPS 刺激了转录因子 NF-IL6 和其他 C/EBP 家族成员而引起 IL-6 表达量的增加(Natsuka et al.，1992)。在比目鱼中，NF-κB 被认为在 LPS 介导的 IL-6 启动子激活中发挥重要作用。因此，可以推测 LPS 明显激活了 *MamIL-6* 核心启动子区域，可能与该区域存在 NF-IL6、C/EBPβ、NF-κB 等转录因子结合位点有关。

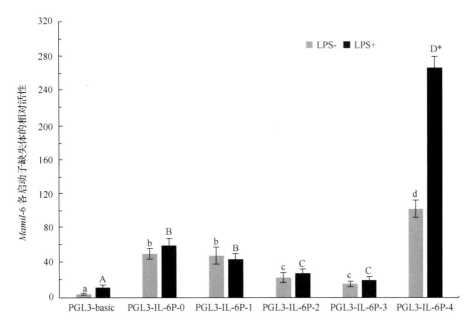

图 10-13 *MamIL-6* 各启动子缺失体相对活性(扶晓琴等，2016)

数据以平均值±标准误表示。不同的字母表示差异显著，相同的字母则差异不显著。小写字母表示非 LPS 处理组，大写字母表示 LPS 处理组。"*"表示 LPS 处理与非处理组之间的差异显著，$P<0.05$

六、补体系统基因

补体(complement，C)是经活化后具有酶活性的蛋白质，主要存在于动物血清与组织液中，是免疫系统的重要组成部分。对团头鲂补体相关基因进行研究，探究其与鱼类抗病力关系，将为团头鲂抗病分子育种提供重要的理论基础。范君(2016)从团头鲂全基因组数据中调取得到补体 *Bf/C2*(*Bf/C2A* 和 *Bf/C2B*)、*DF* 和 *PF* 4 个 unigene，对其进行了克隆验证和表达研究。

(一)团头鲂 *Bf/C2A* 和 *Bf/C2B* 基因序列验证及表达分析

扩增到团头鲂 *Bf/C2A* 基因 cDNA 全长共 2520bp，其中 5'UTR 42bp、ORF 长 2298bp、3'UTR 180bp，编码 765 个氨基酸。BLASTP 分析显示，该基因与鲤 B/C2-A2 基因相似性最高。CDD 结构域预测显示，该基因包含 4 个结构域：2 个补体调节蛋白结构域 CCP、1 个血管性血友病因子 A 结构域 vWFA 及 1 个胰蛋白酶结构域 Tryp_SPc。对团头鲂不同胚胎期样品进行荧光定量 PCR 分析，结果显示 *Bf/C2A* 基因在出膜后 1 天表达量最高，在肠管形成期和出膜期表达量次之，在其他时期表达量都比较低。对健康团头鲂不同组织进行荧光定量 PCR 分析，结果显示该基因在肝脏、脾脏、肾脏、肠、鳃、心脏、脑、肌肉、血液和头肾 10 个组织中均有表达，且在肝脏中表达量最高。细菌感染后各免疫组织中的表达量都有显著变化，总体趋势相比对照组均有显著上升(图 10-14)。

研究表明，斑点叉尾鮰、草鱼和大黄鱼的 *Bf/C2A* 基因在细菌入侵后其表达量上升(Zhou et al.，2012；沈玉帮，2013；Wei et al.，2009)。在斑点叉尾鮰中，鳃和肝的 *Bf/C2A*

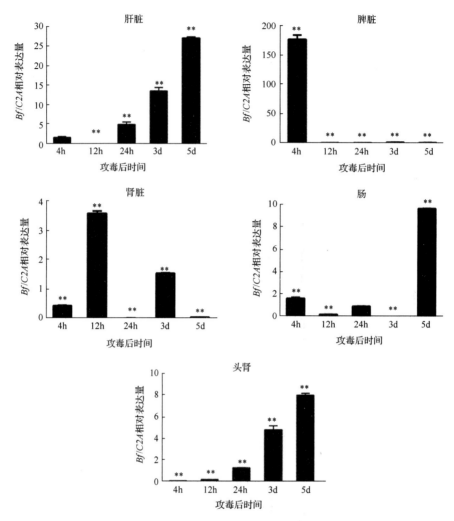

图 10-14　感染嗜水气单胞菌后团头鲂 *Bf/C2A* 基因在肝脏、脾脏、肾脏、肠和头肾中的相对表达量
**表示极显著差异($P<0.01$)

基因表达在 2 天后上升到最大，在脾脏和肾脏中变化趋势不明显(Zhou et al.，2012)。在草鱼中，肾、头肾、肝和脾的 *Bf/C2A* 基因表达量均在 4h 时上升到最大，心脏中在 1 天时表达量达到最大(沈玉帮，2013)。在大黄鱼中，肝脏、脾脏和肾脏在被细菌感染后均有不同程度变化，其中肝脏在 5 天表达量达到最大(Wei et al.，2009)。团头鲂 *Bf/C2A* 基因在肝脏、肾脏、头肾、脾脏等组织中的表达总体趋势相比对照组都有上调，表明该基因可能参与病原入侵后的早期免疫反应。

扩增到团头鲂 *Bf/C2B* 基因 cDNA 全长共 2131bp，均为 ORF 片段，编码 710 个氨基酸。BLASTP 分析显示，*Bf/C2B* 基因与草鱼 *Bf/C2B* 基因相似性最高。CDD 结构域预测显示，该基因包含 6 个结构域：4 个补体调节蛋白结构域 CCP、1 个血管性血友病因子 A 结构域 vWFA 以及 1 个胰蛋白酶结构域 Tryp_SPc。对团头鲂不同胚胎期样品进行荧光定量 PCR 分析，结果显示 *Bf/C2B* 基因在出膜后 1 天表达量达到最高，在肠管形成期和囊胚期表达量次之,在其他时期表达量都比较低。对健康团头鲂不同组织进行荧光定量PCR分析,结果显示团头鲂 *Bf/C2B* 基因在肝脏、脾脏、肾脏、肠、鳃、心脏、脑、肌肉、血液和头肾10个组织中均有不同程度的表达,在肝脏中表达量最高,其次是肾脏、头肾、脾脏和肌肉,其余组织中表达量都很低。嗜水气单胞菌感染后,肝脏和脾脏表达量均呈显著上升(图10-15)。

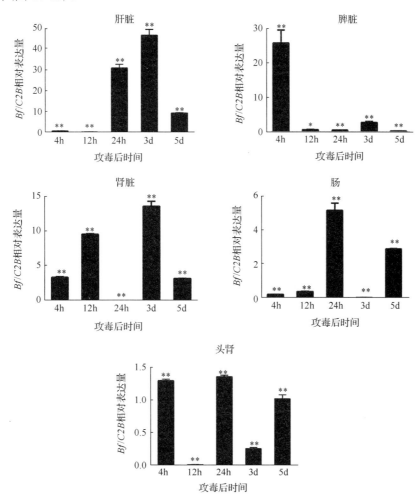

图10-15　嗜水气单胞菌感染后团头鲂 *Bf/C2B* 基因在肝脏、脾脏、肾脏、肠和头肾中的相对表达量

*表示显著差异($P<0.05$),**表示极显著差异($P<0.01$)

研究表明,草鱼(沈玉帮,2013)、斑点叉尾鮰(Zhou et al.,2012)及大黄鱼(Wei et al.,2009)*Bf/C2B* 基因的表达均可被诱导上调。在草鱼中,头肾、脾脏和鳍的 *Bf/C2B* 表达可被嗜水气单胞菌感染后诱导,其中头肾诱导24h后达到表达量高峰,脾脏和鳍都是在4h时达到最高峰(沈玉帮,2013);在大黄鱼中,感染鳗弧菌后,肝脏、脾脏和肾脏的表达上升,其中头肾感染后15天达到表达量最大,但肝脏、脾脏变化趋势不明显(Wei et al.,2009);在斑点叉尾鮰中,感染斑点叉尾鮰病毒后该基因在鳃、脾脏中表达量大幅增加,肝脏和肾脏变化趋势不明显(Zhou et al.,2012)。

(二)团头鲂 DF 基因序列验证及表达分析

D 因子是一种由脂肪细胞分泌到血液中的丝氨酸蛋白酶,在生物免疫系统中起一定的作用。范君(2016)扩增到团头鲂 DF 基因 cDNA 全长共 780bp,其中 5'UTR 23bp、ORF 753bp、3'UTR 4bp,编码 250 个氨基酸。BLASTP 分析显示,该基因与草鱼 DF 基因相似性最高。CDD 结构域预测显示,该基因只有 1 个结构域:即 Bf/C2A、Bf/C2B 都有的胰蛋白酶结构域 Tryp_SPc。对团头鲂不同胚胎期样品进行荧光定量 PCR 分析,结果显示 DF 基因在肠管形成期表达量最高,在出膜期和出膜后 1 天表达量也相对较高,在眼球色素出现期表达量次之,在其他时期表达量都比较低。对健康团头鲂不同组织进行荧光定量 PCR 分析,结果显示 DF 基因在检测的所有组织中都有不同程度的表达,在肾脏中表达量最高,其次是脑和鳃中,在血液中表达量最低。细菌感染后团头鲂 DF 基因在各组织中的表达量都有较大变化。其中,在肝脏和头肾中变化趋势相似,均在 24h 时达到最大值;在脾脏中 3 天时达到最大值(图 10-16)。

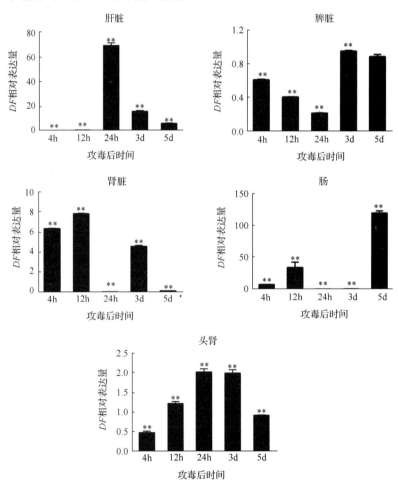

图 10-16　感染嗜水气单胞菌后团头鲂 DF 基因在肝脏、脾脏、肾脏、肠和头肾中相对表达量

**表示极显著差异($P<0.01$)

有研究表明，在斑点叉尾鲴中，鳃和脾脏的 *DF* 表达是被正向诱导的，而肝脏和肾脏的表达差异不显著；鳃的表达量在 24h 之后缓慢上升，在 7 天时达到最大，为对照组的 3.8 倍；脾脏的表达量在 24h 到最大，为对照组的 2.2 倍(Zhou et al.，2012)。团头鲂肝脏该基因的表达感染后呈正向调控；相对于斑点叉尾鲴肾脏中的平稳趋势，团头鲂中的表达量一直比较高，说明鱼体在感染嗜水气单胞菌后，肾脏在团头鲂免疫反应发挥重要作用。

(三)团头鲂 *PF* 基因序列验证及表达分析

P 因子是补体系统中唯一已知的呈正向作用因子(Pillemer et al.，1954)。范君(2016)扩增到团头鲂 *PF* 基因 cDNA 全长共 1366bp，其中 5'UTR 19bp、ORF1329bp、3'UTR 18bp，编码 442 个氨基酸。BLASTP 分析显示，该基因与鲤 *PF* 基因相似性最高为 71%。CDD 结构域预测显示，该基因有 4 个结构域：3 个凝血酶敏感蛋白 1 型结构域 TSP1、1 个凝血酶敏感蛋白 1 型 TSP_1 超级家族结构域。对团头鲂不同胚胎期样品进行荧光定量 PCR 分析，结果显示 *PF* 基因在肠管形成期表达量最高，在出膜后 1 天、出膜后 7 天和出膜后 10 天表达量较高，在出膜期和出膜后 15 天表达量次之，在其他时期表达量都较低。总体趋势是，出膜后的表达量远高于出膜前的表达量，可能是胚胎脱掉卵膜，变成仔鱼进到水体中，失去膜保护后受到水体中病原体入侵，先天性免疫发挥作用，说明 *PF* 基因在先天性免疫中起很关键作用。对健康团头鲂不同组织进行荧光定量 PCR 分析，结果显示 *PF* 基因在检测的所有组织中都有不同程度的表达。其中，在头肾中表达量最高，其次是肾脏和肝脏，在肌肉中表达量最低(图 10-17)。在斑马鱼中，P 因子基因在肝脏中高表达，其次是心脏和精巢，而在脑、肠、肌肉、眼睛、鳃、鳍、皮肤和卵巢中含量低(Zhang et al.，2013d)；在虹鳟中，P 因子基因三种亚型也在肝脏中较高表达(Chondrou et al.，2008)。团头鲂 *PF* 基因在肝脏中较高表达，结合斑马鱼和虹鳟的结果，表明肝脏很可能是鱼类合成 P 因子的主要场所之一，但有待更进一步研究。团头鲂 *PF* 基因在细菌感染后各组织中的表达量都有受到抑制的情况。其中，肝脏、脾脏和头肾在刚开始注射嗜水气单胞菌感染后 24h 前受到抑制，随后表达量上升；而在肾脏中，其表达量在 12h 前呈上升趋势，而后逐渐下降(图 10-18)。

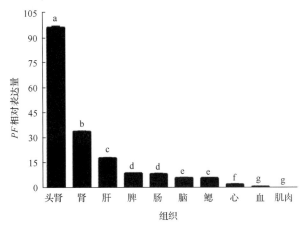

图 10-17　团头鲂不同组织 *PF* 基因的相对表达量

字母不同表示差异显著($P<0.05$)

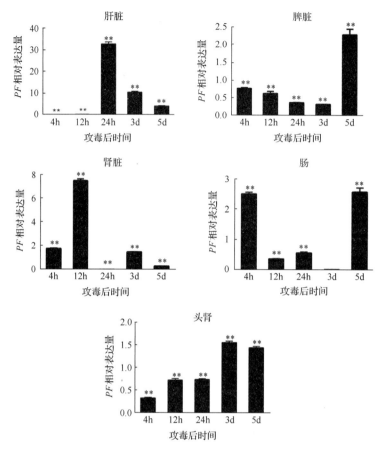

图 10-18　感染嗜水气单胞菌后团头鲂 *PF* 基因在肝脏、脾脏、肾脏、肠和头肾中的相对表达量
**表示极显著差异（$P<0.01$）

七、铁代谢相关基因

铁几乎为一切生命体所必需的微量元素，参与组成血红蛋白（hemoglobin，HB）、一些非血红素蛋白及多种含铁酶，广泛参与体内如氧的运输、DNA 的合成以及电子的传递等生理过程，适量的铁对于生物体的生存、生长和繁衍都十分重要。但过量的铁可通过 Fenton 反应产生羟自由基，加剧体内的氧化应激，导致组织和细胞损伤。因此，维持铁代谢稳态对机体的正常生理功能至关重要。正常生理条件下，机体具有精密的铁代谢平衡调节机制，以维持铁水平在一定的范围，发挥正常的生理作用。

在漫长的脊椎动物进化过程中，铁是宿主和病原微生物争夺营养源的核心，铁代谢相关基因同时具有铁代谢和非特异性免疫的功能，对这些基因功能解析和多态性与抗病性状的关联研究，将为抗病分子育种奠定良好的基础。

（一）团头鲂 ferritin 基因克隆、表达及重组蛋白活性检测

Ding 等（2017）克隆了团头鲂铁蛋白基因的两个亚基（H 和 M），分别命名为 MamFTH 和 MamFTM，并进行了序列分析。BLAST 比对分析显示铁蛋白同种亚基之间的同源

性很高，比如 MamFTH 与人铁蛋白 H 亚基的同源性高达 79%。然而，MamFTH 和 MamFTM 间的同源性仅有 65%，并且进化分析表明铁蛋白 H 和 M 亚基分别聚为不同的分支（图 10-19），表明两者是由不同的基因编码而成的。铁蛋白 H 亚基在脊椎动物中普

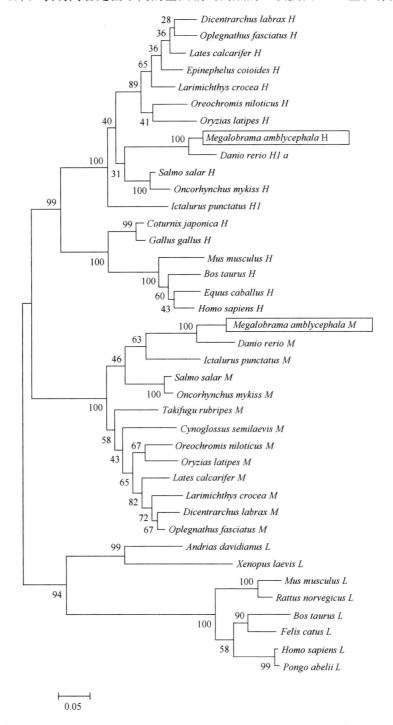

图 10-19　脊椎动物 3 个铁蛋白亚基核苷酸序列的进化分析（Ding et al.，2017）

遍存在，M 亚基几乎只在鱼类和两栖动物中存在，而 L 亚基起源于四足动物。这些数据表明铁蛋白 H 亚基可能是所有铁蛋白亚基的祖先，在进化中分化为不同的亚基。和其他鱼类 M 亚基一致，MamFTM 同时含有哺乳动物 H 亚基铁氧化酶活性中心的结构特征，也具有 L 亚基铁成核作用位点的特征(Santambrogio et al., 1996; Lawson et al., 1991)。

　　MamFTH 和 MamFTM(MamFers) 的 5'UTR 含有茎环结构的 IRE 结构域，表明MamFers 可能存在基于 IRE 和 IRP 相互作用的转录后调控机制(Daniels et al., 2006)。人类铁蛋白 H 亚基 IRE 结构域的 C-突起结构具有保守的 G-C 碱基对(Hentze and Kühn，1996; Dashti et al., 2016; Wilkinson and Pantopoulos, 2014)，并且斑马鱼和团头鲂铁蛋白 M 亚基也具有相似的结构。然而，鱼类铁蛋白 H 亚基的这种突起结构却与上述不同，具体表现为 C8 胞嘧啶是配对的，而 C25 胞嘧啶是未配对的。这种突起可能通过采用特殊的向内弯曲的 IRE 结构而起作用，从而调控铁蛋白的翻译过程(Hentze and Kühn，1996)。因此，这种鱼类铁蛋白 H 亚基特有的突起结构可能具有不同的转录后调控作用，具体作用机制有待进一步研究。

　　铁蛋白组织表达模式在许多物种中都已有研究和报道。哺乳动物铁蛋白 H 亚基主要表达于铁代谢率高的器官(如心脏和脑)，而 L 亚基则主要存在于铁储存率高的器官，如肝脏和脾脏(Alkhateeb and Connor 2010)。在正常生理环境下，铁蛋白 H 亚基在多数组织中都可以被检测到，其中表达量最高的组织包括肝脏或血液，比如大西洋鲑(Andersen et al., 1995)、黑鲈(Neves et al., 2009)及伯氏肩孔南极鱼(Scudiero et al., 2007)。在 Ding 等(2017)研究中 MamFTH 在血液和脑中相对高表达(图 10-20)，这一表达模式与哺乳动物和其他鱼类铁蛋白 H 亚基有部分相似之处。此外，MamFTH 的组织分布或许也与其在血脑屏障中的作用有关。对于铁蛋白 M 亚基而言，组织表达模式具有物种特异性，表达量最高的组织在大西洋鲑中是性腺(Andersen et al., 1995)、在美国红鱼中是肝脏和血液(Hu et al., 2010)、在大菱鲆中是肌肉和脾脏(Zheng et al., 2010)、在岩鲤科鱼中是血液(Elvitigala et al., 2013)、在半滑舌鳎中是肝脏(Wang et al., 2010)，而本研究中 MamFTM 在肝脏、脾脏和肾脏中高表达。众所周知，肝脏是铁代谢的主要器官，也是铁储存蛋白合成的场所，肾脏是鱼类主要的造血组织，因此 MamFTM 在这些组织中的高表达应该与其发挥的铁离子储存的作用相关。此外，研究发现伯氏肩孔南极鱼的脾脏铁蛋白是 M 亚基同聚体，而它的铁成核作用活性比 H/M 杂聚体更有效(Giorgi et al., 2008)，这也进一步确认了铁蛋白 M 亚基在铁储存中的突出作用。为了检测这一观点，我们检测了草鱼肝脏细胞 L8824 在铁离子处理后两种铁蛋白亚基(H 和 M)的表达变化。结果证明MamFTM 在铁刺激后表达上调而 MamFTH 表达反而下调，这一研究也确认了 MamFTM 在机体铁储存中发挥了主要作用。

　　MamFTH 和 MamFTM 具有类似的早期发育表达模式(图 10-21)，都在出膜后显著高表达，尤其是在出膜后 15 天，表明两者在出膜后可能具有相似的功能。铁储存是铁蛋白的主要生物学功能，MamFers 的出膜后表达模式应该伴随着铁离子积累和贮存。此外，有文献报道称斑马鱼的造血组织在受精后 96h 开始出现在肾脏中，并开启了主要造血作用(Willett et al., 1999)，而这一过程需要铁离子参与血红蛋白的合成。因此，MamFers 在出膜后的表达上调可能是由于它们参与了团头鲂的造血作用。

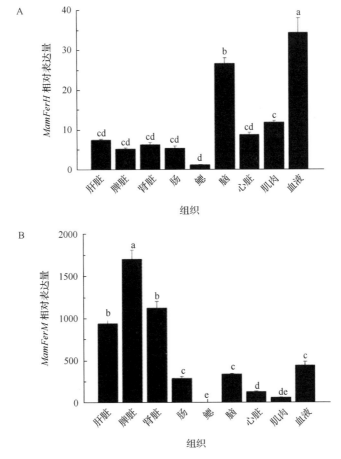

图 10-20　*MamFTH*（A）和 *MamFTM*（B）在团头鲂成鱼不同组织中的表达模式

　　病原体感染诱导铁蛋白表达上调的研究已经在许多物种中被报道，包括鱼类（Zheng et al.，2010；Feng et al.，2009；Peatman et al.，2007）、两栖类（You et al.，2015）及软体动物（De Zoysa and Lee，2007）。嗜水气单胞菌感染后团头鲂铁蛋白两种亚基 MamFTH 和 MamFTM 在都能被诱导而显著上调，但两者表现出有一定差异的表达模式（图 10-22）。MamFTH 在团头鲂肝脏、脾脏和肾脏中的表达都会在感染后 4h（4hpi）快速上调大于 3.3 倍。然而，在同一时间点，嗜水气单胞菌感染对 MamFTM 在肾脏和脾脏中的表达诱导作用稍弱，分别上调 1.8 倍和 2.2 倍。总而言之，研究表明 MamFTH 具有相对更高的可诱导性和更快的急性期反应。

　　Ding 等（2017）通过活体实验证明了 rMamFTH 和 rMamFTM 蛋白具有显著的免疫保护作用，和对照组相比，蛋白免疫组能显著降低团头鲂幼鱼在嗜水气单胞菌感染后的死亡率。一般认为铁蛋白的免疫功能是通过隔离宿主细胞内多余的铁离子并形成一种低铁的环境而实现，这对于血液、淋巴和体液的抑菌和杀菌作用非常必要（Ward et al.，1996；Zhang et al.，2013c）。免疫组化和免疫荧光实验也证实了这一观点，如图 10-23A 所示，与阴性对照相比，正常肝脏切片能够检测到较强的 MamFTM 阳性信号，阳性位点主要位于细胞膜，少量分布于细胞质和细胞核。在 4hpi，细胞膜上的 MamFTM 阳性信号进

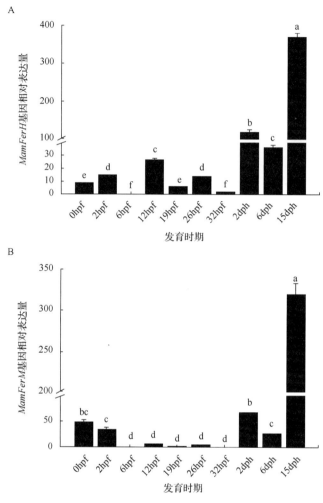

图 10-21　*MamFTH*（A）和 *MamFTM*（B）在早期发育中的相对表达量

一步增强。在 24hpi，MamFTM 在细胞质和细胞核上的阳性信号有所增强，并且 72hpi
时 MamFTM 在细胞质中的阳性信号达到最高值。MamFTH 具有类似的表达和分布模式，
但其在肝脏组织中的总体阳性信号强度不如 MamFTM。此外，本研究检测了 MamFTM
和 MamFTH 在正常或嗜水气单胞菌感染后 L8824 细胞上的亚细胞定位（图 10-23B）。
MamFTM 和 MamFTH 在 L8824 细胞上的阳性信号主要出现在细胞质和细胞核，并且细
菌感染后两者在细胞核中的信号强度都进一步增强了。此外，实验室前期采用普鲁士蓝
铁染色法证明了嗜水气单胞菌感染后团头鲂肝脏细胞质中的铁含量会显著上调（Ding et
al.，2015），与本研究中 MamFers 在胞内分布增多的结果一致。综上，并结合体外实验
结果可以推断 MamFTH 和 MamFTM 在机体内发挥的主要作用有所差异。具体表现为
MamFTH 趋向于作为具有更灵敏反应的急性期蛋白，而 MamFTM 则倾向于作为具有更
有效铁储存能力的铁贮存蛋白。

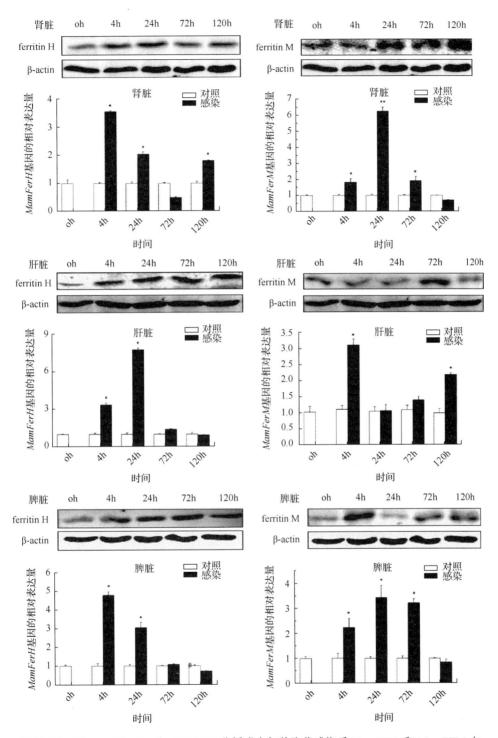

图 10-22 Western Blotting 和 qRT-PCR 分析嗜水气单胞菌感染后 MamFTH 和 MamFTM 在
肝脏、脾脏和肾脏中的表达水平($n = 3$；$*P < 0.05$)

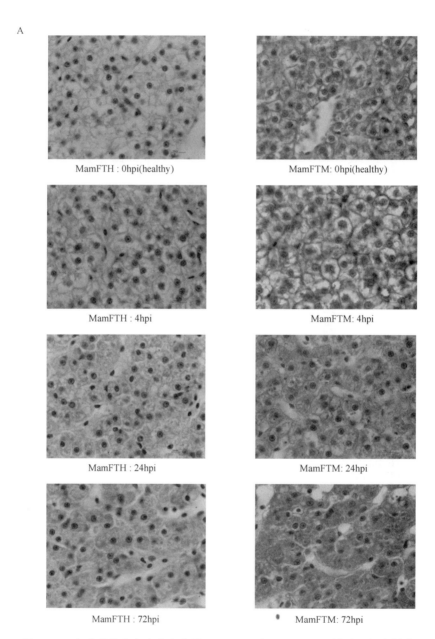

图 10-23　免疫组化和免疫荧光分析 MamFTH 和 MamFTM 蛋白(见文后彩图)

A. 免疫组化分析正常和感染后肝脏切片中 MamFTH 和 MamFTM 蛋白水平；B. 免疫荧光分析正常和感染后
L8824 细胞中 MamFTH 和 MamFTM 蛋白水平，比例尺=10μm

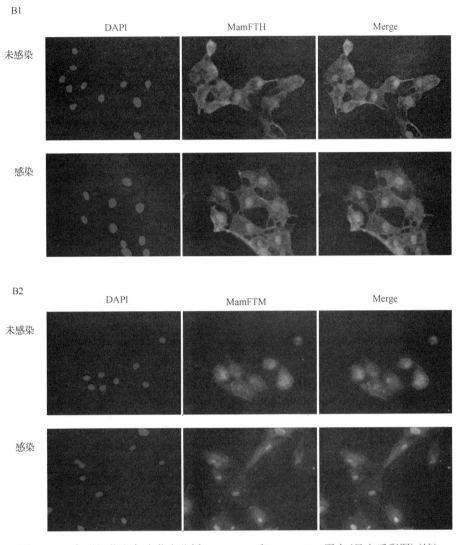

图 10-23 免疫组化和免疫荧光分析 MamFTH 和 MamFTM 蛋白(见文后彩图)(续)

(二)团头鲂转铁蛋白基因克隆、表达及重组蛋白活性检测

Ding 等(2017)克隆了团头鲂转铁蛋白(*MamTf*)基因 cDNA 序列,包括 1953bp 的 ORF,以及 27bp 的 5′UTR 和 256bp 的 3′UTR(GenBank 登录号 KF471069)。团头鲂 TF 编码蛋白的理论等电点是 6.28,预测大小为 71.25kDa。团头鲂 TF 由两个同源的结构域组成,即 N 端和 C 端,并且每个结构域分别含有 4 个铁离子结合位点和 2 个阴离子结合位点。基因结构分析表明团头鲂 *Tf* 基因结构和其他鱼类或哺乳动物 *Tf* 基因类似,由 17 个外显子和 16 个内含子组成。序列多重比对分析显示团头鲂 Tf cDNA 序列与其他鱼类的相似性最低为 41%(半滑舌鳎)最高为 82%(草鱼)。*Tf* 基因进化分析表明团头鲂先与草鱼聚为

一支，然后再与其他鱼类聚为一大支，鱼类共聚为 4 支包括鲤形目、鲇形目、鲑形目和鲈形目，而哺乳动物单独聚为一支。

如图 10-24A 所示，在受精后 12h（12hpf）才可以检测到 MamTf 基因的表达，随后缓慢上升至 26hpf，但在出膜期（32hpf）显著下调，接着再次上调并在出膜后 2dph 达到峰值。如图 10-24B 所示，MamTf 基因在团头鲂肝脏中特异性高表达，在其他组织如脾脏、肾脏、鳃、脑、血液、肌肉、肠和心脏中低表达。

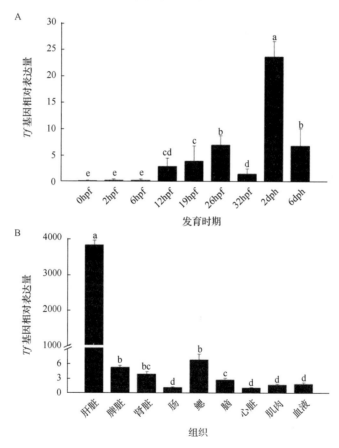

图 10-24　团头鲂 Tf 基因在早期发育期（A）和 9 个健康组织中（B）的表达分析
$n = 3$，不同的字母表示显著性差异（$P < 0.05$）

运用 qRT-PCR 和 Western Blotting 方法检测 MamTf/MamTf(R) 基因在嗜水气单胞菌感染后肝脏、脾脏和肾脏组织的表达情况。如图 10-25 所示，细菌感染后 MamTf/MamTf(R) 基因表达被诱导上调，在 mRNA 和蛋白水平具有类似的表达模式。在肝脏中，MamTf 从感染后 4h 开始显著上调表达，在 24hpi 达到峰值后逐渐下调至对照组水平；而 MamTfR 在 24hpi 和 72hpi 表达上调，随后在 120hpi 显著下调。在脾脏中，MamTf 和 MamTfR 在 24hpi 显著上调并达到峰值后逐渐下调。在肾脏中，MamTf 在感染后 4h 表达不变，在 24hpi

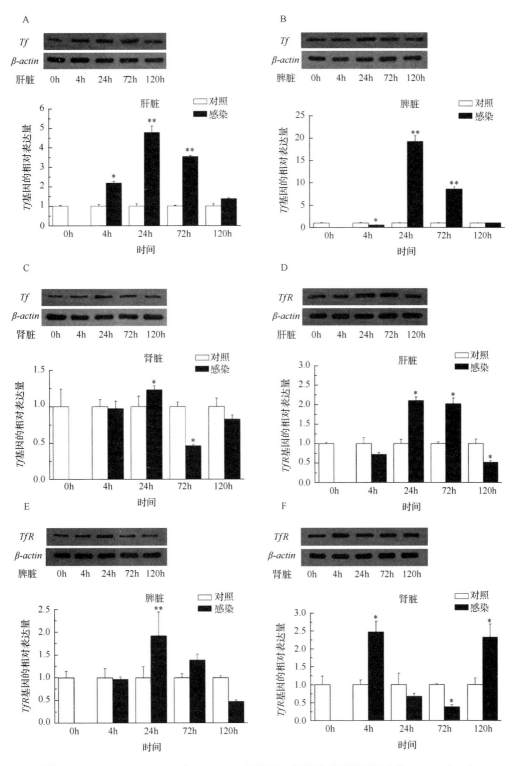

图 10-25　Western Blotting 和 qRT-PCR 分析嗜水气单胞菌感染后团头鲂 Mam*Tf*（A-C）
和 Mam*TfR*（D-F）基因在肝脏、脾脏和肾脏中的表达情况

有一定上调，随后在 72hpi 下调；*MamTfR* 在 4phi 显著上调后在 24hpi 和 72hpi 显著下调，并于 120hpi 再次显著上调表达。

研究中，嗜水气单胞菌感染后 *MamTf* 在肝脏、脾脏和肾脏三个组织中表达都有上调，表现为正向急性期蛋白(图 10-25)。Tf 表达上调后可能会导致更多的 TF 与 Fe^{3+} 结合后内在化，并导致细胞储存的铁离子水平上调(Neves et al.，2011)，从而限制病原体可以利用的循环铁水平(Bezkorovainy，1981；Ellis，2001)。关于 TfR 响应细菌感染相关的文献较少，黑鲈感染美人鱼发光杆菌后肝脏中 *TfR1* 和 *TfR2* 的表达量都上调(Neves et al.，2011)。本研究也发现了类似的结果，团头鲂在嗜水气单胞菌感染后 TfR 在肝脏、脾脏和肾脏三个组织中的表达也都出现上调。根据以往的研究结果分析，TfR 上调表明 TF 结合铁的内吞增多，从而限制病原体增殖需要的铁。

免疫组化分析显示阴性对照无明显阳性信号(图 10-26B、F)，未感染组 MamTf 的阳性信号主要位于肝血窦，而感染后在肝细胞质和肝血窦内的红细胞核也出现阳性免疫信号(图 10-26C、G)。未感染组 MamTfR 的阳性信号主要位于肝细胞膜，而细菌感染后在肝细胞质中的信号有所增强(图 10-26D、H)。普鲁士蓝铁染色结果显示嗜水气单胞菌感染后肝细胞内的铁离子含量显著上调(图 10-26A、E)，表明团头鲂 TF/TfR 在感染后上调表达是其参与抵抗细菌侵袭的免疫应答的方式(Neves et al.，2009，2011；Sun et al.，2012a)。

本研究制备了重组 MamTf 蛋白，其能在一定程度上抑制嗜水气单胞菌的增殖。与对照组相比，重组 MamTf 蛋白处理大约 1h 后，嗜水气单胞菌增殖受到抑制，并且在重组蛋白处理 10h 后处理组嗜水气单胞菌提前进入衰老期，细菌数量开始快速减少(图 10-27)。

如图 10-28 所示，EPC 细胞过表达 *MamFers* 和 *MamTf* 基因后会显著抑制嗜水气单胞菌的黏附过程，减少黏附细菌数量；而 EPC 细胞干扰 *MamFers* 和 *MamTf* 基因表达后会促进嗜水气单胞菌的黏附过程，使黏附细菌数量显著高于对照组，以上结果表明 *MamFers* 和 *MamTf* 基因对嗜水气单胞菌的黏附过程具有显著的调控作用。

关于 transferrin 在铁代谢过程中的重要作用已有许多研究，基于铁代谢的免疫功能也有很多报道，而 transferrin 在免疫系统中的其他功能也一直受到广泛关注。Ellison III 等(1988 和 1990)分别进行了相关研究表明乳铁蛋白及转铁蛋白能破坏革兰氏阴性细菌的外膜，并且这种作用依赖于 Mg^{2+} 和 Ca^{2+}。Ardehali 等(2003)的体外实验研究表明脱铁转铁蛋白能显著抑制表皮葡萄球菌与 PU 材料的黏附，并且这种抑制作用是呈浓度相关的，而含铁转铁蛋白并无类似作用。丁祝进(2017)的研究结果不仅表明 *MamFers* 和 *MamTf* 能调控嗜水气单胞菌对 EPC 细胞的黏附，而且这种调控作用是由细胞外基质 ECM 相关蛋白(纤连蛋白和整合素 β1)介导的。

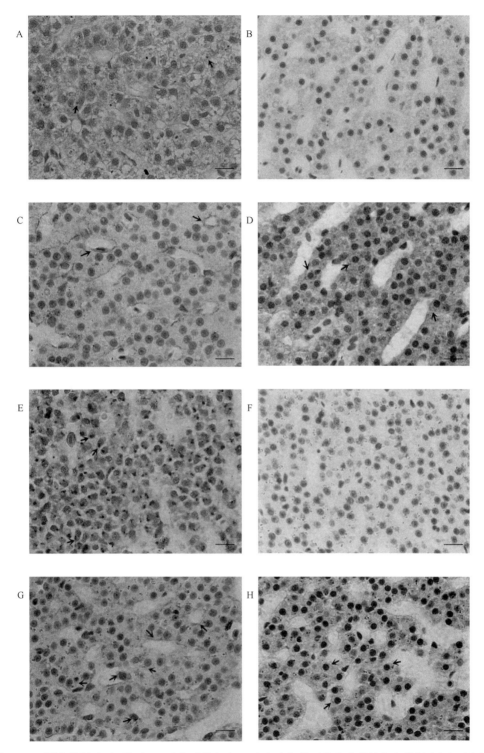

图 10-26 团头鲂肝脏对照组（A～D）和感染组（E～H）免疫组化及普鲁士蓝铁染色分析（见文后彩图）

A 和 E. 普鲁士蓝铁染色；B 和 F. 免疫组化阴性对照（PBS 代替一抗）；C 和 G. Tf 蛋白免疫组化；D 和 H. TfR 蛋白免疫组化。箭头指示铁染色或 MamTf/MamTfR 蛋白的免疫阳性信号位点，比例尺=10μm

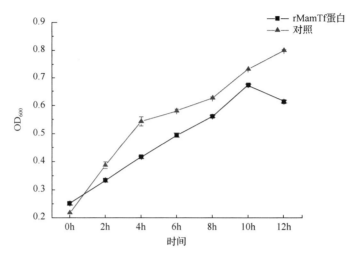

图 10-27　rMamTf 对嗜水气单胞菌的抑菌活性检测

检测不同时间点吸光值(OD$_{600}$)以分析嗜水气单胞菌密度，误差线代表标准误(SE；$n=3$)

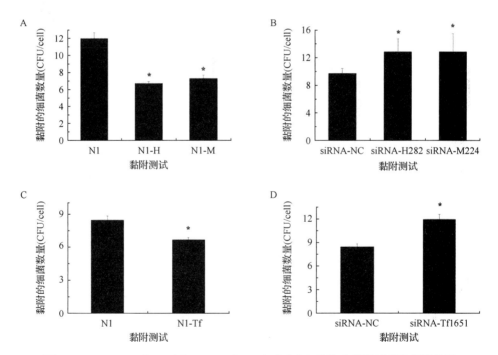

图 10-28　MamFers(A、B)和 MamTf(C、D)对嗜水气单胞菌黏附过程的调控作用

数据为 mean±SE($n=3$)

（三）铁调素基因的克隆和表达研究

铁调素（hepecidin），是一类重要的抗菌肽，不仅具有广谱的抗细菌、病毒、肿瘤细胞等作用，还是参与机体铁调节的关键因子。梁涛（2013）和陈思思（2014）分别克隆获得了团头鲂的铁调素基因 cDNA 全长和核心序列，该基因 cDNA 全长 779bp，开放阅读框（ORF）区为 285bp，5'非编码区 115bp，3'非编码区 379bp，ORF 区编码 94 个氨基酸，信号肽、前肽和成熟肽分别由 24、45、25 个氨基酸组成。成熟肽 N 端有典型的 Q-S/I-H-L/I-S/A-L 序列，C 端有保守的 8 个半胱氨酸残基。

梁涛（2013）采用实时定量 PCR 分析表明，在胚胎发育阶段，铁调素基因表达量在囊胚中期下降，在眼囊出现期显著增加到最大值，在尾鳍出现期迅速下降到中等水平。出膜后，基因表达量在出膜后第 1 天和第 3 天逐渐增加到中等水平，在出膜后第 7 天降到低水平。在团头鲂成鱼组织中，该基因在肝脏中表达量最高。相似地，陈思思（2014）的结果也表明团头鲂铁调素基因在团头鲂各组织中广泛存在，在肝脏中含量最高，头肾、脾脏中次之。

嗜水气单胞菌感染后，脾脏和前肠中表达量呈现先上升后下降的变化趋势，血清铁含量有所下降，组织铁含量先下降后上升。推测这可能是细菌感染后，机体通过降低循环铁的量来控制细菌对铁利用的一种自我保护机制。而梁涛（2013）的结果表明在细菌免疫后，团头鲂肝脏中基因表达量逐渐增加并在注射后 144h 达到最高。脑组织中表达量在注射后 72h 达到最大。在脾脏和鳃中表达量分别在注射后 24h、6h 显著上升。

此外，陈思思（2014）采用基因重组技术，将团头鲂铁调素基因的 OKF 区分别连接到原核表达载体和真核表达载体中，得到重组表达质粒，在大肠杆菌表达的目的蛋白以包涵体和可溶性蛋白的形式存在；构建的重组表达质粒电转至毕赤酵母中，对阳性菌株进行了诱导表达，表达的目的蛋白对金黄色葡萄球菌和嗜水气单胞菌有较好的抑菌活性。

第三节　耐低氧相关基因

低氧是影响水产养殖产量的一个重要环境因子，为了解团头鲂低氧适应的机制，人们获得了多个团头鲂低氧相关基因，如氧感受基因（prolylhydroxylase，*phd*）、低氧诱导转录因子（Hypoxia-inducible factor，Hif），以及 Hif 的下游基因 *epo*、*igf* 等。其中低氧核心转录因子是 HIF，HIF 是二聚体蛋白，由两个亚基组成：受低氧调控的 HIF-alpha 亚基（HIF-α）及稳定表达的 HIF-beta 亚基（HIF-β），而 HIF-β 也叫作芳香烃受体核转位蛋白（aryl-hydrocarbon receptor nuclear translocator，ARNT）（Wenger and Gassmann，1997）。HIF-α 又分为三种亚型，分别是 HIF-1α、HIF-2α 和 HIF-3α，对应的 HIF-β 也有 3 种亚型：HIF-1β、HIF-2β 和 HIF-3β（Zagorska and Dulak，2004）。不论是 HIF-α 还是 HIF-β，都属于碱性螺旋-环-螺旋蛋白超家族转录因子，它们具有共同的保守结构域，包括一个碱性螺旋-环-螺旋结构用于 DNA 结合，及两个 PAS（Per-Arnt-Sim）结构域用于结合特定基因及形成蛋白二聚体（Wang et al.，1995；McIntosh et al.，2010）。

在有 O_2 分子存在下，HIF-α 蛋白会被脯氨酸羟基化酶家族（PHD）及 HIF 抑制因子（factor inhibiting HIF-α，FIH）识别。其中 PHD 会将人 HIF-1α 蛋白第 402 和 564 位上的脯氨酸羟基化，羟基化的 HIF-1α 蛋白会被 pVHL（von hippel-lindau protein）蛋白识别，紧接着被泛素连接酶复合体识别，最终被 26S 蛋白酶体降解（Loboda et al.，2010）。此外，在常氧下 HIF-α 蛋白 C 端转录活化结构域（C-terminal transactivation domain，C-TAD）上的天冬氨酸会被 FIH 蛋白识别并羟基化，羟基化的 HIF-1α 蛋白无法与共激活因子 p300/CBP 结合从而丧失调控下游基因表达的功能（Lando et al.，2002b）。不论是 PHD 还是 FIH 都通过 O_2 分子来修饰 HIF-α 氨基酸残基以加上-OH，如果没有 O_2 则无法完成上述催化过程。低氧状态下，由于缺乏 O_2 分子，PHD 和 FIH 无法催化 HIF-α 蛋白羟基化而在细胞内积累（Jewell et al.，2001），HIF-α 然后转移到细胞核中与 HIF-β 形成二聚体，再与共激活因子 p300/CBP 形成复合物并结合在低氧应答元件（hypoxia response element，HRE）上，以促进下游靶基因的转录过程（Bracken et al.，2003）。HRE 有一个由 5 核苷酸组成的核心保守序列 RCGTG，这个序列在所有低氧应答基因启动子上都是保守的（Semenza et al.，1996）。目前通过体内外实验验证获得的 HIF-1α 下游靶基因超过 100 个（Semenza，2001b，2003；Wenger et al.，2005；Benita et al.，2009），其中包括 PHD2 和 PHD3（Metzen et al.，2005；Pescador et al.，2005）。

一、低氧感受基因——*phd* 和 *fih*

PHD 基因属于 2-氧戊二酸依赖的、非血红素铁离子结合的双加氧酶蛋白家族，该家族包括 3 个成员 PHD1、PHD2 和 PHD3。通过扩增获得了团头鲂 *phd1*、*phd2* 和 *phd3* 的 cDNA 序列，分别为 2672bp、1916bp 和 1622bp，编码 481 个、358 个及 238 个氨基酸（Wang et al.，2015a；Chen et al.，2016）。蛋白质结构域分析发现 3 个蛋白都有脯氨酸羟基化酶结构域 P4Hc，同时该区域中也包含有 3 个铁离子结合位点（氨基酸 H、D 和 H 残基），但不同的是 Phd2 的 N 端还包含一个 MYND 锌指结构域（图 10-29），该结构域是脊椎动物 Phd 基因家族中，Phd2 所特有的结构域，也是区分 Phd1 和 Phd3 的一个重要标志（Taylor，2001）。这些保守结构域的存在进一步证明了团头鲂的 Phd2 和其他鱼类、哺乳动物及两栖类可能有着相似的生物学功能。

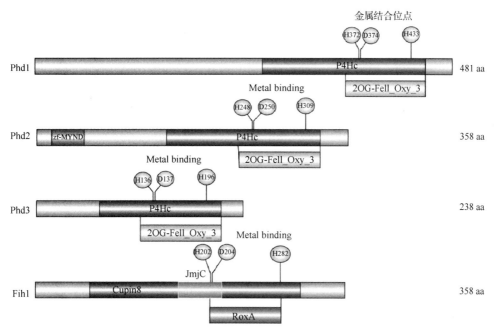

图 10-29 团头鲂 Phd 家族及 Fih1 蛋白的结构

启动子序列分析(图 10-30)显示这 3 个基因都包含一些转录所必需的顺式作用元件,如 TBP、CEBP 及一些转录因子的结合位点(如 Hox、Fox、Sox 及 ETS 等),作为氧感受器,启动子中也发现了 Hif-1α 的结合位点。另外,通过比较这些转录因子,在这 3 个基因中也发现了一些差异的转录因子的结合位点,如 Srebf 和 Dmbx1 的结合位点仅存在于 *phd1* 中,Dmrt3 仅存在于 *phd2* 中,而 MyoD/MyoG 仅存在于 *phd3* 中;Fli1 存在于 *phd1* 和 *phd2* 中,ZBTB 和 EGR 存在于 *phd2* 和 *phd3* 中,Stat6 和 IRF7 存在于 *phd1* 和 *phd3* 中。这些结果说明 *phd* 家族的 3 个基因在细胞中的功能既有类似之处,又有分工。

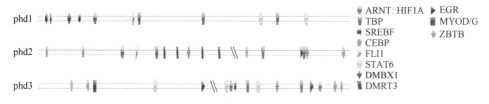

图 10-30 团头鲂 *phd* 家族启动子转录因子结合位点的预测

phd1 的表达特征:基于 qRT-PCR 结果显示 *phd1* 在胚胎发育早期的表达水平相对较低,其中在受精后 17.5h 即眼囊期的表达量最高,其次是肠管形成期。*phd1* mRNA 在血液、大脑和心脏中表达较高,但在肝脏、脾脏、肌肉、鳃、肠和肾脏中的表达很低。低氧处理后,*phd1* 在血液、肌肉、脑、心脏和肠中表达下降,尤其在血液和肌肉中,但鳃中 *phd1* 表达升高。

将 *phd1* cDNA 序列与真核表达载体连接转染 HeLa 细胞后,Western blotting 检测到两个蛋白质产物,即 phd1-atg1 和 phd1-atg2,两个蛋白相差 33 个氨基酸(图 10-31),分

析表明在 *phd1* cDNA 序列上有两个起始密码子 ATG，并且第二个 ATG（第一个 ATG 下游 100~102bp）附近序列也符合翻译起始位点 kozak 序列原则。突变实验进一步证实团头鲂 *phd1* 通过选择性起始翻译表达两个 Phd1 蛋白（图 10-31A）。

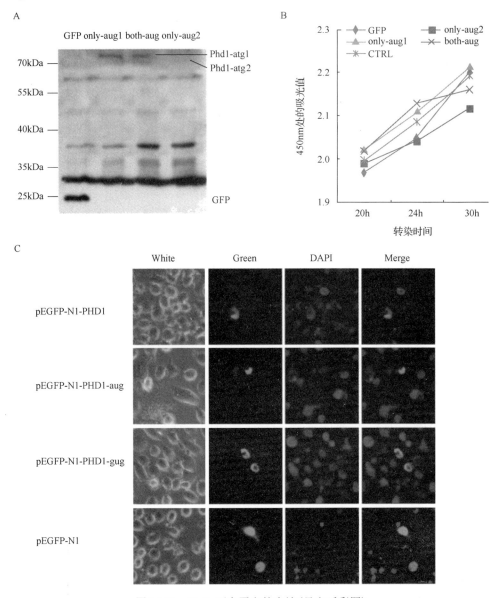

图 10-31　Phd1 两个蛋白的表达（见文后彩图）

A. Western blotting 结果，其中 GFP 是空载质粒，only-aug1 为第二个 ATG 突变成 GTG 的结果，both-aug 为包含完整 *phd1* ORF 的转染结果，only-aug2 为从第二个 ATG 扩增的质粒产物；B. Phd1 对细胞增殖的影响，其中 CTRL 为阴性对照；C. 亚细胞定位结果。DAPI 细胞核染色，右下角比例尺为 20μm

对 Phd1 两个蛋白的氨基酸序列进行三维结构预测（图 10-32）。两个蛋白的空间构象都分成上下两部分，其中下部分都包含 P4Hc 结构域，通过对比分析发现 P4Hc 空间构象基本相同，因此都能发挥羟基化功能。较小 Phd1 蛋白的 N 端少了 33 个氨基酸，而这 33

个氨基酸在较大 Phd1 蛋白的上部分(红色方框所示)形成 2 个 α 螺旋和 1 个 3_{10} 螺旋(3_{10} 螺旋是 α 螺旋的延伸)。较小 Phd1 蛋白由于 N 端氨基酸序列的缺失导致其空间构象发生了一定变化,最明显的差别就是较小 Phd1 蛋白的上部分 T^{77}、P^{78} 和 H^{79} 位的氨基酸形成了一个新的 3_{10} 螺旋(绿色箭头所示),对应的较大 Phd1 蛋白的下部分 L^{297}、V^{298}、I^{299}、Q^{300} 和 K^{301} 位的氨基酸形成的 β 折叠(绿色箭头所示)消失。较大 Phd1 蛋白上部分包含 5 个螺旋和 2 个 β 折叠,对应的较小 Phd1 蛋白则分别是 3 个和 2 个;较大 Phd1 蛋白下部分包含 6 个螺旋和 10 个 β 折叠,对应的较小 Phd1 蛋白则分别是 6 个和 9 个。另外 P4Hc 结构域上的 3 个结合铁离子的氨基酸残基 H、D 和 H(红色箭头所示)分别位于 β 折叠(较大 Phd1 蛋白下部分第 4 个 β 折叠)、转角和 β 折叠中(较大 Phd1 蛋白下部分第 9 个 β 折叠)。

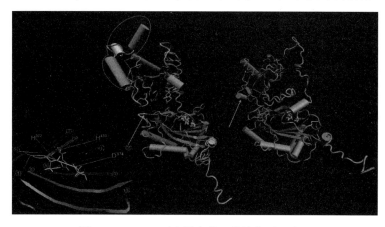

图 10-32　Phd1 两个蛋白的三维结构预测结果

左下角、中间和右侧分别是为较大 Phd1 的下部分 β 折叠和三维空间结构,以及较小 Phd1 蛋白三维空间结构

为了验证这两个蛋白的功能,将 phd1-atg1 和 phd1-atg2 转染团头鲂鳍条细胞 MAF,通过荧光显微镜分析显示这两个蛋白质均定位在细胞核中(图 10-31C),进一步分析结果表明团头鲂 Phd1 蛋白中包含一个细胞核定位信号序列(nuclear localisation signal,NLS),PKK(R)KWAE,但如果将其中 R 换成 A,PHD1 就会泛表达(Steinhoff et al.,2009)。CCK-8 试剂盒检测显示转染仅包括第一个 ATG 和两个 ATG 的质粒具有较高的增殖率,说明 phd1-atg1 和 phd1-atg2 在细胞中的作用可能是不同的(图 10-31B)。

启动子甲基化分析显示位于外显子 1 区域的 CpG 大部分都发生了甲基化(图 10-33),进一步性状关联分析显示该区域的甲基化程度在团头鲂低氧敏感和耐受群体间的差别比较明显(表 10-4),其中敏感群体中甲基化大于 25% 的有 79 尾,甲基化程度小于 10% 的有 0 尾。低氧耐受群体中甲基化程度大于 25% 的有 67 尾,小于 10% 的有 2 尾。通过卡方检验表明该区域甲基化状态与低氧敏感和耐受与否具有显著相关性($P = 0.028$),即低氧敏感群体具有更高甲基化程度,团头鲂群体中 phd1 启动子甲基化程度越低则鱼类对低氧越耐受。甲基化程度越高,则 phd1 表达量越低,相应的细胞核中活性 Phd1 含量就越少,此时低氧处理鱼类就容易缺氧死亡。甲基化程度越低则对应细胞核里活性 Phd1 含量就越高,低氧处理后鱼类仍然具有一定耐受力,据此推断团头鲂 Phd1 能够解除细胞核内抑制低氧应答的状态从而使得鱼类氧耐受力增强。

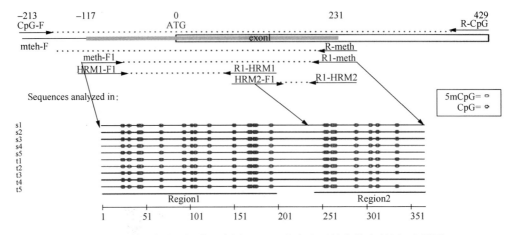

图 10-33　*Phd1* 启动子扩增示意图及 CpG 分布和甲基化状态（见文后彩图）

蓝色表示未甲基化的 CpG，红色表示甲基化的 CpG

表 10-4　团头鲂群体 *phd1* 区域 2 的甲基化水平

主要类型	<10%甲基化	10%～25%甲基化	25%～100%甲基化	P 值
低氧敏感鱼(86)	0	7	79	0.028
低氧耐受鱼(86)	2	17	67	

Phd2　*phd2* 基因在团头鲂的各个时期均有表达，且在出膜前（受精后 43.5h 出膜）表达变化较大。在受精后 16h（囊胚中期）表达量最高，而在其他时期表达量都相对较低，且出膜后逐渐降低（Wang et al.，2015）。PHD2 失活会导致小鼠和果蝇胚胎死亡（Centanin et al.，2005；Takeda et al.，2006）。非洲爪蟾 *phd2* 的表达水平在胚胎发育过程中变化很大（Han et al.，2012）。这些结果说明 *phd2* 基因在团头鲂胚胎发育过程中起着重要的作用（Kane and Kimmel，1993；Kimmel et al.，1995；Han et al.，2012）。

PHD2 在哺乳动物已经中被证实是 HIF-1α 下游靶基因，HIF 和 PHD 之间形成反馈回路来限制低氧信号以及加速复氧后 HIF 降解（Metzen et al.，2005）。Metzen 等在人和小鼠 *PHD2* 启动子上鉴定了 HRE 和 HBS（HIF-1-binding site）位点，但通过双荧光报告载体实验表明启动子上这两个元件都不能对极端低氧（1%氧含量，正常为 21%）做出应答，而位于第一外显子（exon1）上部分（起始密码子 ATG 下游 1454～3172bp）序列对低氧产生强烈应答，表明哺乳动物具有低氧应答活性的启动子位于 exon1 区域（Metzen et al.，2005）。正常溶解氧条件下，*phd2* 基因在团头鲂心脏、血液、肌肉、头肾、肝脏、脑和鳃等 7 个组织中均有表达，其中在血液中最高，依次是脑、心脏、鳃、头肾、肝脏和肌肉。低氧条件下，随溶氧浓度的降低，其表达量在心脏和鳃中呈先降低后升高的趋势，而在血液、头肾、肌肉、肝脏及大脑中先升高后降低。团头鲂稚鱼低氧 4h 后，*phd2* 表达水平上升，延长低氧暴露时间，其表达水平下降。但 *hif-1α* 表达变化则相反。同样的，低氧处理 1.5h 后，斑点叉尾鮰的 *hif-1α* 表达量下调，低氧 5h 后，表达水平上升（Geng et al.，2014），说明 Hif-1 蛋白积累可能反馈调节 Phd2。然而，*phd2* 和 *hif-1α* 在低氧暴露 4h 后表达水平增高，在低氧暴露 12h 复氧后，表达水平趋于正常水平，证明复氧后 Hif-1α 的降解速

率跟低氧暴露的时间有关(Berra et al., 2003; Cioffi et al., 2003)。尽管 HIF 通常在翻译水平上具有一定的调控功能，但在斑点叉尾鮰、团头鲂、胭脂鱼和草鱼等鱼类的研究发现 *hif-1α* 和 *phd2* 在转录水平上的调控同样也是非常重要的(Law et al., 2006; Shen et al., 2010; Chen et al., 2012b; Geng et al., 2014)。在水产养殖中，鱼类会通过呼吸作用消耗氧气并且产生二氧化碳，导致 pH 下降，因此，我们分析了 pH 对团头鲂 *phd2* 和 *hif-1α* 的表达水平的影响。结果显示，pH 的变化对 *phd2* 和 *hif-1α* 的表达均没有显著影响。有研究表明，氧气的亲和力会受到 pH 的影响，且有些基因的表达量也会在酸性条件下暴露 24～96h 后显著降低(McCulloch, 1990; Lin et al., 2010)。因此，我们推测呼吸消耗引起的 pH 变化(7.61～7.51)不会对团头鲂不同组织中 *phd2* 和 *hif-1α* 的表达产生影响。

Phd3　　*PHD3* 首次被鉴定是在大鼠血管平滑肌中作为生长因子应答基因，并命名为 smooth muscle-20(SM-20)(Wax et al., 1994)。*PHD3* 在哺乳动物中也已经被验证是 HIF-1α 下游靶基因，HIF-1α 和 PHD3 也形成反馈回路。人 *PHD3* 启动子上有 2 个 HRE 位点，但都不具有低氧应答活性，*PHD3* 的 intron1 上距离转录起始位点 12kb 位置的 HRE 不仅能够对低氧产生应答还能够在体内与 HIF-1α 结合，因此此位置是低氧应答活性启动子区域(Pescador et al., 2005)。团头鲂 *phd3* 基因的序列分析发现由于第 1 外显子的部分缺失导致了选择性剪接体 *phd3Δ1* 的出现(图 10-34)。两个选择性剪接体的功能域分析显示 phd3Δ1 蛋白仍然保留了脯氨酰羟化酶必需的 P4Hc 结构域、加氧酶家族结构域 2OG-FeII_Oxy_3 及 3 个铁离子结合位点，三维结构分析显示 Phd3Δ1 缺失部分包含部分 α 螺旋-β 折叠-α 螺旋-3_{10} 螺旋-β 折叠-α 螺旋-部分 β 折叠(图 10-34①-⑦)。Phd3Δ1 缺失部分最前端形成了新的 α 螺旋，最末端缺失部分 β 折叠后向右平移形成完整中空结构，Phd3Δ1 除缺失部分与 *phd3* 最显著差别就是在序列末端形成了新的 3_{10} 螺旋。

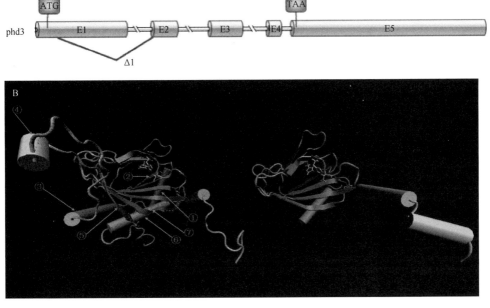

图 10-34　*Phd3* 两个选择性剪接体的结构

A. 两个可变剪接体的基因结构；B. Phd3(左)和 Phd3Δ1(右)蛋白的三维结构

　　体外双荧光报告实验表明 *phd3* 启动子中的 HRE 位点能够对低氧产生应答，说明团头鲂 *phd3* 受到 Hif-1α 调控。进一步低氧胁迫实验结果显示 *phd3* 存在着两个选择性剪接体，并且两者在多数组织中都会被低氧诱导表达，尤其是在血液和肾脏中（图 10-35A）。*phd3* 启动子中包含多个 CpG 位点，这些位点在低氧处理的低氧敏感和耐受个体中均未检测到甲基化，但该基因的表达在低氧耐受个体中较高，而在低氧敏感个体中几乎检测不到（图 10-35B），推测低氧条件下 *phd3* 主要通过 Hif-1α 介导而非甲基化的改变来参与低氧应答过程。

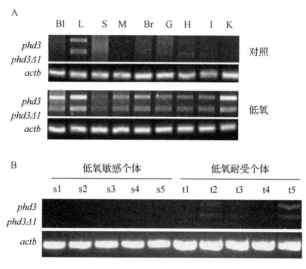

图 10-35　低氧条件下 *Phd3* 的表达

A. *phd3* 在低氧处理前后各组织中的表达其中 Bl、L、S、M、Br、G、H、I、K 分别代表血液、肝脏、皮肤、肌肉、大脑、鳃、心脏、肠及肾脏；B. *Phd3* 在低氧敏感和耐受鱼骨骼肌中的表达。其中，S1～S5 低氧敏感个体；t1～t5 低氧耐受个体。

　　fih-1 基因：团头鲂 *fih-1* 基因的 cDNA 全长共 2253bp，其中 ORF 长 1071bp，编码 356 个氨基酸。该基因也属于 Fe（II）-2OG 依赖的双加氧酶家族，具有非常保守的 JmjC 结构域、Cupin-8 结构域以及 3 个重要的金属配位点（His-202、Asp-204 和 His-282）。启动子序列中的 cis-element 预测显示该基因启动子上存在许多转录因子结合位点，包括 TFAP2A（transcription factor activating enhancer-binding protein 2A）、STAT（signal transducer and activator of transcription））、aryl hydrocarbon receptor nuclear translocator（ARNT）、HRE 等。进一步用荧光素酶活性检测以证实启动子中 HRE 的活性，推测团头鲂 *fih-1* 基因也受 Hif-1α 的调控（Zhang et al.，2016b）。

　　fih-1 在斑马鱼的胚胎发育过程中起着重要作用，Fih-1 的缺陷可能导致节间血管的异位生成（So et al.，2014）。而小鼠 Fih-1 缺陷同样导致小鼠大范围的生理应答失调和代谢过剩（Zhang et al.，2010）。而团头鲂 *fih-1* 在胚胎发育的不同时期广泛表达，在胚胎发育的初始阶段有较高的表达，其中在 2 细胞期表达量最高，而在原肠中期表达量显著降低，在原肠中期到心跳期保持一个较低的表达量，随后在出膜期表达量迅速升高，并在出膜后保持较高的表达水平。

　　研究显示 Hif-1α 不是被 Fih-1 羟基化的唯一底物，Fih-1 也同样可以将 Notch 胞内结构域(ICD)羟基化(Zheng et al.,2008)。Notch 信号途径和细胞生长发育的许多重要阶段都相关,如细胞增殖、分化和死亡(Barrick and Kopan,2006;Bray,1998;Mumm and Kopan,2000)。在细胞低氧应答过程中,Fih-1 的存在可以减少由 Notch 胞内结构域影响的癌细胞表型(Hyseni et al.,2011)。在常氧条件下,*fih-1* 在团头鲂的不同组织中广泛表达,其中在肌肉中表达量最高,其次是在肝脏中,而在脾脏中表达量最低。在低氧处理 2h 时,*fih-1* 在肌肉、肝脏、大脑、心脏和肾脏中的表达量均显著降低,并且随着低氧处理时间的延长和溶氧浓度的降低,*fih-1* 在各个组织中均显著升高,而 *fih-1* 在脾脏中的表达量持续升高。团头鲂 *fih-1* 的时空表达结果说明 Fih-1 可能在团头鲂早期胚胎发育阶段和出膜后发挥着重要功能。

二、低氧响应基因——Hif-α 家族

上海海洋大学邹曙明教授团队(Shen et al.,2010;沈睿杰,2011)通过 PCR 扩增获得了团头鲂 Hif-α 家族的三个基因,其中 *Hif-1α* cDNA 序列全长为 3815bp,ORF 为 2325bp,编码 774 个氨基酸;*Hif-2α* cDNA 全长为 3121bp,ORF 为 2508bp,编码 835 个氨基酸;*Hif-3α* cDNA 全长 3059bp,包括 1932bp ORF,编码 643 个氨基酸。HIF-1α、HIF-2α 和 HIF-3α 氨基酸序列与团头鲂不同 HIF-α 亚基之间同源性较低,仅为 38%～46%。团头鲂 Hif-3α N 端含有 bHLH、PAS(PAS-A 和 PAS-B)以及 PAC 结构域;C 端仅含有 N-TAD 一个反式结构域,缺少 C-TAD 结构域。在 Hif-3α 第 409 和 509 氨基酸位置上均存在一个高度保守的脯氨酸残基。系统发育树结果显示团头鲂 Hif-αs 与草鱼 Hif-αs 聚为一支,并且与其他鲤科鱼类有着较近的进化关系。

基于 RT-PCR 和整胚原位杂交结果显示团头鲂 *hif-1α* 和 *hif-2α* mRNA 从受精后 0h 至 52h 均有表达。其中 *hif-1α* 和 *hif-3α* mRNA 在整个胚胎发育过程中都有表达,且表达量均比较恒定,差异不明显;而 *hif-2α* mRNA 在胚胎发育过程中有明显的波动性,在受精后 8h、28h、48h 和 52h 表达水平较高。*Hif-1α* 和 *hif-2α* mRNA 在缺氧状态下有着不同的表达模式。*Hif-1α* mRNA 在肝脏、脑和肾组织中的表达量缺氧胁迫组与正常对照组没有显著的差异;*Hif-2α* mRNA 在肝脏和肾组织中的表达量在缺氧胁迫后比正常对照组分别上调了 910% 和 320%,而在脑组织中缺氧前后没有明显差异;缺氧后在正常条件下恢复 24h 后,*hif-1α* 和 *hif-2α* mRNA 水平在所检测的三个组织中均恢复到正常的水平。

整胚原位杂交结果显示团头鲂 *hif-3α* mRNA 在胚胎发育各阶段均有表达,而且在胚胎不同部位表达量有明显的差异。*hif-3α* mRNA 在胚胎头部表达量明显高于其他部位。缺氧胁迫 4h 后团头鲂 *hif-3α* mRNA 在肝脏、脑和肾组织中的表达量均显著上升,分别为正常对照组的 218%、603% 和 293%。在正常条件下恢复 24h 后,*hif-3α* mRNA 水平在所检测的三个组织中均恢复到正常的水平。亚细胞定位显示团头鲂 Hif-3α 蛋白在细胞质和细胞核中均有表达,但细胞核中的表达量高于细胞质中。团头鲂 Hif-3α 蛋白 ODD 结构域内位于第 409 和 509 的两个保守脯氨酸突变为丙氨酸,并在团头鲂胚胎中进行双突变型 *hif-3α* mRNA 过表达的结果显示,过表达突变型 *Hif-3α* mRNA 对团头鲂胚胎发育无影响。

第四节　其他相关基因

一、ghrelin、*NPY* 和 *CCK* 基因

鱼类摄食受到神经中枢及外周信号的共同调节，包括中枢神经系统(CNS)、胃肠道(GI)、肾上腺、胰腺及脂肪组织(Naslund and Hellstrom，2007)。食欲调节因子包括促食欲因子和抑制食欲因子。促食欲因子包括 ghrelin、神经肽 Y(neuropeptide Y，NPY)、甘丙肽(galanin)、食欲素(orexin)和刺鼠相关蛋白(agouti-related protein，AGRP)等。抑制食欲因子包括胆囊收缩素(cholecystokinin，CCK)、瘦素(leptin)、可卡因苯丙胺调节转录肽(cocaine- and amphetamine-regulated transcript，CART)和皮质激素释放因子(corticotropin-releasing factor，CRF)(Volkoff et al.，2009)。ghrelin 和 CCK 由胃肠道分泌，而 NPY 由脑分泌并受到 ghrelin 的调节。这 3 种多肽都在鱼类摄食调控中发挥着重要的作用，同时具有多重的生物学功能。

(一)团头鲂 ghrelin 基因的克隆和序列分析

平海潮(2013)克隆获得了团头鲂 ghrelin cDNA 全长序列(GenBank 登录号 JQ301476) 494bp，包含 59bp 的 5'非翻译区，含加尾信号(AATAAA)和 poly(A)信号的 123bp 的 3' 非编码区，以及 312bp 的 ORF，编码 103 个氨基酸。团头鲂 ghrelin 前体蛋白 N 端有一个预测的 26 个氨基酸的信号肽和 19 个氨基酸组成的成熟肽。在成熟肽 C 端具有两个预测的断裂位点和酰胺化信号(GRR)，分别位于第 12 和 19 个氨基酸之后。团头鲂 ghrelin 氨基酸序列与鲤科鱼类同源性最高，与草鱼氨基酸序列完全一致，与齐口裂腹鱼、鲫和斑马鱼相似性分别为 92%、88%和 71%，与其他脊椎动物相似性较低。进化分析表明团头鲂与草鱼、鲤、鲫等鲤科鱼类亲缘关系较近，并与其他硬骨鱼类聚为一个大的分支，与两栖类、爬行类、鸟类和哺乳类的亲缘关系较远，而软骨鱼类单独聚为一个分支。

在虹鳟(Kaiya et al.，2003)、斑点叉尾鮰(Kaiya et al.，2005)和大西洋鲑(Murashita et al.，2009b)等鱼类中发现存在 2 种不同类型的 ghrelin，团头鲂只获得 1 种类型 ghrelin，这与鲫、斑马鱼、鲤和草鱼中的报道一致(Kaiya et al.，2005)，且其结构与虹鳟和大西洋鲑的 ghrelin-2 型基因较为接近，在成熟肽部位缺少 3 个氨基酸(VQR)。

一般来说，ghrelin 成熟肽 N 端前 4 个氨基酸(GSSF)构成 ghrelin 的活性中心，其第 3 位的丝氨酸酰基化对 ghrelin 的功能发挥重要作用。团头鲂 ghrelin 成熟肽序列为"GTSFLSPAQKPQGRRPPRV"，第 2 个氨基酸是苏氨酸(Thr)，与鲫、鲤和草鱼等鲤科鱼类相同，但与其他大部分脊椎动物不同，这可能是鲤科鱼类的共同特征，这种差异并不影响 ghrelin 发挥其生理功能(Unniappan et al.，2002；Unniappan et al.，2004)。ghrelin 成熟肽 C 端具有 2 个预测的剪切位点(GRR)，其结构与鲫相似。有研究从鲫的肠道中分离出多种含有 14、17、18 和 19 个氨基酸残基的多肽，其中含有 17 个氨基酸残基形式的多肽占有优势地位(Miura et al.，2009)。由此推测团头鲂中也可能存在多种形式的 ghrelin 成熟肽。近年来，研究人员在 ghrelin 前体蛋白 C 端发现一种新的多肽 obestatin，其拥有

与 ghrelin 相反地抑制食欲的作用(Smith et al.，2005)。本研究通过多序列比对，并没有在团头鲂和其他鱼类中发现与 obestatin 序列相似的区域。

(二)团头鲂 NPY 基因的克隆与序列分析

平海潮(2013)克隆获得团头鲂 NPY cDNA 全长序列(GenBank 登录号 JQ301475) 760bp，包含 65bp 的 5'非编码区，包括加尾信号(AATAAA)和 poly(A)信号的 404bp 的 3'非编码区，以及 291bp 的 ORF，编码 96 个氨基酸。团头鲂 NPY 前体蛋白有 1 个预测的 28 个氨基酸的信号肽和 36 个氨基酸的成熟肽，ProtParam 在线工具推测 NPY 前体蛋白相对分子质量为 10 987.4。团头鲂 NPY 氨基酸序列较为保守，与草鱼、鲤 NPY 氨基酸序列完全一致，与其他脊椎动物相似性也较高。系统进化分析显示团头鲂与草鱼、鲤等鲤科鱼类亲缘关系最近，并与其他硬骨鱼类聚为一个亚支。软骨鱼类、两栖类、鸟类、哺乳类组成另一个亚支，NPY-b 型基因单独组成一个分支。

NPY 是一种在进化上十分保守的神经肽，在脊椎动物中 NPY 成熟肽均由 36 个氨基酸组成(Hoyle，1999)。团头鲂的 NPY 氨基酸序列与草鱼、鲤氨基酸序列完全一致，与中华倒刺鲃、鲫和斑马鱼的相似性分别为 98%、96% 和 94%，与鼠和人的相似性也达到 66% 和 64%。NPY 在进化过程中的高度保守性说明其在动物的生命周期中具有重要的生理作用。

NPY 的相关多肽还包括内分泌肠肽 YY(PYY)、四足动物的胰多肽(PP)和鱼的胰多肽(PY)(Larhammar et al.，1993)。在 NPY 家族基因进化分析基础上，Sundstrom 等(2008) 将 NPY 分为 NPY a 和 NPY b 两个亚型，并提议将牙鲆和欧洲鲈的 PYY 基因更名为 NPY b。将这两种鱼的 PYY 基因看作 NPY b 型构建系统进化树，显示团头鲂的 NPY 基因属于 NPY a 型。

(三)团头鲂 CCK 基因的克隆与序列分析

平海潮(2013)克隆获得了团头鲂 CCK cDNA 全长序列(GenBank 登录号为 JQ290110) 770bp，包含 49bp 的 5'非编码区，包括加尾信号(AATAAA)和 poly(A)信号的 309bp 的 3'非编码区，以及 372bp 的 ORF，编码 123 个氨基酸。团头鲂 CCK 前体蛋白有一个预测的 19 个氨基酸的信号肽和 104 个氨基酸的成熟肽，包括 C 端的八肽 CCK-8，DYLGWMDF，C 端第七位上的酪氨酸(Tyr)具有潜在的硫酸化修饰作用。

多序列比对结果显示，团头鲂 CCK 氨基酸序列与鲤科鱼类同源性较高，与草鱼氨基酸序列相似性达 98%，与其他脊椎动物相似性较低。CCK-8 肽序列在脊椎动物中较为保守。系统进化分析表明团头鲂与其他硬骨鱼类聚为一支，且包含两种 CCK 分支(CCK-1 和 CCK-2 型)。其中团头鲂 CCK 基因与 CCK-2 型聚为一个分支，且与草鱼等鲤科鱼类亲缘关系最近，说明克隆得到的团头鲂 CCK 基因属于 CCK-2 型。

(四)团头鲂 ghrelin、NPY 和 CCK 基因的组织表达分布

荧光定量 PCR 方法检测发现团头鲂 ghrelin 基因在各个组织中均有表达，在肠道中的表达量显著高于其他组织($P<0.05$)，且从前肠到后肠表达水平依次显著升高($P<0.05$)，

说明其可能与团头鲂的摄食调控功能有关。其他组织中，在脾脏和肌肉中表达量最低，但均无显著差异($P>0.05$)。已有研究表明，在哺乳类等脊椎动物中，ghrelin 主要由胃肠道分泌(Kaiya et al.，2008)。虹鳟(Kaiya et al.，2003)、斑点叉尾鮰(Kaiya et al.，2005)、海鲈(Terova et al.，2008)和大西洋鳕(Xu and Volkoff，2009)的 ghrelin mRNA 主要在胃中表达。在鲫和鲤等无胃鱼类中，ghrelin mRNA 则主要在肠道中表达(Unniappan et al.，2002；Kono et al.，2008)。此外，在非哺乳类脊椎动物中，还发现 ghrelin mRNA 在胃之外的其他组织中广泛表达，并且其表达分布具有种的特异性(Kaiya et al.，2008)。

团头鲂 NPY 基因在检测的各个组织中均有表达，但主要在脑中表达，外周组织中相对表达水平很低且无显著差异($P>0.05$)。脑组织中，下丘脑表达水平最高，在垂体及剩余脑组织中表达水平依次显著降低($P<0.05$)。在哺乳动物中，NPY 主要分布在中枢及外周神经系统中(Gray et al.，1986；Kashihara et al.，2008)。此前大量研究表明，在鱼类中 NPY 主要分布在脑中(Leonard et al.，2001；Liang et al.，2007；Murashita et al.，2009a)。在斜带石斑鱼中，同样发现下丘脑 NPY mRNA 的相对表达量最高(陈蓉，2006)。在外周组织中，鳜 NPY mRNA 可以在脾脏、肝脏及肠道中检测到(Liang et al.，2007)。在巴西比目鱼(*Paralichthys orbignyanus*)中，可以在肌肉、肠道、心脏、脾脏、肝脏、鳃及肾脏中检测到 NPY mRNA 的表达(Campos et al.，2010)。不同鱼类 NPY 的组织分布差异，可能是由于基因表达具有一定的种类特异性，也可能是由于检测方法的灵敏度差异造成的。

荧光定量 PCR 检测表明，团头鲂 CCK 基因在检测的各个组织中也均有表达，主要在脑中表达，其中在垂体中表达量最高，在下丘脑及剩余脑组织中表达水平逐渐降低。外周组织中，CCK 基因在前肠内表达水平最高，但与其他组织均无显著差异($P>0.05$)，表明 CCK 作为一种脑肠肽可能与团头鲂的摄食调控有关。有研究表明脊椎动物的 CCK 主要分布在脑和胃肠道中(Johnsen，1998)。在虹鳟(Jensen et al.，2001)、黄尾鰤(Murashita et al.，2006)及大西洋鲑(Murashita et al.，2009b)中，CCK 主要分布在脑中。在草鱼中，CCK mRNA 在下丘脑和垂体中表达量最高(Feng et al.，2012)。本研究中，团头鲂 CCK mRNA 在检测的各个组织中均有表达，在垂体和下丘脑中表达量最高。这与在草鱼、鲫及牙鲆中的结果类似(Feng et al.，2012)。可能是由于脑区是鱼类的摄食调控中枢，食欲因子在此部位表达较多。

(五)团头鲂早期发育阶段 ghrelin、NPY 和 CCK 基因的表达

目前，有关食欲调节因子对哺乳动物和成鱼摄食调控作用的研究较多，而对鱼类早期发育阶段食欲因子的作用研究较少。

平海潮(2013)研究发现 ghrelin 在团头鲂胚胎发育各个阶段均有表达，其表达量逐渐上升并在出膜前期下降，表明 ghrelin 在团头鲂胚胎发育阶段可能具有一定的生理功能。团头鲂出膜后 ghrelin 表达量逐渐上升，表明 ghrelin 可能在团头鲂器官形成及仔鱼发育过程中具有一定的生理功能。据报道 ghrelin 在胚胎脊髓的神经形成中发挥重要作用(Sato et al.，2006)。通过基因敲除方法发现，在斑马鱼胚胎发育阶段 ghrelin 在调控 GH 分泌、生长和新陈代谢方面有着重要生理作用(Li et al.，2009a)。在大西洋鲑第一次开口摄食前 ghrelin 表达量显著上升(Moen et al.，2010)，类似结果在斜带石斑鱼和大口黑鲈中也有

报道（陈廷，2007；樊佳佳等，2010）。在平海潮（2013）研究中，团头鲂 *ghrelin* mRNA 在出膜后第 3 天显著上升，此时正是仔鱼从内源性营养转向外源性营养的第一次开口摄食期，可能是因仔鱼处于饥饿状态导致 *ghrelin* 表达量上升。团头鲂出膜后 40 天时 *ghrelin* mRNA 表达量达到最高值，可能是 35 天时饵料转变为商品饲料，幼鱼尚未适应而处于饥饿状态，从而刺激 *ghrelin* 的表达。因此，推测 *ghrelin* 可能参与了团头鲂早期发育阶段的摄食调控。

团头鲂 *NPY* mRNA 在卵裂期以后开始上升并在出膜前期下降，出膜以后，团头鲂 *NPY* mRNA 显著上升并在第 5 天达到峰值，这个时期处于仔鱼的开口摄食期，机体处于饥饿状态。此外，团头鲂 *NPY* mRNA 表达量在出膜后第 5 到 21 天呈下降趋势。类似地，大西洋鳕 *NPY* mRNA 表达量在出膜后第 3 天到 60 天呈下降趋势（Kortner et al.，2011）。由于 *NPY* 主要在脑中表达，其表达量的下降可能是因为在发育过程中脑区占整个身体的比例越来越小。团头鲂 *NPY* mRNA 表达量在出膜后第 40 天显著上升，与其 *ghrelin* mRNA 的表达趋势一致，说明 *NPY* 的表达可能同样受到饵料变化的影响。因此，*NPY* 可能在团头鲂早期发育阶段发挥一定的生理作用。不同的是，在哺乳动物中，*NPY* 在胚胎发育早期阶段即开始表达（Marti et al.，1992；Neveu et al.，2002）。在斜带石斑鱼的囊胚期即可检测到 *NPY* mRNA 的表达（Chen et al.，2005）。

胚胎发育时期团头鲂 *CCK* 基因表达量呈下降趋势，但无显著差异（$P>0.05$）。出膜后第 3 天和 40 天出现显著下降，而在这两个时期 *ghrelin* mRNA 和 *NPY* mRNA 表达量均上升。CCK 作为一种抑制摄食因子，其表达量在出膜后第 3 天和 40 天出现下降的原因可能与 *ghrelin* 和 *NPY* mRNA 表达量上升的原因相同。已有研究发现，在小鼠中 *CCK* 可能促进胰腺和肠道的发育（Liu et al.，2001a；Guo et al.，2011），并可能对脑的形成及受精过程具有重要调节作用（Persson et al.，1989；Giacobini and Wray，2008）。草鱼胚胎发育阶段，在其受精卵中可检测到 *CCK* mRNA 的表达，并在卵裂期之后显著下降（Feng et al.，2012）。在刚孵出的香鱼仔鱼的肠道中可检测到 CCK 免疫活性细胞（Kamisaka et al.，2003），但是，在鳕和大西洋比目鱼肠道中，CCK 活性细胞在仔鱼摄食后 6 天或 12 天才能检测到（Kamisaka et al.，2001；Hartviksen et al.，2009）。放射免疫检验发现，从出膜到出膜后 40 天大西洋鲱仔鱼 *CCK* 表达水平增长了 15 倍，且主要在脑中表达（Rojas-Garcia et al.，2011）。因此，*CCK* 在幼鱼阶段的表达具有种类特异性。与此类似，草鱼 *CCK* mRNA 表达量在出膜后第 3 天也出现显著下降（Feng et al.，2012）。

（六）饥饿及再投喂对团头鲂 *ghrelin*、*NPY* 和 *CCK* 基因表达的影响

1. 饥饿及再投喂对团头鲂 *ghrelin* 基因表达的影响

在团头鲂脑中，饥饿 1 天后实验组 *ghrelin* 基因表达量显著高于对照组，在第 7 天显著上升（$P<0.05$），并在第 15 天达到最高水平。恢复投喂后，*ghrelin* 基因表达水平明显降低（$P<0.05$），但在恢复投喂 4 天内，实验组的表达水平仍显著高于对照组。在恢复投喂 7 天后，实验组与对照组无明显差异。在团头鲂肠道中，饥饿 1 天后实验组 *ghrelin* 相对表达量显著高于对照组，实验组相对表达量在第 4 天显著上升并在第 7 天达到最高值，

在第 15 天时有所下降。恢复投喂后，实验组 *ghrelin* 相对表达量显著降低（$P<0.05$），在恢复投喂 4 天后，实验组表达水平仍显著高于对照组。在恢复投喂 7 天后，实验组与对照组无明显差异。

饥饿后团头鲂脑和肠道组织 *ghrelin* mRNA 含量呈上升趋势，恢复投喂后 *ghrelin* mRNA 含量下降，这与大多数研究结果一致，如草鱼（Feng et al.，2012），黑鲷饥饿处理 7 天后，其胃、肠组织中 *ghrelin* mRNA 表达量出现先升后降的变化趋势，可能是因为在长期饥饿过程中，肠道内分泌储存的 ghrelin 达到饱和状态并足以满足其促进摄食功能（马细兰等，2009）。在恢复摄食 4 天内，团头鲂 *ghrelin* mRNA 表达量仍显著高于对照组，这与草鱼（Feng et al.，2012）和欧洲鲈（Terova et al.，2008）中观察到的现象一致。可能因为机体尚未适应新的摄食条件，摄食调节因子需要一定的时间才能恢复到正常状态。因此，*ghrelin* 可能在团头鲂长期的摄食调控中具有一定的功能。

2. 饥饿及再投喂对团头鲂 *NPY* 基因表达的影响

在团头鲂脑中，在饥饿 1 天后实验组的 *NPY* 基因相对表达量显著高于对照组，在饥饿阶段实验组表达量显著上升，在第 15 天达到最高值。恢复投喂后，实验组的 *NPY* 表达量显著降低（$P<0.05$），并在恢复投喂后 4 天与对照组无显著差异。在团头鲂肠道中，实验组的 *NPY* 基因相对表达量呈波动趋势，饥饿阶段与再投喂阶段相比无显著差异（$P>0.05$）。且在饥饿阶段实验组与对照组无显著差异（$P>0.05$）。这与之前的大多数研究结果一致。团头鲂肠道 *NPY* mRNA 表达量与对照组无显著差异，可能是因为肠道中 *NPY* 表达量较少，所以不直接参与摄食调控。因此，脑中 *NPY* 可能参与团头鲂的长期摄食调控。同样，饥饿处理后，大西洋鲑、鲫脑中 *NPY* 表达量均上升（Silverstein et al.，1998；Narnaware and Peter，2001a）。饥饿 72h 后草鱼脑中 *NPY* mRNA 表达量显著上升，再投喂后表达量急剧下降（张芬，2008）。在美洲拟鲽中，夏季饥饿处理后 *NPY* mRNA 表达量显著上升，而在冬季饥饿处理后 *NPY* mRNA 表达量无显著变化（MacDonald et al.，2009）。

3. 饥饿及再投喂对团头鲂 *CCK* 基因表达的影响

在团头鲂脑中，实验组的 *CCK* 基因表达量在饥饿后显著下降，在第 4 天下降到最低水平且显著低于对照组，在第 7 天和第 15 天有所上升但仍显著低于对照组。恢复投喂后，*CCK* 基因表达量呈上升趋势，恢复投喂 7 天后与对照组无显著差异。在团头鲂肠道中，实验组 *CCK* 相对表达量在饥饿 1 天后即显著低于对照组，并在第 4 天降到最低水平，在第 7 天和 15 天均保持较低水平。恢复投喂后，实验组 *CCK* 表达量呈上升趋势，并在恢复投喂 7 天后与对照组无显著差异。

CCK 是一种饱感因子，与其他摄食因子相互作用，共同参与摄食调节。在鲫的脑室或腹腔注射 CCK-8 都能抑制其摄食（Himick and Peter，1994；Volkoff et al.，2003），此外，对虹鳟注射 CCK 拮抗剂可促进其摄食（Gelineau and Boujard，2001），这说明 *CCK* 参与鱼类的摄食调控及消化进程。摄食之后，在鲫脑（Gelineau and Boujard，2001）、黄尾鰤幽门盲囊（Murashita et al.，2007）中均检测到 *CCK* mRNA 呈上升趋势。在饥饿处理后，黄尾鰤肠道内 *CCK* mRNA 表达量下降（Murashita et al.，2006）；草鱼脑和肠道中的 *CCK* mRNA 表达量在饥饿后均下降并在恢复投喂后上升（Feng et al.，2012）。大西洋鲑饥饿 6 天

后，脑内 *CCK* mRNA 表达量显著下降，但在幽门盲囊内无显著变化（Murashita et al.，2009a）。本研究中，在饥饿条件下团头鲂脑和肠道中 *CCK* mRNA 表达量均呈下降趋势，恢复投喂后表达量上升并逐渐恢复到对照组水平，这与大多数研究结果基本一致。团头鲂脑中的 *CCK* mRNA 表达量在饥饿后第 4 天降到最低水平随后有所上升，可能是由于机体对饥饿产生了一定的适应。因此，*CCK* 可能参与团头鲂的长期摄食调控。

二、团头鲂 *MRF* 家族基因的序列特征和功能分析

在大多数鱼类中，骨骼肌体重占据了活体重量的 40%～60%。近些年来鱼类肌肉发育越来越受到全世界研究者的高度重视。鱼类肌纤维的发育主要包括胚胎期的肌肉发育和胚后肌肉发育，而胚后肌肉发育主要包括两个过程：增生（hyperplasia，肌纤维数目的增加）和肥大（hypertrophy，肌纤维体积的增大）。增生和肥大会持续到性成熟之后，并在不同的发育阶段表现出不同特征，且都会影响肌纤维的总数。其中鱼类胚胎期的肌肉发育和高等脊椎动物如鸟类和哺乳动物一样，大多数骨骼肌是由体节发育而来的（Kimmel et al.，1995）。而在哺乳动物中肌纤维的数目在出生前已经固定，出生后的生长主要依赖于肌纤维体积的增大。在肌纤维发育的过程中受到各种调节因子的调控，如肌源性调节因子（myogenic regulatory facotor，MRF），音猬因子（Sonic hedgehog，Shh）、Wingless and integration 1（Wnt）、成纤维生长因子（fibroblast growth factor，FGF）和转化生长因子-β（transforming growth feactor-β，TGF-β）等（Pourquie et al.，1996）。

MRF 家族包括四个成员：*MyoD*、*Myf5*、*MyoG* 和 *MRF4*。我们的研究显示团头鲂 *MyoD* 基因长 955bp，ORF 长 828bp，编码 275 个氨基酸；*Myf5* 基因 ORF 有 723bp，编码 240 个氨基酸；*MyoG* 基因 cDNA 全长 1367bp；ORF 长 765bp，编码 254 个氨基酸；而 *MRF4* 基因 cDNA 全长 1196bp，ORF 长 720bp，编码 239 个氨基酸。其中团头鲂四个 MRF 蛋白包含保守的 bHLH（basic helix-loop-helix，bHLH）结构域、转录激活结构域（transcriptional activation domain，TAD）、H/C 结构域（histidine/cystein rich domain）和 Helix III 结构域（carboxy-terminal amphipathic a-helix domain），这和其他脊椎动物的类似（Fujisawa-Sehara et al.，1990；Xu et al.，2007；Izzi et al.，2013）。团头鲂 MyoG 蛋白中也存在两个"肌源性密码"，Ala[107] 和 Thr[108]（Brennan et al.，1991；Davis and Weintraub，1992；Heidt et al.，2007）。而团头鲂 MyoG 氨基酸残基（181～201）（VSSSSEQGSGSTCSSSPEWSS）的结构域与其他物种如金头鲷、斑马鱼、虹鳟、鲤和草鱼一样，都富含丝氨酸（Chen et al.，2000；Codina et al.，2008；Kobiyama et al.，1998；Rescan et al.，1995）。这个结构域包含许多丝氨酸磷酸化位点和调节转录活性的结构域（Codina et al.，2008）。牙鲆、罗非鱼和红鳍东方鲀 MyoD，以及金头鲷 MyoD1 在 N 端都富含丝氨酸结构域，但是在团头鲂和其他一些鱼类 MyoD 中却没有被发现（Tan and Du，2002；Zhang et al.，2006），可能是在进化过程中丢失了。团头鲂 MyoD 和 Myf5 的肌源性密码子分别位于 Ala[89] 和 Thr[90] 及 Ala[72] 和 Thr[73]。

通过比较各个基因的氨基酸、bHLH 结构域、H/C 结构域和 Helix III 结构域等序列，得出团头鲂 MRF 与其他鱼类的同源性较高，其中与草鱼、鲤等鲤科鱼类亲缘关系最近，

与人和小鼠的亲缘关系最远。对 MRF 基因家族进化起源的分析显示所有的 MRF 同源氨基酸序列(来自 322 个两侧对称动物)分成了 5 大类,其中无脊椎动物 MRF 同源氨基酸序列作为单独的一支,独立于脊椎动物 MRF 序列,而脊椎动物的 MyoD、Myf5、MyoG 和 MRF4 同源氨基酸序列各聚为一支。此外还发现 MyoD 和 Myf5 这一大簇可能起源于盲鳗 MyoD;MyoG 和 MRF4 这一大簇可能起源于"活化石"矛尾鱼 MRF4-1,而矛尾鱼的 MRF4-2 则与其他脊椎动物的 MRF4 聚为一起(图 10-36)。有学者认为脊椎动物中的四个 MRF 基因家族的成员是由一个古老而又原始的基因复制出来的(Araki et al.,1996;Cole et al.,2004;Yuan et al.,2003)。这个结果与本研究统计得出的结论类似,图 10-36 表明这四个 MRF 家族基因成员可能是由同一个祖先复制而来的(Yuan et al.,2003),推测在最初的原始基因被一分为二复制之后,接着两个基因再次加倍为四,其中一个世系是 MyoD 和 Myf5 基因的起源,另一个是 MyoG 和 MRF4 基因的起源。这与有些学者的推测相似(Yuan et al.,2003)。所有的 MRF 同源氨基酸序列分成了五大分支,其中无脊椎动物 MRF 同源氨基酸序列作为单独的一支,暗示这四个 MRF 基因复制要早于低等脊椎动物和高等脊椎动物的分离(Cole et al.,2004)。

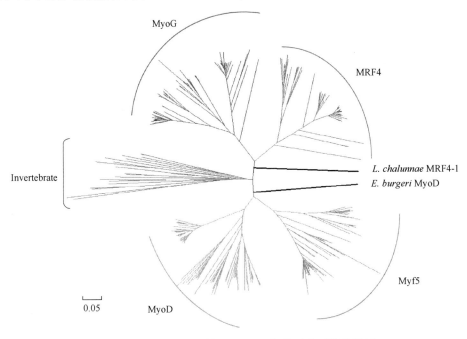

图 10-36　两侧对称动物 *MRF* 同源氨基酸序列的聚类图

　　MRF 的四个成员都出现在两侧对称动物的基因组中,其中只有 MyoD、MyoG 和 MRF4 存在于无颌类脊椎动物中。而在无脊椎动物中,也只发现了 MyoD、Myf5 和 MyoG 同源氨基酸序列。有趣的是,在紫海胆和文昌鱼基因组数据中,我们运用双向比对法发现,它们分别存在两种 MRF 同源基因,分别是 Sp-MyoD 和 Sp-MyoD2 及 Amphi-MyoD 和 Amphi-MyoD1(图 10-37)。

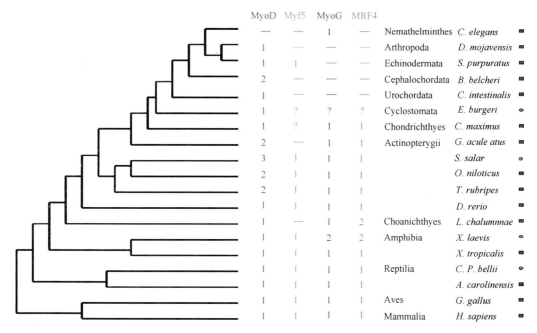

图 10-37 两侧对称动物中 MRF 同源基因的分布

"1" 表示只有一个基因, "2" 表示有两个基因复制, "3" 表示有三个基因复制。下划线暗示该基因缺失, "?" 表示该基因存在与否还不确定; "■" 表示来自于 Ensembl 基因组数据库; "●" 表示来自于 NCBI 数据库

基因线性分析结果表明四个 MRF 家族成员基因在选取的物种中都属于直系同源基因。此外, 对四个 MRF 成员结构域的起源和进化分析显示在两侧对称动物中发现了四个结构域, 包括转录激活结构域、H/C 结构域、bHLH 结构域和 Helix III 结构域, 其中 TAD 和 H/C 结构域分别最早出现在圆口类盲鳗和软体动物海蠕虫中, 而较为保守 bHLH 和 Helix III 结构域最早出现在秀丽隐杆线虫中(图 10-38)。

RT-qPCR 分析显示团头鲂 MyoD 和 Myf5 基因在团头鲂各个组织中的表达趋势类似, 其中在白肌中的表达量显著高于其他各组织, 其次为心脏和脑, 在性腺和肾脏中表达量最低, 说明白肌是这两个基因的主要作用组织; 进一步分析显示两者在背鳍倾肌、尾鳍间辐肌和腹鳍肌中表达量最高。Neyt 等(2000)基于免疫组化技术的研究发现, 斑马鱼发育至出膜后 36h 时, MyoD 在未来可以形成背鳍肌和腹鳍肌的区域中检测到有表达, 而鳍条肌肉包括背鳍倾肌、尾鳍间辐肌和腹鳍肌与鱼类的游泳行为有关(Brad and Miriam, 2012)。因此本研究推测 MyoD 可能在与游泳行为有关的肌肉组织分化起到重要的作用。与斑点叉尾鮰 MyoG 的表达类似, 团头鲂 MyoG 基因在白肌中的表达量显著高于其他各个组织(Gregory et al., 2004)。而在金头鲷红肌和白肌中, 都检测到 MyoG 的表达, 但是两者表达量之间没有显著性差异(Codina et al., 2008), 然而, 在虹鳟红肌中 MyoG 的表达量显著高于白肌(Rescan et al., 1995)。这可能是由于不同物种中, MyoG 在红肌和白肌中存在表达的差异。在斑马鱼早期发育中, Hinits 等(2007)在头部白肌中并没有检测到 MRF4 mRNA 的存在, 但性成熟时, 在红肌区域中检测到 MRF4 的表达。在团头鲂中, MRF4 基因在眼肌中的表达量最高, 但在白肌和红肌中没有显著性差异。这说明不同物种的成鱼红肌和白肌中 MRF4 存在着差异表达(朱克诚, 2014)。

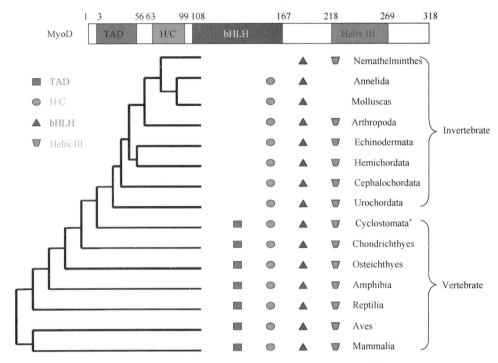

图 10-38　在两侧对称动物中 MyoD 四个结构域的进化模式图

不同发育时期的表达检测结果显示 *MyoD* 和 *MRF4* 基因的表达情况类似，即在 10dph 和 20dph 的 mRNA 水平显著高于其他各个时期，其中 *MyoD* 基因在原肠早期的表达量也达到了高峰，随后逐渐降低至出膜期，接着逐渐升高。虹鳟 *MyoD* 和 *Myf 5* 基因首次在受精卵中检测到表达，在团头鲂中，这两个基因的 mRNA 水平在多细胞期才能检测到，这与斑马鱼中观察的结果类似（Weinberg et al.，1996；Coutelle et al.，2001）。此外，*MyoD* 基因在原肠早期的表达量也达到了高峰，随后逐渐降低至出膜期，接着逐渐升高至 10dph 达到最高值，这说明肌肉组织的增加可能是通过肌肉的增生和肥大来完成的（Johansen and Overturf，2005）。此外，团头鲂 *Myf5* 基因在体节生成期的表达量最高，与牙鲆中结果类似（Tan et al.，2006）。*MyoG* 的起始表达要晚于其他 3 个基因，直到体节成长期时才开始转录，这和斑马鱼中的结果相似（Ochi and Westerfield，2007），但与虹鳟中研究的结果不同，虹鳟 *MyoG* 在受精卵时期就开始转录（Johansen and Overturf，2005）。此外，在团头鲂肌节发育和早期游泳期，*MyoG* 的表达量都达到了高峰（体节生成期和 12hph），这与在虹鳟中研究结果一样（Johansen and Overturf，2005）。*MyoG* 的表达量在 10dph 之后逐渐增加，推测 *MyoG* 的表达可能促进肌肉的增生和肥大，进而引起肌肉组织的生长。

三、*Dmrt* 家族基因

果蝇的性别决定基因 Doublesex 与线虫的性别决定基因 *Mab3* 具有一个高度同源的区域，称为 DM（Doublesex and Mab3）结构域。进一步的研究发现，在哺乳类、鸟类、爬行类以及鱼类等脊椎动物中也存在具有 DM 结构域的基因，统称为 *Dmrt*（Doublesex and Mab3 Related Transcription Factor）基因家族。*Dmrt* 是一类编码与性别决定相关的转录因子，被认为是脊椎动物中最原始的性别决定相关基因，尤其是 *Dmrt1* 基因，其他 *Dmrt* 基因除在性腺发育过程起到重要作用外，在非性腺组织的发育中也发挥一定的功能。本节通过 RACE PCR 及基因预测的方法得到了团头鲂 5 个 *Dmrt* 基因的 cDNA 全长序列，并通过实时荧光定量 PCR(qRT-PCR)技术对这几个基因在早期发育、不同组织及性腺各分期样品的表达量进行检测，预测各基因的功能。

(一)团头鲂 *Dmrt1* 基因

以往的研究表明，*Dmrt1* 基因在生物体中主要有两种表达模式，其一是仅在精巢中表达，这种情况出现在剑尾鱼(*Xiphophorus hellerii*)(Veith et al.，2006)、红鳍东方鲀(Yamaguchi et al.，2006)、青鳉(Kobayashi et al.，2004)中，其二是在精巢中高表达，在卵巢中低表达，这种情况出现在黄鳝(Huang et al.，2005)、斑马鱼(Guo et al.，2005)、大西洋鳕(*Gadus morhua*)中(Johnsen and Andersen，2012)。*Dmrt1* 基因的表达模式表明其在精巢中的高表达对精巢的发育起到重要作用，在卵巢中的低或无表达可能在某种程度上对卵巢的分化起到一定的作用。

Su 等(2015)克隆获得 *Dmrt1* 基因 cDNA 全长序列，发现 *Dmrt1* 基因有 5 个外显子，且存在选择性剪接现象，在团头鲂中至少存在 4 种剪接体，根据其缺失位置的先后顺序，依次命名为 *Dmrt1b*、*Dmrt1c*、*Dmrt1d*，无缺失的为 *Dmrt1a*。*Dmrt1a* cDNA 全长 2059bp，编码 266 个氨基酸；*Dmrt1b* 缺失第 1 个外显子，cDNA 全长 1861bp，编码 206 个氨基酸；*Dmrt1c* 缺失第 2 个外显子，cDNA 全长 1881bp，编码 139 个氨基酸；*Dmrt1d* 缺失第 4 个外显子，cDNA 全长 1914bp，编码 188 个氨基酸。

利用扩增 ORF 区域的引物对团头鲂精巢、卵巢、鳃、肝脏、脾、肾脏、肌肉、脑 8 个不同组织进行半定量 RT-PCR 实验，结果如图 10-39。结果显示 *Dmrt1* 基因 4 个剪接体仅在精巢中检测到，其他组织中未检测到，且 *Dmrt1a* 和 *Dmrt1b* 的电泳杂带亮度明显高于另外两个剪接体，说明在精巢中这两种剪接体的表达量较高。

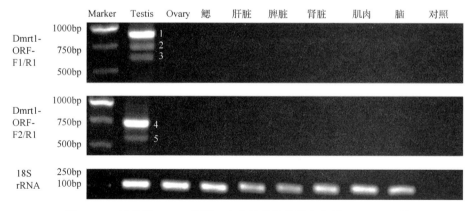

图 10-39　团头鲂 *Dmrt1* 基因 4 个剪接体的组织半定量 RT-PCR 表达

Su 等(2015)进一步采用 qRT-PCR 检测了 *Dmrt1* 基因在团头鲂早期发育过程中(图 10-40)以及雌雄性腺发育不同时期的表达(图 10-41)。在胚胎发育过程中，*Dmrt1* 基因的表达量呈上升趋势，并在受精后 6h 的表达量达到第一个峰值，且受精后 11h 时仍保持在较高的水平，之后直到出膜时其表达量呈下降趋势。出膜后，从 4 天到 20 天，*Dmrt1* 基因的表达量快速升高，并在 40 天时达到最大值（图 10-40）。在性腺发育不同时期，整体而言，*Dmrt1* 基因在精巢中的表达量明显高于卵巢。卵巢中 *Dmrt1* 基因除在 I 期时的表达量较高外，其他时期均保持在较低的水平，且从 III 期到 V 期，显著低于精巢。精巢中 *Dmrt1* 基因在 I 期时中等水平表达，II 期和 VI 期的表达水平较低，从 III 期到 V 期的表达量呈逐渐升高的趋势，并在 V 期达到最大值。

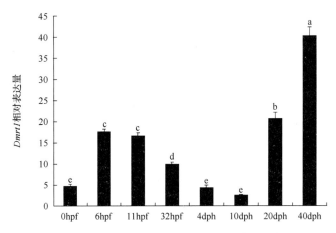

图 10-40　团头鲂 *Dmrt1* 基因在不同发育期的表达

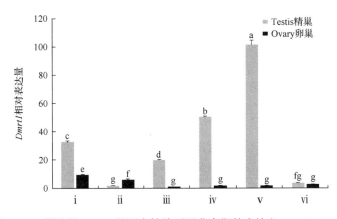

图 10-41　团头鲂 *Dmrt1* 基因在性腺不同发育期的表达（Su et al.，2015）

在检测的 8 个组织中，团头鲂 *Dmrt1* 基因在精巢中高表达。团头鲂 *Dmrt1* 基因在 I 期精巢中和卵巢中的表达量基本相同，且在中等水平，之后在卵巢中呈下降趋势，而在精巢中呈上升趋势。同样地，在牙汉鱼的原始性腺中检测到了 *Dmrt1* 基因（Fernandino et al.，2008），小鼠性别未分化前，*Dmrt1* 基因在雌雄性腺的生殖嵴上表达，之后在卵巢中的表达量下降，而在精巢中持续表达（Raymond et al.，2000）。此外，*Dmrt1* 基因参与小鼠出生后的性别分化、生殖细胞系的维持和减数分裂过程。因此，*Dmrt1* 基因不仅在精巢分化中起到一定的作用，而且参与到哺乳动物雄性性腺发育的各个方面（Herpin and Schartl，2011）。Northern 杂交对虹鳟精巢的分析结果显示，*Dmrt1* 基因在精子形成过程中持续表达，在精子发育的末期（即 VI 期）下降（Marchand et al.，2000），采用半定量

RT-PCR 实验对粗皮蛙的分析结果表明 *Dmrt1* 基因在 V 期的表达量较高（Shibata et al.，2002）。同样地，本实验中 *Dmrt1* 基因从 II 期精巢呈上升表达，在 V 期达到最大值。*Dmrt1* 基因在西伯利亚鲟（*Acipenser baerii*）和点带石斑鱼（*Epinephelus coioides*）中也参与了雄性性腺的发育过程（Berbejillo et al.，2013；Xia et al.，2007）。基于以上的研究结果，可以推测 *Dmrt1* 基因可能参与了部分鱼类雄性性腺的分化过程。

（二）*Dmrt2a* 和 *Dmrt2b* 基因

Su 等（2015）克隆获得团头鲂 *Dmrt2a* 和 *Dmrt2b* 两个基因，进一步采用荧光定量方法检测了两个基因在团头鲂成鱼不同组织以及雌雄性腺发育不同时期的表达量。在成鱼组织的表达量如图 10-42 所示，团头鲂 *Dmrt2a* 和 *Dmrt2b* 基因在鳃组织的表达量最高，在其他非性腺组织的表达量较低；两者在雌雄性腺中均有表达。在肾脏中，*Dmrt2a* 基因中等水平表达，而在肌肉、脑和脾脏中，*Dmrt2b* 基因中等水平表达。

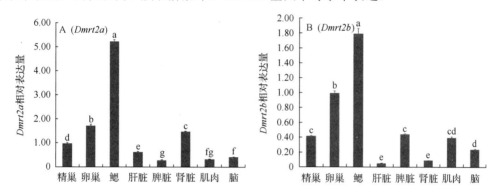

图 10-42　团头鲂 *Dmrt2* 基因在不同组织中的表达（Su et al.，2015）

字母不同表示差异显著（*P*＜0.05）

在雌雄性腺发育不同时期，*Dmrt2a* 基因在卵巢早期发育过程中呈下降趋势，之后上升并在 V 期达到最大值；而在精巢发育过程中先下降，在 II 期时的表达量较低，之后上升，在 III 期的表达量最大（图 10-43A）。从图 10-43B 可以看出，*Dmrt2b* 基因在两性性腺发育的各时期均有表达，且维持在较低水平，在 II 期卵巢和 I 期精巢的表达量最高。

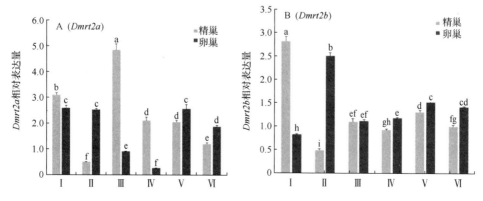

图 10-43　团头鲂 *Dmrt2* 基因在性腺不同发育期的表达（Su et al.，2015）

字母不同表示差异显著（*P*＜0.05）

团头鲂 *Dmrt2a* 和 *Dmrt2b* 基因主要在鳃和性腺中表达,且是雌雄性腺共表达。*Dmrt2a* 和 *Dmrt2b* 基因在卵巢中的表达量高于精巢,相比较而言,鲫 *Dmrt2b* 基因和斑马鱼 *Dmrt2a* 基因的表达模式与本实验相同,而鲫和大鲵 *Dmrt2a* 基因、斑马鱼 *Dmrt2b* 基因与本实验呈相反的结果(Zhou et al.,2008)。然而,青鳉和鸭嘴兽 *Dmrt2a* 基因在两性性腺中表达水平相当(Winkler et al.,2004;El-Mogharbel et al.,2007),马氏珠母贝 *Dmrt2* 基因只在精巢中表达,大西洋鳕 *Dmrt2a* 基因只在卵巢中表达,剑尾鱼性腺中未检测到 *Dmrt2a* 基因(Yu et al.,2011;Johnsen and Andersen,2012;Veith et al.,2006)。不同物种性腺 *Dmrt2* 基因的不同表达模式可能与实验所取性腺不同成熟期相关,正如本实验性腺不同成熟期的表达结果一样,*Dmrt2a* 基因在 I、III、IV 期精巢的表达稍高,而其他时期时,卵巢的表达量稍高。团头鲂 *Dmrt2a* 基因在性腺早期的高表达与青鳉中 *Dmrt2a* 基因只出现在早期的卵母细胞中是一致的(Winkler et al.,2004),但在 V 期时的高水平表达暗示它可能参与了团头鲂的卵子成熟过程。大西洋鳕 *Dmrt2a* 基因在性腺不同时期均有表达,但无显著性的差异(Johnsen and Andersen,2012)。马氏珠母贝 *Dmrt2* 基因特异性地存在于精原细胞、精母细胞、精子细胞中(Yu et al.,2011),团头鲂 *Dmrt2a* 基因主要在 I、III、IV 期精巢表达,因此,*Dmrt2* 基因可能参与精原细胞的分化过程。

半定量 RT-PCR 结果表明在剑尾鱼和马氏珠母贝的鳃中检测到了 *Dmrt2a* 基因,原位杂交实验表明 *Dmrt2b* 基因特异性地出现在斑马鱼的鳃弓上(Veith et al.,2006;Yu et al.,2011;Zhou et al.,2008)。本实验得出了相似的结果,团头鲂 *Dmrt2a* 和 *Dmrt2b* 基因在检测的 8 个组织中,在鳃组织的表达量最高,而斑马鱼 *Dmrt2a* 和 *Dmrt2b* 基因在检测的 7 个组织中(精巢、卵巢、脑、肌肉、肝脏和肠),肌肉中的表达量最高(Zhou et al.,2008)。Herpin and Schartl(2011)提出在硬骨鱼类不同的群体中,*Dmrt* 家族不同成员间存在一定的功能转换,Lourenço 等(2010)指出在斑马鱼和小鼠胚胎发育过程中,*Dmrt2* 基因表现出不同的功能。或许可以通过 *Dmrt* 因子的非保守性功能来解释组织间的表达差异性。目前关于 *Dmrt2* 基因的研究非常有限,特别是 *Dmrt2b* 基因,需要进一步的实验来阐释其功能。

总之,*Dmrt2b* 基因是近年来在鱼类中新发现的一个通过复制而来的基因,团头鲂中也发现了该基因。有限的研究结果表明,在一些鱼类中 *Dmrt2b* 基因或缺失或失去功能。结构上的保守性表明了团头鲂 *Dmrt2a* 和 *Dmrt2b* 基因可能具有一些相似的功能,它们在功能上也有一定的重叠性,但是不具有互补性,表达上的差异或许能解释其功能上的非互补性。*Dmrt* 基因是一类参与性腺发育相关的因子,在生物进化的过程中,它们获得了一些非性腺发育相关的功能。本实验研究结果表明,团头鲂 *Dmrt2a* 和 *Dmrt2b* 基因可能在性腺和非性腺发育过程中都起到一定的作用。

(三)团头鲂 *Dmrt3* 和 *Dmrt4* 基因

Su 等(2015)对团头鲂 *Dmrt3* 和 *Dmrt4* 基因进行克隆和系统进化分析,并通过 qRT-PCR 技术研究该基因在成鱼各组织的表达特征以及雌雄性腺不同发育时期的时空表达模式。从图 10-44 可知,检测的 8 个组织中,*Dmrt3* 和 *Dmrt4* 基因在团头鲂的两性性腺中均有表达,但 *Dmrt3* 在精巢中的表达量高于卵巢,而 *Dmrt4* 在卵巢中的表达量高于精巢。在非性腺组织中也检测到这两个基因的表达，其中 *Dmrt3* 在鳃中的表达量最高，并高于性腺的表达水平，在肌肉和脑中也有中等水平的表达；*Dmrt4* 在鳃中的表达量也较高，在肾脏和脑中也有较低水平的表达，在肌肉和肝中的表达较前两者又低一些。

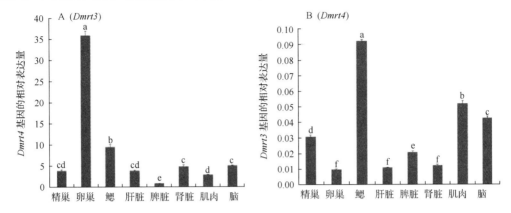

图 10-44　团头鲂 *Dmrt3* 和 *Dmrt4* 基因在不同组织中的表达（Su et al.，2015）
字母不同表示差异显著（*P*＜0.05）

Dmrt3 基因在团头鲂雌雄性腺各分期的表达如图 10-45A，整体而言，该基因在精巢中的表达量明显高于在卵巢中。在团头鲂卵巢的发育过程中，*Dmrt3* 基因在 I 期的表达量最高，其他时期的表达量均较低；而在其精巢的发育过程中，*Dmrt3* 基因在 I 期的表达量也较高，在 II 期时下降，之后其表达呈上升趋势，在 V 期时达到最高水平，繁殖后其表达量降到较低水平。从图 10-45B 可知，*Dmrt4* 基因在团头鲂卵巢各期的表达量明显高于精巢，这与团头鲂不同组织表达量的分析结果是一致的。团头鲂 II 期卵巢 *Dmrt4* 基因的表达量最高，VI 期时的表达量次之，这可能与 VI 期卵巢退化到 II 期有关，IV 期时的表达量最低；III 期精巢的表达量最高，VI 期时的表达量最低，II 期时的表达量稍高于 VI 期。

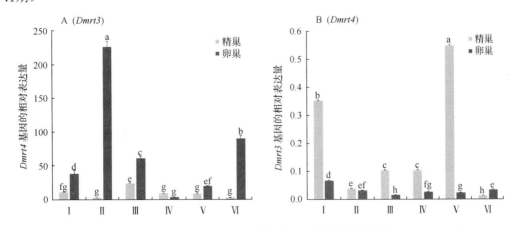

图 10-45　团头鲂 *Dmrt3* 和 *Dmrt4* 基因在性腺不同发育期的表达（Su et al.，2015）
字母不同表示差异显著（*P*＜0.05）

Dmrt3 和 *Dmrt4* 基因在大西洋鳕的鳃中均高水平的表达（Johnsen and Andersen，2012），

Dmrt4 基因在红鳍东方鲀鳃组织的表达量也较高(Shen et al.，2007)，这与本实验得到的结果是一致的。另外，本实验研究的 *Dmrt2a* 和 *Dmrt2b* 在鳃中的表达量也较高，鳃作为鱼类重要的呼吸系统，为鱼类在水中生存提供了必要的条件，*Dmrt* 基因的几个成员在鳃中的表达量均较高，说明该基因家族对鱼类的呼吸系统可能起到一定作用。*Dmrt3* 基因在青鳉(Winkler et al.，2004)、半滑舌鳎(董晓丽等，2010)、黄鳝(Sheng et al.，2014)的脑中均有表达。而 *Dmrt4* 基因在大西洋鳕(Johnsen and Andersen，2012)、奥利亚罗非鱼(Cao et al.，2010)、非洲爪蟾(Veith et al.，2006)、青鳉和剑尾鱼(Kondo et al.，2003)的脑中均有表达。本实验中，这两个基因在团头鲂的脑中也有一定的表达，这与该基因家族在神经系统发育过程中发挥作用相一致。性腺不同分期的定量结果显示 *Dmrt4* 基因在团头鲂Ⅱ期卵巢中的表达量最高，显著高于卵巢其他分期及精巢各分期的表达量，表明 *Dmrt4* 基因可能对团头鲂卵母细胞初期的生长起到重要作用，在雌鱼性腺发育过程发挥一定的作用，Ⅵ期卵巢的表达量也较高，这可能与Ⅵ期卵巢即将发育到Ⅱ期有关。

综上，团头鲂的 *Dmrt3* 基因可能参与了团头鲂精巢的发育过程，而 *Dmrt4* 基因可能对团头鲂卵母细胞初期的生长起到重要作用，在雌鱼性腺发育过程发挥一定的作用。

根据 *Dmrt* 蛋白序列构建无根进化树(图 10-46)来说明其他硬骨鱼类及四足动物与团头鲂间的进化关系。进化分析表明，团头鲂的 *Dmrt1*、*Dmrt2a*、*Dmrt2b* 三个基因均首先与斑马鱼的相应基因聚在一起。作为 *Dmrt* 基因家族的一个亚家族，*Dmrt4*、*Dmrt5* 基因聚在同一支上，*Dmrt3* 和 *Dmrt7* 聚在同一支上，*Dmrt4* 和 *Dmrt5* 表现出与 *Dmrt3* 更高的同源性。*Dmrt4*、*Dmrt5* 和 *Dmrt3* 的共同祖先与 *Dmrt1*、*Dmrt2* 聚为一大支。*Dmrt6* 是仅出现在高等脊椎动物中的基因，该进化树中它表现出与 *Dmrt1* 基因较近的亲缘关系。不同物种的同一 *Dmrt* 基因聚在一起，这也说明了硬骨鱼类与四足动物在进化上的亲缘关系。

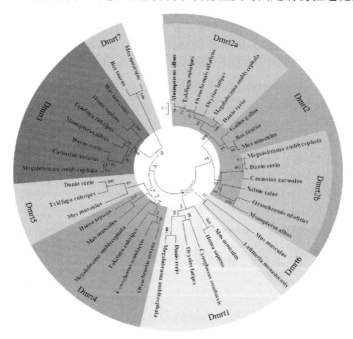

图 10-46 基于不同物种 Dmrt 蛋白构建的进化树(Su et al.，2015)

团头鲂 *Dmrt* 基因在不同组织及性腺不同发育期的表达情况表明各基因的表达模式各不相同，但也存在一些相同点。在不同组织中，鳃和两性性腺中的表达量较高，这表明该家族基因在鳃中可能发挥某种功能，还有待于进一步的研究。性腺不同分期的表达情况表明该家族基因在团头鲂的性腺发育过程中承担着一定的角色，但其具体的机制还有待于进一步的研究。

主要参考文献

白俊杰, 劳海华, 叶星, 等. 2001. 团头鲂胰岛素样生长因子-I 基因克隆与分析. 动物学研究, 22(6): 502-506.

毕金贞, 陈松林. 2010. 牙鲆亲本间遗传距离与其后代生长速度的相关性分析. 中国农学通报, 26: 395-401.

边春媛, 董仕, 谭书贞. 2007. 3 个群体团头鲂 mtDNA D-loop 区段的限制性片段长度多态性分析. 大连水产学院学报, 22(3): 175-179.

蔡鸣俊, 张敏莹, 曾青兰. 2001. 鲂属鱼类形态度量学研究. 水生生物学报, 25(6): 631-635.

曹文宣. 1960. 梁子湖的团头鲂与三角鲂. 水生生物学集刊, (1): 57-78.

柴欣, 胡晓坤, 马徐发, 等. 2017. 团头鲂 MHC II α 基因的 SNP 位点开发、鉴定及与抗病性状关联分析. 华中农业大学学报, 36(4): 76-82.

陈柏湘. 2016. 团头鲂 (Megalobrama amblycephala) 低氧相关分子标记的开发及应用. 武汉: 华中农业大学博士学位论文.

陈敦学. 2009. 三种鳜类线粒体基因组的克隆及其系统进化分析. 广西: 广西师范大学硕士学位论文.

陈蓉. 2006. 斜带石斑鱼神经肽 Y 基因的克隆、原核表达与功能研究. 广州: 中山大学博士学位论文.

陈思思. 2014. 团头鲂 hepcidin 基因的克隆、表达及生物活性分析. 武汉: 华中农业大学硕士学位论文.

陈四海, 区又君, 李加儿. 2011. 鱼类线粒体 DNA 及其研究进展. 生物技术通报, (3): 13-20.

陈涛. 2010. 麦穗鱼 (Pseudorasbora parva) 线粒体基因序列测定及分析. 西安: 陕西师范大学硕士学位论文.

陈涛, 史妍茹, 尤平. 2012. 麦穗鱼线粒体基因组序列测定及分析. 动物分类学报, 37(1): 10-19.

陈廷. 2007. 斜带石斑鱼脑肠肽及其受体的克隆与 mRNA 表达研究. 广州: 中山大学硕士学位论文.

陈侠君, 王炳谦, 刘奕, 等. 2010. 二倍体和三倍体虹鳟外周血细胞的比较研究. 东北农业大学学报, 41(1): 86-92.

陈秀华, 于丽娟, 罗黎明, 等. 2016. 玉米分子标记辅助育种及标记开发研究进展. 中国农业科技导报, 8(1): 26-31.

陈燕, 樊琳, 刘田田, 等. 2015. 半滑舌鳎 TRAF6 基因和 TAK1 基因的克隆及表达分析. 中国水产科学, 22(5): 867-876.

池信才, 王军, 宋思扬, 等. 2007. 耐温牙鲆分子标记辅助选育研究. 厦门大学学报 (自然科学版), 46(5): 693-696.

丁祝进. 2017. 团头鲂铁蛋白和转铁蛋白基因在嗜水气单胞菌感染过程中的免疫功能研究. 武汉: 华中农业大学博士学位论文.

董晓丽. 2010. 半滑舌鳎 (Cynoglossus semilaevis) 线粒体基因组全序列和性别相关基因的克隆与表达分析. 青岛: 中国海洋大学博士学位论文.

董迎辉. 2012. 泥蚶高通量转录组分析及生长相关基因的克隆与表达. 青岛: 中国海洋大学博士学位论文.

董忠典, 周芬娜, 王慧. 2011. MHC 基因的遗传变异及其与鱼类抗病性研究进展. 水生态学杂志, 32(6): 6-10.

杜慧霞. 2013. 仿刺参 (Apostichopus japonicus) 转录组分析与遗传图谱构建. 青岛: 中国海洋大学博士学位论文.

樊佳佳, 白俊杰, 李小慧, 等. 2010. 大口黑鲈生长激素促分泌素 cDNA 结构和早期发育阶段表达谱分析. 水产学报, 34(11): 1656-1663.

范君. 2016. 团头鲂 4 个补体基因表达分析及 *Bf/C2A* 基因 SNP 的开发与鉴定. 武汉: 华中农业大学硕士学位论文.

范泽军, 邹鹏飞, 姚翠鸾. 2015. 鱼类 Toll 样受体及其信号传导的研究进展. 水生生物学报, 39(1): 173-184.

方耀林, 余来宁, 郑卫东, 等. 1990. 淤泥湖团头鲂的形态及生殖力研究. 淡水渔业, (4): 26-28.

丰培金. 2006. 鱼类的白细胞介素研究进展. 安徽农业科学, 34(17): 4317-4318.

扶晓琴, 丁祝进, 饶友亮, 等. 2016. 团头鲂白细胞介素 6 基因启动子报告载体的构建及活性分析. 华中农业大学学报, 35(1): 86-91.

傅予昌, 王祖熊. 1988. 团头鲂的胚胎及成体组织中八种同工酶系统的研究. 水生生物学报, 12(3): 219-229.

盖钧镒. 2000. 实验统计方法. 北京: 中国农业出版社: 193-208.

高凤英, 卢迈新, 黄樟翰, 等. 2012. 荷那龙罗非鱼两种胰岛素样生长因子基因(*IGF-I* 和 *IGF-II*)的克隆、序列分析及组织表达特征. 农业生物技术学报, 20(2): 171-180.

高泽霞. 2010. 蓝鳃太阳鱼性控和性决定机制以及性别相关分子标记的研究. 武汉: 华中农业大学博士学位论文.

高泽霞, 万世明, 易少奎, 等. 2013. 一种团头鲂肌间骨总 RNA 提取方法. 授权专利号: ZL201310673534.6.

高泽霞, 王卫民, 陈柏湘, 等. 2017. 团头鲂生长性状相关的微卫星分子标记及应用. 授权专利号: ZL201410654344.4. 授权日 2017-10-10.

高泽霞, 王卫民, 蒋恩明, 等. 2014. 团头鲂种质资源及遗传改良研究进展. 华中农业大学学报, 33(3): 138-144.

高泽霞, 王卫民, 周小云. 2006. 2 种鉴定泥鳅多倍体方法的比较. 华中农业大学学报, 26(4): 524-527.

耿波, 孙效文. 2008. 流式细胞术在水生生物 DNA 含量和倍性分析中的应用. 水产学杂志, 21(2): 21-24.

耿荣庆, 常洪, 李永红, 等. 2008. 中国牛亚科家畜 *GH* 基因编码区序列的遗传变异研究. 畜牧兽医学报, 39(12): 1779-1784.

顾志敏, 贾永义, 叶金云, 等. 2008. 翘嘴红鲌母本×团头鲂父本杂种子一代的形态特征及遗传分析. 水产学报, 32(4): 533-544.

郭忠超. 2011. 北方花鳅线粒体基因组测序及鳅类系统发育分析. 西安: 陕西师范大学硕士学位论文.

国家质量技术监督局. 2000. 团头鲂. GB/T10029—2000. 北京: 中国标准出版社.

何小燕, 刘小林, 白俊杰, 等. 2009. 大口黑鲈形态性状对体重的影响效果分析. 水产学报, 33(4): 597-603.

胡晓坤. 2017. 团头鲂转铁蛋白及转铁蛋白受体基因 SNP 位点筛选及抗病关联分析. 武汉: 华中农业大学.

湖北省水生生物研究所. 1976. 用理化方法诱导草鱼(♀)×团头鲂(♂)杂种鱼的三倍体、四倍体. 水生生物学集刊, 6(1): 111-112.

黄希贵. 2004. 南方鲇生长激素受体 cDNA 的分子克隆以及鱼类存在两种生长激素受体的证明. 重庆: 西南师范大学硕士学位论文.

黄智慧. 2014. 大菱鲆耐高温性状选育及遗传机理研究. 青岛: 中国海洋大学博士学位论文.

贾生美. 2014. 鲤鱼 TLR 通路中 *TRAF6* 的基因克隆、鉴定及差异表达分析. 长春: 吉林大学硕士毕业论文

蒋鹏, 史健全, 张妍, 等. 2009. 应用微卫星多态性分析青海湖裸鲤六个野群体的遗传多样性. 生态学报, 29(2): 939-945.

蒋一珪, 梁绍昌, 陈本德, 等. 1983. 异源精子在银鲫雌核发育子代中的生物学效应. 水生生物学集刊, 8(1): 1-13.

金伯泉. 2006. NLR: 固有免疫模式识别受体中的一个重要家族. 现代免疫学, 26: 177-182.

金万昆, 杨建新, 高永平, 等. 2006. (团头鲂母本×翘嘴红鲌父本)杂种子一代的含肉率、肌肉营养成分及氨基酸含量. 淡水渔业, 36(1): 50-51.

金万昆, 朱振秀, 王春英, 等. 2003a. 散鳞镜鲤(♀)与团头鲂(♂)亚科间杂交获高成活率杂交后代. 中国水产科学, 10(2): 159.

金万昆, 朱振秀, 王春英, 等. 2003b. 框鳞镜鲤(♀)与团头鲂(♂)杂交及其杂种 F₁ 的形态特征. 淡水渔业, 33(5): 16-18.

昝瑞光, 宋静. 1979. 草鱼、团头鲂染色体组型的分析比较. 遗传学报, 6(2): 205-210.

鞠志花, 李秋玲, 黄金明, 等. 2011. 中国荷斯坦牛转铁蛋白基因 SNPs 的检测及其与产奶性能的关系. 中国农业科学, 44(14): 3027-3035.

康雪伟. 2013. 团头鲂与翘嘴红鲌杂交后代的受精细胞学过程及相关分子生物学研究. 长沙: 湖南师范大学硕士学位论文.

柯鸿文, 宗琴仙, 郝思平, 等. 1993, 淤泥湖团头鲂与梁子湖团头鲂杂交子一代的性状研究. 水产科技情报, 20(2): 58-61.

赖瑞芳. 2016. 团头鲂 Toll 样受体基因序列分析及其表达研究. 武汉: 华中农业大学硕士学位论文.

赖瑞芳, 张秀杰, 李艳和, 等. 2014. 鲂属鱼类线粒体基因组的比较及其系统发育分析. 水产学报, 38(01): 1-14.

劳海华, 白俊杰, 叶星, 等. 2001. 团头鲂和广大鲂生长激素 cDNA 的分子克隆和序列分析. 农业生物技术学报, 9(4): 346-349.

李弘华. 2008. 淤泥湖、梁子湖、鄱阳湖团头鲂 mtDNA 序列变异及遗传结构分析. 淡水渔业, 38(4): 63-65.

李明云, 张春丹. 2009. 四种海水养殖鱼类血清转铁蛋白多态性的初步研究. 科技通报, 25(6): 753-757.

李镕, 白俊杰, 李胜杰, 等. 2011. 大口黑鲈生长性状的遗传参数和育种值估计. 中国水产科学, 18(4): 766-773.

李三磊, 徐冬冬, 楼宝, 等. 2012. 褐牙鲆耐热相关分子标记筛选及遗传多样性分析. 上海海洋大学学报, 21: 516-523.

李思发, 蔡完其, 周碧云. 1991. 团头鲂种群间的形态差异和生化遗传差异. 水产学报, 15(3): 204-211.

李思发, 杨学明. 1996. 双向选择对团头鲂生化遗传变异的影响. 中国水产科学, 3(1): 1-5.

李思发, 朱泽闻, 邹曙明, 等. 2002. 鲂属团头鲂、三角鲂及广东鲂种间遗传关系及种内遗传差异. 动物学报, 48(3): 339-345.

李雪松, 刘至治, 赵雪锦, 等. 2011. "全红"体色瓯江彩鲤 MHC-DAB 基因多态性及其与鱼体抗病力关系的分析. 水产学报, 35(9): 1293-1301.

李杨. 2010. 团头鲂三个野生群体的遗传结构分析及遗传图谱的构建. 武汉: 华中农业大学博士学位论文: 46-63.

李渝成, 李康, 周敦. 1983a. 中国鲤科鱼类染色体组型的研究 I. 鳊亚科 10 种鱼的染色体组型. 遗传学报, 10(3): 216-222.

李渝成, 李康, 周暾. 1983b. 十四种淡水鱼的 DNA 含量. 遗传学报, 10(5): 384-389.

郦佳慧. 2007. 鱼类白细胞介素 4 的基因克隆和表达分析. 杭州: 浙江大学硕士学位论文.

梁涛. 2013. 团头鲂两种肝脏表达抗菌肽和防御素基因的克隆和表达研究. 武汉: 华中农业大学硕士学位论文.

林浩然. 2000. 神经内分泌学调控鱼类生殖和生长的相互作用. 动物学研究, 21(1): 12-16.

刘红艳, 余来宁, 张繁荣. 2008. 鱼类线粒体 DNA 控制区的分子结构及应用进展. 水利渔业, 28(2): 4-8.

刘焕章. 2002. 鱼类线粒体 DNA 控制区的结构与进化: 以鲃鲤鱼类为例. 自然科学进展, 12(3): 266-271.

刘继红, 张研, 常玉梅, 等. 2009. 鲤鱼(Cyprinus carpio L.)头长、眼径、眼间距 QTL 的定位. 遗传, 31(5): 508-514.

刘静霞, 周莉, 赵振山, 等. 2002. 锦鲤 4 个人工雌核发育家系的微卫星标记研究. 动物学研究, 23(2): 97-105.

刘筠. 1997. 我国淡水养殖鱼类育种的实践和思考. 生命科学研究, 1(1): 1-8.

刘俊, 赵金良, 张敏, 等. 2011. 鳜胰岛素样生长因子- I cDNA 全长克隆及组织表达分析. 动物学杂志, 46(3): 28-36.

刘巧, 王跃群, 刘少军, 等. 2004. 不同倍性鲫鲤鱼血液及血细胞的比较. 自然科学进展, 14(10): 1111-1117.

楼允东. 1984. 国外对鱼类多倍体育种的研究. 水产学报, 8(4): 243-356.

楼允东. 1986. 人工雌核发育及其在遗传学和水产养殖上的应用. 水产学报, 10(1): 111-123.

楼允东. 1989. 中国鱼类遗传育种研究的进展. 水产学报, 13(1): 93-100.

楼允东. 2009. 鱼类育种学. 北京: 中国农业出版社.

鲁翠云, 曹顶臣, 孙效文, 等. 2008. 微卫星分子标记辅助镜鲤家系构建. 中国水产科学, 15(6): 893-901.

罗坤, 孔杰, 栾生, 等. 2008. 应用动物模型对罗氏沼虾育种值估计的差别分析. 海洋水产研究, 29(3): 85-91.

罗伟. 2014. 团头鲂 EST-SSR 的开发及在育种中的应用. 武汉: 华中农业大学博士学位论文.

罗伟, 高泽霞, 曾聪, 等. 2013. 团头鲂微卫星多重 PCR 体系的建立及应用. 大连海洋大学学报, 28(5): 418-423.

罗云林. 1990. 鲂属鱼类的分类整理. 水生生物学报, 14(2): 160-165.

马波, 金万昆. 2004. 散鳞镜鲤团头鲂及其杂交子一代肌肉营养成分的比较. 水产学杂志, 17(2): 76-78.

马细兰, 冷婷婷, 刘启智, 等. 2011. 黄鳍鲷($Sparu\ slatus$)两种生长激素受体的 cDNA 克隆及组织表达分析. 海洋与湖沼, 42(6): 830-838.

马细兰, 张勇, 刘云, 等. 2009. 不同饥饿时段对黑鲷($Acanthopagrus\ schlegeli$)ghrelin 基因表达的影响. 海洋与湖沼, 40(3): 313-318.

马细兰, 张勇, 周立斌, 等. 2013. LHRH-A 对尼罗罗非鱼生长及生长轴相关基因表达的影响. 水生生物学报, 37(1): 43-47.

聂鸿涛, 李琪, 于瑞海. 2011. 刺参雌核发育二倍体的诱导及其早期生长发育. 中国海洋大学学报, 41(9): 31-35.

欧阳敏, 陈道印, 喻晓. 2001. 鄱阳湖团头鲂的生物学研究. 江西农业学报, 13(1): 47-50.

潘光碧, 邹桂伟, 罗相忠, 等. 2004. 雌核发育鲢生长、体型的研究. 淡水渔业, 34(3): 3-6.

逄锦菲. 2013. "黄海 2 号"中国对虾高通量 SNP 筛选及其与抗 WSSV 性状的关联分析. 上海: 上海海洋大学硕士学位论文.

平海潮. 2013. 团头鲂生长激素释放肽、神经肽 Y 和胆囊收缩素基因的克隆与表达研究. 武汉: 华中农业大学硕士学位论文.

蒲友光, 彭巧玲, 王志方, 等. 2005. 乌龟线粒体全基因组序列和结构分析. 动物学报, 51(4): 691-696.

齐福印, 许桂珍. 1994. 草鱼与青鱼、鳙鱼与团头鲂之间的细胞核移植. 中国兽医学报, 14(3): 242-246.

秦钦, 边文冀, 蔡永祥, 等. 2011. 斑点叉尾鮰家系育种核心群生长性能研究及优良亲本选择. 上海海洋大学学报, 20(1): 63-70.

屈长义, 冯建新, 张芹, 等. 2013. 伊河团头鲂主要形态学性状研究. 河南农业, (1): 47-48.

曲宪成, 崔严慧, 周正峰, 等. 2008a. 团头鲂促性腺激素 $GtH\ I\beta$ 亚基基因 5'端启动子区克隆及表达载体构建. 水生生物学报, 32(4): 558-567.

曲宪成, 刘颖, 杨艳红, 等. 2007. 团头鲂促性腺激素 β 亚基 cDNA 的克隆和序列分析. 水生生物学报, 31(3): 377-385.

冉玮, 张桂蓉, 王卫民, 等. 2010. 利用 SRAP 标记分析 3 个团头鲂群体的遗传多样性. 华中农业大学学报, 29(5): 601-606.

沈睿杰. 2011. 团头鲂缺氧诱导因子的结构和功能研究. 上海: 上海海洋大学硕士学位论文.

沈玉帮. 2013. 草鱼 4 个补体基因克隆表达和连锁及与细菌性败血症的关联分析. 上海: 上海海洋大学博士学位论文

苏建国, 朱作言, 汪亚平. 2009. 团头鲂 *Toll* 样受体 3 基因的克隆及特征研究. 水生生物学报, 33: 986-993.

苏军虎, 张艳萍, 娄忠玉, 等. 2012. 鱼类生长性状改良及其调控研究进展. 四川动物, 31(1): 165-169.

苏泽古, 许克圣, 陈尚萍, 等. 1984. 白鲢三倍体及其核型的研究. 动物学研究, 5(3)(增刊): 15-20.

孙效文, 张研, 季旭, 等. 2008. 鲤和牙鲆的两种雌核发育子代的基因型分析. 水产学报, 32(4): 545-551.

唐林. 2003. IL-6 启动子活性检测方法的建立及其在前列腺癌研究者的应用. 天津: 天津医科大学硕士学位论文.

唐首杰, 李思发, 蔡完其. 2007. 不同倍性团头鲂群体遗传变异的初步分析. 上海水产大学学报, 16(2): 97-102.

唐首杰, 李思发, 蔡完其, 等. 2008. 不同倍性团头鲂群体的线粒体 DNA 分析. 中国水产科学, 15(2): 222-229.

田华. 2008. 鲢鳙长江野生群体和养殖群体微卫星的遗传多样性分析. 武汉: 华中农业大学硕士学位论文.

田永胜, 陈松林, 徐田军, 等. 2009. 牙鲆不同家系生长性能比较及优良亲本选择. 水产学报, 33(6): 901-911.

佟雪红, 袁新华, 董在杰, 等. 2008. 建鲤自交及与黄河鲤正反杂交子代的生长比较和通径分析. 水产学报, 32(2): 182-189.

万世明, 易少奎, 仲嘉, 等. 2014. 团头鲂肌间骨发育的形态学观察. 水生生物学报, 38(6): 1144-1152.

王炳谦, 谷伟, 高会江, 等. 2009. 利用配合力和微卫星标记预测虹鳟品系间的杂交优势. 中国水产科学, 16: 206-213.

王高富, 吴登俊. 2006. 凉山半细毛羊微卫星标记与羊毛性状的相关分析. 遗传, 28(12): 1505-1512.

王卫民. 2009. 团头鲂. 科学养鱼, (4): 44-45.

王绪祯. 2005. 东亚鲤科鱼类的分子系统发育研究. 武汉: 中国科学院水生生物研究所博士学位论文.

韦新兰, 张杰, 陈丽萍, 等. 2013. 团头鲂 *SPATA4* 基因的分子克隆及表达分析. 华中农业大学学报, 32(3): 99-104.

魏伟. 2015. 嗜水气单胞菌感染后团头鲂肝脏组织的转录组分析. 武汉: 华中农业大学硕士学位论文.

温久福, 高泽霞, 罗伟, 等. 2013. 团头鲂性腺发育不同时期组织学观察及 *Kiss2/Kiss2r* 基因表达分析. 南方水产科学, 9(3): 44-50.

吴彪, 杨爱国, 王清印, 等. 2009. 异源精子诱导栉孔扇贝雌核发育后代的微卫星分析. 水产学报, 33(4): 542-547.

吴萍. 2004. 我国鱼类雌核发育研究的进展及前景. 上海海洋大学学报, 13(3): 255-260.

吴清江, 陈荣德, 叶玉珍, 等. 1981. 鲤鱼人工雌核发育及其作为建立近交系新途径的研究. 遗传学报, 8(1): 50-55.

吴婷婷, 杨弘, 董在杰, 等. 1994. 人生长激素基因在团头鲂和鲤中的整合和表达. 水产学报, 18(4): 284-289.

吴兴兵, 戴卫平, 许璞, 等. 2007. 江苏水域 7 中重要鱼类的同工酶分析. 南京师大学报(自然科学版), 30(1): 96-101.

吴玉萍, 叶玉珍, 吴清江. 2000. 热休克诱导斑马鱼异源三倍体的研究. 海洋与湖沼, 31(5): 465-470.

谢刚, 叶星, 庞世勋, 等. 2002. 杂交鲂(广东鲂♀×团头鲂♂)及其亲本主要遗传性状的比较研究. 湖北农学院学报, 22(4): 330-332.

谢楠, 刘新轶, 冯晓宇, 等. 2012. 鲂属鱼类细胞色素 b 片段序列分析. 动物科学, (1): 290-292.

谢兆辉, 李学贵, 许禔森. 2014. miRNA 的异构体——isomiR. 中国生物化学与分子生物学报, 8: 739-745.

徐薇, 熊邦喜. 2008. 我国鲂属鱼类的研究进展. 水生态学杂志, 1(2): 7-11.

徐晓雁. 2015. 草鱼感染嗜水气单胞菌 miRNA 筛选及其功能分析. 上海: 上海海洋大学博士学位论文.

许桂珍, 齐福印, 蔡完其, 等. 1997. 鳙团移核鱼的形态性状与个体生长. 生物技术, 7(1): 13-16.

薛良义, 孙升. 2010. 大黄鱼肌肉生长抑制素 1 型和 2 型基因时空表达分析. 中国细胞生物学学报, 32(6): 885-888.

薛梅. 2015. 分子育种技术在动物性状改造方面的应用. 农业与技术, 35: 128-129.

闫绍鹏, 杨瑞华, 冷淑娇, 等. 2012. 高通量测序技术及其在农业科学研究中的应用. 中国农学通报, 28: 171-176.

严绍颐, 陆德裕, 杜淼, 等. 1985. 硬骨鱼类的细胞核移植 IVa, 不同亚科间的细胞核移植——由草鱼细胞核和团头鲂细胞质配合而成的核质杂种鱼. 生物工程学报, 1(4): 15-26.

颜鹏, 简纪常, 吴灶和. 2013. 草鱼白细胞介素 6 基因克隆与表达分析. 广东海洋大学学报, 33: 46-51.

杨春蕾, 李丽娟, 郭亮. 2012. 固有免疫及其模式识别受体. 医学动物防治, 28: 751-754.

杨怀宇, 李思发, 邹曙明. 2002. 三角鲂与团头鲂正反杂交子一代的遗传性状. 上海水产大学学报, 11(4): 305-309.

叶星, 谢刚, 祈宝伦, 等. 2002. 广东鲂♀×团头鲂♂杂交子一代及其双亲染色体组型的分析. 大连水产学研学报, 17(2): 102-107.

叶玉珍, 吴清江. 1998. 人工复合三倍体鲤与亲本相对 DNA 含量及倍性分析. 水生生物学报, 22(2): 119-122.

易伯鲁. 1955. 关于鲂鱼(平胸鳊)种类的新资料. 水生生物学集刊, (2): 115-122.

殷名称. 1993. 鱼类生态学. 北京: 中国农业出版社: 50-60.

尹洪滨. 2001. 四种鲤鱼染色体核型比较研究. 水产学杂志, 14(1): 7-10.

尹洪滨, 范兆廷, 孙中武, 等. 1995. 团头鲂核型与 DNA 含量分析研究. 水产杂志, 8(1): 22-26.

尤翠平. 2012. 不同倍性鱼线粒体基因组即肝脏转录组中线粒体相关基因分析. 湖南: 湖南师范大学博士学位论文.

于鸿燕. 2015. 草鱼三个 PI3K/AKT 通路相关基因的克隆和表达分析. 上海: 上海海洋大学硕士学位论文.

余来宁. 1991. 淤泥湖团头鲂染色体核型和二倍体细胞核 DNA 含量分析. 主要淡水鱼类种质研究. 北京: 中国科学技术出版社: 157-162.

俞菊华, 李红霞, 唐永凯, 等. 2011. 建鲤生长激素受体基因分离、转录子多态性以及组织表达特性. 水生生物学报, 35(2): 218-228.

俞菊华, 夏德全, 杨弘, 等. 2003. RACE 法分离团头鲂生长抑素全长 cDNA 及其序列测定. 水产学报, 27(6): 533-539.

俞小牧, 陈敏容, 杨兴棋, 等. 1998. 人工诱导异源四倍体和倍间三倍体白鲫的红细胞观察及其相对 DNA 含量测定. 水生生物学报, 22(2): 291-295.

昝瑞光, 宋峥. 1979. 草鱼、团头鲂染色体组型的分析比较. 遗传学报, 6(2): 205-211.

曾聪. 2012. 团头鲂生长相关性状的形态和遗传分析. 武汉: 华中农业大学硕士学位论文.

曾聪, 曹小娟, 高泽霞, 等. 2014. 团头鲂生长性状的遗传力和育种值估计. 华中农业大学学报, 33(2): 89-95, 121-125.

曾聪, 高泽霞, 罗伟, 等. 2013. 基于 454 GS FLX 高通量测序的团头鲂 ESTs 中微卫星特征分析. 水生生物学报, 37(5): 980-986.

曾聪, 阎里清, 高泽霞, 等. 2011. 梁子湖、鄱阳湖和淤泥湖团头鲂的形态学比较研究. 华中农业大学学报, 31(1): 88-93.

曾聪, 张耀, 曹小娟, 等. 2012. 团头鲂 3 个地理种群杂交效果的配合力和微卫星标记预测. 水产学报, 36(6): 809-814.

章力, 黄希贵, 焦保卫, 等. 2006. 南方鲇两种生长激素受体的结构分析及其组织分布和激素调节. 动物学报, 52(6): 1096-1106.

张大龙, 杜睿, 聂竹兰, 等. 2014. 鲂属 4 种鱼类种间杂交的初步研究. 大连海洋大学学报, 29(2): 121-125.

张德春. 2001. 淤泥湖和梁子湖团头鲂遗传多样性的研究. 三峡大学学报(自然科学版), 23(3): 282-284.

张芬. 2008. 草鱼神经肽 Y(NPY)的 cDNA 克隆及饥饿对脑组织 NPY 表达的影响. 重庆: 西南大学硕士学位论文.

张虹. 2011. 雌核发育草鱼群体的建立及其主要生物学特性研究. 长沙: 湖南师范大学博士学位论文.

张庆文, 张天杨, 孔杰, 等. 2008. 大菱鲆生长性状在不同生长发育阶段的相关分析. 海洋水产研究, 29(3): 57-61.

张士璀, 李荔, 郭华荣, 等. 2001. 鱼类品种培育新技术. 生物工程进展, 21(3): 76-78.

张文静, 余育和, 沈韫芬. 2003. 微卫星 DNA 遗传分析在原生动物学中的研究进展. 水生生物学报, 27(2): 185-190.

张新辉, 高泽霞, 罗伟, 等. 2015. 雌核发育团头鲂的形态和遗传特征分析. 水生生物学报, 39(1): 126-132.

张新辉, 罗伟, 高泽霞, 等. 2013. 团头鲂三倍体的诱导及其鉴定. 水产科学, 32(9): 503-508.

张兴忠, 仇潜如, 陈曾龙, 等. 1988. 鱼类遗传与育种. 北京: 中国农业出版社.

张研, 梁利群, 常玉梅, 等. 2007. 鲤鱼体长性状的 QTL 定位及其遗传效应分析. 遗传, 29(10): 1243-1248.

张义凤, 张研, 鲁翠云, 等. 2008. 鲤鱼微卫星标记与体重、体长和体高性状的相关分析. 遗传, 30(5): 613-619.

张玉喜, 陈松林. 2006. 大菱鲆 *MHC II B* 基因全长 cDNA 的克隆与组织表达分析. 高技术通讯, 16(8): 859-863.

张志伟, 韩曜平, 仲霞铭, 等. 2007. 草鱼野生群体和人工繁殖群体遗传结构的比较研究. 中国水产科学, 14(5): 720-725.

赵博文, 赵鸿昊, 杨振华, 等. 2015. 团头鲂(♀)×长春鳊(♂)杂交 F_1 代形态学及性腺发育. 华中农业大学学报, 34(4): 89-96.

郑春静, 吴雄飞, 刘东海, 等. 2006. 用流式细胞仪检测大黄鱼三倍体. 细胞生物学杂志, (28): 253-256.

郑国栋, 张倩倩, 李福贵, 等. 2015. 团头鲂(♀)×翘嘴鲌(♂)杂交后代的遗传特征及生长差异. 中国水产科学, 22(3): 402-409.

郑凯迪, 陈小川, 李英文. 2007. 胭脂鱼胰岛素样生长因子- I cDNA 的分子克隆、序列分析及组织表达. 动物学杂志, 42(2): 39-45.

钟欢. 2012. GH/IGF 轴相关基因在不同倍性鲫鲤中的表达及与生长的相关性研究. 长沙: 湖南师范大学博士学位论文.

朱必凤, 葛刚, 彭志勤, 等. 1999. 鄱阳湖鳜鱼、团头鲂肌肉四种同工酶研究. 南昌大学学报(理科版), 23(1): 62-66.

朱克诚. 2014. 团头鲂肌肉发育和 MRFs 家族的进化研究. 武汉: 华中农业大学博士学位论文.

朱晓琛, 刘海金, 孙效文, 等. 2006. 微卫星评价牙鲆雌核发育二倍体纯合性. 动物学研究, 27(1): 63-67.

祝东梅. 2013. 团头鲂三种细胞系的建立、鉴定及其初步应用. 武汉: 华中农业大学博士学位论文.

庄岩, 蓝勋, 王志刚, 等. 2010. 牙鲆同质雌核发育二倍体的诱导及其早期生长研究. 中国海洋大学学报, 40(6): 96-102.

邹桂伟, 潘光碧, 汪登强, 等. 2004. 人工雌核发育鲢的遗传多样性及异源遗传物质整入的 RAPD 分析. 水生生物学报, 28(2): 180-185.

邹曙明, 李思发, 蔡完其, 等. 2005. 团头鲂人工同源四倍体、自繁后代、倍间交配后代的染色体组型及形态遗传特征. 动物学报, 51(3): 455-461.

邹曙明, 李思发, 蔡完其, 等. 2006. 团头鲂同源四倍体、倍间三倍体与二倍体红细胞的形态特征比较. 中国水产科学, 13(6): 891-896.

邹拓谜. 2011. 人工诱导团头鲂和鲤鱼雌核发育及相关研究. 长沙: 湖南师范大学硕士学位论文.

邹习俊, 韩雪, 韩虎峰. 2009. 鱼类 mtDNA 及其非编码区的研究概况. 贵州畜牧兽医, 6(4): 23-25.

Abbaraju NV, Rees BB. 2012. Effects of dissolved oxygen on glycolytic enzyme specific activities in liver and skeletal muscle of *Fundulus heteroclitus*. Fish Physiology and Biochemistry, 38: 615-624.

Adachi O, Kawai T, Takeda K, et al. 1998. Targeted disruption of the *MyD88* gene results in loss of IL-1- and IL-18-mediated function. Immunity, 9: 143-150.

Agresti JJ, Seki S, Cnaani A, et al. 2000. Breeding new strains of tilapia: development of an artificial center of origin and linkage map based on AFLP and microsatellite loci. Aquaculture, 185: 43-56.

Akira S, Takada K, Kaisho T. 2001. Toll-like receptors: critical proteins linking innate and acquired immunity. Nature Immunology, 2: 675-680.

Alfieri A, Martone D, Randers MB, et al. 2015. Effects of long-term football training on the expression profile of genes involved in muscle oxidative metabolism. Molecular and Cellular Probes, 29: 43-47.

Ali A, Krone PH, Pearson DS. 1996. Evaluation of stress-inducible *Hsp90* gene expression as a potential molecular biomarker in *Xenopus laevis*. Cell Stress Chaperones, 1: 62-69.

Alkhateeb AA, Connor JR. 2010. Nuclear ferritin: a new role for ferritin in cell biology. Biochimica et Biophysica Acta General Subjects, 1800(8): 793-797.

Amrein H, Bray S. 2003. Bitter-sweet solution in taste transduction. Cell, 112: 283-284.

Andersen O, Dehli A, Standal H, et al. 1995. Two ferritin subunits of Atlantic salmon (*Salmo salar*): cloning of the liver cDNAs and antibody preparation. Molecular Marine Biology and Biotechnology, 4(2): 164-170.

Anderson S, Bankier AT, Barrell BG, et al. 1981. Sequence and organization of the human mitochondrial genome. Nature, 290(5806): 457-465.

Anderson S, de Brujin MHL, Coulson AR, et al. 1982. Complete sequence of bovine mitochondrial DNA, conserved feature of the mammalian genome. Journal of Molecular Evolution, 156: 683-717.

Antonello J, Massault C, Franch R, et al. 2009. Estimates of heritability and genetic correlation for body length and resistance to fish pasteurellosis in the gilthead sea bream (*Sparus aurata* L.). Aquaculture, 298(1-2): 29-35.

Aqeilan RI, Palamarchuk A, Weigel RJ, et al. 2004. Physical and functional interactions between the Wwox tumor suppressor protein and the AP-2 gamma transcription factor. Cancer Research, 64: 8256-8261.

Araki I, Terazawa K, Satoh N. 1996. Duplication of an amphioxus myogenic *bHLH* gene is independent of vertebrate myogenic *bHLH* gene duplication. Gene, 171: 231-236.

Ardehali R, Shi L, Janatova J, et al. 2003. The inhibitory activity of serum to prevent bacterial adhesion is mainly due to apo-transferrin. Journal of Biomedical Materials Research A, 66A: 21-28.

Arial T, Goto A, Miyazaki N. 2003. Migratory history of the threespine stickleback *Gasterosteus aculeatus*. Ichthyological Research, 50: 9-14.

Avise JC, Ball RM. 1990. Principles of genealogical concordance in species concepts and biological taxonomy. Oxford Surveys in Evolutionary Biology, (7): 45-67.

Bakos J, Gorda S. 1995. Genetic improvement of common carp strains using intraspecific hybridization. Aquaculture, 129(1-4): 183-186.

Barrick D, Kopan R. 2006. The Notch transcription activation complex makes its move. Cell, 124: 883-885.

Barton GM, Medzhitov R. 2003. Toll-like receptor signaling pathways. Science, 300: 1524e5.

Bazan JF. 1990. Haemopoietic receptors and helical cytokines. Immunology Today, 11: 350-354.

Beineke A, Siebert U, van Elk N, et al. 2004. Development of a lymphocyte transformation-assay for peripheral blood lymphocytes of the harbor porpoise and detection of cytokines using the reverse-transcription polymerase chain reaction. Veterinary Immunology and Immunopathology, 98: 59-68.

Bela-Ong D, Schyth BD, Lorenzen N. 2013. Evaluation of the potential anti-viral activity of microRNAs in rainbow trout (*Oncorhynchus mykiss*). Fish and Shellfish Immunology, 34(6): 1639.

Belozeroy VE, van Meir EG. 2005. Hypoxia inducible factor-1: a novel target for cancer therapy. Anti-Cancer Drugs, 16: 901-909.

Benita Y, Kikuchi H, Smith AD, et al. 2009. An integrative genomics approach identifies hypoxia inducible factor-1 (*HIF-1*)-target genes that form the core response to hypoxia. Nucleic Acids Research, 37: 4587-4602.

Berbejillo J, Martinez-Bengochea A, Bedó G, et al. 2013. Expression of *dmrt1* and *sox9* during gonadal development in the Siberian sturgeon (*Acipenser baerii*). Fish Physiology and Biochemistry, 39: 91-94.

Berdeaux R, Goebel N, Banaszynski L, et al. 2007. SIK1 is a class II HDAC kinase that promotes survival of skeletal myocytes. Nature Medicine, 13: 597-603.

Berezikov E, Guryev V, van de Belt J, et al. 2005. Phylogenetic shadowing and computational identification of human microRNA genes. Cell, 120: 21-24.

Berger AJ, Davis DW, Tellez C, et al. 2005. Automated quantitative analysis of activator protein-2alpha subcellular expression in melanoma tissue microarrays correlates with survival prediction. Cancer Research, 65: 11185-11192.

Berra E, Benizri E, Ginouvès A, et al. 2003. HIF prolyl-hydroxylase 2 is the key oxygen sensor setting low steady-state levels of HIF-1α in normoxia. EMBO Journal, 22 (16): 4082-4090.

Bezkorovainy A. 1981. Antimicrobial properties of iron-binding proteins. Advances in Experimental Medicine and Biology, 135: 139-154.

Bird S, Zou J, Savan R, et al. 2005. Characterisation and expression analysis of an interleukin 6 homologue in the Japanese pufferfish, *Fugu rubripes*. Developmental and Comparative Immunology, 29: 775-789.

Bizuayehu TT, Babiak J, Norberg B, et al. 2012. Sex-biased miRNA expression in Atlantic halibut (*Hippoglossus hippoglossus*) brain and gonads. Sexual Development, 6: 257-266.

Björk JK, Sistonen L. 2010. Regulation of the members of the mammalian heat shock factor family. FEBS Journal, 277 (20): 4126-4139.

Bone Q. 1978. 6-Locomotor muscle. *In*: Hoar WS, Randall DJ. Fish physiology. London: Academic Press: 361-424.

Borrell YJ, Gallego V, García-Fernández C, et al. 2011. Assessment of parental contributions to fast- and slow-growing progenies in the sea bream *Sparus aurata* L. using a new multiplex PCR. Aquaculture, 314(1-4): 58-65.

Boyle WJ, Simonet WS, Lacey DL. 2003. Osteoclast differentiation and activation. Nature, 423: 337-342.

Bracken CP, Whitelaw ML, Peet DJ. 2003. The hypoxia-inducible factors: key transcriptional regulators of hypoxic responses. Cellular and Molecular Life Sciences, 60: 1376-1393.

Brad AC, Miriam AA. 2012. Musculoskeletal morphology and regionalization within the dorsal and anal fins of bluegill sunfish (*Lepomis macrochirus*). Journal of Morphology, 273: 405-422.

Bray S. 1998. A Notch affair. Cell, 93: 499-503.

Brennan TJ, Chakraborty T, Olson EN. 1991. Mutagenesis of the myogenin basic region identifies an ancient protein motif critical for activation of myogenesis. Proceedings of the National Academy of Sciences of the United States of America, 88: 5675-5679.

Broughton RE, Milam JE, Roe BA. 2001. The complete sequence of the zebrafish (*Danio rerio*) mitochondrial genome evolutionary patterns in vertebrate mitochondrial DNA. Genome Research, 11: 1958-1967.

Bruick RK. 2003. Oxygen sensing in the hypoxic response pathway: regulation of the hypoxia-inducible transcription factor. Genes Development, 17: 2614-2623.

Burroughs AM, Ando Y, de Hoon MJ, et al. 2010. A comprehensive survey of 3' animal miRNA modification events and a possible role for 3' adenylation in modulating miRNA targeting effectiveness. Genome Research, 20: 1398-1410.

Campton DC. 2004. Sperm competition in salmon hatcheries: the need to institutionalize genetically benign spawning protocols. Transactions of the American Fisheries Society, 133: 1277-1289.

Campos VF, Collares T, Deschamps JC, et al. 2010. Identification, tissue distribution and evaluation of brain neuropeptide *Y* gene expression in the Brazilian flounder Paralichthys orbignyanus. Journal of Bioscience, 35(3): 405-413.

Cao JL, Chen JJ, Wu TT, et al. 2010. Molecular cloning and sexually dimorphic expression of *DMRT4* gene in *Oreochromis aureus*. Molecular Biology Reports, 37: 2781-2788.

Cao XJ, Wang HP, Yao H, et al. 2011. Evaluation of 1-stage and 2-stage selection in yellow perch I: genetic and phenotypic parameters for body weight of F_1 fish reared in ponds using microsatellite parentage assignment. Journal of Animal Science, 90: 27-36.

Castellana B, Iliev DB, Sepulcre MP, et al. 2008. Molecular characterization of interleukin-6 in the gilthead seabream (*Sparus aurata*). Molecular Immunology, 45: 3363-3370.

Castellana B, Marín-juez R, Planas JV. 2013. Transcriptional regulation of the gilthead seabream (*Sparus aurata*) interleukin-6 gene promoter. Fish and Shellfish Immunology, 35: 71-78.

Castro J, Pino A, Hermida M, et al. 2006. A microsatellite marker tool for parentage analysis in Senegal sole (*Solea senegalensis*): genotyping errors, null alleles and conformance to theoretical assumptions. Aquaculture, 261: 1194-1203.

Centanin L, Ratcliffe PJ, Wappner P. 2005. Reversion of lethality and growth defects in Fatiga oxygen-sensor mutant flies by loss of Hypoxia-Inducible Factor-α/Sima. EMBO reports, 6 (11): 1070-1075.

Chan EKL, Ceribelli A, Satoh M. 2013. MicroRNA-146a in autoimmunity and innate immune responses. Annals of the Rheumatic Diseases, 72: 90-95.

Chandrashekar J, Mueller KL, Hoon MA, et al. 2000. T2Rs function as bitter taste receptors. Cell, 100: 703-711.

Chang YS, Huang FL, Lo TB. 1994. The complete nucleotide sequence organization of carp (*Cyprinus carpio*) mitochondrial genome. Journal of Molecular Evolution, 38: 138-155.

Caplan AI. 1991. Mesenchymal stem cells. Journal of Orthopaedic Research, 9: 641-650.

Chen BX, Yi SK, Wang WF, et al. 2017. Transcriptome comparison reveals insights into muscle response to hypoxia in blunt snout bream (*Megalobrama amblycephala*). Gene, 624: 6-13.

Chen J, Li C, Huang R, et al. 2012a. Transcriptome analysis of head kidney in grass carp and discovery of immune-related genes. BMC Veterinary Research, 8: 108.

Chen LP, Zhang J, Wei XL, et al. 2013. *Megalobrama amblycephala* cardiac troponin T variants: molecular cloning, expression and response to nitrite. Gene, 527(2): 558-564.

Chen N, Chen LP, Zhang J, et al. 2012b. Molecular characterization and expression analysis of three hypoxia-inducible factor alpha subunits, *HIF-1α/2α/3α* of the hypoxia-sensitive freshwater species, Chinese sucker. Gene, 498 (1): 81-90.

Chen N, Huang CH, Liu H, et al. 2016. Alternative splicing transcription of *Megalobrama amblycephala* HIF prolyl hydroxylase PHD3 and up-regulation of PHD3 by HIF-1α. Biochemical and Biophysical Research Communications, 469 (3): 737-42.

Chen N, Wan X, Huang C, et al. 2014. Study on the immune response to recombinant *Hsp70* protein from *Megalobrama amblycephala*. Immunobiology, 219: 850-858.

Chen R, Li WS, Lin HR. 2005. cDNA cloning and mRNA expression of neuropeptide Y in orange spotted grouper, *Epinephelus coioides*. Comparative Biochemistry and Physiology B, 142 (1): 79-89.

Chen RN, Su YQ, Wang J, et al. 2015. Molecular characterization and expression analysis of interferon-gamma in the large yellow croaker *Larimichthys crocea*. Fish and Shellfish Immunolgy, 46: 596-602.

Chen YH, Lee WC, Cheng CH, et al. 2000. Muscle regulatory factor gene: zebrafish (*Danio rerio*) myogenin cDNA. Comparative Biochemistry and Physiology B, 127: 97-103.

Cheng H, Liu P, Wang ZC. 2009. SIK1 couples LKB1 to p53-dependent anoikis and suppresses metastasis. Science Signaling, 2 (80): ra35.

Cheng L, Ziegelhoffer PR, Yang NS. 1993. *In vivo* promoter activity and transgene expression in mammalian somatic tissues evaluated by using particle bombardment. Proceedings of the National Academy of Sciences of the United States of America, 90: 4455-4459.

Chevassus B, Dorson M. 1990. Genetics of resistance to disease in fishes. Aquaculture, 85: 83-107.

Chi W, Tong C, Gan X, et al. 2011. Characterization and comparative profiling of miRNA transcriptomes in bighead carp and silver carp. PLoS ONE, 6 (8): e23549.

Choi JW, Liu H, Mukherjee R, et al. 2012. Downregulation of fetuin-B and zinc-α2-glycoprotein is linked to impaired fatty acid metabolism in liver cells. Cellular Physiology and Biochemistry, 30: 295-306.

Chondrou M, Papanastasiou AD, Spyroulias GA, et al. 2008. Three is of orms of complement properdin factor P in trout: Cloning, expression, gene organization and constrained modeling. Developmental and Comparative Immunology, 32 (12): 1454-1466.

Chourrout D, Chevassus B, Krieg F, et al. 1986. Production of second generation triploid and tetraploid rainbow trout by mating tetraploid males and diploid females-Potential of tetraploid fish. Theoretiea and Applied Genetics, 72: 193-206.

Chourrout D. 1980. Thermal induction of diploid gynogenesis and triploidy in the eggs of the rainbow trout (*Salmo gairdneri* Richardson). Reproduction Nutrition Development, 20 (3A): 727-733.

Cianfrocco MA, DeSantis ME, Leschziner AE, et al. 2015. Mechanism and regulation of cytoplasmic dynein. Annual Review of Cell and Developmental Biology, 31: 83-108.

Cioffi CL, Liu XQ, Kosinski PA, et al. 2003. Differential regulation of HIF-1α prolyl-4-hydroxylase genes by hypoxia in human cardiovascular cells. Biochemical and Biophysical Research Communications, 303 (3): 947-953.

Clogston CL, Boone TC, Crandall BC, et al. 1989. Disulfide structures of human interleukin-6 are similar to those of human granulocyte colony stimulating factor. Archives of Biochemistry and Biophysics, 272: 144-151.

Codina M, Bian YH, Gutierrez J, et al. 2008. Cloning and characterization of myogenin from seabream (*Sparus aurata*) and analysis of promoter muscle specificity. Comparative Biochemistry and Physiology D, 3: 128-139.

Cohen A, Smith Y. 2014. Estrogen regulation of microRNAs, target genes, and microRNA expression associated with vitellogenesis in the zebrafish. Zebrafish, 11(5): 462-478.

Cole NJ, Hall TE, Martin CI, et al. 2004. Temperature and the expression of myogenic regulatory factors (MRFs) and myosin heavy chain isoforms during embryogenesis in the common carp Cyprinus carpio L. Journal of Experimental Biology, 207: 4239-4248.

Collet B, Hovens GCJ, Mazzoni D, et al. 2003. Cloning and expression analysis of rainbow trout Oncorhynchus mykiss interferon regulatory factor 1 and 2 (IRF-1 and IRF-2). Developmental and Comparative Immunology, 27: 111-126.

Cosson P, Bonifacino JS. 1992. Role of transmembrane domain interactions in the assembly of class II MHC molecules. Science, 258: 659-662.

Coutelle O, Blagden CS, Hampson R, et al. 2001. Hedgehog signalling is required for maintenance of Myf5 and MyoD expression and timely terminal differentiation in zebrafish adaxial myogenesis. Developmental Biology, 236: 136-150.

Csermely P, Schnaider T, Soti C, et al. 1998. The 90-kDa molecular chaperone family: structure, function, and clinical applications. a comprehensive review. Pharmacology Therapeutics, 79: 129-168.

Cuesta A, Esteban MA, Meseguer J. 2006. Cloning distribution and up-regulation of the teleost fish MHC class II alpha suggests a role for granulocytes as antigen-presenting cells. Molecular Immunology, 43(8): 1275-1285.

Cui H, Yan Y, Wei J, et al. 2011. Identification and functional characterization of an interferon regulatory factor 7-like (IRF7-like) gene from orange-spotted grouper, Epinephelus coioides. Developmental and Comparative Immunology, 35: 672-684.

Cui L, Hu HT, Wei W, et al. 2016. Identification and Characterization of MicroRNAs in the Liver of Blunt Snout Bream(Megalobrama amblycephala) Infected by Aeromonas hydrophila. International Journal of Molecular Sciences, 17(12): 1972.

Cutforth T, Rubin GM. 1994. Mutations in Hsp83 and cdc37 impair signaling by the sevenless receptor tyrosine kinase in Drosophila. Cell, 77: 1027-1036.

Daniels TR, Delgado T, Rodriguez JA, et al. 2006. The transferrin receptor part I: Biology and targeting with cytotoxic antibodies for the treatment of cancer. Clinical Immunology, 121: 144-158.

Dashti ZJ, Gamieldien J, Christoffels A. 2016. Computational characterization of Iron metabolism in the Tsetse disease vector, Glossina morsitans: IRE stem-loops. BMC Genomics, 17: 561.

Davis RL, Weintraub H. 1992. Acquisition of myogenic specificity by replacement of three amino acid residues from MyoD into E12. Science, 256: 1027-1030.

De Palma S, Ripamonti M, Vigano A, et al. 2007. Metabolic modulation induced by chronic hypoxia in rats using a comparative proteomic analysis of skeletal muscle tissue. Journal of Proteome Research, 6: 1974-1984.

De Zoysa M, Lee J. 2007. Two ferritin subunits from disk abalone (Haliotis discus discus): cloning, characterization and expression analysis. Fish and Shellfish Immunology, 23(3): 624-635.

Deane EE, Woo NY. 2005. Cloning and characterization of the hsp70 multigene family from silver sea bream: modulated gene expression between warm and cold temperature acclimation. Biochemical and Biophysical Research Communications, 330: 776-783.

Dendorfer U, Oettgen P, Libermann TA. 1994. Multiple regulatory elements in the interleukin-6 gene mediate induction by prostaglandins, cyclic AMP and lipopolysaccharide. Molecular and Cellular Biology, 14: 4443-4454.

Desjardins P, Morais R. 1990. Sequence and gene organization of the chicken mitochondrial genome: a novel gene order in higher vertebrates. Journal of Molecular Evolution, 212: 599-634.

Ding ZJ, Wu JJ, Su LN, et al. 2013. Expression of heat shock protein 90 genes during early development and infection in *Megalobrama amblycephala* and evidence for adaptive evolution in teleost. Developmental and Comparative Immunology, 41 (4): 683-693.

Ding Z, Zhao X, Su L, et al. 2015. The *Megalobrama amblycephala* transferrin and transferrin receptor genes: molecular cloning, characterization and expression during early development and after *Aeromonas hydrophila* infection. Developmental and Comparative Immunology, 49 (2): 290-297.

Ding Z, Zhao X, Zhan Q, et al. 2017. Comparative analysis of two ferritin subunits from blunt snout bream (*Megalobrama amblycephala*): characterization, expression, irondepriving and bacteriostatic activity. Fish and Shellfish Immunology, 66: 411-422.

Dong D, Jones G, Zhang S. 2009. Dynamic evolution of bitter taste receptor genes in vertebrates. BMC Evolutionary Biology, 9: 1.

Doyle HL, Bishop JM. 1993. Torso, a receptor tyrosine kinase required for embryonic pattern formation, shares sub- strates with the sevenless and EGF-R pathways in Drosophila. Genes Development, 7: 633-646.

Du SJ, Devoto SH, Westerfield MMRT. 1997. Positive and negative regulation of muscle cell identity by members of the hedgehog and TGF-beta gene families. The Journal of Cell Biology, 139: 145-156.

Du SJ, Li H, Bian Y, et al. 2008. Heat-shock protein 90α1 is required for organized myofibril assembly in skeletal muscles of zebrafish embryos. Proceedings of the National Academy of Sciences of the United States of America, 105: 554-559.

Duan CM. 1998. Nutritional and developmental regulation of insulin-like growth factors in fish. Journal of Nutrition, 128 (2): 306S-314S.

Duan Z, Choy E, Harmon D, et al. 2011. MicroRNA-199a-3p is downregulated in human osteosarcoma and regulates cell proliferation and migration. Molecular Cancer Therapeutics, 10: 1337-1345.

Eathington SR, Crosbie TM, Edwards MD, et al. 2007. Molecular markers in a commercial breeding program. Crop Science, 473: 154-163.

Ebrahimi B, Roy DJ, Bird P, et al. 1995. Cloning, sequencing and expression of the ovine interleukin 6 gene. Cytokine, 7: 232-236.

Edwards MD, Page NJ. 1994. Evaluation of marker-assisted selection through computer simulation TAG. Theoretical and Applied Genetics, 88: 376-382.

Eijkelenboom A, Burgering BM. 2013. FOXOs: signalling integrators for homeostasis maintenance. Nature Reviews. Molecular Cell Biology, 14 (2): 83-97.

Ekanayake PM, Zoysa MD, Kang HS, et al. 2008. Cloning, characterization and tissue expression of disk abalone (*Haliotis discus discus*) catalase. Fish and Shellfish Immunology, 24: 267-278.

Ellis AE. 2001. Innate host defense mechanisms of fish against viruses and bacteria. Developmental and Comparative Immunology, 8: 29-35.

Ellison III RT, Giehl TJ, La Force FM. 1988. Damage of the outer membrane of entericgram-negative bacteria by lactoferrin and transferrin. Infection and Immunity, 56: 2774-2781.

Ellison III RT, La Force FM, Giehl TJ, et al. 1990. Lactoferrin and transferrin damage of the gram-negative outer membrane is modulated by Ca^{2+} and Mg^{2+}. Microbiology, 136: 1437-1446.

Elmen J, Lindow M, Silahtaroglu A, et al. 2008. Antagonism of microRNA-122 in mice by systemically administered INA-antimiR leads to up-regulation of a large set of predicted target mRNAs in the liver. Nucleic Acids Research, 36 (4): 1153-1162.

El-Mogharbel N, Wakefield M, Deakin JE, et al. 2007. DMRT gene cluster analysis in the platypus: new insights into genomic organization and regulatory regions. Genomics, 89: 10-21.

Elvitigala DA, Premachandra HK, Whang I, et al. 2013. A teleostean counterpart of ferritin M subunit from rock bream (*Oplegnathus fasciatus*): an active constituent in iron chelation and DNA protection against oxidative damage, with a modulated expression upon pathogen stress. Fish and Shellfish Immunology, 35(5): 1455-1465.

Enright AJ, John B, Gaul U, et al. 2003. MicroRNA targets in Drosophila. Genome Biology, 5. doi:10. 1186/gb-2003-5-1-r1.

Esau C, Davis S, Murray SF, et al. 2006. miR-122 regulation of lipid metabolism revealed by in vivo antisense targeting. Cell Metabolism, 3(2): 87-98.

Espina J, Feijóo CG, Solís C, et al. 2013. Csrnp1a is necessary for the development of primitive hematopoiesis progenitors in zebrafish. PLoS ONE, 8(1): e53858.

Essig DA, Nosek TM. 1997. Muscle fatigue and induction of stress protein genes: a dual function of reactive oxygen species? Canadian Journal of Applied Physiology, 22: 409-428.

Falconer DS, MacKay TFC. 1996. Introduction to Quantitative Genetics. 4th ed.

Feijóo CG, Sarrazin AF, Allende ML, et al. 2009. Cystein-serine-rich nuclear protein 1, Axud1/Csrnp1, is essential for cephalic neural progenitor proliferation and survival in zebrafish. Developmental Dynamics, 238(8): 2034-2043.

Feng CY, Johnson SC, Hori TS, et al. 2009. Identification and analysis of differentially expressed genes in immune tissues of Atlantic cod stimulated with formalin-killed, atypical *Aeromonas salmonicida*. Physiological Genomics, 37: 149-163.

Feng K, Zhang GR, Wei KJ, et al. 2012. Molecular characterization of cholecystokinin in grass carp (*Ctenopharyngodon idellus*): cloning, localization, developmental profile, and effect of fasting and refeeding on expression in the brain and intestine. Fish Physiology and Biochemistry, 38(6): 1825-1834.

Ferencz A, Juhász R, Butnariu M, et al. 2012. Expression analysis of heat shock genes in skin, spleen and blood of common carp (*Cyprinus carpio*) after cadmium exposure and hypothermia. Acta Biologica Hungarica, 63: 15-25.

Fernandez-Valverde SL, Taft RJ, Mattick JS. 2010. Dynamic isomiR regulation in Drosophila development. RNA, 16: 1881-1888.

Fernandino JI, Hattori RS, Shinoda T, et al. 2008. Dimorphic expression of *dmrt1* and *cyp19a1* (ovarian aromatase) during early gonadal development in pejerrey, *Odontesthes bonariensis*. Sexual Development, 2(6): 316-24.

Fjalestad KT. 2005. Selection methods. *In*: Gjedrem T. Selection and breeding programs in aquaculture. Springer, Dordrecht, Netherlands: 159-170.

Franzellitti S, Fabbri E. 2005. Differential *HSP70* gene expression in the Mediterranean mussel exposed to various stressors. Biochemical and Biophysical Research Communications, 336: 1157-1163.

Freedman SJ, Sun ZY, Poy F, et al. 2002. Structural basis for recruitment of CBP/p300 by hypoxia-inducible factor-1 alpha. Proceedings of the National Academy of Sciences of the United States of America, 99: 5367-5372.

Fu B, Liu H, Yu X, et al. 2016a. A high-density genetic map and growth related QTL mapping in bighead carp (*Hypophthalmichthys nobilis*). Scientific Reports, 6: 28679.

Fu DK, Chen JH, Zhang Y, et al. 2011a. Cloning and expression of a heat shock protein (Hsp) 90 gene in the haemocytes of *Crassostrea hongkongensis* under osmotic stress and bacterial challenge. Fish and Shellfish Immunology, 31: 118-125.

Fu SJ, Fu C, Yan GJ, et al. 2014. Interspecific variation inhypoxia tolerance, swimming performance and plasticity in cyprinids that preferdifferent habitats. Journal of Experimental Biology, 217: 590-597.

Fu X, Ding Z, Fan J, et al. 2016b. Characterization, promoter analysis and expression of the interleukin-6 gene in blunt snout bream, *Megalobrama amblycephala*. Fish Physiology and Biochemistry, 42: 1527-1540.

Fu Y, Shi Z, Wu M, et al. 2011b. Identification and differential expression of MicroRNAs during metamorphosis of the Japanese flounder (*Paralichthys olivaceus*). PLoS ONE, 6: e22957.

Fuentes EN, Björnsson BT, Valdés JA, et al. 2011. IGF-I/PI3K/Akt and IGF-I/MAPK/ERK pathways in vivo in skeletal muscle are regulated by nutrition and contribute to somatic growth in the fine flounder. American Journal of Physiology-regulatory Integrative and Comparative physiology, 300: R1532-R1542.

Fujisawa-Sehara A, Nabeshima Y, Hosoda Y, et al. 1990. Myogenin contains two domains conserved among myogenic factors. Journal of Biogical Chemistry, 265: 15219-15223.

Fujita T, Azuma Y, Fukuyama R, et al. 2004. Runx2 induces osteoblast and chondrocyte differentiation and enhances their migration by coupling with PI3K-Akt signaling. The Journal of cell biology, 166: 85-95.

Galbusera P, Volckaert F, Ollevier F. 2000. Gynogenesis in the African catfish Clarias gariepinus (Burchell, 1822) III. Induction of endomitosis and the presence of residual genetic variation. Aquaculture, 185: 25-42.

Gall GAE, Bakar Y. 2002. Application of mixed-model techniques to fish breed improvement: analysis of breeding-value selection to increase 98-day body weight in tilapia. Aquaculture, 212: 93-113.

Gall GAE, Huang N. 1988. Heritability and selection schemes for rainbow trout: body weight. Aquaculture, 732: 43-56.

Gañán-Gómez I, Wei Y, Yang H, et al. 2014. Overexpression of miR-125a in myelodysplastic syndrome CD34+ cells Modulates NF-κB Activation and Enhances Erythroid Differentiation Arrest. PLoS ONE, 9: e93404.

Gantier MP, Sadler AJ, Williams BR. 2007. Fine-tuning of the innate immune response by microRNAs. Immunology and Cell Biology, 85: 458-462.

Gao Q, Zhao JM, Song LS, et al. 2008. Molecular cloning, characterization and expression of heat shock protein 90 gene in the haemocytes of bay scallop *Argopecten irradians*. Fish and Shellfish Immunology, 24: 379-385.

Gao ZX, Luo W, Liu H, et al. 2012. Transcriptome analysis and SSR/SNP markers information of the blunt snout bream (*Megalobrama amblycephala*). PLoS ONE, 7(8): e42637.

Garg R, Patel RK, Tyagi AK, et al. 2011. De Novo assembly of Chickpea transcriptome using short reads for gene discovery and marker identification. DNA Research, 18: 53-63.

Gelineau A, Boujard T. 2001. Oral administration of cholecystokinin receptor antagonists increase feed intake in rainbow trout. Journal of Fish Biology, 58(3): 716-724.

Geng X, Feng J, Liu S, et al. 2014. Transcriptional regulation of hypoxia inducible factors alpha (*HIF-α*) and their inhibiting factor (*FIH-1*) of channel catfish (*Ictalurus punctatus*) under hypoxia. Comparative Biochemistry and Physiology B, 169: 38-50.

Ghosh-Choudhury N, Abboud SL, Nishimura R, et al. 2002. Requirement of BMP-2-induced phosphatidylinositol 3-kinase and Akt serine/threonine kinase in osteoblast differentiation and Smad-dependent BMP-2 gene transcription. Journal of Biogical Chemistry, 277: 33361-33368.

Giacobini P, Wray S. 2008. Prenatal expression of cholecystokinin (CCK) in the central nervous system (CNS) of mouse. Neuroscience Letters, 438(1): 96-101.

Gilad Y, Wiebe V, Przeworski M, et al. 2004. Loss of olfactory receptor genes coincides with the acquisition of full trichromatic vision in primates. PLoS Biology, 2: E5-E5.

Gilmour AR, Gogel BJ, Cullis BR, et al. 2012. ASREML User Guide Release 4.0. VSN International Ltd., Hemel Hempstead, UK.

Giorgi A, Mignogna G, Bellapadrona G, et al. 2008. The unusual co-assembly of H- and M-chains in the ferritin molecule from the Antarctic teleosts *Trematomus bernacchii* and *Trematomus newnesi*. Archives of Biochemistry and Biophysics, 478(1): 69-74.

Girard M, Jacquemin E, Munnich A, et al. 2008. miR-122, a paradigm for the role of microRNAs in the liver. Journal of Hepatology, 48(4): 648-656.

Gitterle T, Ødegård J, Gjerde B, et al. 2006. Genetic parameters and accuracy of selection for resistance to white spot syndrome virus (WSSV) in *Penaeus (Litopenaeus) vannamei* using different statistical models. Aquaculture, 251: 210-218.

Gjedrem T, Thodesen J. 2005. Selection. *In:* Gjedrem T. selection and breeding programs in aquaculture. Springer, Dordrecht, Netherlands: 89-110.

Glass DA II, Bialek P, Ahn JD, et al. 2005. Canonical Wnt signaling in differentiated osteoblasts controls osteoclast differentiation. Developmental Cell, 8: 751-764.

Glavic A, Molnar C, Cotoras D, et al. 2009. Drosophila Axud1 is involved in the control of proliferation and displays pro-apoptotic activity. Mechanisms of Development, 126(3-4): 184-197.

Gonen S, Lowe NR, Cezard T, et al. 2014. Linkage maps of the Atlantic salmon (*Salmo salar*) genome derived from RAD sequencing. BMC Genomics, 15: 166.

Goto Y, Yue L, Yokoi A, et al. 2001. A novel single-nucleotide polymorphism in the 3'-untranslated region of the human dihydrofolate reductase gene with enhanced expression. Clinical Cancer Research, 7: 1952-1956.

Gracey AY, Troll JV, Somero GN. 2001. Hypoxia-induced gene expression profilingin the euryoxic fish Gillichthys mirabilis. Proceedings of the National Academy of Sciences of the United States of America, 98: 1993-1998.

Gray TS, O'Donohue TL, Magnuson DJ. 1986. Neuropeptide Y innervation of amygdaloid and hypothalamic neurons that project to the dorsal vagal complex in rat. Peptides, 7(2): 341-349.

Greenblatt MB, Shim JH, Zou W, et al. 2010. The p38 MAPK pathway is essential for skeletogenesis and bone homeostasis in mice. Journal of Clinical Investigation, 120: 2457-2473.

Greer EL, Brunet A. 2005. FOXO transcription factors at the interface between longevity and tumor suppression. Oncogene, 24: 7410-7425.

Gregory DJ, Waldbieser GC, Bosworth BG. 2004. Cloning and characterization of myogenic regulatory genes in three Ictalurid species. Animal Genetics, 35: 425-430.

Gregory TR. 2002. Genome size and developmental parameters in the homeothermic vertebrates. Genome, 45: 833-838.

Gruda MC, van Amsterdam J, Rizzo CA, et al. 1996. Expression of FosB during mouse development: normal development of FosB knockout mice. Oncogene, 12: 2177-2185.

Gu M, Lin G, Lai Q, et al. 2015. Ctenopharyngodon idella *IRF2* plays an antagonistic role to *IRF1* in transcriptional regulation of *IFN* and *ISG* genes. Developmental & Comparative Immunology, 49: 103-112.

Gu W, Xu Q, Song L, et al. 2011. Cloning and expression of *IRF-1* and *IRF-2* conservative sequence in Eel (*Monopterus albus*). Journal of Yangtze University, Natural Science Edition, 8: 245-251.

Gui JF, Zhu ZY. 2012. Molecular basis and genetic improvement of economically important traits in aquaculture animals. Chinese Science Bulletin, 57: 1751-1760.

Guo L, Lu Z. 2010. The fate of miRNA* strand through evolutionary analysis: implication for degradation as merely carrier strand or potential regulatory molecule? PLoS ONE, 5(6): e11387.

Guo R, Wang T, Cui HL, et al. 2011. Expression of cholecystokinin in the gastrointestinal tract during the development of mouse. Chinese Journal of Anatomy, 34: 305-307, 376.

Guo Y, Cheng HH, Huang X, et al. 2005. Gene structure, multiple alternative splicing, and expression in gonads of zebrafish Dmrt1. Biochemical and Biophysical Research Communications, 330: 950-957.

Gupta RS. 1995. Phylogenetic analysis of the 90kDa heat shock family of protein sequences and an examination of the relationship among animals, plants, and fungi species. Molecular Biology and Evolution, 12: 1063-1073.

Gutierrez AP, Lubieniecki KP, Davidson EA, et al. 2012. Genetic mapping of quantitative trait loci (QTL) for body-weight in Atlantic salmon (*Salmo salar*) using a 6.5K SNP array. Aquaculture, 358-359: 61-70.

Hall A. 1998. Rho GTPases and the actin cytoskeleton. Science, 279: 509-514.

Han D, Wen L, Chen Y. 2012. Molecular Cloning of *phd1* and Comparative Analysis of *phd1*, *2*, and *3* Expression in *Xenopus laevis*. Scientific World Journal, (2): 689287.

Hartviksen MB, Kamisaka Y, Jordal AEO, et al. 2009. Distribution of cholecystokinin-immunoreactive cells in the gut of developing Atlantic cod *Gadus morhua* L. larvae fed zooplankton or rotifers. Journal of Fish Biology, 75(4): 834-844.

Hedrick SM. 2009. The cunning little vixen: foxo and the cycle of life and death. Nature Immunology, 10: 1057-1063.

Heidt AB, Rojas A, Harris IS, et al. 2007. Determinants of myogenic specificity within MyoD are required for noncanonical E box binding. Molecular and Cellular Biology, 27: 5910-5920.

Henning F, Lee HJ, Franchini P, et al. 2014. Genetic mapping of horizontal stripes in Lake Victoria cichlid fishes: benefits and pitfalls of using RAD markers for dense linkage mapping. Molecular Ecology, 23: 5224-5240.

Henryon M, Jokumsen A, Berg P, et al. 2002. Genetic variation for growth rate, feed conversion efficiency, and disease resistance exists within a farmed population of rainbow trout. Aquaculture, 209: 59-76.

Hentze MW, Kühn LC. 1996. Molecular control of vertebrate iron metabolism: mRNA-based regulatory circuits operated by iron, nitric oxide, and oxidative stress. Proceedings of the National Academy of Sciences of the United States of America, 93(16): 8175-8182.

Herpin A, Schartl M. 2011. *Dmrt1* genes at the crossroads: a widespread and central class of sexual development factors in fish. FEBS Journal, 278: 1010-1019.

Herrera BM, Lockstone HE, Taylor JM. 2009. MicroRNA-125a is over-expressed in insulin target tissues in a spontaneous rat model of Type 2 Diabetes. BMC Medical Genomics, 2. doi:10.1186/1755-8794-2-54.

Hidaka K, Kanematsu T, Takeuchi H, et al. 2001. Involvement of the phosphoinositide 3-kinase/protein kinase B signaling pathway in insulin /IGF-I-induced chondrogenesis of the mouse embryonal carcinoma-derived cell line ATDC5. The International Journal of Biochemistry and Cell Biology, 33: 1094-1103.

Himick BA, Peter RE. 1994. CCK/gastrin-like immunoreactivity in brain and gut, and CCK suppression of feeding in goldfish. The American Journal of Physiology, 267(3): R841-R851.

Hinits Y, Osborn DPS, Carvajal JJ, et al. 2007. *Mrf4*(*myf6*) is dynamically expressed in differentiated zebrafish skeletal muscle. Gene Expression Patterns, 7: 738-745.

Holland JW, Bird S, Williamson B, et al. 2008. Molecular characterization of IRF3 and IRF7 in rainbow trout, *Oncorhynchus mykiss*: functional analysis and transcriptional modulation. Molecular Immunology, (08): 269-285.

Hou R, Bao ZM, Wang S, et al. 2011. Transcriptome sequencing and de novo analysis for yesso scallop (*Patinopecten yessoensis*) using 454 GS FLX. PLoS ONE, 6(6): e21560.

Hoyle CHV. 1999. Neuropeptide families and their receptors: evolutionary perspectives. Brain Research, 848(1): 11-25.

Hu GB, Zhao MY, Lin JY, et al. 2014. Molecular cloning and characterization of interferon regulatory factor 9 (*IRF9*) in Japanese flounder, *Paralichthys olivaceus*. Fish and Shellfish Immunology, 39: 138-144.

Hu YH, Zheng WJ, Sun L. 2010. Identification and molecular analysis of a ferritin subunit from red drum (*Sciaenops ocellatus*). Fish and Shellfish Immunology, 28(4): 678-686.

Huang AL, Chen X, Hoon MA, et al. 2006. The cells and logic for mammalian sour taste detection. Nature, 442: 934-938.

Huang R, Dong F, Jang S, et al. 2012c. Isolation and analysis of a novel grass carp toll-like receptor 4 (*tlr4*) gene cluster involved in the response to grass carp reovirus. Developmental and Comparative Immunology, 38: 383-388.

Huang S, Wang S, Bian C, et al. 2012b. Upregulation of miR-22 promotes osteogenic differentiation and inhibits adipogenic differentiation of human adipose tissue-derived mesenchymal stem cells by repressing HDAC6 protein expression. Stem Cells and Development, 21: 2531-2540.

Huang TZ, Xu DD, Zhang XB. 2012a. Characterization of host microRNAs that respond to DNA virus infection in a crustacean. BMC Genomics: 13.

Huang X, Hong CS, O'Donnell M, et al. 2005. The doublesex-related gene, XDmrt4, is required for neurogenesis in the olfactory system. Proceedings of the National Academy of Sciences of the United States of America, 102: 11349-11354.

Huleihel L, Ben-Yehudah A. 2014. Let-7d microRNA affects mesenchymal phenotypic properties of lung fibroblasts. American Journal of Physiology-Lung Cellular and Molecular Physiology, 306(6): L534-L542.

Hyseni A, van der Groep P, van der Wall E, et al. 2011. Subcellular *FIH-1* expression patterns in invasive breast cancer in relation to *HIF-1alpha* expression. Cellular Oncology (Dordrecht), 34: 565-570.

Iliev DB, Castellana B, Mackenzie S, et al. 2007. Cloning and expression analysis of an IL-6 homolog in rainbow trout (*Oncorhynchus mykiss*). Molecular Immunology, 44: 1803-1807.

Inose H, Ochi H, Kimura A. 2009. A microRNA regulatory mechanism of osteoblast differentiation. Proceedings of the National Academy of Sciences of the United States of America, 106: 20794-20799.

Iqbal M, Philbin VJ, Smith AL. 2005. Expression patterns of chicken Toll-like receptor mRNA in tissues, immune cell subsets and cell lines. Veterinary Immunology and Immunopathology, 104: 117–127.

Izzi SA, Colantuono BJ, Sullivan K, et al. 2013. Functional studies of the *Ciona intestinalis* myogenic regulatory factor reveal conserved features of chordate myogenesis. Developmental Biology, 376: 213-223.

Janeway Jr CA, Medzhitov R. 2002. Innate immune recognition. Annual Review ofImmunology, 20: 197-216.

Jault C, Pichon L, Chluba J. 2004. Toll-like receptor gene family and TIR-domain adapters in Danio rerio. Molecular Immunology, 40: 759-771.

Jenny A, CéCile M, Rafaella F, et al. 2009. Estimates of heritability and genetic correlation for body length and resistance to fish pasteurellosis in the gilthead sea bream (*Sparus aurata* L.). Aquaculture, 298: 29-35.

Jensen H, Rourke IJ, Moller M, et al. 2001. Identification and distribution of CCK-related peptides and mRNAs in the rainbow trout, *Oncorhynchus mykiss*. Biochimica et Biophysica Acta, 1517(2): 190-201.

Jewell UR, Kvietikova I, Scheid A, et al. 2001. Induction of HIF-1alpha in response to hypoxia is instantaneous. FASEB Journal, 15: 1312-1314.

Ji P, Liu G, Xu J, et al. 2012. Characterization of common carp transcriptome: sequencing, de novo assembly, annotation and comparative genomics. PLoS ONE, 7: e351524.

Jia W, Guo Q. 2008. Gene structures and promoter characteristics of interferon regulatory factor 1 (*IRF-1*), *IRF-2* and *IRF-7* from snakehead *Channa argus*. Molecular Immunology, 45: 2419-2428.

Jiang P, Josue J, Li X, et al. 2012. From the cover: major taste loss in carnivorous mammals. Proceedings of the National Academy of Sciences of the United States of America, 109: 4956-4961.

Jiao BW, Huang XG, Chan CB, et al. 2006. The co-existence of two growth hormone receptors in teleost fish and their differential signal transduction, tissue distribution and hormonal regulation of expression in seabream. Journal of Molecular Endocrinology, 36: 23-40.

Johansen KA, Overturf K. 2005. Quantitative expression analysis of genes affecting muscle growth during development of rainbow trout (*Oncorhynchus mykiss*). Marine Biotechnology, 7: 576-587.

Johansen SD, Karlsen BO, Furmanek T, et al. 2011. RNA deep sequencing of the Atlantic cod transcriptome. Comparative Biochemistry and Physiology D, 6: 18-22.

Johnsen AH. 1998. Phylogeny of the cholecystokinin/gastrin family. Frontiers in Neuroendocrinology, 19(2): 73-99.

Johnsen H, Andersen Ø. 2012. Sex dimorphic expression of five *dmrt* genes identified in the Atlantic cod genome. The fish-specific *dmrt2b* diverged from *dmrt2a* before the fish whole-genome duplication. Gene, 505: 221-232.

Johnson CD, Esquela-Kerscher A, Stefani G, et al. 2007. The let-7 microRNA represses cell proliferation pathways in human cells. Cancer Research, 67: 7713-7722.

Jr DMM, MA, Schlater AE, Green TL, et al. 2012. In the face of hypoxia: myoglobin increases in response to hypoxic conditions and lipid supplementation in cultured Weddell seal skeletal muscle cells. Journal of Experimental Biology, 215: 806-813.

Jung H, Lyons RE, Dinh H, et al. 2011. Transcriptomics of a giant freshwater prawn (*Macrobrachium rosenbergii*): de novo assembly, annotation and marker discovery. PLoS ONE, 6(12): e27938.

Juul-Madsen HR, Glamann J, Madsen HO, et al. 1992. MHC class II beta-chain expression in the rainbow trout. Scandinavian Journal of Immunology, 35(6): 687-694.

Kaelin WG, Ratcliffe PJ. 2008. Oxygen sensing by metazoans: the central role of the HIF hydroxylase pathway. Molecular Cell, 30(4): 393-402.

Kaiya H, Kojima M, Hosoda H, et al. 2003. Peptide purification, cDNA and genomic DNA cloning, and functional characterization of ghrelin in rainbow trout (*Oncorhynchus mykiss*). Endocrinology, 144(12): 5215-5226.

Kaiya H, Miyazato M, Kangawa K, et al. 2008. Ghrelin: a multifunctional hormone in non-mammalian vertebrates. Comparative Biochemistry and Physiology A, 149(2): 109-128.

Kaiya H, Small BC, Bilodeau AL, et al. 2005. Purification, cDNA cloning, and characterization of ghrelin in channel catfish, *Ictalurus punctatus*. General and Comparative Endocrinology, 143(3): 201-210.

Kakioka R, Kokita T, Kumada H, et al. 2013. A RAD-based linkage map and comparative genomics in the gudgeons (genus *Gnathopogon*, Cyprinidae). BMC Genomics, 14: 1-11.

Kamisaka Y, Fujii Y, Yamamoto S, et al. 2003. Distribution of cholecystokinin-immunoreactive cells in the digestive tract of the larval teleost, ayu, *Plecoglossus altivelis*. General and Comparative Endocrinology, 134(2): 116-121.

Kamisaka Y, Totland GK, Tagawa M, et al. 2001. Ontogeny of cholecystokinin-immunoreactive cells in the digestive tract of Atlantic halibut, *Hippoglossus hippoglossus*, larvae. General and Comparative Endocrinology, 123(1): 31-37.

Kane DA, Kimmel CB. 1993. The zebrafish midblastula transition. Development, 119(2): 447-456.

Kashihara K, McMullan S, Lonergan T, et al. 2008. Neuropeptide Y in the rostral ventrolateral medulla blocks somatosympathetic reflexes in anesthetized rats. Autonomic Neuroscience: Basic and Clinical, 142(1): 64-70.

Kawai T, Adachi O, Ogawa T, et al. 1999. Unresponsiveness of MyD88-deficient mice to endotoxin. Immunity, 11: 115-122.

Kawai T, Akira S. 2007. Signaling to NF-κB by Toll-like receptors. Trends in Molecular Medicine, 13(11): 460-469.

Kawasaki T, Kawai T. 2014. Toll-like receptor signaling pathways. Front in Immunology, 5: 461.

Keren A, Tamir Y, Bengal E. 2006. The p38 MAPK signaling pathway, a major regulator of skeletal muscle development. Molecular and Cellular Endocrinology, 252: 224-230.

Khurana P, Sugadev R, Jain J, et al. 2013. Hypoxia DB: a database of hypoxia-regulated proteins. Database: the Journal of Biological Databases and Curation, 13: 74.

Kim HK, Lee YS, Sivaprasad U, et al. 2006. Muscle-specific microRNA miR-206 promotes muscle differentiation. Journal of Cell Biology, 174: 677-687.

Kimmel CB, Ballard WW, Kimmel SR, et al. 1995. Stages of embryonic development of the zebrafish. Developmental Dynamics, 203(3): 253-310.

Kimura T, Nakayama K, Penninger J, et al. 1994. Involvement of the IRF-1 transcription factor in antiviral responses to interferons. Science, 264(5167): 1921-1924.

Kjøglum S, Larsen S, Bakke HG, et al. 2006. How specific MHC class I and class II combinations affect disease resistance against infectious salmon anaemia in Atlantic salmon (*Salmo salar*). Fish and Shellfish Immunology, 21: 431-441.

Kobayashi T, Matsuda M, Kajiura-Kobayashi H, et al. 2004. Two DM domain genes, *DMY* and *DMRT1*, involved in testicular differentiation and development in the medaka, *Oryzias latipes*. Developmental Dynamics, 231: 518-526.

Kobiyama A, Nihei Y, Hirayama Y, et al. 1998. Molecular cloning and developmental expression patterns of the MyoD and MEF2 families of muscle transcription factors in the carp. Journal of Experimental Biology, 201: 2801-2813.

Kondo M, Nanda I, Hornung U, et al. 2003. Absence of the candidate male sex-determining gene *dmrt1b* (*Y*) of medaka from other fish species. Current Biololgy, 13: 416-420.

Kono T, Kitao Y, Sonoda K, et al. 2008. Identification and expression analysis of *ghrelin* gene in common carp *Cyprinus carpio*. Fisheries Science, 74(3): 603-612.

Koppang EO, Pres CM, Ronningen K, et al. 1998. Differing levels of MHC class II β chain expression in a range of tissues from vaccinated and non-vaccinated Atlantic salmon(*Salmo salar* L.). Fish and Shellfish Immunology, 8(3): 183-196.

Kortner TM, Overrein I, Qie G, et al. 2011. Molecular ontogenesis of digestive capability and associated endocrine control in Atlantic cod (*Gadus morhua*) larvae. Comparative Biochemistry and Physiology A, 160(2): 190-199.

Kruiswijk CP, Hermsen T, Fujiki K, et al. 2004. Analysis of genomic and expressed major histocompatibility class I a and class II genes in a hexaploid Lake Tana African 'large' barb individual (*Barbus intermedius*). Immunogenetics, 55(11): 770-781.

Kyriakides TR, Zhu YH, Smith LT, et al. 1998. Mice that lack thrombospondin 2 display connective tissue abnormalities that are associated with disordered collagen fibrillogenesis, an increased vascular density, and a bleeding diathesis. The Journal of cell biology, 140: 419-430.

Lagos-Quintana M, Rauhut R, Lendeckel W, et al. 2001. Identification of novel genes coding for small expressed RNAs. Science, 294: 853-858.

Lai KP, Li JW, Tse AC, et al. 2016. Differential responses of female and male brains to hypoxia in the marine medaka *Oryzias melastigma*. Aquatic Toxicology, 172: 36-43.

Laine VN, Shikano T, Herczeg G, et al. 2013. Quantitative trait loci for growth and body size in the nine-spinedstickleback *Pungitius pungitius* L. Molecular Ecology, 22: 5861-5876.

Lando D, Peet DJ, Gorman JJ, et al. 2002a. FIH-1 is an asparaginyl hydroxylase that regulates the transcriptional activity of hypoxia inducible factor. Genes and Development, 16(12): 1466-1471.

Lando D, Peet DJ, Whelan DA, et al. 2002b. Asparagine hydroxylation of the HIF transactivation domain a hypoxic switch. Science, 295: 858-861.

Laqtom N, Kelly L, Buck A. 2014. Regulation of integrins and AKT signaling by miR-199-3p in HCMV-infected cells. BMC Genomics, 15. doi:10.1186/1471-2164-15-S2-O20.

Larhammar D, Blomqvist AG, Soderberg C. 1993. Evolution of neuropeptide Y and its related peptides. Comparative Biochemistry and Physiology C, 106(3): 743-752.

Law SH, Wu RS, Ng PK, et al. 2006. Cloning and expression analysis of two distinct HIF-alpha isoforms-gcHIF-1alpha and gcHIF-4alpha-from the hypoxia-tolerant grass carp, *Ctenopharyngodon idellus*. BMC Molecular Biology, 7(1): 15.

Lawson DM, Artymiuk PJ, Yewdall SJ, et al. 1991. Solving the structure of human H ferritin by genetically engineering intermolecular crystal contacts. Nature, 349: 541e4.

Lee BY, Lee WJ, Streelman JT, et al. 2005. A second-generation genetic linkage map of tilapia (*Oreochromis* spp.). Genetics, 170: 237-244.

Lee WJ, Kocher TD. 1995. Complete sequence of a sea lamprey (*Petromyzon marinus*) mitochondrial genome: early establishment of the vertebrate genome organization. Genetics, 139(2): 873-887.

Leonard JB, Waldbieser GC, Silverstein JT. 2001. Neuropeptide Y sequence and messenger RNA distribution in channel catfish (*Ictalurus punctatus*). Marine Biotechnology, 3(2): 111-118.

Lewis BP, Shih IH, Jones-Rhoades MW, et al. 2003. Prediction of mammalian microRNA targets. Cell, 115: 787-798.

Li D, Tan W, Ma M, et al. 2012. Molecular characterization and transcription regulation analysis of type I IFN gene in grass carp (*Ctenopharyngodon idella*). Gene, 504: 31-40.

Li FG, Chen J, Jiang XY, et al. 2015. Transcriptome analysis of blunt snout bream (*Megalobrama amblycephala*) reveals putative differential expression genes related to growth and hypoxia. PLoS ONE, 10: e0142801.

Li G, Li Y, Li X, et al. 2011. MicroRNA identity and abundance in developing swine adipose tissue as determined by Solexa sequencing. Journal of Cellular Biochemistry, 112: 1318-1328.

Li Q, Kijiman A. 2006. Microsatellite analysis of gynogenetic families in the Pacific oyster, *Crassostrea gigas*. Journal of Experimental Marine Biology and Ecology, 331: 1-8.

Li R, Fan W, Tian G, et al. 2010. The sequence and de novo assembly of the giant panda genome. Nature, 463: 311-317.

Li S, Cai W. 2003. Genetic improvement of the herbivorous blunt snout bream (*Megalobrama amblycephala*). Naga, 26(1): 20-23.

Li S, Gul Y, Wang W, et al. 2013. *PPARγ*, an important gene related to lipid metabolism and immunity in *Megalobrama amblycephala*: cloning, characterization and transcription analysis by GeNorm. Gene, 512(2): 321-330.

Li S, Zou S, Cai W, et al. 2006. Production of interploid triploid by 2n×4n blunt snout bream (*Megalobrama amblycephala*) and their first performance data. Aquaculture research, 37: 373-379.

Li WT, Liao XL, Yu XM, et al. 2007b. Isolation and characterization of polymorphic microsatellite loci in Wuchang bream (*Megalobrama amblycephala*). Molecular Ecology Notes, 7(5): 771-773.

Li X, He J, Hu W, et al. 2009. The essential role of endogenous ghrelin in growth hormone expression during zebrafish adenohypophysis develoment. Endocrinology, 150(6): 2767-2774.

Li T, O'Keefe R, Chen D. 2005. TGF-β signaling in chondrocytes. Frontiers in Bioscience, 10: 681-688.

Li Y, Liu XC, Zhang Y, et al. 2007a. Molecular cloning, characterization and distribution of two types of growth hormone receptor in orange-spotted grouper (*Epinephelus coioides*). General and Comparative Endocrinology, 152(1): 111-122.

Liang J, Zhang GF, Zheng HP. 2010. Divergent selection and realized heritability for growth in the Japanese scallop, *Patinopecten yessoensis* Jay. Aquaculture Research, 41: 1315-1321.

Liang T, Ji W, Zhang GR, et al. 2013a. Molecular cloning and expression analysis of liver-expressed antimicrobial peptide 1 (*LEAP-1*) and *LEAP-2* genes in the blunt snout bream (*Megalobrama amblycephala*). Fish and Shellfish Immunology, 35(2): 553-563.

Liang T, Wang DD, Zhang GR, et al. 2013b. Molecular cloning and expression analysis of two β-defensin genes in the blunt snout bream (*Megalobrama amblycephala*). Comparative Biochemistry and Physiology Part B, 166(1): 91-98.

Liang XF, Li GZ, Yao W, et al. 2007. Molecular characterization of neuropeptide Y gene in Chinese perch, an acanthomorph fish. Comparative Biochemistry and Physiology B, 148(1): 55-64.

Liang BB, Jiang FJ, Zhang SJ, et al. 2017. Genetic variation in vibrio resistance in the clam *Meretrix petechialis* under the challenge of *Vibrio parahaemolyticus*. Aquaculture, 468: 458-463.

Lie O, Slettan A, Lingass F, et al. 1994. Haploid gynogenesis: a powerful strategy for linkage analysis in fish. Animal Biotechnology, 5: 33-45.

Liebl MP, Kaya AM, Tenzer S, et al. 2014. Dimerization of visinin-like protein 1 is regulated by oxidative stress and calcium and is a pathological hallmark of amyotrophic lateral sclerosis. Free Radical Biology and Medicine, 72: 41-54.

Lin Y, Tayag CM, Huang C, et al. 2010. White shrimp *Litopenaeus vannamei* that had received the hot-water extract of *Spirulina platensis* showed earlier recovery in immunity and up-regulation of gene expressions after pH stress. Fish and Shellfish Immunology, 29(6): 1092-1098.

Lin YH, Yang-Yen HF. 2001. The osteopontin-CD44 survival signal involves activation of the phosphatidylinositol 3-kinase/Akt signaling pathway. Journal of Biological Chemistry, 276: 46024-46030.

Liu G, Pakala S, Gu D, et al. 2001a. Cholecystokinin expression in the developing and regenerating pancreas and intestine. Journal of Endocrinology, 169(2): 233-240.

Liu G, Vijayakumar S, Grumolato L, et al. 2009. Canonical wnts function as potent regulators of osteogenesis by human mesenchymal stem cells. Journal of Cell Biology, 185: 67-75.

Liu H, Chen CH, Gao ZX, et al. 2017. The draft genome of blunt snout bream (*Megalobrama amblycephala*) reveals the development of intermuscular bone and adaptation to herbivorous diet. GigaScience, 6(7): 1-13.

Liu L, Paul A, Plevin R. 2001b. The NFkB pathway participates in the increase in *IRF-1* expression in human endothelial cells stimulated by lipopolysaccharide and tumour necrosis factor-a. British Journal of Pharmacology, 135: 86.

Liu P, Qiu M, He L. 2014. Expression and cellular distribution of *TLR4*, *MyD88*, and *NF-κB* in diabetic renal tubulointerstitial fibrosis, *in vitro* and *in vivo*. Diabetes Research and Clinical Practice, 105: 206-216.

Liu W, Thomas SG, Asa SL, et al. 2003. MSTN is a skeletal muscle target of growth hormone anabolic action. Journal of Clinical Endocrinology and Metabolism, 88(11): 5490-5496.

Liu Y, Lu X, Luo YR, et al. 2011. Molecular characterization and association analysis of porcine interferon regulatory factor 1 gene. Molecular Biology Reports, 38: 1901-1907.

Liu X, Zhan Z, Xu L. 2010. MicroRNA-148/152 impair innate response and antigen presentation of TLR-triggered dendritic cells by targeting CaMKIIα. Journal of Immunology, 185: 7244-7251.

Loboda A, Jozkowicz A, Dulak J. 2010. HIF-1 and HIF-2 transcription factors-similar but not identical. Molecular Cells, 29: 435-442.

Long Y, Li Q, Zhou BL, et al. 2013. De novo assembly of mud loach (*Misgurnus anguillicaudatus*) skin transcriptome to identify putative genes involved in immunity and epidermal mucus secretion. PLoS ONE, 8(2): e56998.

Lourenço R, Lopes SS, Saúde L. 2010. Left-right function of *dmrt2* genes is not conserved between zebrafish and mouse. PLoS ONE, 5: e14438.

Louro B, Kuhl H, Tine M, et al. 2016. Characterization and refinement of growth related quantitative trait loci in European sea bass (*Dicentrarchus labrax*) using a comparative approach. Aquaculture, 455: 8-21.

Lu AJ, Hu XC, Wang Y, et al. 2015. Skin immune response in the zebrafish, *Danio rerio* (Hamilton), to *Aeromonas hydrophila* infection: atranscriptional profiling approach. Journal of Fish Diseases, 38: 137e50.

Lu R, Moore PA, Pitha PM. 2002. Stimulation of *IRF-7* gene expression by tumor necrosis factor α requirement for NFκB transcription factor and gene accessibility. Journal of Biological Chemistry, 277(19): 16592-16598.

Lu YC, Yeh WC, Ohashi PS. 2008. LPS/TLR4 signal transduction pathway. Cytokine, 42: 145-151.

Ludolph DC, Konieczny SF. 1995. Transcription factor families: muscling in on the myogenic program. FASEB Journal, 9: 1595-1604.

Lundby C, Calbet JAL, Robach P. 2009. The response of human skeletal muscle tissue to hypoxia. Cellular and Molecular LifeSciences, 66: 3615-3623.

Luo L. 2002. Actin cytoskeleton regulation in neuronal morphogenesis and structural plasticity. Annual Review of Cell and Developmental Biology, 18: 601-635.

Luo W, Deng W, Yi SK, et al. 2013. Characterization of 20 polymorphic microsatellites for blunt snout bream (*Megalobrama amblycephala*) from EST sequences. Conservation Genetics Resources, 5(2): 499-501.

Luo W, Wang WM, Wan SM, et al. 2017. Assessment of parental contribution to fast- and slow-growth progenies in the blunt snout bream (*Megalobrama amblycephala*) based on parentage assignment. Aquaculture, 472: 23-29.

Luo W, Zeng C, Deng W, et al. 2014a. Genetic parameter estimates for growth-related traits of blunt snout bream (*Megalobrama amblycephala*) using microsatellite-based pedigree. Aquaculture Research, 45: 1881-1888.

Luo W, Zeng C, Yi S, et al. 2014b. Heterosis and combining ability evaluation for growth traits of blunt snout bream (*Megalobrama amblycephala*) when crossbreeding three strains. Chinese Science Bulletin, 59(9): 857-864.

Luo W, Zhang J, Wen J, et al. 2014c. Molecular cloning and expression analysis of major histocompatibility complex class I, IIA and IIB genes of blunt snout bream (*Megalobrama amblycephala*). Developmental and Comparative Immunology, 42(2): 169-173.

Lv A, Hu X, Wang Y, et al. 2015. Skin immune response in the zebrafish, *Danio rerio*(Hamilton), to *Aeromonas hydrophila* infection: a transcriptional profiling approach. Journal of Fish Diseases, 38(2): 137-150.

Macaluso F, Nothnagel M, Parwez Q, et al. 2002. Experimental evidence for major histocompatibility complex-allele-specific resistance to a bacterial infection. Proceedings of the Royal Society of London Series B—Biological Sciences, 269: 2029-2033.

MacDonald E, Volkoff H. 2009. Cloning, distribution and effects of season and nutritional status on the expression of neuropeptide Y (NPY), cocaine and amphetamine regulated transcript (CART) and cholecystokinin (CCK) in winter flounder(*Pseudopleuronectes americanus*). Hormones and Behavior, 56(1): 58-65.

Madhubanti B, Kumar MN, Mrinal S. 2013. Toll-like receptor (TLR) 4 in mrigal (*Cirrhinus mrigala*): response to lipopolysaccharide treatment and *Aeromonas hydrophila* infection. International Journal of Biological Sciences, 2: 20-27.

Maeeatrozzo L, Bargelloni L, Cardazzo B, et al. 2001. A novel second *MSTN* gene is present in teleost fish. FEBS Letters, 509(1): 36-40.

Mahapatra KD, Gjerde B, Sahoo PK, et al. 2008. Genetic variations in survival of rohu carp (*Labeo rohita*, Hamilton) after *Aeromonas hydrophila* infection in challenge tests. Aquaculture, 279: 29-34.

Mahon PC, Hirota K, Semenza GL. 2001. FIH-1: a novel protein that interacts with HIF-1alpha and VHL to mediate repression of HIF-1 transcriptional activity. Genes Development, 15: 2675-2686.

Manchado M, Salas-Leiton E, Infante C, et al. 2008. Molecular characterization, gene expression and transcriptional regulation of cytosolic Hsp90 genes in the flat fish Senegalese sole (*Solea senegalensis* Kaup). Gene, 416: 77-84.

Mandic M, Speers-Roesch B, Richards JG. 2013. Hypoxia tolerance in sculpins isassociated with high anaerobic enzyme activity in brain but not in liver or muscle. Physiological and Biochemical Zoology, 86: 92-105.

Manolescu B, Oprea E, Busu C, et al. 2009. Natural compounds and the hypoxia-inducible factor (HIF) signalling pathway. Biochimie, 91: 1347-1358.

Mao RF, Fan YH, Mou YG, et al. 2011. TAK1 lysine 158 is required for TGF-beta-induced TRAF6-mediated Smad-independent IKK/NF-kappa B and JNK/AP-1 activation. Cellular Signaling, 23: 222-227.

Marcell TJ, Harman SM, Urban RJ, et al. 2001. Comparison of GH, IGF-I, and testosterone with mRNA of receptors and myostatin in skeletal muscle in older men. American Journal of Physiology-Endocrinology and Metabolism, 28: E1159-E1164.

Marchand O, Govoroun M, D'Cotta H, et al. 2000. *DMRT1* expression during gonadal differentiation and spermatogenesis in the rainbow trout, *Oncorhynchus mykiss*. Biochimica et Biophysica Acta, 1493(1): 180-187.

Marti E, Biffo S, Fasolo A. 1992. Neuropeptide Y mRNA and peptide are transiently expressed in the developing rat spinal cord. Neuroreport, 3(5): 401-404.

Marshall TC, Slate J, Kruuk LEB, et al. 1998. Statistical confidence for likelihood-based paternity inference in natural populations. Molecular Ecology, 7: 639-655.

Mayr E, Linsley EG, Usinger RL. 1953. Methods and principles of systematic zoology. New York: McGraw Hill.

McCulloch DL. 1990. Metabolic response of the grass shrimp *Palaemonetes kadiakensis* Rathbun, to acute exposure of sublethal changes in pH. Aquatic Toxicology, 17（3）: 263-274.

McIntosh BE, Hogenesch JB, Bradfield CA. 2010. Mammalian Per-Arnt-Sim proteins in environmental adaptation. Annual Review of Physiology, 72: 625-645.

Medzhitov R, Preston-Hurlburt P, Janeway CA. 1997. A human homologue of the Drosophila toll protein signals activation of adaptive immunity. Nature, 388: 394-397.

Medzhitov R, Preston-Hurlburt P, Kopp E, et al. 1998. MyD88 is an adaptor protein in the hToll/IL-1 receptor family signaling pathways. Molecular Cell, 2: 253-258.

Meijer AH, Gabby Krens SF, Medina Rodriguez IA, et al. 2004. Expression analysis of the Toll-like receptor and TIR domain adaptor families of zebrafish. Molecular Immunology, 40: 773-783.

Merila J, Crnokrak P. 2001. Comparison of genetic differentiation at marker loci and quantitative traits. Journal of Evolutionary Biology, 14: 892-903.

Metzen E, Stiehl DP, Doege K, et al. 2005. Regulation of the prolyl hydroxylase domain protein 2 (*phd2/egln-1*) gene: identification of a functional hypoxia-responsive element. Biochemical Journal, 387: 711-717.

Meyer E, Aglyamova GV, Wang S, et al. 2009. Sequencing and de novo analysis of a coral larval transcriptome using 454 GSFlx. BMC Genomics, 10: 219.

Michaud S, Marin R, Tanguay RM. 1997. Regulation of heat shock gene induction and expression during Drosophila development. Cellular and Molecular Life Sciences, 53(1): 104-113.

Michelmore RW. 1991. Identification of marker linked to disease-resistance gene by bulked segregant analysis: a rapid method detect marker in specific genomic regions by using segregating populations. Proceedings of the National Academy of Sciences of the United States of America, 88: 9828-9832.

Miura T, Maruyama K, Kaiya H, et al. 2009. Purification and properties of ghrelin from the intestine of the goldfish, *Carassius auratus*. Peptides, 30(4): 758-765.

Miya M, Takeshima H, Endo H, et al. 2003. Major patterns of higher teleostean phylogenies: sequences: a newperspective based on 100 complete mitochondrial DNA sequences. Molecular Phylogenetics and Evolution, 26(1): 121-138.

Miyazono K. 2000. Positive and negative regulation of TGF-beta signaling. Journal of Cell Science, 113: 1101-1109.

Moen AG, Murashita K, Finn RN. 2010. Ontogeny of energy homeostatic pathways via neuroendocrine signaling in Atlantic salmon. Developmental Neurobiology, 70(9): 649-658.

Mojica CL, Meyei A, Barlow GW. 1997. Phylogenetic relationships of species of the genus *Brachyrhaphis* （Poeciliidae） inferred from partial mitochondrial DNA sequence. Copeia, （2）: 298-305.

Mondol V, Pasquinelli AE. 2012. Let's make it happen, the role of let-7 microRNA in development. Current Topics in Developmental Biology, 99: 1-30.

Moon TW, Walsh PJ, Mommsen TP. 1985. Fish hepatocytes: a model metabolic system. Canadian Journal of Fisheries and Aquatic Sciences, 42: 1772-1782.

Moreno C, Sorensen D, García-Cortés L, et al. 1997. On biased inferences about variance components in the binary threshold model. Genetics Selection Evolution, 29: 1-16.

Mu Y, Ding F, Cui P, et al. 2010. Transcriptome and expression profiling analysis revealed changes of multiple signaling pathways involved in immunity in the large yellow croaker during *Aeromonas hydrophila* infection. BMC Genomics, 11: 506-519.

Mumm JS, Kopan R. 2000. Notch signaling: from the outside in. Developmental Biology, 228: 151-165.

Murashita K, Fukada H, Hosokawa H, et al. 2006. Cholecystokinin and peptide Y in yellowtail (*Seriola quinqueradiata*): molecular cloning, real-time quantitative RT-PCR, and response to feeding and fasting. General and Comparative Endocrinology, 145(3): 287-297.

Murashita K, Fukada H, Hosokawa H, et al. 2007. Changes in cholecystokinin and peptide Y gene expression with feeding in yellowtail (*Seriola quinqueradiata*): relation to pancreatic exocrine regulation. Comparative Biochemistry and Physiology B, 146(3): 318-325.

Murashita K, Kurokawa T, Ebbesson LO, et al. 2009a. Characterization, tissue distribution, and regulation of agouti-related protein (AgRP), cocaine- and amphetamine-regulated transcript (CART) and neuropeptide Y (NPY) in Atlantic salmon (*Salmo salar*). General and Comparative Endocrinology, 162(2): 160-171.

Murashita K, Kurokawa T, Nilsen TO, et al. 2009b. Ghrelin, cholecystokinin, and peptide YY in Atlantic salmon (*Salmo salar*): molecular cloning and tissue expression. General and Comparative Endocrinology, 160(3): 223-235.

Myers KR, Casanova JE. 2008. Regulation of actin cytoskeleton dynamics by Arf-family GTPases. Trends in Cell Biology, 18: 184-192.

Nam BH, Byon JY, Kim YO, et al. 2007. Molecular cloning and characterisation of the flounder (*Paralichthys olivaceus*) interleukin-6 gene. Fish and Shellfish Immunology, 23: 231-236.

Naslund E, Hellstrom PM. 2007. Appetite signaling: from gut peptides and enteric nerves to brain. Physiology and Behavior, 92(1-2): 256-262.

Natsuka S, Akira S, Nishio Y, et al. 1992. Macrophage differentiation-specific expression of NF-IL6, a transcription factor for interleukin-6. Blood, 79: 460-466.

Neacsu CD, Grosch M, Tejada M, et al. 2011. Ucmaa (Grp-2) is required for zebrafish skeletal development. Evidence for a functional role of its glutamate γ-carboxylation. Matrix Biology, 30: 369-378.

Nei M, Niimura Y, Nozawa M. 2008. The evolution of animal chemosensory receptor gene repertoires: roles of chance and necessity. Nature Reviews Genetics, 9: 951-963.

Neira R, Diaz NF, Gall GAE. 2006. Genetic improvement in coho salmon(*Oncorhynchus kisutch*). II: Selection response for early spawning date. Aquaculture, 257: 1-8.

Neves JV, Caldas C, Wilson JM, et al. 2011. Molecular mechanisms of hepcidin regulation in sea bass (*Dicentrarchus labrax*). Fish and Shellfish Immunology, 31: 1154-1161.

Neves JV, Wilson JM, Rodrigues PN. 2009. Transferrin and ferritin response to bacterial infection: the role of the liver and brain in fish. Developmental and Comparative Immunology, 33: 848-857.

Neveu I, Remy S, Naveilhan P. 2002. The neuropeptide Y receptors, Y1 and Y2, are transiently and differentially expressed in the developing cerebellum. Neuroscience, 113(4): 767-777.

Neyt C, Jagla K, Thisse C, et al. 2000. Evolutionary origins of vertebrate appendicular muscle. Nature, 408: 82-86.

Nicola NA. 1994. Guidebook to cytokines and their receptors. New York: Oxford University Press.

Nie CH, Wan SM, Tomljanovic T, et al. 2017. Comparative proteomics analysis of teleost intermuscular bones and ribs provides insight into their development. BMC Genomics, 18: 147.

Nielsen JL, Gan C, Thomas WK. 1994. Difference in genetic diversity for mitochondrial DNA between hatchery and wild population of Oncorhychus. Canadian Journal of Fisheries Aquatic Sciences, 51(1): 290-297.

Nielsen M, Hansen JH, Hedegaard J, et al. 2010. MicroRNA identity and abundance in porcine skeletal muscles determined by deep sequencing. Animal Genetics, 41: 159-168.

Niimura Y, Nei M. 2005. Evolutionary dynamics of olfactory receptor genes in fishes and tetrapods. Proceedings of the National Academy of Sciences of the United States of America, 102: 6039-6044.

Niimura Y, Nei M. 2007. Extensive gains and losses of olfactory receptor genes in mammalian evolution. PLoS ONE, 2: e708.

Niimura Y. 2009. On the origin and evolution of vertebrate olfactory receptor genes: comparative genome analysis among 23 chordate species. Genome Biology and Evolution, 1: 4-44.

Nikinmaa M. 2002. Oxygen-dependent cellular functions—why fishes and their aquatic environment are a prime choice of study. Comparative Biochemistry and Physiology A, 133(1): 1-16.

Noack K, Zardoya R, Meyer A. 1996. The complete mitochondrial DNA sequence of the Bichir (*Polypterus ornatipinnis*), a basal ray-finned fish: ancient establishment of the consensus vertebrate gene order. Genetics, 144(3): 1165-1180.

Nogueira CW, Quinhones EB, Jung EAC, et al. 2003. Anti-inflammatory and antinociceptive activity of diphenyl diselenide. Inflammation Research, 52: 56-63.

Novello C, Pazzaglia L, Cingolani C, et al. 2013. MiRNA expression profile in human osteosarcoma, role of miR-1 and miR-133b in proliferation and cell cycle control. International Journal of Oncology, 42: 667-675.

Ochi H, Westerfield M. 2007. Signaling networks that regulate muscle development: lessons from zebrafish. Development Growth and Differentiation, 49: 1-11.

O'Connell RM, Rao DS, Baltimore D. 2012. MicroRNA Regulation of Inflammatory Responses. Annual Review of Immunology, 30: 295-312.

O'Connell RM, Rao DS, Chaudhuri AA, et al. 2010. Physiological and pathological roles for microRNAs in the immune system. Nature Reviews Immunology, 10: 111-122.

Ødegård J, Gitterle T, Madsen P, et al. 2011. Quantitative genetics of taura syndrome resistance in pacific white shrimp (*Penaeus vannamei*): a cure model approach. Genetics Selection Evolution, 43: 14.

Ødegård J, Olesen I, Dixon P, et al. 2010b. Genetic analysis of common carp (*Cyprinus carpio*) strains. II: Resistance to koi herpesvirus and *Aeromonas hydrophila* and their relationship with pond survival. Aquaculture, 304: 7-13.

Ødegård J, Sommer A-I, Præbel AK. 2010a. Heritability of resistance to viral nervous necrosis in Atlantic cod (*Gadus morhua* L.). Aquaculture, 300: 59-64.

Ogura Y, Bonen DK, Inohara N, et al. 2001. A frameshift mutation in NOD2 associated with susceptibility to Crohn's disease. Nature, 411: 603-606.

Okun E, Barak B, Saada-Madar R, et al. 2012. Evidence for a developmental role for TLR4 in learning and memory. PLoS ONE, 7: e47522.

Okun E, Griffioen KJ, Mattson MP. 2011. Toll-like receptor signaling in neural plasticity and disease. Trends in Neurosciences, 34: 269-281.

O'Malley KG, Sakamoto T, Danzmann RG, et al. 2003. Quantitative trait loci for spawning date and body weight in rainbow trout: testing for conserved effects across ancestrally duplicated chromosomes. Journal of Heredity, 94: 273-284.

O'Neill LAJ, Bowie AG. 2007. The family of five: TIR-domain-containing adaptors in Toll-like receptor signaling. Nature Review Immunology, 7: 353-364.

Ono H, O'huigin C, Vincek V, et al. 1993. New β chain-encoding MHC class II genes in the carp. Immunogenetics, 38: 146-149.

Ordás MC, Abollo E, Costa MM, et al. 2006. Molecular cloning and expression analysis of interferon regulatory factor-1 (*IRF-1*) of turbot and sea bream. Molecular Immunology, 43: 882-890.

O'Reilly PT, Herbinger C, Wright JM. 1998. Analysis of parentage determination in Atlantic salmon (*Salmo salar*) using microsatellites. Animal Genetics, 29: 363-370.

Oshiumi H, Tsujita T, Shida K, et al. 2003. Prediction of the prototype of the human Toll-like receptor gene family from the pufferfish, *Fugu ruhripes*, genome. Immunogenetics, 54: 791-800.

Ostbye TK, Galloway TF, Nielsen C, et al. 2001. The two *MSTN* genes of Atlantic salmon (*Salmo salar*) are expressed in a variety of tissues. European Journal of Biochemistry, 268(20): 5249-5257.

Øvergård AC, Nepstad I, Nerland AH, et al. 2012. Characterization and expression analysis of the Atlantic halibut (*Hippoglossus hippoglossus* L.) cytokines: IL-1beta, IL-6, IL-11, IL-12beta and IFN gamma. Molecular Biology Reports, 39: 2201-2213.

Palaiokostas C, Bekaert M, Khan MG, et al. 2015. A novel sex-determining QTL in Nile tilapia (*Oreochromis niloticus*). BMC Genomics, 16: 1-10.

Palti Y, Krista MN, Waller KI, et al. 2001. Association between DNA polymorphisms tightly linked to MHC class II genes and IHV virus resistance in backcrosses of rainbow and cutthroat trout. Aquaculture, 194: 283-289.

Palti Y, Shirak A, Cnaani A, et al. 2002. Detection of genes with deleterious alleles in an inbred line of tilapia (*Oreochromis aureus*). Aquaculture, 206: 151.

Papakostas S, Vøllestad LA, Bruneaux M, et al. 2011. Gene pleiotropy constrains gene expression changes in fish adapted to different thermal conditions. Nature Communication, 5: 4071.

Patterson C, Johnson G. 1995. Intermuscular bones and ligaments of teleostean fishes. Smithson Contribution Zoology, 559: 1-85.

Peatman E, Baoprasertkul P, Terhune J, et al. 2007. Dunham R Expression analysis of the acute phase response in channel catfish (*Ictalurus punctatus*) after infection with a Gram-negative bacterium. Developmental and Comparative Immunology, 31: 1183-1196.

Pei YY, Huang R, Li YM, et al. 2015. Characterizations of four toll-like receptor 4s in grass carp Ctenopharyngodon idellus and their response to grass carp reovirus infection and lipopolysaccharide stimulation. Journal of Fish Biology, 86: 1098-1108.

Perna NT, Kocher TD. 1995. Patterns of nucleotide composition at fourfold degenerate sites of animal mitochondrial genomes. Journal of Molecular Evolution, 41(3): 353-358.

Persson H, Rehfeld JF, Ericsson A, et al. 1989. Transient expression of the cholecystokinin gene in male germ cells and accumulation of the peptide in the acrosomal granule: possible role of cholecystokinin infertilization. Proceedings of the National Academy of Sciences of the United States of America, 86: 6166-6170.

Pescador N, Cuevas Y, Naranjo S, et al. 2005. Identification of a functional hypoxia-responsive element that regulates the expression of the egl nine homologue 3 (*egln3/phd3*) gene. Biochemical Journal, 390: 189-197.

Piccolella M, Crippa V, Cristofani R, et al. 2017. The small heat shock protein B8 (HSPB8) modulates proliferation and migration of breast cancer cells. Oncotarget, 8(6): 10400.

Pillemer L, Blum L, Lepow IH, et al. 1954. The properdin system and immunity. I. Demonstration and isolation of a new serum protein, properdin, and its role in immune phenomena. Science, 120(3112): 279-285.

Ping HC, Feng K, Zhang GR, et al. 2013. Ontogeny expression of ghrelin, neuropeptide Y and cholecystokinin in blunt snout bream, *Megalobrama amblycephala*. Journal of Animal Physiology and Animal Nutrition, 98(2): 338-346.

Poltorak A, He X, Smirnova I, et al. 1998. Defective LPS signaling in C3H/HeJ and C57BL/10ScCr mice: mutations in *Tlr4* gene. Science, 282: 2085-2088.

Pontillo A, Brandão LA, Guimarães RL, et al. 2010. A 3'UTR SNP in *NLRP3* gene is associated with susceptibility to HIV-1 infection. Journal of Acquired Immune Deficiency Syndromes, 54: 236-240.

Pourquie O, Fan CM, Cotley M, et al. 1996. Lateral and axial signals involved in avian somite patterning: a role for BMP4. Cell, 84: 461-471.

Qi PZ, Guo BY, Zhu AY, et al. 2014. Identification and comparative analysis of the *Pseudosciaena crocea* microRNA transcriptome response to poly(I : C) infection using a deep sequencing approach. Fish and Shellfish Immunology, 39: 483-491.

Quiniou SMA, Boudinot P, Bengten E. 2013. Comprehensive survey and genomic characterization of Toll-like receptors (TLRs) in channel catfish, Ictalurus punctatus: identification of novel fish TLRs. Immunogenetics, 65: 511-530.

Quinn TP, Myers KW. 2004. Anadromy and the marine migrations of pacific salmon and trout: rounsefell revisited. Reviews in Fish Biology and Fisheries, 14: 421-442.

Raymond CS, Murphy MW, O'Sullivan MG, et al. 2000. Dmrt1, a gene related to worm and fly sexual regulators, is required for mammalian testis differentiation. Genes Development, 14: 2587-2595.

Refstie T, Stoss J, Donaldson EM. 1982. Production of all female coho salmon (*Oncorhynchus kisutch*) by diploid gynogenesis using irradiated sperm and cold shock. Aquaculture, 29: 67-82.

Reid M, Jahoor F. 2001. Glutathione in disease. Current Opinion in Clinical Nutrition and Metabolic Care, 4: 65-71.

Renshaw M, Rockwell J, Engleman C, et al. 2002. Cutting edge: impaired Toll-like receptor expression and function in aging. Journal of Immunology, 169: 4697-4701.

Rescan PY, Gauvry L, Paboeuf G. 1995. A gene with homology to myogenin is expressed in developing myotomal musculature of the rainbow trout and in vitro during the conversion of myosatellite cells to myotubes. FEBS Letters, 362: 89-92.

Resean PY, Jutel I, Rallieer C. 2001. Two *MSTN* genes are differentially expressed in myotomal muscles of the trout (*Oncorhynchus mykiss*). Journal of Experimental Biology, 204(20): 3523-3529.

Richardson MP, Tay BH, Goh BY, et al. 2001. Molecular cloning and genomic structure of a gene encoding interferon regulatory factor in the puffer fish (*Fugu rubripes*). Marine Biotechnology, 3: 145-151.

Rios R, Cameiro I, Arce VM, et al. 2002. MSTN is an inhibitor of myogenic differentiation. The American Journal of Physiology Cell Physiology, 282(5): C993-C999.

Ritter SJ, Davies PJ. 1998. Identification of a transforming growth factor-β1/bone morphogenetic protein 4 (TGF-β1/BMP4) response element within the mouse tissue transglutaminase gene promoter. Journal of Biological Chemistry, 273: 12798-12806.

Robb BW, Hershko DD, Paxton JH, et al. 2002. Interleukin-10 activates the transcription factor C/EBP and the interleukin-6 gene promoter in human intestinal epithelial cells. Surgery, 132: 226-231.

Roberts SB, McCauley LAR, Devlin RH, et al. 2004. Transgenic salmon over expressing growth hormone exhibit decreased MSTN transcript and protein expression. Journal of Experimental Biology, 207(21): 3741-3748.

Robinson NA, Gjedrem T, Quillet E. 2017. Improvement of disease resistance by genetic methods. *In*: Jenny G. Fish diseases. London: Academic Press, Elsevier Inc. Chapter, 2: 21-50.

Roca FJ, Cayuela ML, Secombes CJ, et al. 2007. Post-transcriptional regulation of cytokine genes in fish: a role for conserved AU-rich elements located in the 3'-untranslated region of their mRNAs. Molecular Immunology, 44: 472-478.

Rodrigues A, Queiro'z DBC, Honda L, et al. 2008. Activation of Toll-like receptor 4 (TLR4) by *in vivo* and *in vitro* exposure of rat epididymis to lipopolysaccharide from *Escherichia coli*. Biology of Reproduction, 79: 1135-1147.

Rodrigues PN, Hermsen TT, Rombout JH, et al. 1995. Detection of MHC class II transcripts in lymphoid tissues of the common carp (*Cyprinus carpio* L.). Developmental and Comparative Immunology, 19: 483-496.

Rojas-Garcia CR, Morais S, Ronnestad I. 2011. Cholecystokinin (CCK) in Atlantic herring (*Clupea harengus* L.)—ontogeny and effects of feeding and diurnal rhythms. Comparative Biochemistry and Physiology A, 158 (4): 455-460.

Rolls A, Shechter R, London A, et al. 2007. Toll-like receptors modulate adult hippocampal neurogenesis. Nature Cell Biology, 9: 1081-1088.

Romito A, Lonardo E, Roma G, et al. 2010. Lack of sik1 in mouse embryonic stem cells impairs cardiomyogenesis by down-regulating the cyclin-dependent kinase inhibitor p57kip2. PLoS ONE, 5: e9029.

Ruderman NB, Keller C, Richard AM, et al. 2006. Interleukin-6 Regulation of AMP-Activated Protein kinase. Diabetes, 55: S48-54.

Rungrassamee W, Leelatanawit R, Jiravanichpaisal P, et al. 2010. Expression and distribution of three heat shock protein genes under heat shock stress and under exposure to vibrio harveyi in penaeus monodon. Developmental and Comparative Immunology, 34: 1082-1089.

Sachs AB. 1993. Messenger RNA degradation in eukaryotes. Cell, 74: 413-421.

Saeij JP, Stet RJ, de Vries BJ, et al. 2003. Molecular and functional characterization of carp TNF: a link between TNF polymorphism and trypanotolerance? Developmental and Comparative Immunology, 27 (1): 29-41.

Saillant E, Dupont-Nivet M, Haffray P, et al. 2006. Estimates of heritability and genotype—environment interactions for body weight in sea bass (*Dicentrarchus labrax* L.) raised under communal rearing conditions. Aquaculture, 254: 139-147.

Salem M, Rexroad CEI, Wang J, et al. 2010. Characterization of the rainbow trout transcriptome using Sanger and 454-pyrosequencing approaches. BMC Genomics, 11: 66-72.

Samanta M, Swain B, Basu M, et al. 2014. Toll-like receptor 22 in Labeo rohita: molecular cloning, characterization, 3D modeling, and expression analysis following ligands stimulation and bacterial infection. Applied Biochemistry Biotechnology, 174: 309-327.

Sänger AM. 1993. Limits to the acclimation of fish muscle. Reviews in Fish Biology and Fisheries, 3: 1-15.

Santambrogio P, Levi S, Cozzi A, et al. 1996. Evidence that the specificity of iron incorporation into homopolymers of human ferritin L- and H-chains is conferred by the nucleation and ferroxidase centres. Biochemical Journal, 314: 139-144.

Sarropoulou E, Sepulcre P, Poisa-Beiro L, et al. 2009. Profiling of infection specific mRNA transcripts of the European seabass *Dicentrarchus labrax*. BMC Genomics, 10 (1): 157.

Sass JB, Krone PH. 1997. *Hsp90-a* gene expression may be a conserved feature of vertebrate somitogenesis. Experimental Cell Research, 233: 391-394.

Satake H, Sasaki N. 2010. Comparative overview of toll-like receptors in lower animals. Zoological Science, 27: 154-161.

Scarpa J, Komaru A, Wada KT. 1994. Gynogenetic induction in the mussel, *Mytilus galloprovincialis*. Bulletin of National Research Institute of Aquaculture, 23: 33-41.

Schmidt R, Strahle U, Scholpp S. 2013. Neurogenesis in zebrafish-from embryo to adult. Neural Development, 8: 8104-8117.

Schmitz AA, Govek EE, Bottner B, et al. 2000. Rho GTPases: signaling, migration, and invasion. Experimental Cell Research, 261: 1-12.

Schneider K, Klaas R, Kaspers B, et al. 2001. Chicken interleukin-6 cDNA structure and biological properties. European Journal of Biochemistry, 268: 4200-4206.

Schuster S, Fell DA, Dandekar T. 2000. A general definition of metabolic pathways useful for systematic organization and analysis of complex metabolic networks. Nature Biotechnology, 18: 326-332.

Scudiero R, Trinchella F, Riggio M, et al. 2007. Structure and expression of genes involved in transport and storage of iron in red-blooded and hemoglobin-less Antarctic notothenioids. Gene, 397: 1-11.

Sehgal A, Osgood C, Zimmering S. 1990. Aneuploidy in Drosophila. III: Aneuploidogens inhibit in vitro assembly of taxol-purified Drosophila microtubules. Environmental and Molecular Mutagenesis, 16: 217-224.

Semenza GL, Jiang BH, Leung SW, et al. 1996. Hypoxia response elements in the aldolase A, enolase 1, and lactate dehydrogenase A gene promoters contain essential binding sites for hypoxia-inducible factor 1. Journal of Biological Chemistry, 271: 32529-32537.

Semenza GL. 2001. HIF-1, O2, and the 3 PHDs: how animal cells signal hypoxia to the nucleus. Cell, 107: 1-3.

Semenza GL. 2001. Hypoxia-inducible factor 1: control of oxygen homeostasis in health and disease. Pediatric Research, 49: 614-617.

Semenza GL. 2003. Targeting HIF-1 for cancer therapy. Nature Reviews Cancer, 3: 721-732.

Sha ZX, Gong GY, Wang SL, et al. 2014. Identification and characterization of *Cynoglossus semilaevis* microRNA response to *Vibrio anguillarum* infection through high-throughput sequencing. Developmental and Comparative Immunology, 44: 59-69.

Shao CW, Niu YC, Rastas P, et al. 2015. Genome-wide SNP identification for the construction of a high-resolution genetic map of Japanese flounder (*Paralichthys olivaceus*): applications to QTL mapping of Vibrio anguillarum disease resistance and comparative genomic analysis. DNA Research, 22: 161-170.

Shen RJ, Jiang XY, Pu JW, et al. 2010. *HIF-1alpha* and *-2alpha* genes in a hypoxia-sensitive teleost species *Megalobrama amblycephala*: cDNA cloning, expression and different responses to hypoxia. Comparative Biochemistry and Physiology B, 157: 273-280.

Shen X, Cui J, Yang G, et al. 2007. Expression detection of *DMRTs* and two *sox9* genes in *Takifugu rubripes* (Tetraodontidae, Vertebrata). Journal of Ocean University of China, 6: 182-186.

Sheng Y, Chen B, Zhang L, et al. 2014. Identification of *Dmrt* genes and their up-regulation during gonad transformation in the swamp eel (*Monopterus albus*). Molecular Biology Reports, 41: 1-9.

Shi Y, Zhu XP, Yin JK, et al. 2010. Identification and characterization of interferon regulatory factor-1 from orange-spotted grouper (*Epinephelus coioides*). Molecular Biology Reports, 37: 1483-1493.

Shibata K, Takase M, Nakamura M. 2002. The Dmrt1 expression in sex-reversed gonads of amphibians. General and Comparative Endocrinology, 127: 232-241.

Shikano T, Taniguchi N. 2002. Using microsatellite and RAPD markers to estimate the amount of heterosis in various strain combinations in the guppy (*Poecilia reticulate*) as a fish model. Aquaculture, 204: 271-281.

Shirak A, Palti Y, Cnaani A, et al. 2002. Association between loci with deleterious alleles and distorted sex ratios in an inbred line of tilapia (*Oreochromis aureus*). Journal of Heredity, 93 (4): 270-276.

Silva LC, Wang S, Zeng ZB. 2012. Composite interval mapping and multiple interval mapping: procedures and guidelines for using Windows QTL Cartographer. Methods in Molecular Biology, 871: 75-119.

Silverstein JT, Breininger J, Baskin DG, et al. 1998. Neuropeptide Y-like gene expression in the salmon brain increases with fasting. General and Comparative Endocrinology, 110(2): 157-165.

Simpson RJ, Hammacher A, Smith DK, et al. 1997. Interleukin-6: structure-function relationships. Protein Science, 6: 929-955.

Smith RG, Jiang H, Sun Y. 2005. Developments in ghrelin biology and potential clinical relevance. Trends in Endocrinology and Metabolism, 16(9): 436-442.

Smith RW, Houlihan DF, Nilsson GE, et al. 1996. Tissue-specific changes inprotein synthesis rates *in vivo* during anoxia in crucian carp. American Journal of Physics, 271: 897-904.

So JH, Kim JD, Yoo KW, et al. 2014. FIH-1, a novel interactor of mindbomb, functions as an essential anti-angiogenic factor during zebrafish vascular development. PLoS ONE, 9: e109517.

Sobhkhez M, Skjesol A, Thomassen E, et al. 2014. Structural and functional characterization of salmon STAT1, STAT2 and IRF9 homologs sheds light on interferon signaling in teleosts. FEBS Open Bio, 4: 858-871.

Sonesson AK. 2007. Within-family marker-assisted selection for aquaculture species. Genetics Selection Evolution, 39: 301-317.

Sprang SR, Bazan JF. 1993. Cytokine structural taxonomy and mechanisms of receptor engagement. Current Opinion in Structural Biology, 3: 815-827.

Stanley JG. 1979. Control of sex in fishes, with special reference to the grass carp. *In*: Shireman JV. Proceedings of the Grass Carp Conference. University of Florida, Institute of Food and Agricultural Science: 201-242.

Steinhoff A, Pientka FK, Möckel S, et al. 2009. Cellular oxygen sensing: Importins and exportins are mediators of intracellular localisation of prolyl-4-hydroxylases PHD1 and PHD2. Biochemical and Biophysical Research Communications, 387: 705-711.

Stephen J, Brien O, Mayr E. 1991. Bureaucratic mischief: recognizing endangered species and subspecies. Science, 251(4998): 187-189.

Stet RJM, Vries BD, Mudde K, et al. 2002. Unique haplotypes of co-segregating major histocompatibility class II A and class II B alleles in Atlantic salmon (*Salmo salar*) give rise to diverse class II genotypes. Immunogenetics, 54(5): 320-331.

Stroka DM, Burkhardt T, Desbaillets I, et al. 2001. HIF-1 is expressed in normoxic tissue and displays an organ-specific regulation under systemic hypoxia. FASEB Journal, 15: 2445-2453.

Su J, Yang C, Xiong F, et al. 2009. Toll-like receptor 4 signaling pathway can be triggered by grass carp reovirus and *Aeromonas hydrophila* infection in rare minnow *Gobiocypris rarus*. Fish and Shellfish Immunology, 27: 33-39.

Su L, Zhou F, Ding Z, et al. 2015. Transcriptional variants of Dmrt1 and expression of four Dmrt genes in the blunt snout bream, *Megalobrama amblycephala*. Gene, 573: 205-215.

Sugatani T, Hruska KA. 2013. Down-regulation of miR-21 biogenesis by estrogen action contributes to osteoclastic apoptosis. Journal of Cellular Biochemistry, 114: 1217-1222.

Sullivan C, Charette J, Catchen J, et al. 2009. The gene history of zebrafish tlr4a and tlr4b is predictive of their divergent functions. Journal of Immunology, 183: 5896-5908.

Sun B, Chang M, Chen D, et al. 2006. Gene structure and transcription of *IRF-2* in the mandarin fish *Siniperca chuatsi* with the finding of alternative transcripts and microsatellite in the coding region. Immunogenetics, 58: 774-784.

Sun F, Peatman E, Li C, et al. 2012. Transcriptomic signatures of attachment, NF-kappa B suppression and IFN stimulation in the catfish gill following columnaris bacterial infection. Developmental and Comparative Immunology, 38: 169-180.

Sun T, Gao Y, Tan W, et al. 2007. A six-nucleotide insertion-deletion polymorphism in the CASP8 promoter is associated with susceptibility to multiple cancers. Nature Genetics, 39: 605-613.

Sun X, Liang L. 2004. A genetic linkage map of common carp (*Cyprinus carpio* L.) and mapping of a locus associated with cold tolerance. Aquaculture, 238: 165-172.

Sun YD, Zhang C, Liu SJ, et al. 2006. Induction of gynogenesis in Japanese crucian carp (*Carassius cuvieri*). Acta Genetica Sinica, 33(5): 405-412.

Sun YY, Zhu ZH, Wang RX, et al. 2012. Miiuy croaker transferrin gene and evidence for positive selection events reveal different evolutionary patterns. PLoS ONE, 7: e43936.

Sundstrom G, Larsson TA, Brenner S, et al. 2008. Evolution of the neuropeptide Y family: new genes by chromosome duplications in early vertebrates and in teleost fishes. General and Comparative Endocrinology, 155(3): 705-716.

Sutherland BJ, Koczka KW, Yasuike M, et al. 2014. Comparative transcriptomics of Atlantic *Salmo salar*, chum *Oncorhynchus keta* and pink salmon *O. gorbuscha* during infections with salmon lice *Lepeophtheirus salmonis*. BMC Genomics, 15: 200.

Sweetman D, Goljanek K, Rathjen T, et al. 2008. Specific requirements of MRFs for the expression of muscle specific microRNAs, miR-1, miR-206, and miR-133. Developmental Biology, 321: 491-499.

Tabata K. 1991. Induction of gynogenetic diploid males and presumption of sex determination mechanisms in the hirame Paralichthys olivaceus. Nippon Suisan Gakkaishi, 57(5): 845-850.

Taga T, Fukuda S. 2005. Role of IL-6 in the neural stem cell differentiation. Clinical Reviews in Allergy and Immunology, 28: 249-256.

Takeda K, Akira S. 2004. TLR signaling pathways. Seminars in Immunology, 16(1): 3-9.

Takeda K, Ho VC, Takeda H, et al. 2006. Placental but not heart defects are associated with elevated hypoxia-inducible factor α levels in mice lacking prolyl hydroxylase domain protein 2. Molecular and Cellular Biology, 26(22): 8336-8346.

Tamura K, Dudley J, Nei M, et al. 2007. MEGA4: molecular evolutionary genetics software version 4.0. Molecular Biology Evolution, 24(8): 1596-1599.

Tan XG, Zhang YQ, Zhang PJ, et al. 2006. Molecular structure and expression patterns of flounder (*Paralichthys olivaceus*) Myf-5, a myogenic regulatory factor. Comparative Biochemistry and Physiology B, 145: 204-213.

Tan X, Du SJ. 2002. Differential expression of two MyoD genes in fast and slow muscles of gilthead seabream (*Sparus aurata*). Development Genes and Evolution, 212: 207-217.

Tang SJ, Li SF, Cai WQ. 2009. Development of microsatellite markers for blunt snout bream *Megalobrama amblycephala* using 5'-anchored PCR. Molecular Ecology Resources, 9(3): 971-974.

Taris N, Ernande B, McCombie H, et al. 2006. Phenotypic and genetic consequences of size selection at the larval stage in the Pacific oyster (*Crassostrea gigas*). Journal of Experimental Marine Biology and Ecology, 333(1): 147-158.

Tatusov RL, Natale DA, Garkavtsev IV, et al. 2001. The COG database: new developments in phylogenetic classification of proteins from complete genomes. Nucleic Acids Research, 29: 22-28.

Taylor WE, Bhasin S, Artaza J, et al. 2001. Myostatin inhibits cell proliferation and protein synthesis in C2C12 muscle cells. American Journal of Physiology-Endocrinology and Metabolism, 280: E221-E228.

Terova G, Rimoldi S, Bernardini G, et al. 2008. Sea bass ghrelin: molecular cloning and mRNA quantification during fasting and refeeding. General and Comparative Endocrinology, 155(2): 341-351.

Theodoraki MA, Mintzas AC. 2006. cDNA cloning, heat shock regulation and development expression of the *hsp83* gene in the Mediterranean fruit fly *Ceratitis capitata*. Insect Molecular Biology, 15: 839-852.

Thorgaard GH, Allendorf FW, Knudsen KL. 1983. Gene-centromere mapping in rainbow trout: high interference over long map distances. Genetics, 103: 771-783.

Thorgaard GH, Jazwin ME, Stier MW. 1981. Polyloidy induced by heat shock in rainbow trout. Transactions of the American Fisheries Society, 110(4): 546-550.

Thum T, Gross C, Fiedler J. 2008. MicroRNA-21 contributes to myocardial disease by stimulating MAP kinase signaling in fibroblasts. Nature, 456: 980-986.

Tierch TR, Chandler RW, Wachtel SS, et al. 1989. Reference standards for flow cytometry and application in comparative studies of fishes. Chromosoma, 18: 455-466.

Ton C, Stamatiou D, Liew CC. 2003. Gene expression profile of zebrafish exposed to hypoxia during development. Physiologicsal Genomics, 13: 97-106.

Tran N, Gao ZX, Zhao HH, et al. 2015. Transcriptome analysis and microsatellite discovery in the blunt snout bream (*Megalobrama amblycephala*) after challenge with *Aeromonas hydrophila*. Fish and Shellfish Immunology, 45(1): 72-82.

Tse DLY, Tse MCL, Chan CB, et al. 2003. Seabream growth hormone receptor: molecular cloning and functional studies of the full-length cDNA, and tissue expression of two alternatively spliced forms. Biochimica et Biophysica Acta (BBA)-Gene Structure and Expression, 1625(1): 64-76.

Tseng CS, Hui CF, Shen SC, et al. 1992. The complete nucleotide sequence of the *Crossostoma Iacttstre* mitochondrial genome: conservation and variations among vertebrates. Nucleic Acids Research, 20(18): 4853-4858.

Tuyttens FAM, Macdonald DW. 2000. Consequences of social perturbation for wild life management and conservation. *In*: Gosling L, Sutherland W. Behaviour and conservation. Cambridge: Cambridge University Press: 315-329.

Unniappan S, Canosa LF, Peter RE. 2004. Orexigenic actions of ghrelin in goldfish: feeding-induced changes in brain and gut mRNA expression and serum levels, and responses to central and peripheral injections. Neuroendocrinology, 79: 100-108.

Unniappan S, Lin X, Cervini L, et al. 2002. Goldfish ghrelin: molecular characterization of the complementary deoxyribonucleic acid, partial gene structure and evidence for its stimulatory role in food intake. Endocrinology, 143(10): 4143-4146.

Utter FM, Johnson OW, Thorgaard GH, et al. 1983. Measurement and potential aplications of indueed triploidy in Pacific salmon. Aquaculture, 35: 125-135.

Vamathevan JJ, Hasan S, Emes RD, et al. 2008. The role of positive selection in determining the molecular cause of species differences in disease. BMC Evolutionary Biology, 8: 273.

Van der Meer DL, van den Thillart GE, Witte F, et al. 2005. Gene expression profiling of the long-term adaptive response to hypoxia in the gills of adult zebrafish. American Journal of Physiology Regulatory Integrative and Comparative Physiology, 289(5): R1512.

Vandeputte M, Kocour M, Mauger S, et al. 2004. Heritability estimates for growth-related traits using microsatellite parentage assignment in juvenile common carp (*Cyprinus carpio* L.). Aquaculture, 235: 223-236.

Veith AM, Klattig J, Dettai A, et al. 2006. Male-biased expression of X-chromosomal DM domain-less *Dmrt8* genes in the mouse. Genomics, 88: 185-195.

Viegas CS, Cavaco S, Neves PL, et al. 2009. Gla-rich protein is a novel vitamin K-dependent protein present in serum that accumulates at sites of pathological calcifications. The American Journal of Pathology, 175: 2288-2298.

Volkoff H, Eykelbosh A, Peter R. 2003. Role of leptin in the control of feeding of goldfish *Carassius auratus*: interactions with cholecystokinin, neuropeptide Y and orexin A, and modulation by fasting. Brain Research, 972 (1-2): 90-109.

Volkoff H, Xu MY, MacDonald E, et al. 2009. Aspects of the hormone regulation of appetite in fish with emphasis on goldfish Atlantic cod and winter flounder: notes on actions and responses to nutritional, environment and reproductive changes. Comparative Biochemistry and Physiology A, 153: 8-12.

Wan SM, Liu H, Zhao BW, et al. 2017. Construction of a high-density linkage map and fine mapping of QTL for growth and gonad related traits in blunt snout bream. Scientific Reports, 7: 46509.

Wan SM, Yi SK, Zhong J, et al. 2015. Identification of microRNA for intermuscular bone development in blunt snout bream (*Megalobrama amblycephala*). International Journal of Molecular Sciences, 16 (6): 10686-10703.

Wan SM, Yi SK, Zhong J, et al. 2016. Dynamic mRNA and miRNA expression analysis in response to intermuscular bone development of blunt snout bream (*Megalobrama amblycephala*). Scientific Reports, 6: 31050.

Wang CH, Chen Q, Lu GQ, et al. 2008. Complete mitochondrial genome of the grass carp (*Ctenopharyngodon idella*, Teleostei): insight into its phylogenic position within Cyprinidae. Gene, 424 (1-2): 96-101.

Wang D, Mao HL, Chen HX, et al. 2009. Isolation of Y- and X-linked SCAR markers in yellow catfish and application in the production of all-male populations. Animal Genetics, 40: 978-981.

Wang GL, Jiang BH, Rue EA, et al. 1995. Hypoxia-inducible factor 1 is a basic-helix-loop-helix-PAS heterodimer regulated by cellular O2 tension. Proceedings of the National Academy of Sciences of the United States of America, 92: 5510-5514.

Wang HJ, Huang CX, Chen N, et al. 2015a. Molecular characterization and mRNA expression of HIF-prolyl hydroxylase-2 (*phd2*) in hypoxia-sensing pathways from *Megalobrama amblycephala*. Comparative Biochemistry and Physiology B, 186: 28-35.

Wang L, Wang ZY, Bai B, et al. 2015b. Construction of a high-density linkage map and fine mapping of QTL for growth in Asian seabass. Scientific Reports, 5: 16358.

Wang RJ, Sun LY, Bao LS, et al. 2013. Bulk segregant RNA-Seq reveals expression and positional candidate genes and allele-specific expression for disease resistance against enteric septicemia of catfish. BMC Genomics, 14: 929.

Wang W, Hu Y, Ma Y, et al. 2015c. High-density genetic linkage mapping in turbot (*Scophthalmus maximus* L.) based on SNP markers and major sex and growth-related regions detection. PLoS ONE, 10 (3): e0120410.

Wang W, Knovich MA, Coffman LG, et al. 2010. Serum ferritin: past, present and future. Biochimica et Biophysica Acta, 1800 (8): 760-769.

Wang X, Cao L, Wang Y, et al. 2012. Regulation of let-7 and its target oncogenes (review). Oncology Letters, 3: 955-960.

Ward CG, Bullen JJ, Rogers HJ. 1996. Iron and infection: new developments and their implications. Journal of Trauma, 41 (2): 356-364.

Wax SD, Rosenfield CL, Taubman MB. 1994. Identification of a novel growth factor-responsive gene in vascular smooth muscle cells. Journal of Biological Chemistry, 269: 13041-13047.

Wei W, Wu HZ, Xu HY, et al. 2009. Cloning and molecular characterization of two complement Bf/C2 genes in large yellow croaker (*Pseudosciaena crocea*). Fish and Shellfish Immunology, 27: 285-295.

Weinberg ES, Allende ML, Kelly CS, et al. 1996. Developmental regulation of zebrafish *MyoD* in wild-type, no tail and spadetail embryos. Development, 122: 271-280.

Wenger RH, Gassmann M. 1997. Oxygen(es) and the hypoxia-inducible factor-1. Biological Chemistry, 378(7): 609-616.

Wenger RH, Stiehl DP, Camenisch G. 2005. Integration of oxygen signaling at the consensus HRE. Science's STKE, 306: re12.

Wennerberg K, Der CJ. 2004. Rho-family GTPases: it's not only Rac and Rho (and I like it). Journal of Cell Science, 117: 1301-1312.

Wilkinson N, Pantopoulos K. 2014. The IRP/IRE system in vivo: insights from mouse models. Frontiers in Pharmacology, 5: 176.

Willett CE, Cortes A, Zuasti A, et al. 1999. Early hematopoiesis and developing lymphoid organs in the zebrafish. Developmental Dynamics, 214(4): 323-336.

Williams BR. 1991. Transcriptional regulation of interferon-stimulated genes. EJB Reviews, Springer Berlin Heidelberg: 111-121.

Winkler C, Hornung U, Kondo M, et al. 2004. Developmentally regulated and non-sex-specific expression of autosomal dmrt genes in embryos of the Medaka fish (*Oryzias latipes*). Mechanisms of Development, 121: 997-1005.

Wittenberg JB, Wittenberg BA. 2003. Myoglobin function reassessed. Journal of Experimental Biology, 206: 2011-2020.

Wood AW, Duan CM, Bern HA. 2005. Insulin-like growth factor signaling in fish. International Review of Cytology-a Survey of Cell Biology, 243: 215-284.

Woods IG, Imam FB. 2015. Transcriptome analysis of severe hypoxic stress during development in zebrafish. Genomics Data, 6: 83-88.

Wozney JM. 1989. Bone morphogenetic proteins. Progress in Growth Factor Research, 1: 267-280.

Wright S. 1951. The genetical structure of populations. Annals of Eugenics, 15: 323-354.

Wu TH, Pan CY, Lin MC, et al. 2012. *In vivo* screening of zebrafish microRNA responses to bacterial infection and their possible roles in regulating immune response genes after lipopolysaccharide stimulation. Fish Physiology and Biochemistry, 38: 1299-1310.

Wulff T, Jokumsen A, Hojrup P, et al. 2012. Time-dependent changes in protein expression in rainbow trout muscle following hypoxia. Journal of Proteomics, 75: 2342-2351.

Xia JH, Yue GH. 2010. Identification and analysis of immune-related transcriptome in Asian seabass *Lates calcarifer*. BMC Genomics, 11: 356.

Xia W, Zhou L, Yao B, et al. 2007. Differential and spermatogenic cell-specific expression of DMRT1 during sex reversal in protogynous hermaphroditic groupers. Molecular Cell Endocrinology, 263: 156-172.

Xiang L, Peng B, Dong W, et al. 2008. Lipopolysaccharide induces apoptosis in *Carassius auratus* lymphocytes, a possible role in pathogenesis of bacterial infection in fish. Developmental and Comparative Immunology, 32: 992-1001.

Xiang LX, He D, Dong WR, et al. 2010. Deep sequencing-based transcriptome profiling analysis of bacteria-challenged *Lateolabrax japonicus* reveals insight into the immune-relevant genes in marine fish. BMC Genomics, 11: 472.

Xiao G, Gopalakrishnan R, Jiang D, et al. 2002. Bone morphogenetic proteins, extracellular matrix, and mitogen-activated protein kinase signaling pathways are required for osteoblast-specific gene expression and differentiation in MC3T3-E1 cells. Journal of Bone and Mineral Research, 17: 101-110.

Xiong XM, Chen YL, Liu LF, et al. 2017. Estimation of genetic parameters for resistance to *Aeromonas hydrophila* in blunt snout bream (*Megalobrama amblycephala*). Aquaculture, 479: 768-773.

Xu M, Volkoff H. 2009. Molecular characterization of ghrelin and gastrin-releasing peptide in Atlantic cod (*Gadus morhua*): cloning, localization, developmental profile and role in food intake regulation. General and Comparative Endocrinology, 160(3): 250-258.

Xu P, Tan X, Zhang Y, et al. 2007. Cloning and expression analysis of myogenin from flounder (*Paralichthys olivaceus*) and promoter analysis of muscle-specific expression. Comparative Biochemistry and Physiology B, 147: 135-145.

Xu QQ, Chang MX, Xiao FS, et al. 2010a. The gene and virus-induced expression of *IRF-5* in grass carp *Ctenopharyngodon idella*. Veterinary Immunology and Immunopathology, 134(3-4): 269-278.

Xu T, Sun Y, Cheng Y, et al. 2011. Characterization of the major histocompatibility complex class II genes in Miiuy croaker. PLoS ONE, 6(8): e23823.

Xu TJ, Chen SL, Ji XS, et al. 2008. MHC polymorphism and disease resistance to *Vibrio anguillarum* in 12 selective Japanese flounder (*Paralichthys olivaceus*) families. Fish and Shellfish Immunology, 25(3): 213-221.

Xu TJ, Chen SL, Ji XS, et al. 2009a. Molecular cloning, genomic structure, polymorphism and expression analysis of major histocompatibility complex class IIA and IIB genes of half-smooth tongue sole (*Cynoglossus semilaevis*). Fish and Shellfish Immunology, 27(2): 192-201.

Xu Z, Chen J, Li X, et al. 2013. Identification and characterization of microRNAs in channel catfish (*Ictalurus punctatus*) by using Solexa sequencing technology. PLoS ONE, 8: e54174.

Yabu T, Hirose H, Hirono I, et al. 1998. Molecular cloning of a novel interferon regulatory factor in Japanese flounder, *Paralichthys olivaceus*. Molecular Marine Biology and Biotechnology, 7(2): 138-144.

Yamaguchi A, Lee KH, Fujimoto H, et al. 2006. Expression of the *DMRT* gene and its roles in early gonadal development of the Japanese pufferfish *Takifugu rubripes*. Comparative Biochemistry and Physiology D, 1: 59-68.

Yan X, Ding L, Li Y, et al. 2012. Identification and profiling of microRNAs from skeletal muscle of the common carp. PLoS ONE, 7: e30925.

Yang J, Phillips M, Betel D, et al. 2011. Widespread regulatory activity of vertebrate microRNA* species. RNA, 17: 312-326.

Yao CL, Kong P, Huang XN, et al. 2010. Molecular cloning and expression of *IRF1* in large yellow croaker, *Pseudosciaena crocea*. Fish and Shellfish Immunology, 28(4): 654-660.

Yi SK, Gao ZX, Zhao HH, et al. 2013. Identification and characterization of microRNAs involved in growth of blunt snout bream (*Megalobrama amblycephala*) by Solexa sequencing. BMC Genomics, 14: 754.

Yoshida R, Horio N, Murata Y, et al. 2009. NaCl responsive taste cells in the mouse fungiform taste buds. Neuroscience, 159: 795-803.

You X, Sheng J, Liu L, et al. 2015. Three ferritin subunit analogs in Chinese giant salamander (*Andrias davidianus*) and their response to microbial stimulation. Molecular Immunology, 67(2 Pt B): 642-651.

You XX, Shu LP, Li SS, et al. 2013. Construction of high-density genetic linkage maps for orange-spotted grouper *Epinephelus coioides* using multiplexed shotgun genotyping. BMC Genetics, 14: 113.

Yu FF, Wang MF, Zhou L, et al. 2011. Molecular cloning and expression characterization of Dmrt2 in akoya pearl oysters, *Pinctada martensii*. Journal of Shellfish Research, 30: 247-254.

Yu HY, Shen YB, Sun JL, et al. 2014. Molecular cloning and functional characterization of the NFIL3/E4BP4 transcription factor of grass carp, *Ctenopharyngodon idella*. Developmental and Comparative Immunology, 47: 215-222.

Yu PC, Zhang FW. 1998. Observations on the embryonic development of *Megalobrama amblycephala* in the fishing areas of Poyang Lake. Journal of Fish Science of China, 5: 103-108.

Yu RMK, Ng PKS, Tan T, et al. 2008. Enhancement of hypoxia-induced gene expression in fish liver by the aryl hydrocarbon receptor (AhR) ligand, benzo[a]pyrene (BaP). Aquatic Toxicology, 90 (3): 235-242.

Yu S, Ao J, Chen X. 2010. Molecular characterization and expression analysis of MHC class II a and b genes in large yellow croaker (*Pseudosciaena crocea*). Molecular Biology Reports, 37: 1295-1307.

Yuan J, Zhang S, Liu Z, et al. 2003. Cloning and phylogenetic analysis of an amphioxus myogenic bHLH gene AmphiMDF. Biochemical and Biophysical Research Communications, 301: 960-967.

Zagorska A, Dulak J. 2004. HIF-1: the knowns and unknowns of hypoxia sensing. Acta Biochimica Polonica, 51 (3): 563-585.

Zante MD, Borchel A, Brunner RM, et al. 2015. Cloning and characterization of the proximal promoter region of rainbow trout (*Oncorhynchus mykiss*) interleukin-6 gene. Fish and Shellfish Immunology, 43: 249-256.

Zare F, Bokarewa M, Nenonen N, et al. 2004. Arthritogenic properties of double-stranded (viral) RNA. Journal of Immunology, 172: 5656-5663.

Zarember KA, Godowski PJ. 2002. Tissue expression of human Toll-like receptors and differential regulation of Toll-like receptor mRNAs in leukocytes in response to microbes, their products, and cytokines. Journal of Immunology, 168: 554-561.

Zeng C, Cao XJ, Gao ZX, et al. 2014. Heritability and breeding value of Growth traits of *Megalobrama amblycephala*. Journal of Huazhong Agricultural University, 33: 89-95.

Zhang B, Chen N, Huang CH, et al. 2016b. Molecular response and association analysis of *Megalobrama amblycephala* fih-1 with hypoxia. Molecular Genetics and Genomics, 291 (4): 1615-1624.

Zhang J, Kong X, Zhou C, et al. 2014. Toll-like receptor recognition of bacteria in fish: ligand specificity and signal pathways. Fish and Shellfish Immunology, 41: 380-388.

Zhang J, Li YX, Hu YH. 2015a. Molecular characterization and expression analysis of eleven interferon regulatory factors in half-smooth tongue sole, *Cynoglossus semilaevis*. Fish and Shellfish Immunology, 44: 272-282.

Zhang J, Liu S, Rajendran KV, et al. 2013a. Pathogen recognition receptors in channel catfish: III phylogeny and expression analysis of Toll-like receptors. Developmental and Comparative Immunology, 40: 185-194.

Zhang J, Wei XL, Chen LP, et al. 2013b. Sequence analysis and expression differentiation of chemokine receptor CXCR4b among three populations of *Megalobrama amblycephala*. Developmental and Comparative Immunology, 40 (2): 195-201.

Zhang L, Sun W, Cai W, et al. 2013c. Differential response of two ferritin subunit genes (VpFer1 and VpFer2) from *Venerupis philippinarum* following pathogen and heavy metals challenge. Fish and Shellfish Immunology, 35 (5): 1658-1662.

Zhang N, Fu Z, Linke S, et al. 2010. The asparaginyl hydroxylase factor inhibiting HIF-1alpha is an essential regulator of metabolism. Cell Metabolism, 11: 364-378.

Zhang X, Wang S, Chen S, et al. 2015b. Transcriptome analysis revealed changes of multiple genes involved in immunity in *Cynoglossus semilaevis* during *Vibrio anguillarum* infection. Fish and Shellfish Immunology, 43 (1): 209-218.

Zhang Y, Chen J, Yao F, et al. 2013d. Expression and functional analysis of properdin in zebrafish *Danio rerio*. Developmental and Comparative Immunology, 40(2): 123-131.

Zhang Y, Hoon MA, Chandrashekar J, et al. 2003a. Coding of sweet, bitter, and umami tastes: different receptor cells sharing similar signaling pathways. Cell, 112: 293-301.

Zhang Y, Tan X, Zhang PJ, et al. 2006. Characterization of muscle-regulatory gene, *MyoD*, from flounder (*Paralichthys olivaceus*) and analysis of its expression patterns during embryogenesis. Marine Biotechnology, 8: 139-148.

Zhang YB, Hu CY, Zhang J, et al. 2003b. Molecular cloning and characterization of crucian carp (*Carassius auratus* L.) interferon regulatory factor 7. Fish and Shelifish Immunology, 15(5): 453-466.

Zhang YX, Chen SL. 2006. Molecular identification, polymorphism, and expression analysis of major histocompatibility complex class II A and B genes of turbot (*Scophthalmus maximus*). Marine Biotechnology(NY), 8: 611-623.

Zhang WZ, Lan T, Nie CH, et al. 2018. Characterization and spatiotemporal expression analysis of nine bone morphogenetic protein family genes during intermuscular bone development in blunt snout bream. Gene, 642: 116-124.

Zhang WZ, Xiong XM, Zhang XJ, et al. 2016a. Mitochondrial genome variation after hybridization and differences in the first and second generation hybrids of bream fishes. PLoS ONE, 11(7): e0158915.

Zhao GQ, Zhang Y, Hoon MA, et al. 2003. The receptors for mammalian sweet and umami taste. Cell, 115: 255-266.

Zhao HH, Zeng C, Yi SK, et al. 2015. Leptin genes in blunt snout bream: cloning, phylogeny and expression correlated to gonads development. International Journal of Molecular Sciences, 16(11): 27609-27624.

Zhao HH, Zeng C, Wan SM, et al. 2016a. Estimates of heritabilities and genetic correlations for growth and gonad traits in blunt snout bream, *Megalobrama amblycephala*. Journal of the World Aquaculture Society, 47(1): 139-146.

Zhao LJ, Lu H, Meng QL, et al. 2016b. Profilings of microRNAs in the liver of common carp(*Cyprinus carpio*) infected with *Flavobacterium columnare*. International Journal of Molecular Sciences, 17(4): 566.

Zhao Q, Peng L, Huang W, et al. 2012. Rare inborn errors associated with chronic hepatitis B virus infection. Hepatology, 56: 1661-1670.

Zhao W, Huang Z, Chen Y, et al. 2013. Molecular cloning and functional analysis of the duck *TLR4* gene. International Journal of Molecular Sciences, 14: 18615-18628.

Zheng WJ, Hu YH, Sun L. 2010. Identification and analysis of a *Scophthalmus maximus* ferritin that is regulated at transcription level by oxidative stress and bacterial infection. Comparative Biochemistry and Physiology B, 156(3): 222-228.

Zheng X, Linke S, Dias JM, et al. 2008. Interaction with factor inhibiting HIF-1 defines an additional mode of cross-coupling between the Notch and hypoxia signaling pathways. Proceedings of the National Academy of Sciences of the United States of America, 105: 3368-3373.

Zhou F, Zhan Q, Ding Z, et al. 2017a. A NLRC3-like gene from blunt snout bream (*Megalobrama amblycephala*): molecular characterization, expression and association with resistance to *Aeromonas hydrophila* infection. Fish and Shellfish Immunology, 63: 213-219.

Zhou LF, Zhao BW, Guan NN, et al. 2017b. Plasma metabolomics profiling for fish maturation in blunt snout bream. Metabolomics, 13(4): 40.

Zhou X, Li Q, Lu H, et al. 2008. Fish specific duplication of Dmrt2: characterization of zebrafish Dmrt2b. Biochimie, 90: 878-887.

Zhou X, Wang B, Pan Q, et al. 2014. Whole-genome sequencing of the snub-nosed monkey provides insights into folivory and evolutionary history. Nature Genetics, 46: 1303-1310.

Zhou ZC, Liu H, Liu S, et al. 2012. Alternative complement pathway of channel catfish (*Ictalurus punctatus*): molecular characterization, mapping and expression analysis of factors Bf/C2 and Df. Fish and Shellfish Immunology, 32(1): 186-195.

Zhu Y, Xue W, Wang J, et al. 2012. Identification of common carp (*Cyprinus carpio*) microRNAs and microRNA-related SNPs. BMC Genomics, 13: 413.

Zorzano A, Kaliman P, Gumà A, et al. 2003. Intracellular signals involved in the effects of insulin-like growth factors and neuregulins on myofibre formation. Cellular signaling, 15: 141-149.

Zou S, Li S, Cai W, et al. 2004. Establishment of fertile tetraploid population of blunt snout bream (*Megalobrama amblycephala*). Aquaculture, 238(1-4): 155-164.

Zou S, Li S, Cai W, et al. 2008. Induction of interspecific allo-tetraploids of *Megalobrama amblycephala* ♀×*Megalobrama terminalls* ♂ by heat shock. Aquaculture Research, 39(12): 1322-1327.

Zou S, Li S, Cai W, et al. 2007. Ploidy polymorphism and morphological variation among reciprocal hybrids by *Megalobrama amblycephala×Tinca tinca*. Aquaculture, 270(1-4): 574-579.

Zozulya S, Echeverri F, Nguyen T. 2001. The human olfactory receptor repertoire. Genome Biology, 2: 1-12.

彩　　图

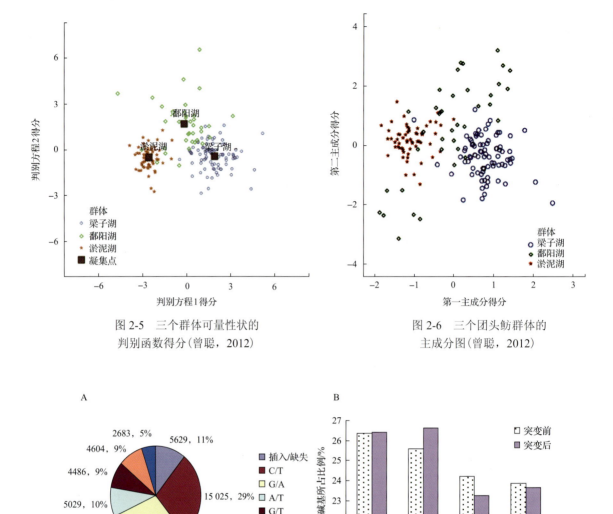

图 2-5　三个群体可量性状的
判别函数得分(曾聪，2012)

图 2-6　三个团头鲂群体的
主成分图(曾聪，2012)

图 5-3　SNPs 突变类型和分布频率(A)及突变前后各碱基所占比例(B)

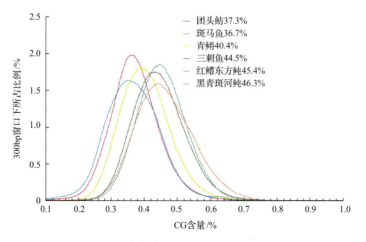

图 8-2　6 个物种基因组 GC 含量分布比较

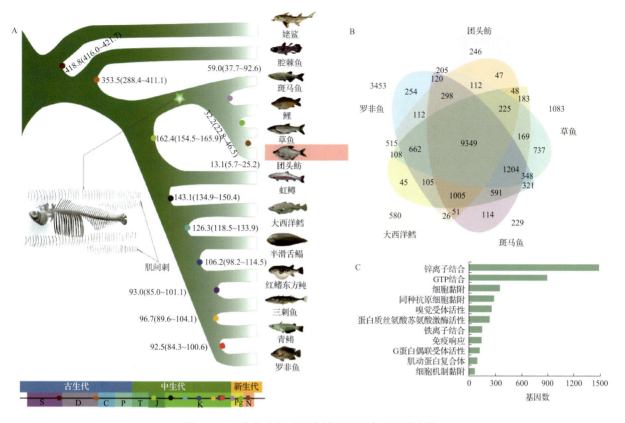

图 8-4　13 种鱼分歧时间估算及基因家族聚类分析

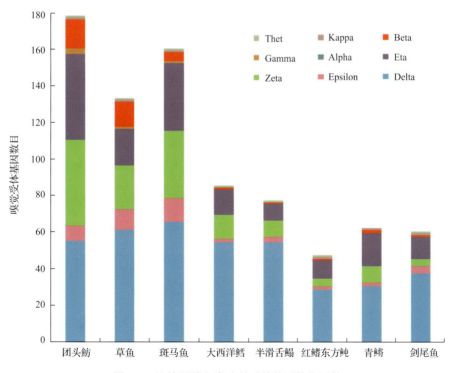

图 8-7　比较硬骨鱼类嗅觉受体基因的拷贝数

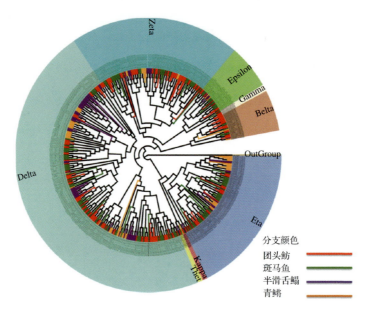

图 8-8　4 种鱼全部嗅觉受体基因的进化图

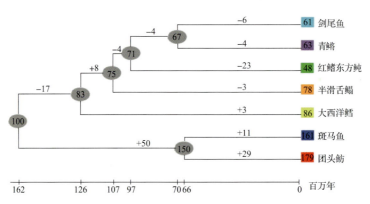

图 8-9　7 种鱼嗅觉受体基因的扩张和收缩分析

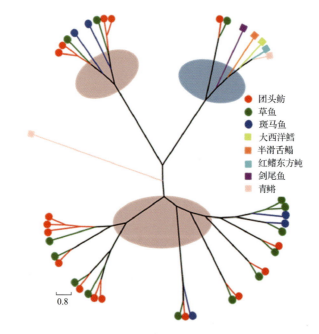

图 8-10　嗅觉受体基因 β 分型的进化图

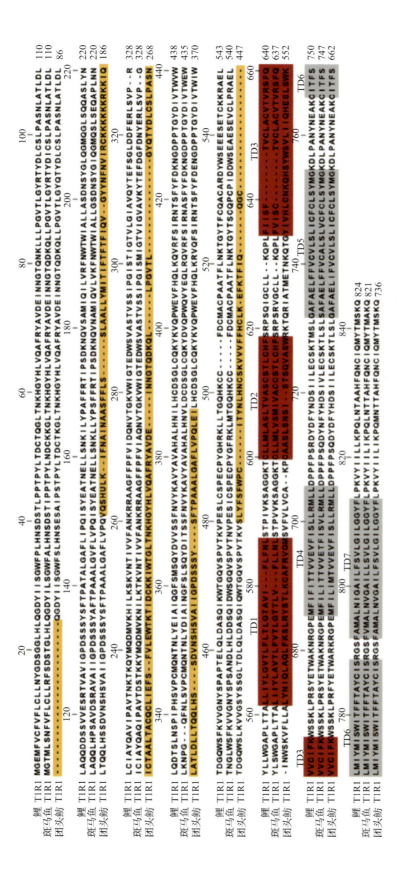

图8-12 团头鲂TIR1序列片段与鲤及斑马鱼的TIR1的多序列比对(见文后彩图)

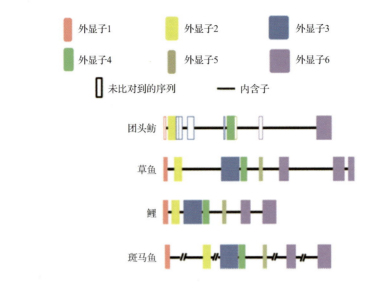

图 8-13　团头鲂的 *T1R1* 序列与其他 3 种鲤科鱼类的完整 *T1R1* 基因结构图的比较

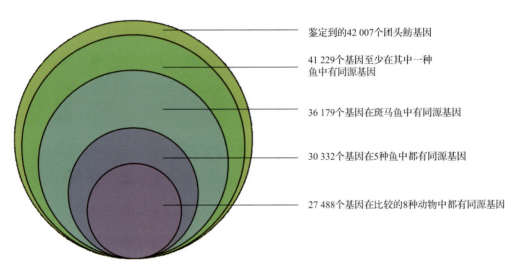

图 9-3　BLASTX 程序分析团头鲂基因的同源性

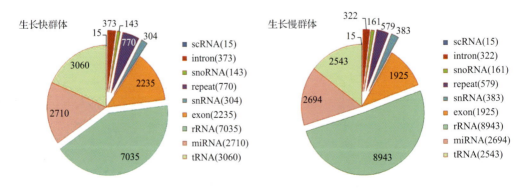

图 9-5　两个小 RNA 组测序获得的各类非编码 RNA 的小 RNA 的种数

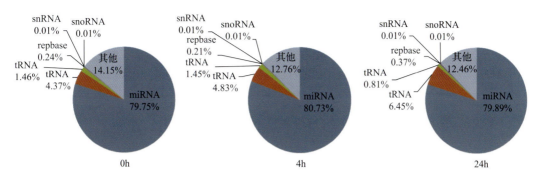

图 9-15　团头鲂肝脏 3 个小 RNA 文库中各类小 RNA 的注释

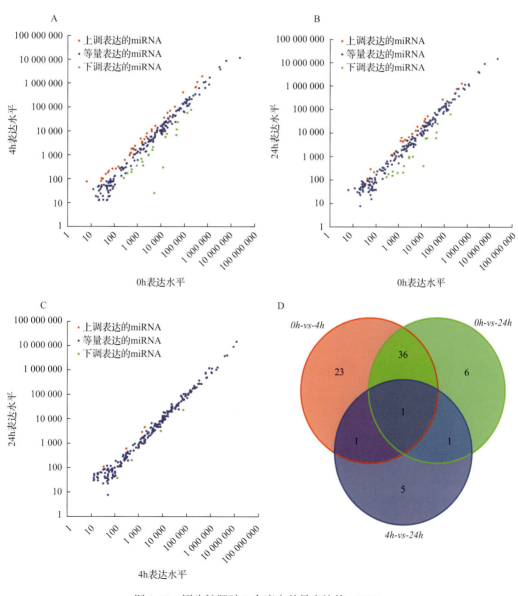

图 9-18　团头鲂肝脏 3 个库中差异表达的 miRNAs

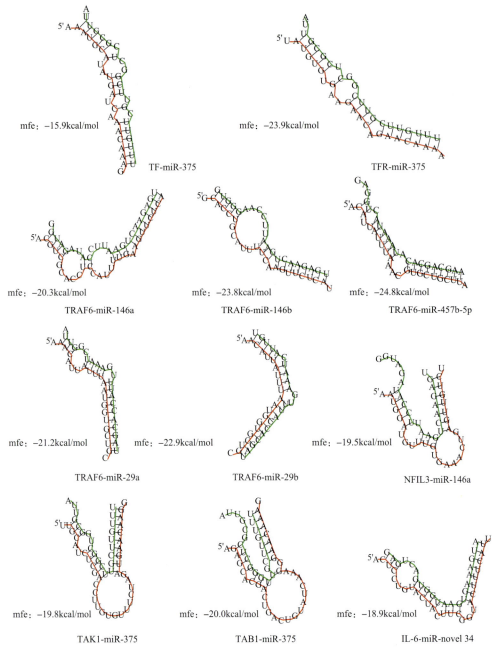

图 9-21　miRNA 与预测的对应靶基因结合的位点图

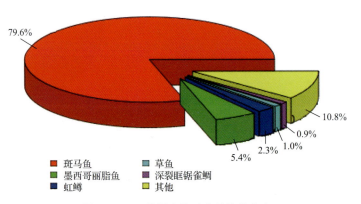

图 9-25　Nr 数据库比对上的物种分布

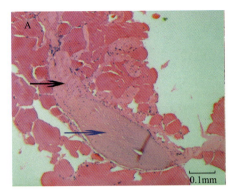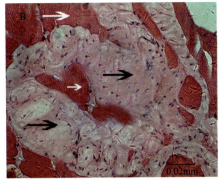

图 9-32　团头鲂肌间骨和肌肉组织显微结构观察

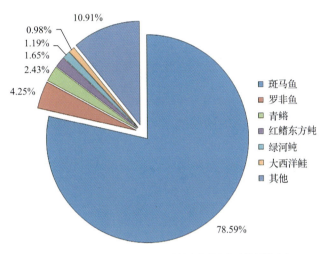

图 9-34　其他鱼类中发现的团头鲂同源基因比例

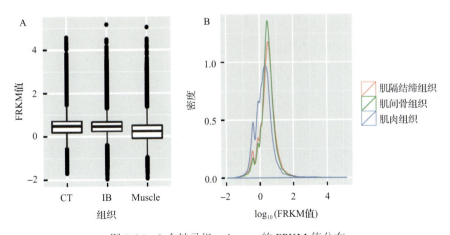

图 9-36　3 个转录组 unigenes 的 FPKM 值分布

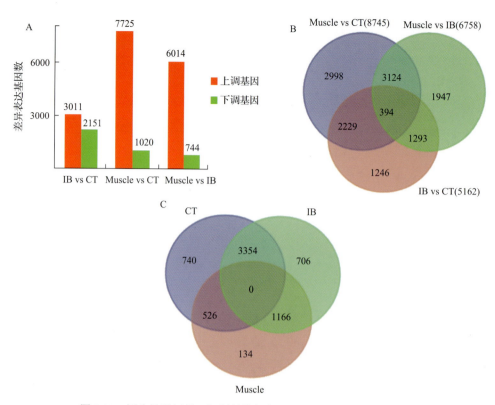

图 9-38　团头鲂肌间骨、肌隔结缔组织及肌肉间差异表达基因统计

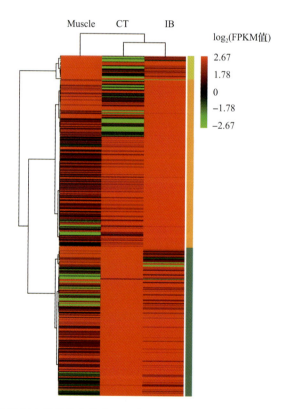

图 9-40　3 个比较组中都差异表达的 394 个基因的 FPKM 值聚类分析及表达模式分析

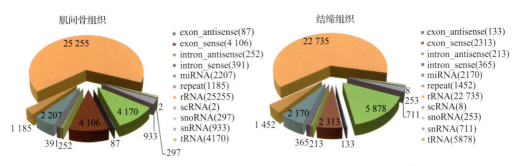

图 9-43　团头鲂肌间骨与肌隔结缔组织 small RNAs 文库注释结果

mam-let-7d

CGCUGCAGGCUGAGGUAGUUGGUUGUAUGGUUUUGCAUCAUAAUCAGCCUGGAGUUAACUGUACAACCUUCUAGCUUUCCCUGCGGUG　pre-let-7d

--------UGAGGUAGUUGGUUGUAUGGUU--　mam-let-7d(22nt)

......gcugagguaguAgguuguauggu....　t0012677　3

......gcugagguaguAgguuguaugg....　t0017540　2

......cugagguaguAgguuguauggu....　t0000094　5 749

......cugagguaguAgguuguaugguu....　t0000140　2 592

......cugagguaguAgguuguaugguuu....　t0001118　87

......cugagguaguAgguuguaugguuu....　t0007558　2

......cugagguaguAgguuguaugguuuu....　t0000008　284 327

......ugagguaguAgguuguaugguuu....　t0000037　32 180

......ugagguaguAgguuguaugguu....　t0000047　30 386

......ugagguaguAgguuguaugguu....　t0000282　1 214

......ugagguaguAgguuguaugguuuu....　t0000395　997

......gagguaguAgguuguaugguu....　t0002091　84

......gagguaguAgguuguaugguuu....　t0007625　26

......gagguaguAgguuguaugguuu....　t0021783　2

......gagguaguAgguuguaugguuuu....　t0004178　58

......agguaguAgguuguaugguu....　t0017490　9

......agguaguAgguuguaugguuu....　t0518400　1

......agguaguAgguuguaugguu....　t0034907　4

*

图 9-45　mam-let-7d 前体结构图及其 isomiRs 异构体(含序列数目)

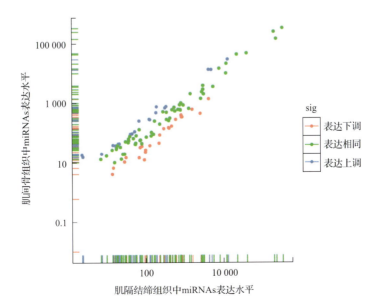

图 9-46　团头鲂肌间骨与肌隔结缔组织中 miRNAs 表达水平散点图

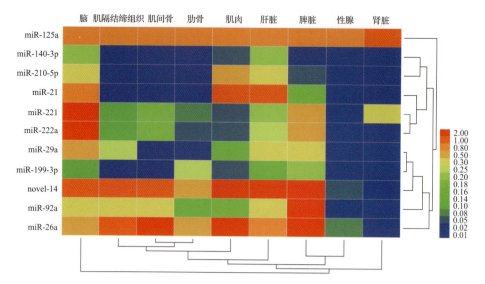

图 9-47　11 个差异表达 miRNAs 在 9 个组织中的表达模式热图分析

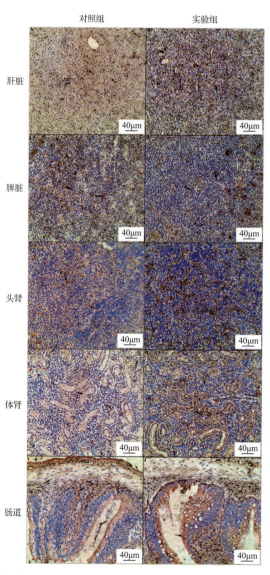

图 10-9　团头鲂 TLR4 蛋白在肝脏、脾脏、头肾、体肾和肠道组织中的分布

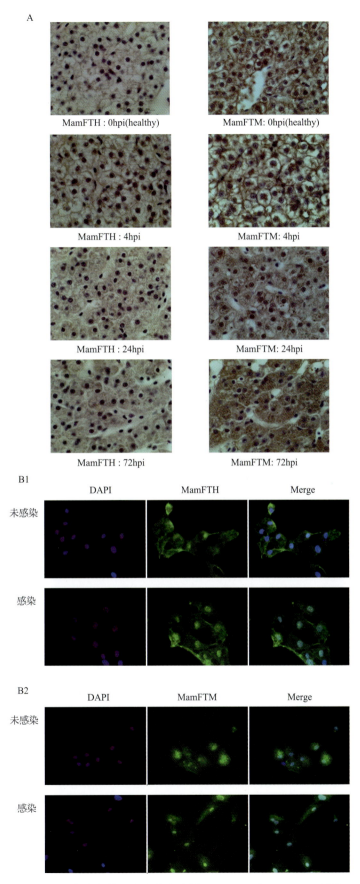

图 10-23　免疫组化和免疫荧光分析 MamFTH 和 MamFTM 蛋白

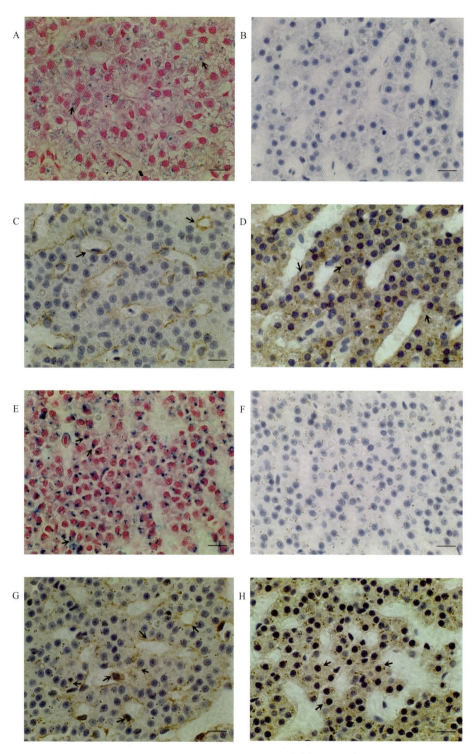

图 10-26　团头鲂肝脏对照组（A～D）和感染组（E～H）免疫组化及普鲁士蓝铁染色分析

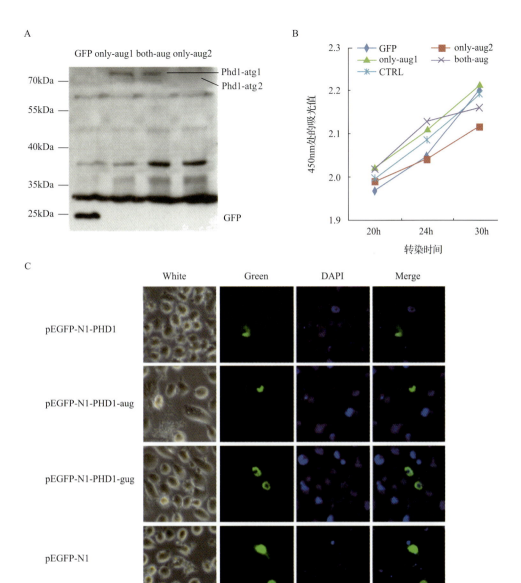

图 10-31　Phd1 两个蛋白的表达

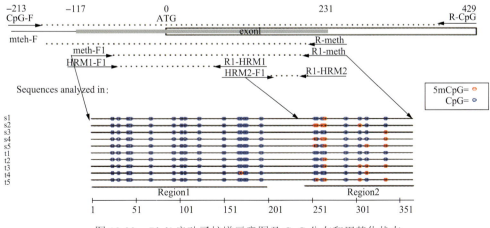

图 10-33　*Phd1* 启动子扩增示意图及 CpG 分布和甲基化状态

团头鲂"华海1号"

水产新品种 （2017）新品种证字第 1 号

证书 （副本）

新品种名称：团头鲂"华海1号"　品种登记号：GS-01-001-2016

培育单位：华中农业大学、湖北百容水产良种有限公司、
湖北省团头鲂(武昌鱼)原种场

　　该品种业经审定，根据农业部《水产原、良
种审定办法》，特发此证。

二〇一七年　四月十三日

团头鲂"华海1号"新品种证书